Rosemarie
Wagner

Statik
und
Tragwerkslehre
für
Architekten

Rosemarie
Wagner

Statik
und
Tragwerkslehre
für
Architekten

Fraunhofer IRB Verlag

Bibliografische Information der Deutschen Nationalbibliothek:
Die Deutsche Nationalbibliothek verzeichnet diese Publikation in der Deutschen Nationalbibliografie; detaillierte bibliografische Daten sind im Internet über www.dnb.de abrufbar.

ISBN (Print): 978-3-7388-0350-1
ISBN (E-Book): 978-3-7388-0351-8

Lektorat: Claudia Neuwald-Burg
Redaktion: Annemarie Klepacki
Satz | Layout | Herstellung: Gabriele Wicker
Umschlaggestaltung: Martin Kjer
Druck: Offizin Scheufele Druck und Medien GmbH & Co. KG, Stuttgart
Umschlagfoto: Thomas Ferwagner, officium GmbH, Stuttgart

Fraunhofer-Informationszentrum Raum und Bau IRB
Nobelstraße 12, 70569 Stuttgart
Telefon +49 711 970-2500
Telefax +49 711 970-2508
irb@irb.fraunhofer.de
www.baufachinformation.de

Inhaltsverzeichnis

1	**Einführung**	9
1.1	Vorbemerkungen	10
1.2	Tragwerksanalyse	12
1.3	Vorwissen aus der Mathematik	22
1.3.1	Geometrie	22
1.3.2	Algebra	23
1.3.3	Analysis	23
1.4	Vorwissen aus der Physik	24
1.4.1	Einheiten von Längen, Flächen, Volumen, Massen und Kräften	24
1.4.2	Kraft und Moment	25
1.5	Vorwissen aus der Baustoffkunde	30
2	**Kräfte**	33
2.1	Kräfte mit derselben Wirkungslinie	34
2.2	Kräfte mit parallelen Wirkungslinien	34
2.3	Kräfte mit beliebigen Wirkungslinien	35
2.4	Zerlegen einer Kraft	37
2.5	Kräftegleichgewicht	39
3	**(Dreh-)Momente**	43
4	**Einwirkungen**	49
4.1	Arten von Einwirkungen	50
4.2	Eigengewicht von Baustoffen	53
4.3	Nutzlasten	55
4.4	Schneelasten	57
4.5	Windlasten	61
4.6	Wasser	64
4.7	Erddruck	66
4.8	Temperatur	67
4.9	Baugrundsetzungen	68
4.10	Erdbeben	69
4.11	Brand	70
4.12	Explosion	70

5	**Tragwerk**	71
5.1	Bauteile	72
5.2	Lastabtragung	74
5.2.1	Vertikale Lastabtragung	75
5.2.2	Horizontale Lastabtragung	79
5.3	Momentengleichgewicht an Bauteilen	80
5.4	Schwerpunkt und Schwerachse	82
5.5	Lagerreaktionen	88
6	**Aussteifung**	97
6.1	Anordnung der Wandscheiben	101
6.2	Wandscheiben	107
6.3	Deckenscheiben	114
6.4	Einspannungen	117
6.5	Geschossbauten	120
6.6	Fachwerksysteme	122
7	**Äußeres Gleichgewicht**	125
7.1	Statische Systeme in der Ebene	127
7.2	Einfeldträger	130
7.3	Auskragung (Kragarm)	134
7.4	Einfeldträger mit Auskragung	137
8	**Inneres Gleichgewicht**	143
8.1	Normalkraft	148
8.2	Torsion	152
9	**Inneres Gleichgewicht an statisch bestimmten Trägern**	153
9.1	Schnittgrößen im Einfeldträger	154
9.2	Schnittgrößen infolge einer Einzelkraft am Einfeldträger	162
9.3	Auskragung	165
9.4	Einfeldträger mit Auskragung	170
9.5	Einfeldträger mit beidseitiger Auskragung	179
10	**Spannungen**	185
10.1	Normalspannungen	187
10.2	Biegespannung	190
10.3	Schubspannung	197
10.4	Torsionsspannung	203

11 Zusammengesetzte Querschnitte 205
11.1 Flächenschwerpunkt von zusammengesetzten Querschnitten 207
11.2 Flächenträgheitsmoment von zusammengesetzten Querschnitten 210
11.3 Widerstandsmoment von zusammengesetzten Querschnitten 214
11.4 Querschnittswerte für Stahlprofile 218
11.5 Spannungen in zusammengesetzten Querschnitten 220

12 Nachweise der Tragfähigkeit 227

13 Verformungen 233
13.1 Verformungen infolge Normalkraft 236
13.2 Verformung infolge Biegung 238
13.2.1 Analogie nach Mohr 240
13.2.2 Biegelinien von Einfeldträgern 242
13.2.3 Biegelinien von Auskragungen 248
13.3 Einfeldträger mit Auskragungen 252
13.4 Verformungen infolge von Schub und Torsion 255

14 Druckbeanspruchte Bauteile 259
14.1 Vereinfachte Bestimmung der Knicklast in der Ebene 261
14.2 Stabilitätsnachweis 265
14.3 Biegeknicken 267
14.4 Biegedrillknicken 274
14.5 Nachgiebige Lagerungen 275
14.6 Räumliche Stabilität 277
14.7 Stabilität von Stahlbetonbauteilen 281

15 Gelenk- oder Gerberträger 287
15.1 Gelenkträger mit zwei Feldern 289
15.2 Gelenkträger mit drei Feldern 292
15.3 Ausbildung der Gelenke 297

16 Statisch unbestimmt gelagerte Träger 299
16.1 Einfeldträger, einseitig eingespannt 301
16.2 Mehrfeldträger 306
16.3 Zwangseinwirkungen 313

17	**Geneigte Träger**	317
17.1	Auflagerkräfte und Schnittgrößen	320
17.2	Statisch unbestimmte geneigte Träger	330
18	**Geknickte Träger**	337
19	**Drei-Gelenk-Tragwerke**	343
19.1	Sparrendach	345
19.2	Drei-Gelenk-Rahmen	350
20	**Baustoffe ohne Zugfestigkeit**	361
20.1	Mauerwerk	362
20.2	Kippen von Mauerwerkswänden	366
20.3	Knicken von Mauerwerk	372
20.4	Vereinfachter Knicknachweis	376
21	**Platten und Scheiben**	381
21.1	Platten mit einachsiger Lastabtragung	384
21.2	Platten mit zweiachsiger Lastabtragung und linearer Lagerung	386
21.3	Platten mit zweiachsiger Lastabtragung und punktförmiger Lagerung	392
21.4	Stahlbetonplatten	394
21.5	Glasscheiben	396
	Literaturempfehlungen	399
	Stichwortverzeichnis	400

1 Einführung

1.1 Vorbemerkungen 10
1.2 Tragwerksanalyse 12
1.3 Vorwissen aus der Mathematik 22
1.4 Vorwissen aus der Physik 24
1.5 Vorwissen aus der Baustoffkunde 30

1.1 Vorbemerkungen

Jedes Bauwerk ist den Einflüssen aus der Umwelt ausgesetzt. Es muss vielfältigen Einwirkungen standhalten, wie z. B. Wind, Schnee, Eis, Hagel, Hitze, Kälte, Anprall, Erdbeben oder sogar Explosion. Dabei muss es während seiner gesamten Standzeit tragfähig und in der Regel auch für eine bestimmte Nutzung gebrauchstauglich sein. Tragwerke haben die Aufgabe, diese Sicherheiten zu gewährleisten.

Tragwerke können Bauwerke bilden, wie Hallen, Brücken oder Türme, sind Teile von Gebäuden, verfügen über Wand-, Dach- und Deckenaufbauten und sind mit Fassaden verkleidet, mit denen sie zusammenwirken.

Das Verständnis für Tragwerke ist eine notwendige Voraussetzung um nachhaltig und mit einem angemessenen Umgang von Ressourcen zu bauen. In der heutigen Zeit sind diese Anforderungen von existenzieller Bedeutung.

Dieses Buches soll dem Leser einen anschaulichen Zugang zur Tragwerkslehre ermöglichen. Alle Einwirkungen auf ein Bauwerk lassen sich mit Kräften und Verschiebungen beschreiben, die sichtbar, spürbar und erlebbar sind. Der Schritt in die Statik und Tragwerkslehre ist eine gedankliche Abstraktion. Ihr Ziel ist, die Auswirkungen im gesamten Tragwerk, in den einzelnen Bauteilen, in den Verbindungen der Bauteile untereinander und im Baugrund zu erfassen. Der Weg geht über das Beobachten, das Erkennen von Zusammenhängen und das Beschreiben dieser Zusammenhänge mit den Grundlagen der Mechanik in mathematischen Funktionen. Diese Funktionen setzen die geometrischen Größen von Bauteilen in einen Bezug zu den Einwirkungen und den Beanspruchungen, die sich auf den Ressourcenverbrauch, die Wahl der Baustoffe, die Abmessungen der Bauteile und damit auf die Gestalt des Bauwerks auswirken.

Am Anfang des Buchs werden an einem einfachen Holzbau die Fachbegriffe eingeführt, mit denen Tragwerke, deren Aufbau und ihr räumliches Gesamtgefüge (Aussteifung) beschrieben werden. Es folgt dann eine kurze Zusammenstellung der mathematischen und physikalischen Grundlagen, die für die Beschreibung des Tragverhaltens genutzt werden. Dazu gehören vor allem die Eigenschaften und der Umgang mit Kräften, daraus abgeleitet das Drehmoment und das elastische Verhalten von Werkstoffen. Danach wird gezeigt, wie die realen Umwelteinflüsse, wie Wind und Schnee, in abstrakte Größen als Lasten auf die Tragwerke abgebildet werden.

Wesentlich für den Tragwerksentwurf sind die Kräfte im Inneren der Konstruktion. Es wird gezeigt, wie sie schrittweise ermittelt werden. Dazu werden einzelne Tragwerksteile mit den entsprechenden Einwirkungen und der Fügung im Gesamttragwerk gedanklich herausgenommen. Über das Kräfte- und Momentengleichgewicht an diesen Teilen werden die Beanspruchungen im Inneren analysiert (äußeres und inneres Gleichgewicht). Stellt man die ermittelten Spannungen im Inneren der Tragwerksteile den Festigkeiten der Baustoffe gegenüber, lassen sich daraus die statisch notwendigen Bauteilabmessungen bestimmen.

Bauteile verformen sich infolge von Belastungen. Der Zusammenhang von Spannung und Dehnung ist für verschiedene Werkstoffe unterschiedlich. Es wird gezeigt, wie die spürbaren und die sichtbaren Verformungen von Tragwerken und Tragwerksteilen durch Einbeziehen des charakteristischen Werkstoffverhaltens erfasst und funktional beschrieben werden.

Auch das Phänomen der Stabilität wird über Verformungen erklärt.

Mit diesem Grundwissen über das Zusammenwirken von Werkstoffverhalten, Kräfte- und Momentengleichgewicht und die Zuordnung von äußeren Verschiebungen zu inneren Verzerrungen lassen sich komplexe Tragwerke verstehen. Im letzten Teil des Buchs wird gezeigt, wie Mehrfeldträger, Rahmen, Platten und Scheiben mit einfachen Mitteln analysiert werden.

Zum Gebrauch dieses Buchs

Die Tragwerkslehre ist das fundamentale Rüstzeug für Entwurf und Ausführung von Gebäuden. Studierende sollten dieses Lehrbuch in Gänze durcharbeiten. Wiederholungen einzelner Herleitungen und Zusammenhänge sind zum besseren Behalten beabsichtigt. Sie stellen Grundprinzipien dar, die auf unterschiedliche Weise anzuwenden sind. Die Markierungen an den Seitenrändern sollen ein schnelles Wiederauffinden wichtiger Lerninhalte und die Orientierung im Buch erleichtern.

Auf Inhalte mit direktem Bezug zum Entwurf wird mit dem Zirkelsymbol hingewiesen

Das Wurzelsymbol kennzeichnet ingenieurmäßige Lösungsansätze, die über das Grundlagenwissen für Architekten hinausgehen

1.2 Tragwerksanalyse

An einfachen Beispielen werden die Schritte vorgestellt, mit denen das Tragwerk sowohl in einem Entwurf als auch in einem bestehenden Bauwerk analysiert wird. Jeder dieser Schritte wird in einem der nachfolgenden Kapitel ausführlich behandelt. Die für die Analyse notwendigen Fachbegriffe werden hier vorgestellt. Ihre Bedeutung für das Tragwerk und die physikalischen Gesetzmäßigkeiten, die ihnen zugrunde liegen, sind Inhalt der einzelnen Kapitel.

Bauwerk

Ein Bauwerk steht in einer Umgebung, es besitzt eine Nutzung, besteht aus Räumen und der Konstruktion als übergeordneter Begriff für die raumumschließenden Wände, Fassaden, Decken und den Boden. Die Konstruktion gliedert sich in das Tragwerk, den Raumabschluss und die Haustechnik. Für jeden dieser Bereiche gibt es eine Fachplanung mit einer eigenen Sprache, Grundlagen und Fachwissen.

Tragwerk

Das Tragwerk hat in einem Bauwerk die Aufgabe, die Standsicherheit über die Nutzungsdauer zu gewährleisten. Es besteht aus Baustoffen, Bauteilen und deren Verbindungen untereinander sowie mit dem Baugrund. Werden in dem auf dem Foto gezeigten Beispiel die äußeren und inneren Schichten von den raumumschließenden Bauteilen abgenommen, wird das Tragwerk sichtbar: Es besteht aus dem Vordach als massive Holzplatte, den Unterzügen über den Fensteröffnungen, Stützen und Wandelementen aus

Holz. Die Holzständerwände bestehen aus der Schwelle auf der Bodenplatte, den vertikalen Holzpfosten, dem oben wandabschließenden Rähm und der Holzwerkstoffplatte.

Bauteile

Die Bauteile, aus denen sich das Tragwerk zusammensetzt, bestehen von oben nach unten aus der Dachschalung (in der Zeichnung weggelassen) und den Nebenträgern im Dach, die wiederum auf den Hauptträgern und den Unterzügen aufliegen. Über den Türen und Fenstern sind Stürze angeordnet. Die Hauptträger und Unterzüge liegen auf den Stützen und Wänden auf. Diese stehen auf der Bodenplatte aus Stahlbeton. Die Bodenplatte lagert auf Fundamenten aus Stahlbeton, die in das Erdreich eingebunden sind.

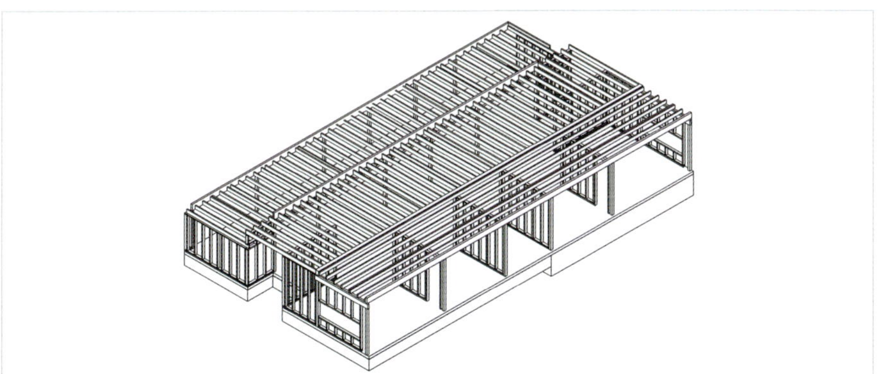

Einwirkungen

Die Aufgabe des Tragwerks ist, alle Einwirkungen auf das Bauwerk sicher in den Baugrund abzutragen. Zu den Einwirkungen, die auch als Lasten bezeichnet werden, gehören das Eigengewicht aller im Gebäude verbauten Werkstoffe, Nutzlasten aus Personen und Fahrzeugen, Wind, Hagel, Schnee und Eis. Es besteht eine Abhängigkeit zwischen Einwirkungen und Gebäudeform. Zum Beispiel entstehen an Höhensprüngen Schneeverwehungen und an Dachüberständen Schneeanhäufungen. Auswirkungen auf die Standsicherheit eines Tragwerks haben auch Temperaturänderungen und Bewegungen im Baugrund. Tragwerke sind außergewöhnlichen Situationen ausgesetzt wie Anprall durch Personen und Fahrzeuge, Feuer, Erdbeben und Explosionen. Die Standzeit muss im Falle dieser extremen Einwirkungen aufrechterhalten bleiben, bis alle Personen, die sich im Gebäude aufhalten, in Sicherheit sind.

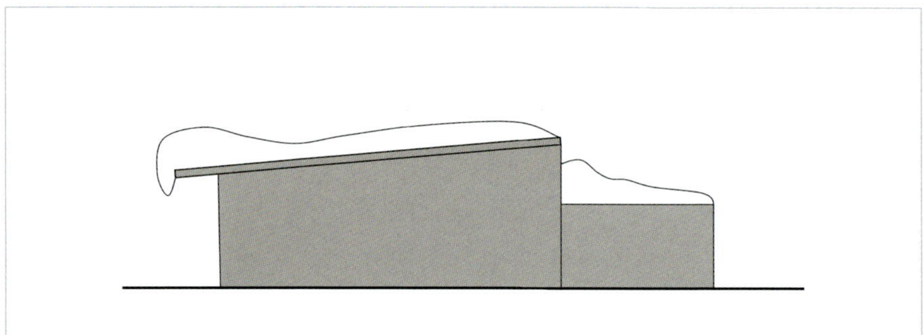

Aussteifung

Schiefstellungen von Stützen und Wänden, Wind, Anprall und Erdbeben führen zu Lasten auf das Tragwerk, die Stützen und Wände zum Umkippen bringen. Die Folge ist ein Herabfallen der Decken und des Daches, die auf den Stützen und Wänden aufliegen. Verhindert wird dies mit der Aussteifung, die in jedem Bauwerk vorhanden ist. An die auszusteifenden Bauteile im Dach, in den Decken, in den Wänden und der Gründung werden zusätzliche Anforderungen gestellt. So sind aussteifende Wandscheiben in Gebäudelängs- und Querrichtung anzuordnen.

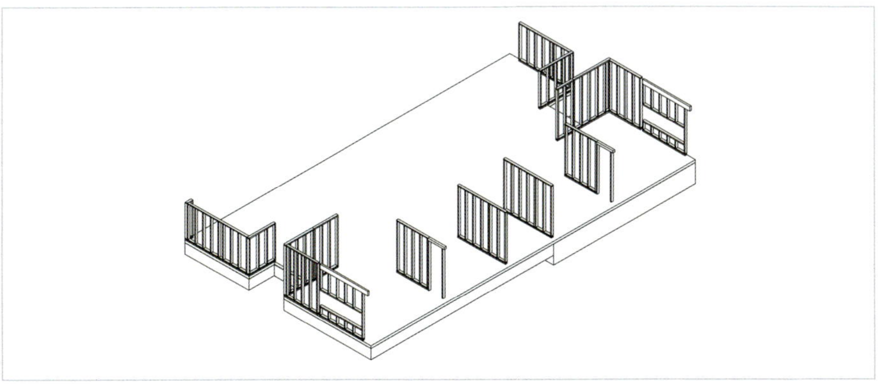

Das statische System

Wie Einwirkungen aufgenommen und weitergeleitet werden, bestimmt die Abmessungen der einzelnen Bauteile und die Ausbildung der Verbindung zwischen den Bauteilen. Nur über das Verbinden der Bauteile werden die Einwirkungen, die auf das Dach, die Decken, die Wände, die Bodenplatte und die Fundamente angreifen, in den Baugrund übertragen. Das Abtragen wird analysiert, indem einzelne Bauteile, Teile des Tragwerks oder das Tragwerk in ein statisches System übersetzt werden. Dieses entspricht einer Abstrahierung von Einwirkungen in Kräfte, von Bauteilen auf ihre Schwerachse mit Querschnittswerten und Auflagern. In dem dargestellten Einfeldträger mit beidseitiger Auskragung wird der Abstand zwischen Auflagern als Spannweite L bezeichnet. Die Spannweiten L_1 und L_2 geben an, wie weit der Träger über die Auflager auskragt. Angegeben sind das Eigengewicht g [kN/m] und die Nutzlast q [kN/m] als Streckenlasten sowie die Auflagerkräfte, die mit den Lasten im Gleichgewicht sind.

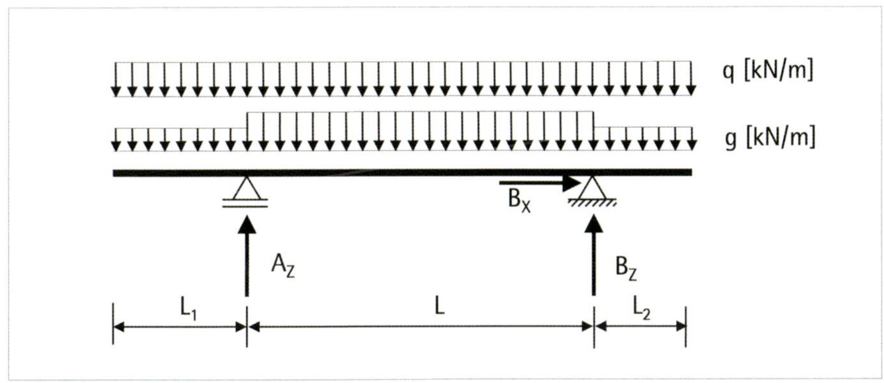

Schnittgrößen

Das Abstrahieren eines Trägers, einer Stütze, einer Platte oder einer Wandscheibe in ein statisches System erlaubt das Berechnen von Beanspruchungen in den Bauteilen, die auf die Schwerachse oder die Mittelfläche bezogen sind. Diese Beanspruchungen werden Schnittgrößen genannt und sind in stabförmigen Bauteilen die Normalkraft, die Querkraft, das Biegemoment und das Torsionsmoment. Schnittgrößen werden in ihrem Verlauf über die Länge des Bauteils ermittelt und werden darstellbar. Dadurch ist es möglich, Stellen mit hoher Beanspruchung zu erkennen. Am Beispiel eines Einfeldträgers mit beidseitiger Auskragung und den Biegemomenten M_F und M_{St} wird dies deutlich.

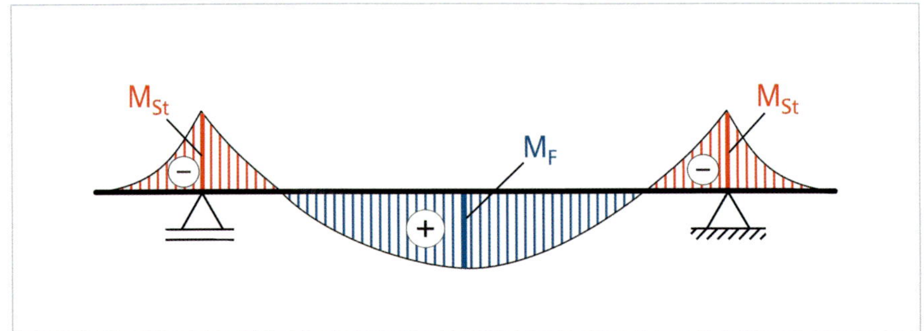

Spannungen

Der Querschnitt eines Bauteils besitzt geometrische Größen, z.B. den Flächeninhalt und den Flächenschwerpunkt. Mit weiteren Größen wie dem Trägheits- und dem Widerstandsmoment lassen sich Schnittgrößen in Spannungen umrechnen. In Trägern und Stützen gibt es Normalspannungen, Scherspannungen durch die Querkraft, Biegespannungen und Torsionsspannungen. Unter einer Last normal zur Schwerachse ist die Biegespannung in einem Träger mit zwei Auflagern in Trägermitte am größten. Sie nimmt von der Schwerachse zum oberen und unteren Rand zu. Sind die Spannungen größer als die Festigkeit der Baustoffe, bricht der Träger. Für den Grenzzustand der Tragfähigkeit werden Einwirkungen mit Sicherheitsfaktoren erhöht und die Baustofffestigkeiten abgemindert, um zu gewährleisten, dass das Tragwerk über die Nutzungsdauer ausreichend tragfähig ist.

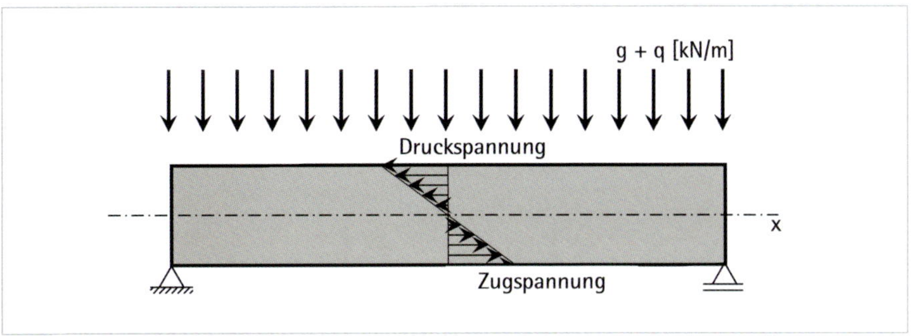

Verformungen

Jede Einwirkung führt in Bauteilen und Tragwerken außer zu inneren Beanspruchungen auch zu Verformungen. Diese sind als Schwingen beim Begehen von dünnen Decken und schlanken Brücken zu spüren. Die Ursache hierfür ist das Werkstoffgesetz als Beziehung zwischen Spannungen und Verzerrungen. Bauteile werden gedehnt, gestaucht, lassen sich biegen und verwinden. Die Größe der Verzerrungen hängt von der Querschnittsgeometrie und der Elastizität des Baustoffs ab. Jedes normal zu einer Schwerachse belastete Bauteil krümmt sich auf. Dies führt zur Durchbiegung von Trägern. Die Verformungen sind besonders bei nachgiebigen Baustoffen maßgebend für die Abmessung der Bauteile. Sie werden mit dem Grenzzustand der Gebrauchstauglichkeit nachgewiesen.

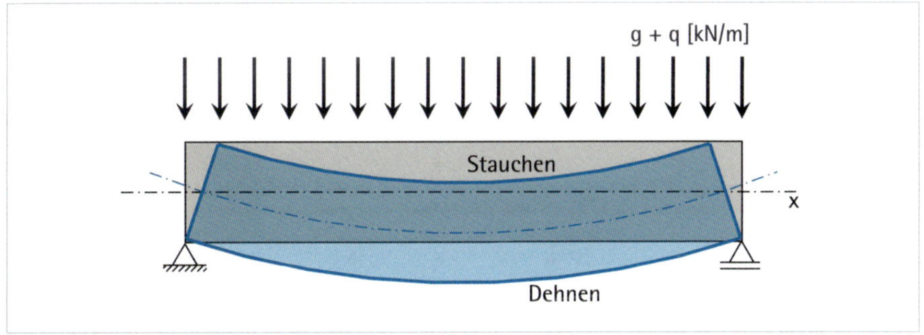

Druckbeanspruchte Bauteile

Die Besonderheit aller Bauteile, die Druckkräfte aufnehmen und weiterleiten, ist ein plötzliches Ausweichen oder Ausbeulen. Stützen knicken aus, Träger kippen seitlich um und Platten bekommen Beulen. Der Fachbegriff ist hierfür ist instabiles, unangekündigtes Verhalten. Man spricht auch von Stabilitätsversagen. Das Ausknicken ist abhängig von der Querschnittsgeometrie und der Lagerung der Bauteile. Die Last, die zum Ausknicken führt, wird als Knicklast D_{Ki} bezeichnet.

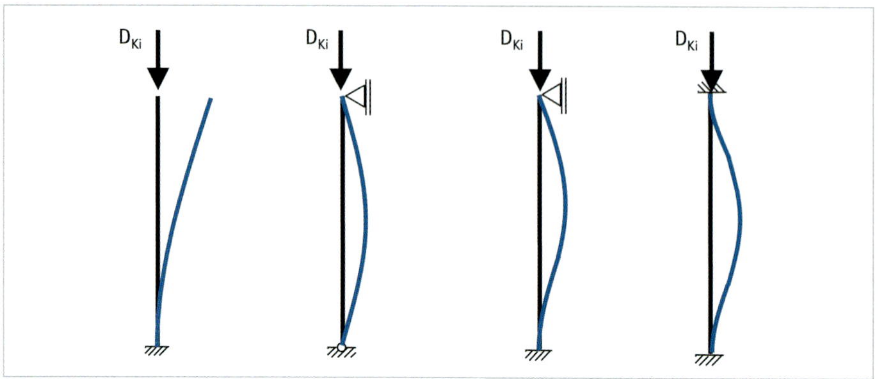

Gelenk- bzw. Gerberträger

Erlauben Fertigung, Einbau, Nutzung und Unterhalt den Einbau von Trägern, die auf mehr als zwei Stützen oder Wänden aufliegen, können diese Träger aus mehreren Teilen zusammengesetzt werden. Die Verbindung kann als Gelenk über den Auflagern und zwischen den Auflagern erfolgen. Es gibt besondere Stellen, an denen die Anordnung der Gelenke zu geringeren Dimensionen der Träger führt. In der Literatur werden diese Träger als Gelenk- oder Gerberträger bezeichnet.

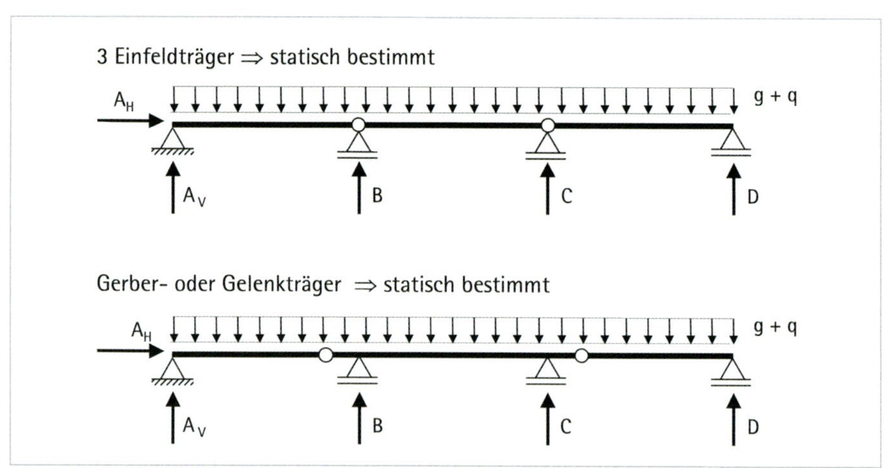

Mehrfeldträger

Träger, die auf mehr als zwei Wänden oder Stützen aufliegen und ohne Gelenke ausgeführt sind, werden Mehrfeld- oder Durchlaufträger genannt. Um ihre Auflagerkräfte zu ermitteln und diese Träger zu dimensionieren, ist im Gegensatz zu Einfeldträgern eine weitere Beziehung notwendig. Diese ist die Abhängigkeit zwischen den Einwirkungen und der Verformung des Bauteils. Ausgehend vom Träger auf zwei Stützen erfordert jedes weitere Auflager eine zusätzliche Beziehung (Funktion), um die unbekannten Auflagerkräfte zu berechnen. Während sich Einfeldträger unter Temperatureinwirkung oder Stützensenkung ungehindert verformen, entstehen in Mehrfeldträgern unter diesen Einwirkungen im Inneren Beanspruchungen.

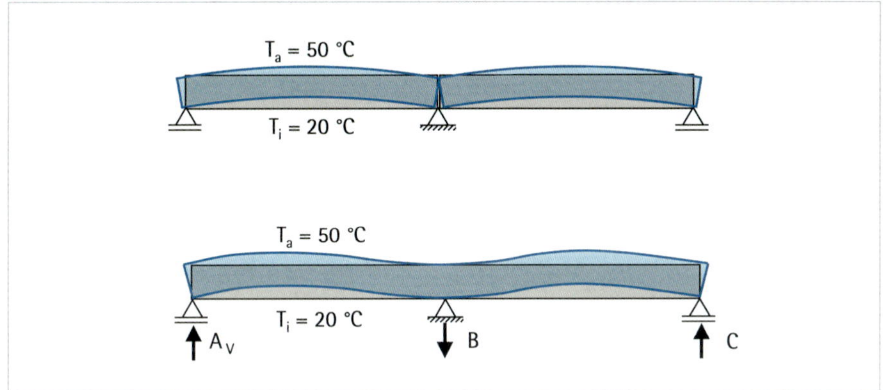

Geneigte und geknickte Träger

Anwendungen für geneigte Träger sind Dachkonstruktionen. Die Neigung ermöglicht das Abfließen von Regen und das Abrutschen von Schnee. Zur Ausführung kommen Pfettendächer, mit geneigten Dachsparren, horizontaler First-, Mittel- und Traufpfette auf denen die Sparren aufliegen. Die Pfetten werden von Stützen getragen oder liegen auf Wänden auf. Die Sparren können über die Pfetten auskragen. Geknickte Träger finden in Treppenwangen Anwendung. Die Neigung und das Knicken wirken sich auf die inneren Beanspruchungen aus.

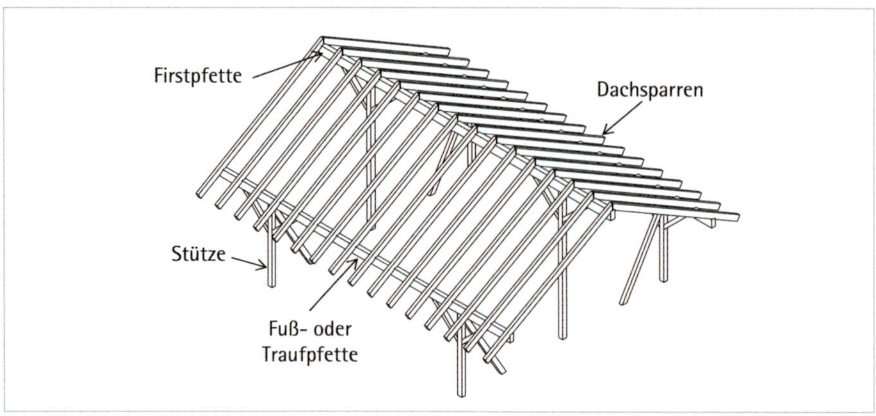

Drei-Gelenk-Tragwerke

Werden zwei Träger gegeneinander geneigt und am Berührungspunkt miteinander gelenkig verbunden, ergibt sich ein Sparrendach. Dieses ist nur tragfähig, wenn die Auflager vertikal und horizontal unverschieblich gehalten werden. Die Auflager und die Verbindung der Sparren im First entsprechen Gelenken und führen zu einem Drei-Gelenk-Tragwerk. Werden Träger an ihren Auflagern auf den Stützen mit diesen biegesteif verbunden, ergeben sich Tragwerke, die als Rahmen bezeichnet werden. Besitzt der Träger in der Mitte ein Gelenk, entspricht dieser Rahmen einem Drei-Gelenk-Tragwerk. Diese sind in der Lage vertikale und horizontale Lasten abzutragen.

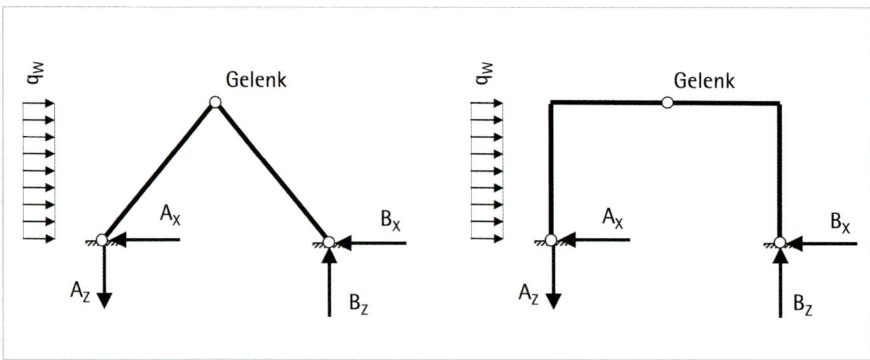

Baustoffe mit sehr geringer Zugfestigkeit

Im Gegensatz zu Holz, Kunststoffen und Metallen besitzen Lehm, gebrannte Ziegel, Stahlbeton und Glas nur eine sehr geringe Zugfestigkeit. Kräfte, die normal auf gemauerte Wände, Glasscheiben und Stahlbetonplatten einwirken, führen zu Biegespannungen. Diese bewirken auf der einen Seite an der Oberfläche Druckspannungen. Die Zugspannungen auf der anderen Seite führen zu Rissen und die Wand kann umkippen, die Glasscheibe springen oder die Stahlbetonplatte reißen. Um dies zu verhindern, können beim Bauen mit Mauerwerk aus gebrannten oder ungebrannten Steinen, mit Glas und mit Stahlbeton, die Zugspannungen durch Auflast oder Vorbelastung überdrückt werden. Alternativ sind die Bauteile durch Stahleinlagen, die als Bewehrung bezeichnet werden, auf der zugbeanspruchten Seite zu verstärken.

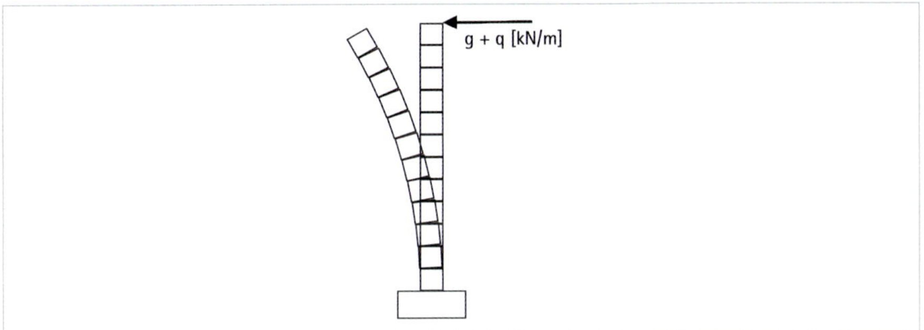

Platten und Scheiben

Holzwerkstoffplatten, Schichtholzdecken, Stahlbetonplatten und Glasscheiben gehören zu den ebenen Flächentragwerken. Die Lastabtragung ist abhängig von der Lagerung der Platten auf Wänden, Unter- oder Überzügen und Stützen. Scheiben lagern auf Fassadenpfosten auf oder werden mit Punkthaltern an einer Unterkonstruktion befestigt. Sind zwei gegenüberliegende Kanten der Platten oder Scheiben aufgelagert, entsprechen die statischen Systeme Trägern mit einer Breite von einem Meter. Werden drei und vier Seiten der Platte durch Wände, Unter- bzw. Überzüge oder Stützen gehalten, werden die Lasten auf die Platten in zwei Richtungen zu den Auflagern abgetragen. Glasscheiben werden an allen umlaufenden Seiten an Pfosten und Riegeln der Fassade befestigt. Es wird von einer zweiachsigen Tragwirkung gesprochen.

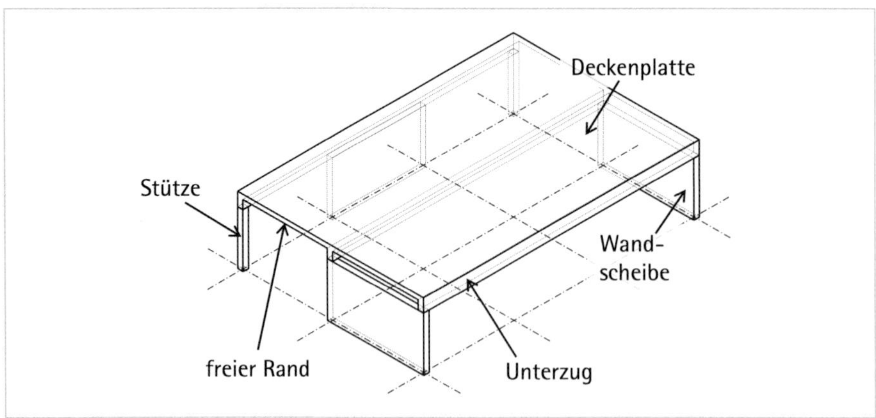

1.3 Vorwissen aus der Mathematik

1.3.1 Geometrie

› Flächenschwerpunkt
Der Flächenschwerpunkt von Dreiecken und Vierecken (Quadrat, Rechteck, Raute und Parallelogramm) liegt im Schnittpunkt der Seitenhalbierenden und der Symmetrieachsen bei symmetrischen Querschnitten. Für den Kreis ist der Schwerpunkt mit dem Kreismittelpunkt identisch.

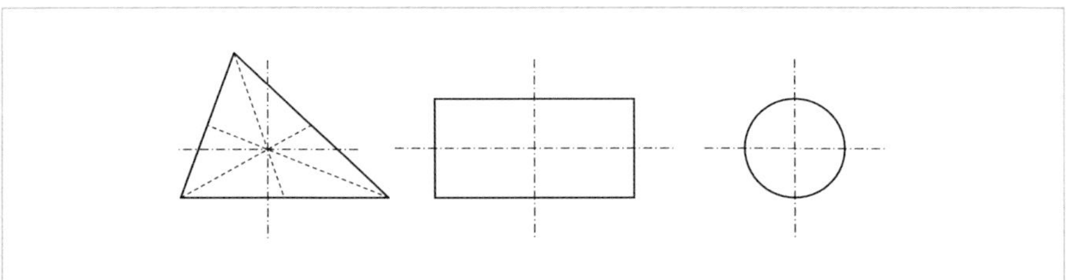

› Beziehungen am rechtwinkligen Dreieck
  › Satz von Pythagoras

$$a^2 + b^2 = c^2$$

  › Trigonometrische Beziehungen

$$\sin\alpha = \frac{b}{c}$$

$$\cos\alpha = \frac{a}{c}$$

$$\tan\alpha = \frac{b}{a}$$

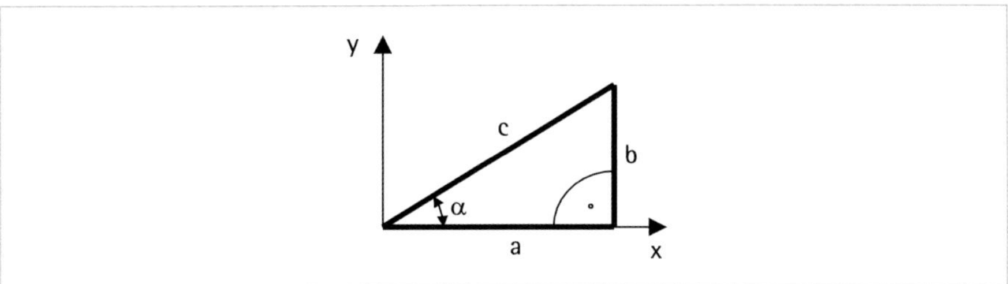

1.3.2 Algebra

› Binomischer Lehrsatz

› Summe einer numerischen Reihe

$$S = a_1 + a_2 + \ldots + a_n = \sum_{i=0}^{i=n} a_i$$

› Lösen von linearen und quadratischen Gleichungen

1.3.3 Analysis

› Funktionen mit einer Veränderlichen als Polynome höherer Ordnung

$$y(x) = a_0 \cdot x^n + a_1 \cdot x^{n-1} + \ldots + a_{n-1} \cdot x + a_n$$

1. Ableitung

$$y'(x) = \frac{dy}{dx} = \frac{a_0}{n} \cdot x^{n-1} + \frac{a_1}{n-1} \cdot x^{n-2} + \ldots + a_{n-1}$$

2. Ableitung

$$y''(x) = \frac{d^2y}{dx^2}$$

$$= \frac{a_0}{n \cdot (n-1)} \cdot x^{n-2} + \frac{a_1}{(n-1) \cdot (n-2)} \cdot x^{n-3} + \ldots + a_{n-2}$$

- Integralrechnung
  - Unbestimmtes Integral

    $$F(x) = \int f(x) \cdot dx + C$$

  - Bestimmtes Integral

    $$\int_a^b f(x) \cdot dx = \left(\int f(x) \cdot dx\right)_a^b$$

1.4 Vorwissen aus der Physik

1.4.1 Einheiten von Längen, Flächen, Volumen, Massen und Kräften

- Dimensionskontrollen
  Jedes Gas, jede Flüssigkeit und jeder Feststoff besitzt eine **Masse.** Die Masse m dieser Stoffe ist eine skalare Größe. Die Einheit einer Masse m wird in [g, kg, t, Mt] angegeben.

- Die **Newton'schen Gesetze**
  Die nach dem englischen Mathematiker und Physiker Sir Isaak Newton (1642–1723) benannten Gesetze lauten:

  1. Ein kräftefreier Körper ist in Ruhe oder bewegt sich gradlinig mit konstanter Geschwindigkeit.
  2. Die Beziehung zwischen Masse und **Kraft** wird mit dem 2. Gesetz von Newton beschrieben. Die Kraft $\vec{F}$ entspricht der Masse m multipliziert mit der Beschleunigung $\vec{a}$. Als mathematische Funktion geschrieben, gilt

     $$\vec{F} = m \cdot \vec{a}$$

     Sowohl die Kraft als auch die Beschleunigung sind vektorielle Größen, ihre Wirkung ist richtungsabhängig.

     Die Einheit der Kraft ist

     $$1\,N = 1\,kg \cdot \frac{m}{s^2};\ [kN, MN]$$

3. »actio = reactio«

Wirkt auf einen Körper eine Kraft, reagiert dieser Körper mit einer Gegenkraft, solange er in Ruhe ist.

Auf jeden Stoff wirkt aufgrund seiner Masse im Anziehungsfeld der Erde eine Kraft. Mit der Erdbeschleunigung $\vec{g}$ ergibt sich für jeden Stoff die Kraft $\vec{F}$ mit

$$\vec{F} = m \cdot \vec{g}$$

und

$$\vec{g} = 9{,}81 \frac{m}{s^2} \approx 10 \frac{m}{s^2}$$

ist der Zusammenhang zwischen Masse und Kraft infolge der Erdanziehung annäherungsweise

$$\vec{F} \approx 10 \cdot m$$

1.4.2 Kraft und Moment

Die Kraft $\vec{F}$ ist definiert mit

› dem **Betrag** (Größe) der Kraft,
› dem **Angriffspunkt** der Kraft,
› der **Richtung** der Kraft und
› der **Wirkungslinie** der Kraft.

Geometrisch wird die Richtung der Kraft mit einem Pfeil dargestellt. Die Wirkungslinie ist die Gerade durch den Anfangs- und Endpunkt des Kraftpfeils.

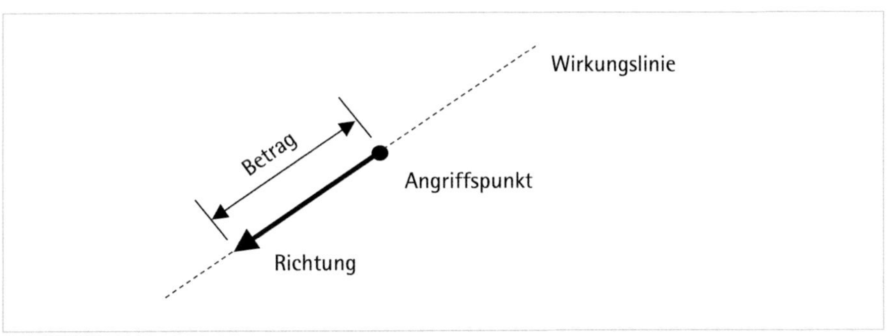

Kräfteparallelogramm

Eine Kraft $\vec{F}$ wird in der Ebene in die zwei Kraftkomponenten $\vec{F}_1$ und $\vec{F}_2$ zerlegt. Der Betrag der Komponenten ergibt sich im Kräfteparallelogramm durch den Schnittpunkt der Wirkungslinien dieser Komponenten.

Im ebenen, kartesischen Koordinatensystem gibt es zwischen der Kraft und ihren Komponenten unterschiedliche Darstellungsweisen.

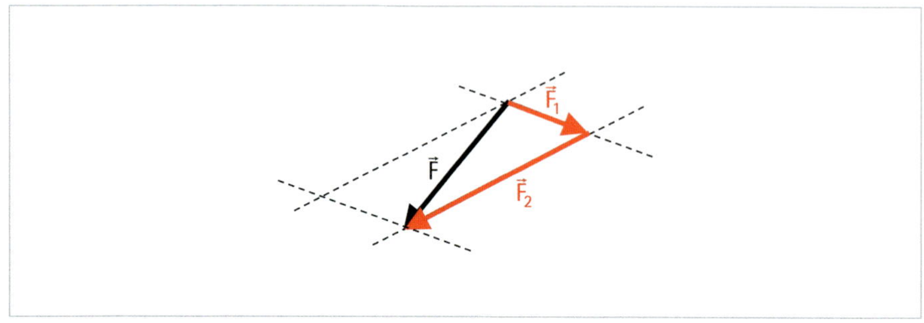

Mit dem Satz des Pythagoras gilt

$$\vec{F}_x^2 + \vec{F}_y^2 = \vec{F}^2 \Rightarrow \vec{F}_x = \sqrt{\vec{F}^2 - \vec{F}_y^2} \text{ oder } \vec{F}_y = \sqrt{\vec{F}^2 - \vec{F}_x^2}$$

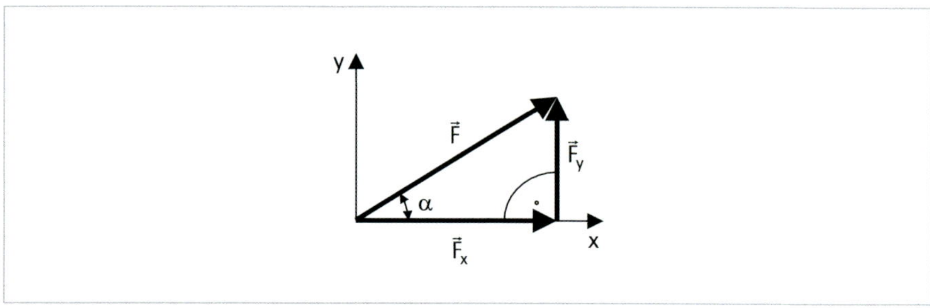

› Trigonometrische Beziehungen sind

$$\sin\alpha = \frac{\vec{F}_y}{\vec{F}}$$

$$\cos\alpha = \frac{\vec{F}_x}{\vec{F}}$$

$$\tan\alpha = \frac{\vec{F}_y}{\vec{F}_x}$$

› Die vektorielle Darstellung der Kraft lautet:

$$\vec{F} = \begin{bmatrix} F_x \\ F_y \end{bmatrix}$$

Kräftepaar

Wirken auf einen Körper zwei Kräfte mit demselben Betrag, die entgegengesetzt gerichtet sind und parallele Wirkungslinien besitzen, kommt es zu einer Verdrehung des Körpers. Die physikalische Größe für diese Drehbewegung ist das **Drehmoment** $\vec{M}$ mit der Beziehung

$$\vec{M} = \vec{F} \cdot r$$

und dem Abstand r senkrecht zu den Wirkungslinien.

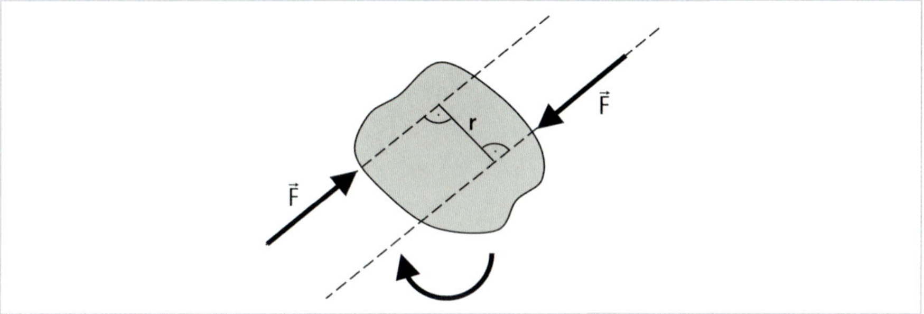

Drehmoment

Wirkt die Kraft $\vec{F}$ auf einen Körper und der Körper besitzt einen Festpunkt, führt die Kraft zu einer Drehung des Körpers, wenn die Wirkungslinie der Kraft einen Abstand zum Festpunkt aufweist. Das entstehende Drehmoment ist definiert mit

$$\vec{M} = \vec{F} \cdot r$$

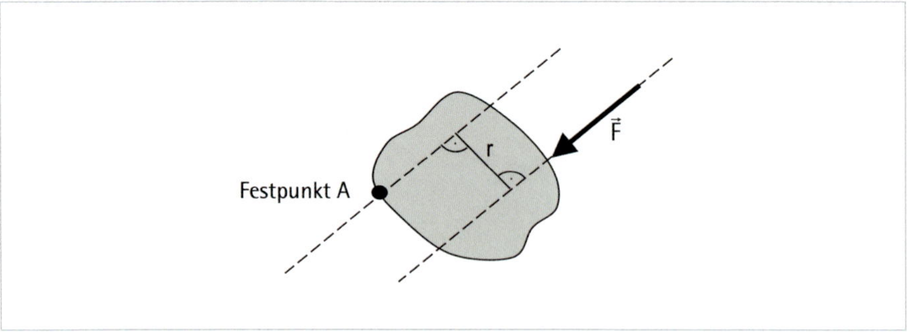

Die Einheit des Drehmomentes ist [Nm, kNm, MNm].

Das Drehmoment ist bestimmt durch die Größe der Kraft, dem senkrechten Abstand der Wirkungslinie zum Drehpunkt, der auch als Hebelarm bekannt ist und dem Drehsinn (rechts- oder linksdrehend).

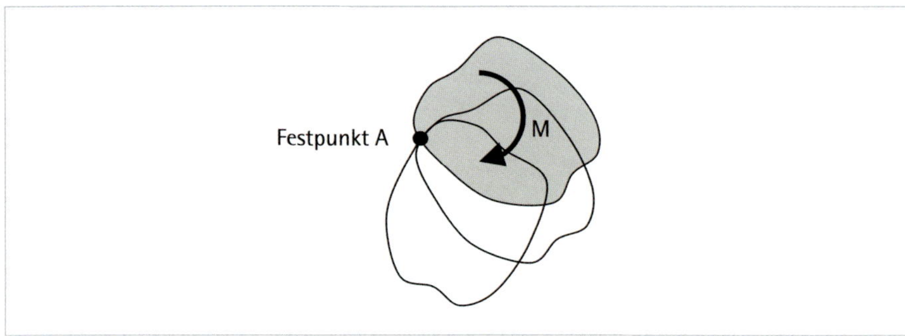

Hebelgesetz

Drehmomente finden in Balkenwaagen und Werkzeuge wie Scheren, Zangen oder Schraubenschlüssel praktische Anwendung. Ihre Wirkung beruht auf Momenten und wird durch das Hebelgesetz beschrieben.

Der horizontale Stab in der nachfolgenden Abbildung ist in Ruhe, wenn das links drehende Moment M_1 dem Betrag nach dem rechts drehenden Moment M_2 entspricht. Der Stab verdreht sich um das Auflager, wenn eines der beiden Momente größer ist.

Für den Zustand der Ruhe gilt folglich

$$M_1 = M_2$$

Kräfte und Abstände eingeführt, ergibt

$$F_1 \cdot a_1 = F_2 \cdot a_a$$

Das Produkt aus Kraft multipliziert mit dem Hebelarm ist für den Zustand der Ruhe konstant. Das heißt, eine kleine Kraft erfordert einen großen Hebelarm, um eine Verdrehung des Balkens zu verhindern, wenn F_1 und a_1 bekannt sind.

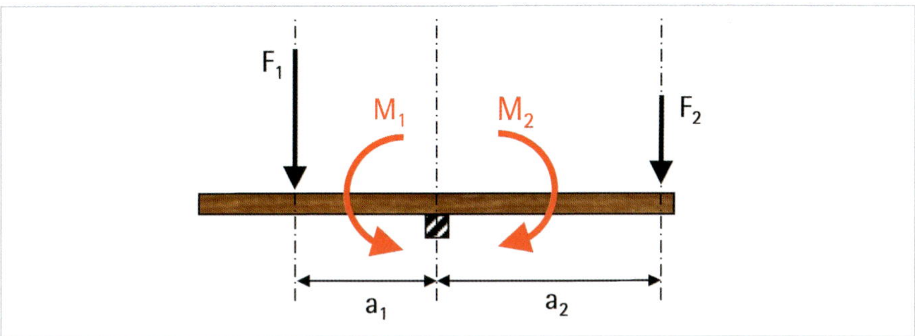

Federgesetz

Wirkt auf eine Feder die Kraft $\vec{F}$ ein und hat die Feder die konstante Federsteifigkeit K, ist die Verschiebung $\vec{v}$ des Angriffspunkts der Kraft proportional zum Betrag der Kraft. Es gilt allgemein

$$\vec{F} = K \cdot \vec{v}$$

Diese Beziehung wird als das Hooke'sches Gesetz nach dem englischen Physiker Robert Hooke (1635–1703) bezeichnet. Das Hooke'sche Gesetz darf auf das Verhalten von Bauteilen und Tragwerken übertragen werden. Es beschreibt Verformungen. Diese dürfen zu keiner Einschränkung der Funktion des Gebäudes führen.

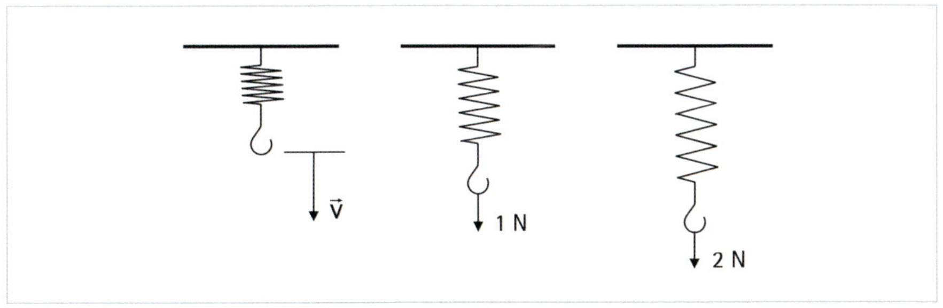

1.5 Vorwissen aus der Baustoffkunde

Bauteile, die im Tragwerk Einwirkungen wie Kräfte und Momente auf das gesamte Bauwerk sicher in den Baugrund abzuleiten haben, bestehen aus Baustoffen. Die mechanischen Eigenschaften der Baustoffe bestimmen unter anderem die Abmessungen und die Verformungen der Bauteile und des gesamten Bauwerks. Zu den mechanischen Eigenschaften gehören die Dichte ρ [g/m^3], die Wichte γ [N/m^3], Verzerrungen und Festigkeiten. Die Wichte als Volumen bezogenes Gewicht der Baustoffe leitet sich aus der Volumen bezogenen Masse des Stoffes multipliziert mit der Erdbeschleunigung ab.

Wird ein Stab in seine Längsrichtung gezogen oder gedrückt, verhält er sich wie eine Feder. Er wird beim Ziehen länger und beim Zusammendrücken kürzer. Sowohl die Kraft als auch die Längenänderung sind messbare Größen. Für einen allgemein gültigen Zusammenhang wird die äußere Kraft in die innere Spannung des Stabes umgerechnet. Dieser Spannung wird die Verzerrung des Stabes zugeordnet. Die Verzerrung wird aus dem Verhältnis der gedehnten bzw. gestauchten Länge unter der Kraft und der unbelasteten Ausgangslänge ermittelt.

Die Verzerrung wird als Dehnung bezeichnet, wenn der Stab länger wird und Stauchung genannt, wenn der Stab unter der einwirkenden Kraft kürzer wird.

Die Beziehung zwischen der Spannung σ [N/mm^2, MN/m^2, Pa, kPa, MPa] und der Verzerrung ε [–, ‰] lässt sich analog dem Hooke'schen Gesetz schreiben zu

$$\sigma = E \cdot \varepsilon$$

und wird als linear elastisches Werkstoffgesetz bezeichnet. Die Proportionalitätskonstante heißt Elastizitätsmodul E [N/mm^2, MN/m^2, Pa, kPa, MPa] und ist abhängig vom Baustoff.

Das Spannungs-Dehnungs-Verhalten der Baustoffe wird in einachsigen Zug- oder Druckversuchen ermittelt und in Diagrammen darstellt.

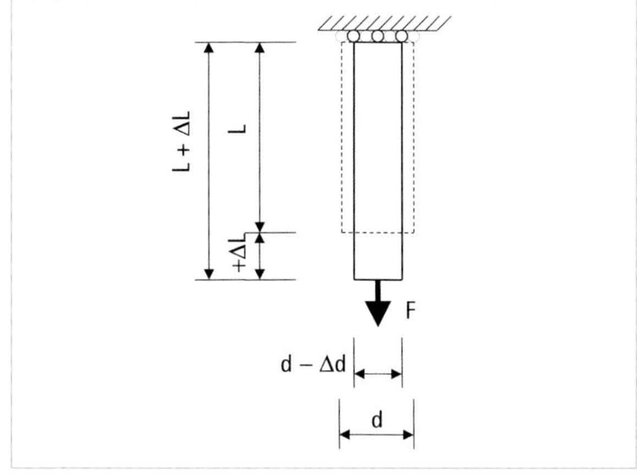

Dehnen

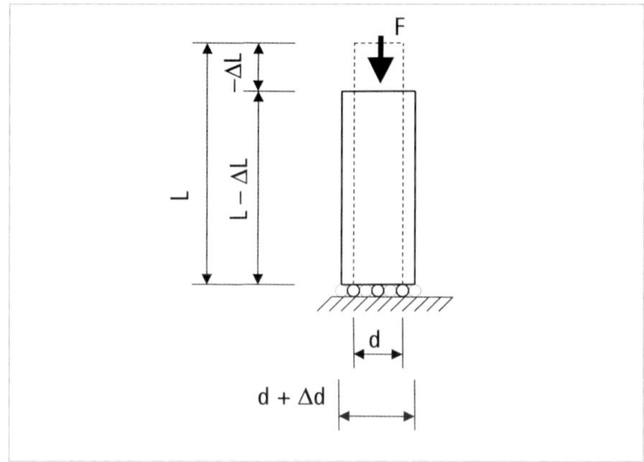

Stauchen

In den Zug- oder Druckversuchen werden zu dem Elastizitätsmodul bzw. E-Modul als Steigung der Spannungs-Dehnungs-Kurven auch die Festigkeit und das Bruchversagen der Baustoffe bestimmt. Baustoffe mit einem geringen E-Modul führen in Tragwerken zu großen Verformungen. Baustoffe mit einem hohen E-Modul sind größeren Spannungen ausgesetzt. Die Angaben für die Kennwerte der Baustoffe finden sich in Normen, allgemeinen bauaufsichtlichen Zulassungen, allgemeinen bauaufsichtlichen Prüfzeugnissen oder Zustimmung im Einzelfall.

Ein Baustoff ist duktil, wenn die Dehnung ab einer bestimmten Spannung zunimmt, ohne dass die Spannung gesteigert wird. Dieses Verhalten wird auch als Fließen bezeichnet. Es kommt bei Kunststoffen und Metallen vor. Die Spannung, bei der das Fließen beginnt, wird in der Werkstoffkunde Streckgrenze genannt.

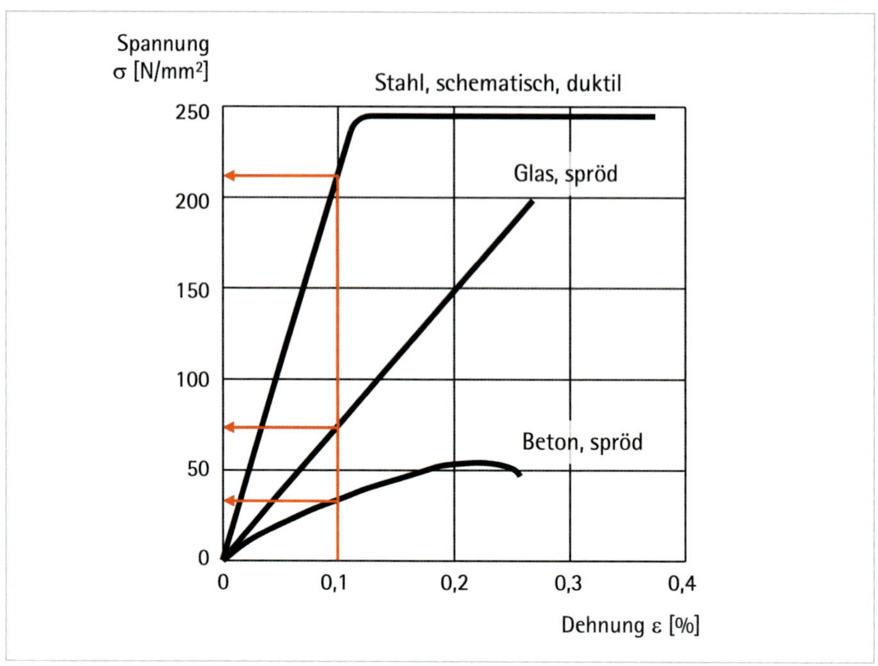

Der Vorteil des duktilen Verhaltens von Baustoffen ist ein angekündigtes Versagen. Bauteile mit duktilen Baustoffen weisen große Verformungen auf, bevor es zum Versagen kommt.

Ein Baustoff ist spröd, wenn er plötzlich zerreißt oder bricht, wie Glas, Mauerwerk und Beton. Das Versagen dieser Baustoffe ist unangekündigt und plötzlich. Eine sichtbare Verformung vor dem Bruch eines Bauteils fehlt.

Für die Beanspruchung in den Bauteilen ist das Temperaturverhalten der Baustoffe von Bedeutung. Je nach Einbausituation ist das Ausdehnen bei Erwärmen oder das Verkürzen beim Abkühlen möglich oder behindert. Das Behindern temperaturbedingter Verzerrungen führt zu Kräften in den Bauteilen und im Tragwerk.

Die Längenänderung ε infolge einer über den Querschnitt konstanten Temperaturänderung lautet

$$\varepsilon = \alpha_T \cdot (T_1 - T_0)$$

mit dem Temperaturausdehnungskoeffizienten α_T, der Ausgangstemperatur T_0 und der Temperatur T_1 infolge Erwärmen oder Abkühlen.

2 Kräfte

2.1 Kräfte mit derselben Wirkungslinie 34
2.2 Kräfte mit parallelen Wirkungslinien 34
2.3 Kräfte mit beliebigen Wirkungslinien 35
2.4 Zerlegen einer Kraft 37
2.5 Kräftegleichgewicht 39

Im Weiteren wird zur besseren Lesbarkeit auf die Darstellung der Kräfte als Vektoren mit Pfeilen über den Buchstaben verzichtet.

2.1 Kräfte mit derselben Wirkungslinie

Kräfte mit denselben Wirkungslinien werden zur resultierenden Kraft R unter Berücksichtigung der Kraftrichtungen aufsummiert.

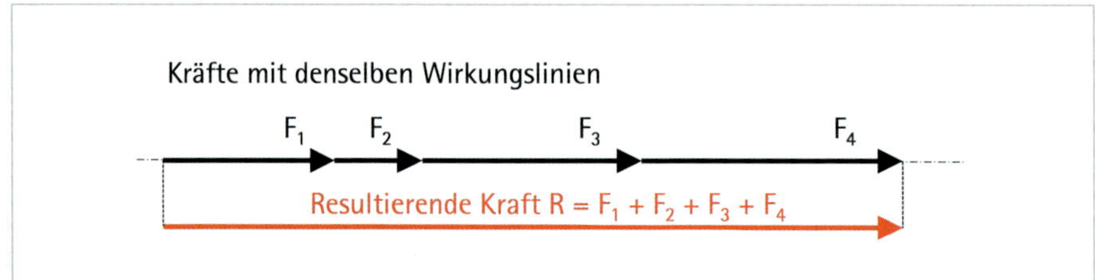

Allgemein

für eine Anzahl n an Kräften:

$$R = F_1 + F_2 + \ldots + F_n = \sum_{i=1}^{i=n} F_i$$

2.2 Kräfte mit parallelen Wirkungslinien

Kräfte mit parallelen Wirkungslinien werden zu der resultierenden Kraft R unter Berücksichtigung der Kraftrichtungen aufsummiert. Die Kraftrichtung wird bei der Summenbildung berücksichtigt, indem eine positive Kraftrichtung definiert wird und Kräfte mit entgegengesetzter Richtung ein negatives Vorzeichen erhalten.

Resultierende Kraft

$$R = -F_1 + F_2 + F_3 + F_4$$

Allgemein

$$R = F_1 + F_2 + \ldots + F_n = \sum_{i=1}^{i=n} F_i$$

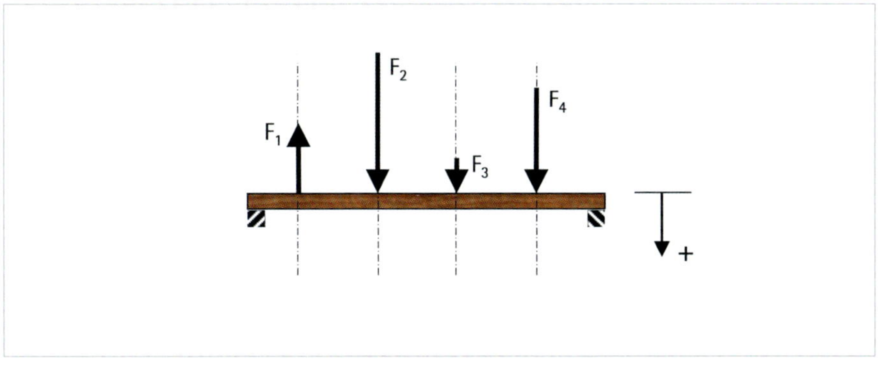

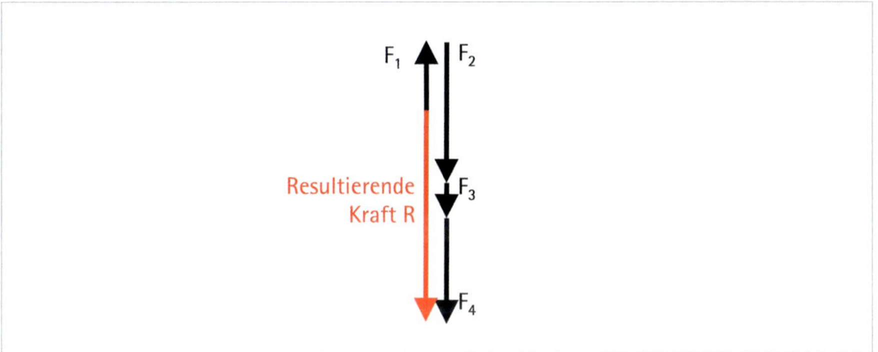

2.3 Kräfte mit beliebigen Wirkungslinien

Kräfte mit beliebigen Wirkungslinien werden vektoriell entweder grafisch oder analytisch addiert. Für die grafische Addition entspricht die Größe der Kräfte geometrisch der Pfeillänge und die Wirkungsrichtung ist durch den Winkel des Kraftpfeiles definiert. Kräfte mit einem gemeinsamen Schnittpunkt der Wirkungslinien an einem Körper werden addiert, indem die Kraftpfeile in beliebiger Reihenfolge hintereinander gesetzt werden. Es entsteht ein offener Polygonzug. Die resultierende Kraft R schließt den Polygonzug und es entsteht ein Kräftepolygon. Die Richtung der resultierenden Kraft R ist durch die Verbindung des Anfangspunktes der ersten Kraft (Pfeilende) mit dem Endpunkt der letzten Kraft (Pfeilspitze) bestimmt.

Kräfte, deren Wirkungslinien einen gemeinsamen Schnittpunkt haben

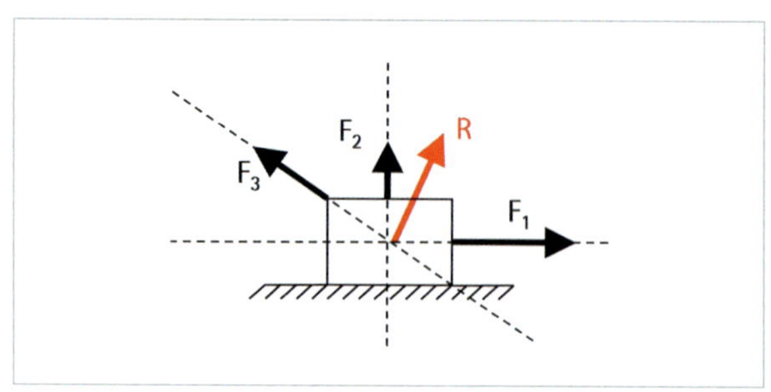

Offener Polygonzug – geometrische Addition der Kräfte

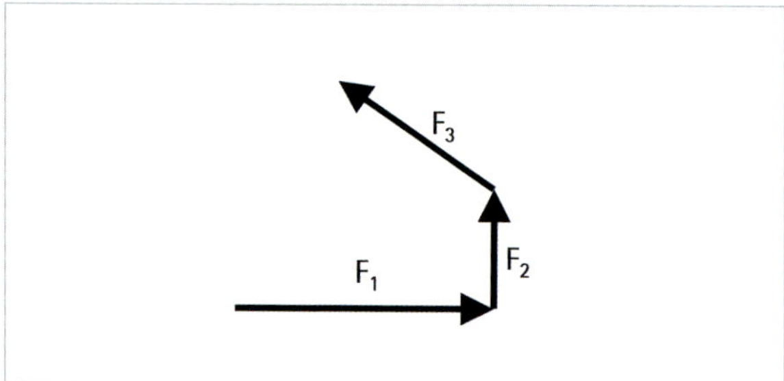

Resultierende Kraft R, Verbinden der offenen Enden

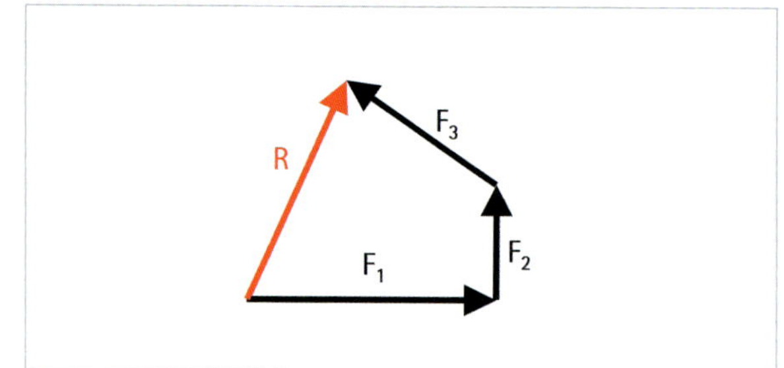

Die analytische Berechnung der resultierenden Kraft R erfolgt durch das Zerlegen aller Kräfte in zwei Richtungen, wobei die Richtungen für alle Kräfte gleich sein müssen. Mit dem Einführen eines ebenen, kartesischen Koordinatensystems lassen sich Betrag und Richtung der resultierenden Kraft berechnen. Es wird für jede Richtung aus den Kraftkomponenten die resultierende Kraftkomponente R_x und R_y berechnet und zur resultierenden Kraft zusammengesetzt. Bei der Addition ist wiederum die Kraftrichtung durch positive und negative Vorzeichen zu berücksichtigen.

$$F_{3,x} = F_3 \cdot \cos\alpha$$

und

$$F_{3,y} = F_3 \cdot \sin\alpha$$

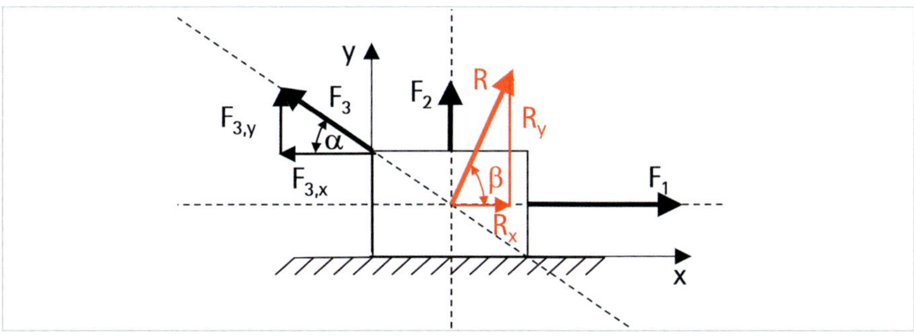

Summe der Kräfte in x-Richtung

$$R_x = F_1 - F_{3,x}$$

Summe der Kräfte in y-Richtung

$$R_y = F_2 + F_{3,y}$$

Resultierende Kraft

$$R = \sqrt{R_x^2 + R_y^2}$$

Kraftrichtung

$$\tan\beta = \frac{R_y}{R_x}$$

Vektorielle Schreibweise

$$R = \begin{bmatrix} R_x \\ R_y \end{bmatrix} = \begin{bmatrix} F_1 - F_{3,x} \\ F_2 + F_{3,y} \end{bmatrix}$$

2.4 Zerlegen einer Kraft

Eine Kraft wird in der Ebene in maximal zwei Kraftkomponenten mit Wirkungslinien unterschiedlicher Richtungen zerlegt. Die Größe der zwei Kraftkomponenten ergibt sich durch die Schnittpunkte der Wirkungslinien. Für mehr als zwei Kraftkomponenten gibt es beliebig viele Lösungen, das Ergebnis ist mehrdeutig.

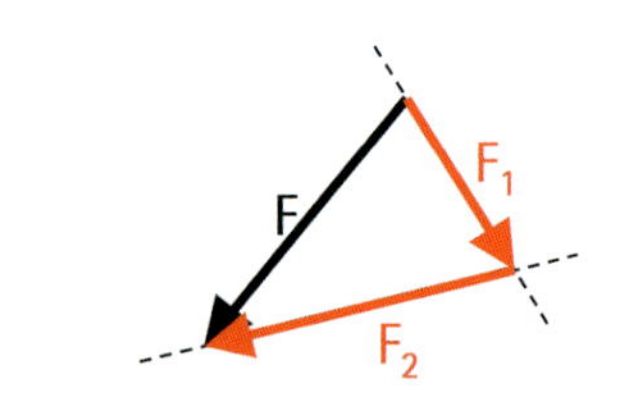

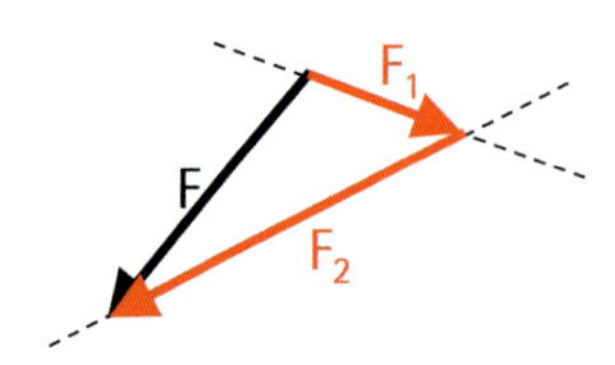

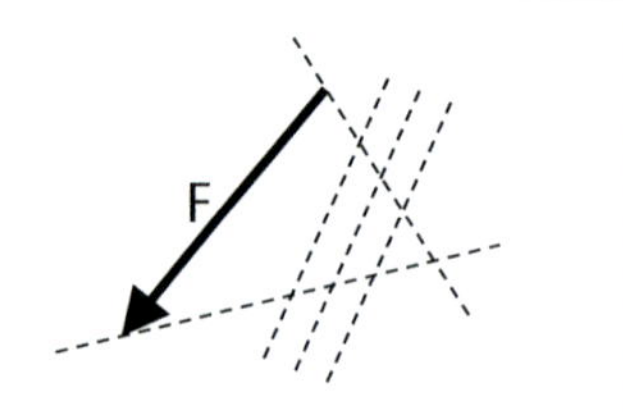

Eine Kraft im Raum wird in maximal drei Kraftkomponenten mit Wirkungslinien unterschiedlicher Richtungen zerlegt. Die Größe der drei Kraftkomponenten ergibt sich durch die Schnittpunkte der Wirkungslinien. Für mehr als drei Kraftkomponenten gibt es beliebig viele Lösungen, das Ergebnis ist mehrdeutig. Die Größe der Komponenten ist durch die Richtung der Wirkungslinien vorgegeben.

Zerlegen einer Kraft im Raum durch drei Wirkungslinien

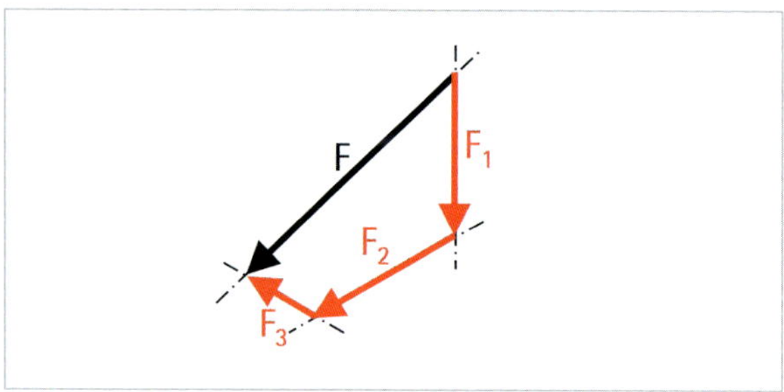

Andere Richtungen der Wirkungslinien führen zu anderen Kräften

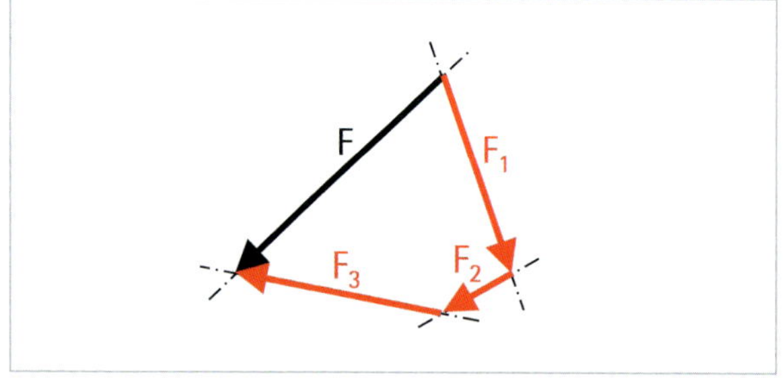

Bei mehr als drei Wirkungslinien gibt es keine eindeutige Zerlegung.

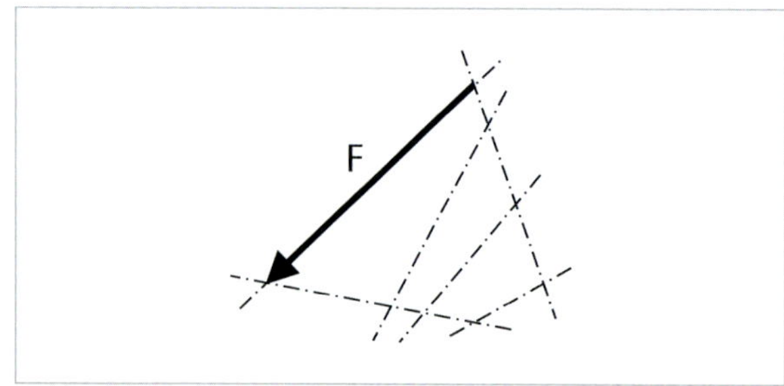

2.5 Kräftegleichgewicht

Jede resultierende Kraft führt in einem Körper, einem Bauteil und einem Tragwerk zu Verschiebungen in Richtung der Kraft. Tragwerke und Bauteile unterliegen im Allgemeinen keinen Verschiebungen, sondern befinden sich in Ruhe.

Damit keine Verschiebung auftritt, muss auf den Körper, das Bauteil oder das gesamte Tragwerk eine Gegenkraft wirken. Diese Gegenkraft F_A hat nach dem 3. Newton'schen Gesetz »actio = reactio« denselben Betrag wie die resultierende Kraft R, liegt auf derselben Wirkungslinie und ist zur resultierenden Kraft entgegengesetzt gerichtet.

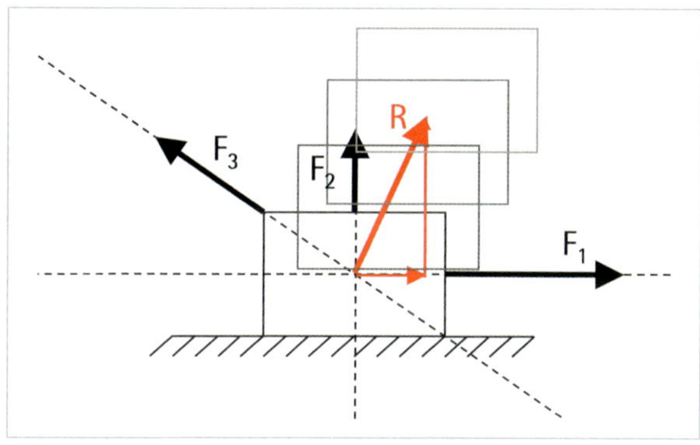

Verschiebung in Richtung der resultierenden Kraft

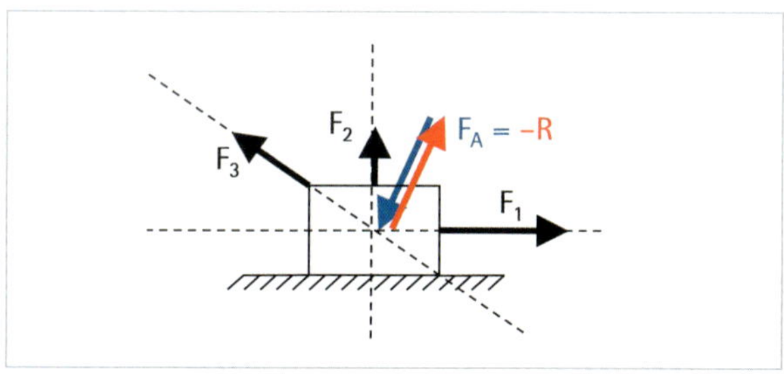

Kräftegleichgewicht durch die Reaktionskraft F_A

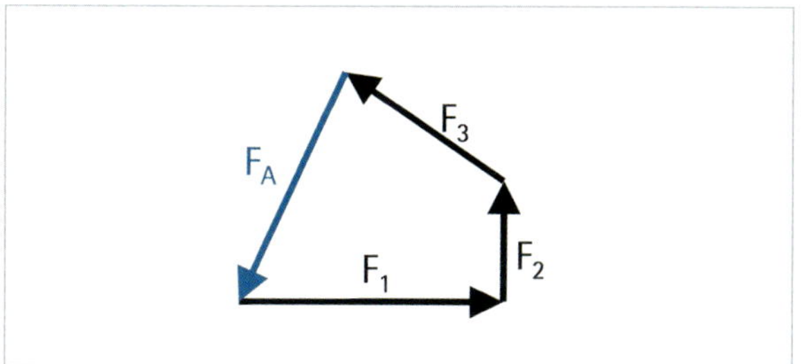

Gleichgewicht im Kräftepolygon

Damit ein Tragwerk und Bauteile keinen Verschiebungen unterliegen, muss die Summe aller auf das Tragwerk oder die Bauteil einwirkenden Kräfte in jede beliebige Richtung null sein. Diese Bedingung wird als Kräftegleichgewicht bezeichnet. Damit alle Kräfte im Gleichgewicht sind, ist das Kräftepolygon geschlossen und alle Kräfte haben im Polygon denselben Umlaufsinn.

Mit dem Einführen eines ebenen, kartesischen Koordinatensystems lassen sich alle Kräfte, die auf einen Körper einwirken, in Komponenten in x- und y-Richtung zerlegen. Das Gleichgewicht ist erfüllt, wenn die Summe der Kräfte in x- und y-Richtung null ist.

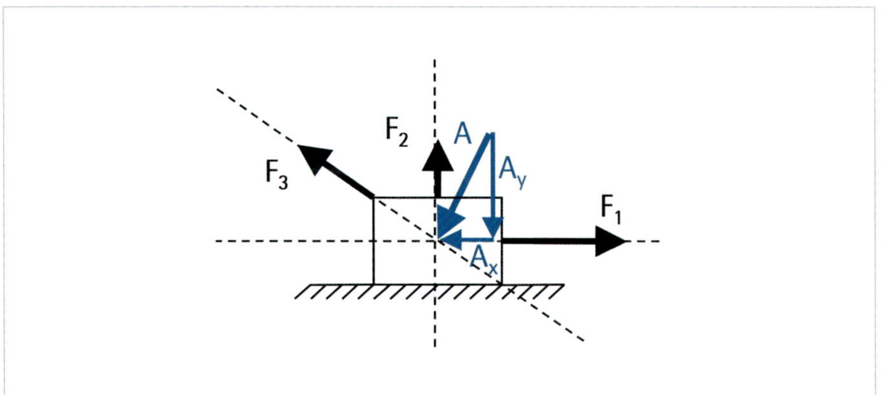

Für die x-Richtung gilt:

$$\sum_{i=0}^{i=n} F_{i,x} = 0$$

Positiv nach rechts:

$$-F_{A,x} + F_{1,x} + F_{2,x} + F_{3,x} - F_{4,x} = 0$$

Komponente der Gleichgewichtskraft in x-Richtung:

$$F_{A,x} = F_1 \cdot \cos\alpha_1 + F_2 \cdot \cos\alpha_2 + F_3 \cdot \cos\alpha_3 - F_4 \cdot \cos\alpha_4$$

Für die y-Richtung gilt:

$$\sum_{i=0}^{i=n} F_{i,y} = 0$$

Positiv nach oben:

$$F_{A,y} + F_{1,y} - F_{2,y} - F_{3,y} - F_{4,y} = 0$$

Komponente der Gleichgewichtskraft in y-Richtung:

$$F_{A,y} = -F_1 \cdot \sin\alpha_1 + F_2 \cdot \sin\alpha_2 + F_3 \cdot \sin\alpha_3 + F_4 \cdot \sin\alpha_4$$

Mit Berücksichtigung der Kraftrichtungen bzw. Vorzeichen gilt allgemein:

Gleichgewicht in x-Richtung:

$$F_{1,x} + F_{2,x} + \ldots + F_{n,x} = 0 \text{ oder } \sum_{i=0}^{i=n} F_{i,x} = 0$$

Gleichgewicht in y-Richtung:

$$F_{1,y} + F_{2,y} + \ldots + F_{n,y} = 0 \text{ oder } \sum_{i=0}^{i=n} F_{i,y} = 0$$

3 (Dreh-)Momente

Obwohl ein Körper, Bauteil oder Tragwerk im Kräftegleichgewicht ist, kommt es zu einer Verdrehung, wenn die Wirkungslinien der Kräfte keinen gemeinsamen Schnittpunkt haben. Haben die Kräfte parallele Wirkungslinien, entsprechen die Kräfte einem Kräftepaar, welches ein Drehmoment darstellt. Dieses Drehmoment ist die Ursache für eine Verdrehung.

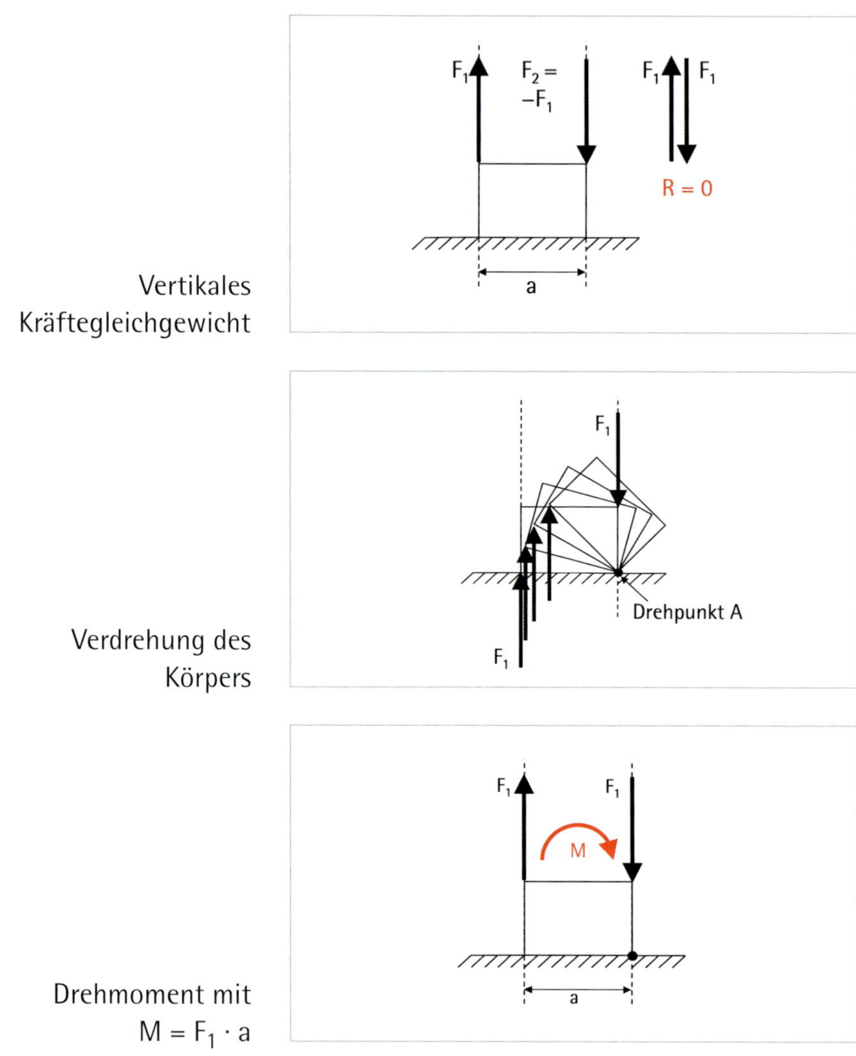

Vertikales Kräftegleichgewicht

Verdrehung des Körpers

Drehmoment mit $M = F_1 \cdot a$

Wirken an einem Körper, Bauteil oder Tragwerk mehrere Kräfte, ergibt sich das resultierende Drehmoment aus der Summe der einzelnen Drehmomente um denselben Drehpunkt. Vereinfachend wird im Weiteren das Drehmoment als Moment bezeichnet.

Der Drehsinn der Momente ist bei der Addition mit dem Vorzeichen zu berücksichtigen. Das resultierende Moment ist unabhängig von der Lage des Drehpunktes. Dieser kann im Körper oder außerhalb des Körpers liegen.

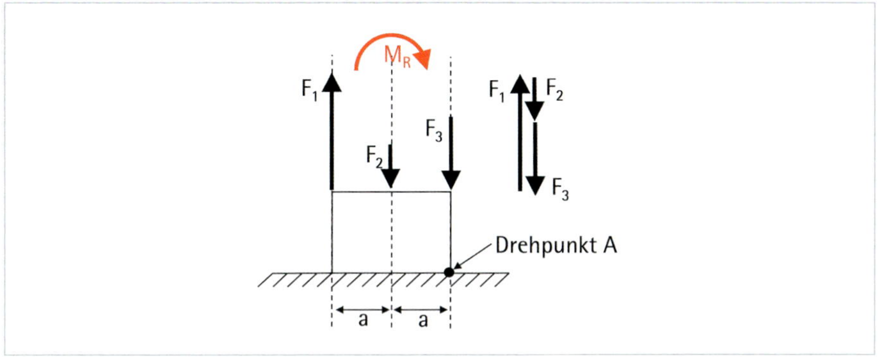

Vertikales Gleichgewicht:

$$\sum_{i=1}^{3} R_{i,y} = F_1 - F_2 - F_3 = 0 \Rightarrow F_1 = F_2 + F_3$$

Resultierendes Moment M_R:

$$M_R = F_1 \cdot 2a - F_2 \cdot a - F_3 \cdot 0 = (2F_1 + F_2) \cdot a$$

Damit keine Verdrehung auftritt, muss an dem Körper ein Moment wirken, welches den Betrag des resultierenden Momentes und einen entgegengesetzten Drehsinn hat.

Analog dem Kräftegleichgewicht muss für einen Körper, ein Bauteil oder ein Tragwerk die Summe aller einwirkenden Momente null sein, damit das Momentengleichgewicht um jeden beliebigen Drehpunkt erfüllt ist.

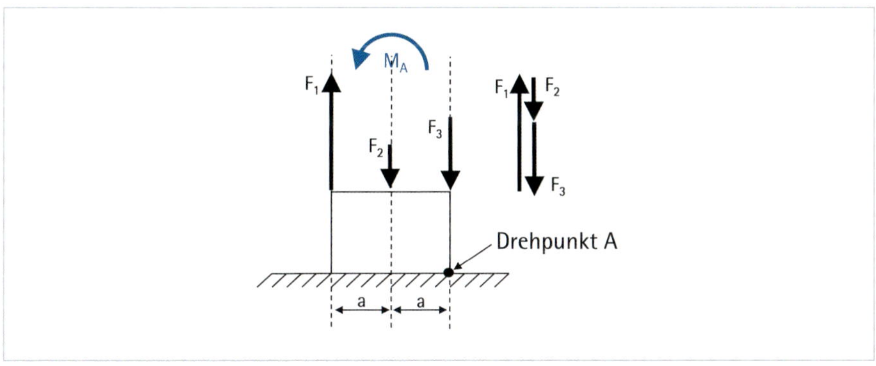

Allgemein gilt

$$\sum_{i=1}^{n} M_i = M_1 + M_2 + \ldots + M_n = 0$$

Das Gleichgewicht ist erfüllt, wenn es ein Reaktionsmoment M_A gibt, das zum resultierenden Moment M_R einen entgegengesetzten Drehsinn und denselben Betrag hat.

Im Unterschied zu Kräften, die jeweils nur in dieselbe Richtung unter Berücksichtigung der Vorzeichen zur einer resultierenden Kraft aufsummiert werden, werden alle an einem Köper, Bauteil oder Tragwerk einwirkenden Momente mit Berücksichtigung des Drehsinns zum resultierenden Moment summiert. Die einzelnen Momente ergeben sich aus Kräften mit unterschiedlichen Richtungen und dem senkrechten Abstand der jeweiligen Wirkungslinien zum gemeinsamen Drehpunkt. Die Wirkungslinien haben keinen gemeinsamen Drehpunkt, wie am Beispiel der drei Kräfte dargestellt.

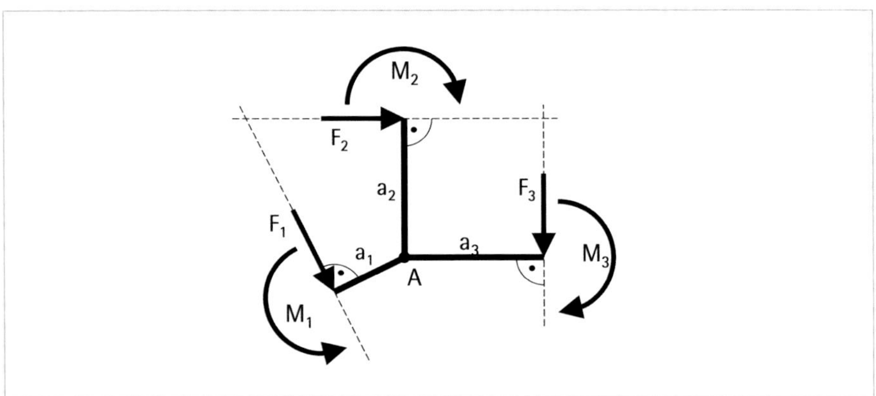

Resultierendes Moment (linksdrehend positiv)

$$M_R = M_1 - M_2 - M_3 = F_1 \cdot a_1 - F_2 \cdot a_2 - F_3 \cdot a_3$$

Allgemein

$$M_R = F_1 \cdot a_1 + F_2 \cdot a_2 + \ldots + F_n \cdot a_n = \sum_{i=1}^{i=n} F_i \cdot a_i$$

Der Drehsinn der Momente wird durch das Vorzeichen der Kräfte berücksichtigt.

Wirkt eine Kraft in einer beliebigen Richtung auf einen Körper, ein Bauteil oder ein Tragwerk ist entweder der senkrechte Abstand der Wirkungslinie zu bestimmen oder die Kraft wird in zwei Komponenten zerlegt, die rechtwinklig zueinander sind. Aus den einzelnen Momenten wird das resultierende Moment gebildet.

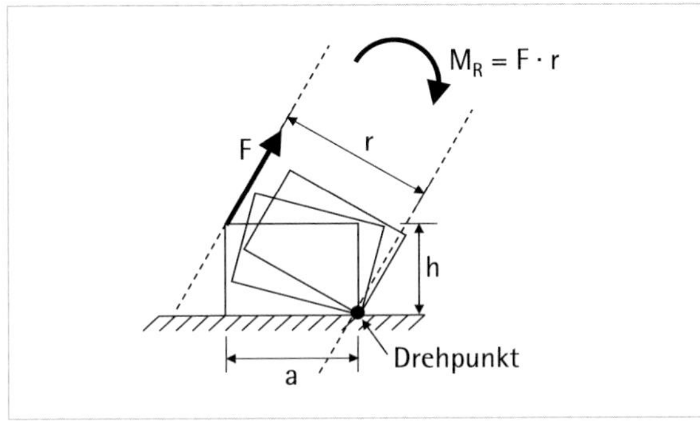

Parallele der Wirkungslinie der Kraft F durch den Drehpunkt: Der senkrechte Abstand der Parallelen entspricht dem Hebelarm r.

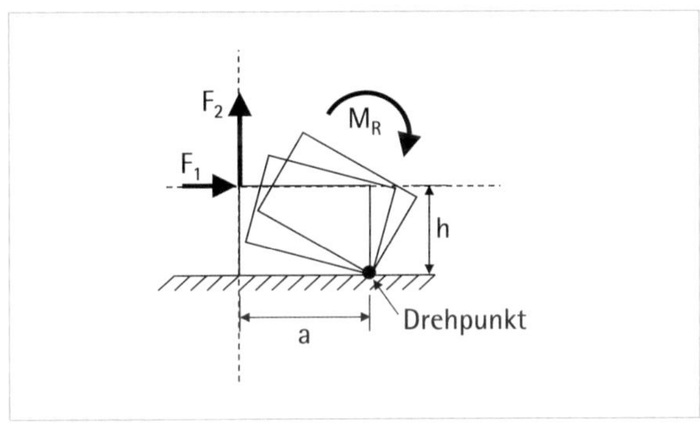

Zerlegung der Kraft F in die Komponenten F_1 und F_2.

$$M_R = M_1 + M_2 = F_1 \cdot h + F_2 \cdot a$$
$$= F \cdot r$$

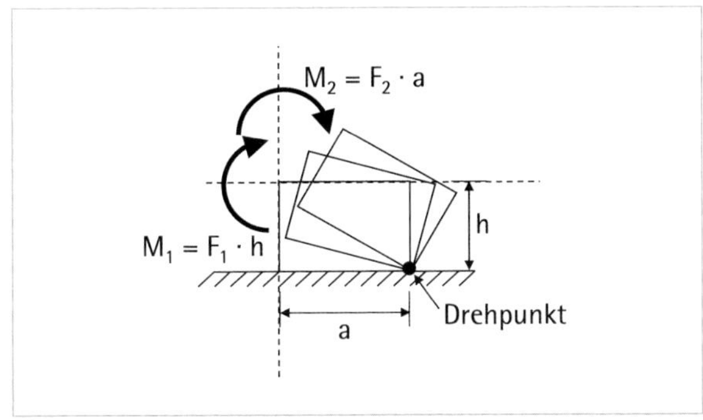

Die zugehörigen Hebelarme sind h und a bezogen auf den angenommenen Drehpunkt.

4 Einwirkungen

4.1 Arten von Einwirkungen 50
4.2 Eigengewicht von Baustoffen 53
4.3 Nutzlasten 55
4.4 Schneelasten 57
4.5 Windlasten 61
4.6 Wasser 65
4.7 Erddruck 66
4.8 Temperatur 67
4.9 Baugrundsetzungen 68
4.10 Erdbeben 69
4.11 Brand 70
4.12 Explosion 70

Einwirkungen auf alle Bauteile eines Gebäudes entstehen durch die Massen von Gasen wie Luft, Flüssigkeiten wie Wasser und von Feststoffen wie Baustoffe, Personen und Fahrzeuge. Das Tragwerk hat die Aufgabe, alle Einwirkungen auf das Bauwerk aufzunehmen und sicher in den Baugrund abzutragen. Mit welchen Werten, Verteilungen und in welchen Kombinationen im Hochbau übliche Einwirkungen bei der Berechnung von Tragwerken nach dem aktuellen Stand der Technik zu berücksichtigen sind, wird über Normen geregelt. Es ist sehr unwahrscheinlich, dass alle Einwirkungen zeitgleich auftreten. Um eine Wirtschaftlichkeit bei ausreichender Sicherheit zu gewährleisten, dürfen in Kombinationen einzelne Einwirkungen abgemindert werden, z. B. Wind und Schnee. In Deutschland sind Einwirkungen und deren Kombinationen in DIN EN 1990 GRUNDLAGEN DER TRAGWERKSPLANUNG und DIN EN 1991 EINWIRKUNGEN AUF TRAGWERKE vorgegeben.

Für Bauwerke mit besonderen Formen oder Anforderungen ist es zulässig, die Einwirkungen durch Versuche zu bestimmen. Geeignete Verfahren sind Belastungsversuche in Bestandgebäuden und Windkanalversuche zur Bestimmung von Windlasten und Schneeverwehungen auf Dachformen, die in DIN EN 1991 fehlen. Versuche sind im Allgemeinen Sonderleistungen und führen sowohl zu höheren Planungs- als auch Baukosten. Es ist deshalb bereits in der Entwurfsphase zu klären, ob Versuche erforderlich sind.

4.1 Arten von Einwirkungen

Einwirkungen werden aufgeteilt in das Eigengewicht der Baustoffe (Wichten) und von Lagergütern, Nutzlasten, Windlasten, Schneelasten, Wasser, Erddruck, Temperatur, Baugrundbewegungen, Erdbeben, Feuer und Explosion.

Eine weitere Unterscheidung besteht in der Zeit und der Geschwindigkeit, mit denen Lasten auf die Tragwerke einwirken. Durch das rhythmischen Springen von Personen, Wirbelablösungen des Windes, Maschinen, Kranbahnen und Fahrzeugen entstehen Lasten, die das Bauwerk zum Schwingen anregen und zu höheren Beanspruchungen führen. Der

Aufprall von Fahrzeugen, Schiffen und Flugzeugen ist abhängig von der Geschwindigkeit, mit der diese gegen das Tragwerk prallen. Brems- und Beschleunigungskräfte von Kränen und Fahrzeugen rufen ebenfalls höhere Lasten hervor. Bei Erdbeben führt die Beschleunigung des Baugrundes zu hohen zusätzlichen Lasten auf das Bauwerk. Sie resultieren aus der Beschleunigung und der Masse des Bauwerks.

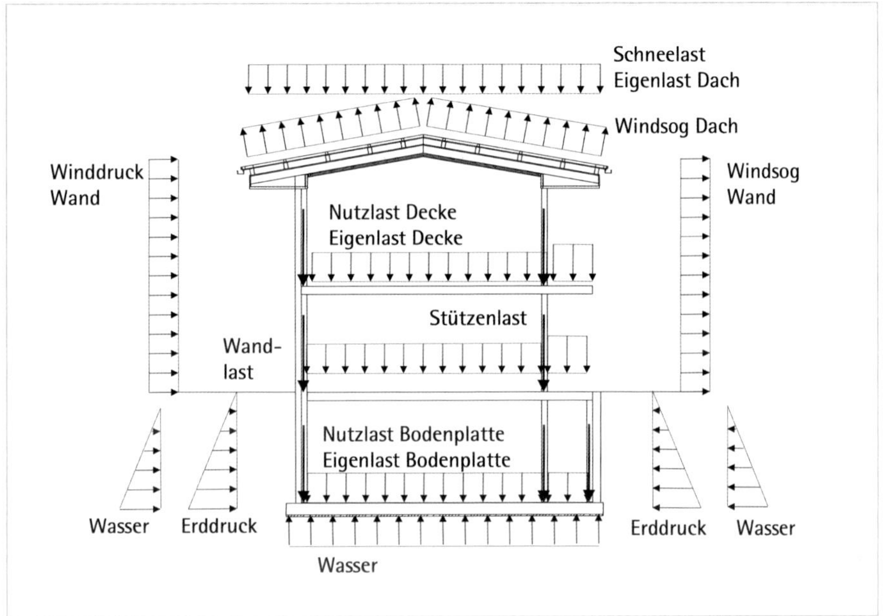

Für die Analyse des Tragwerks und seiner Bauteile werden Einwirkungen wie Eigengewicht, Nutzlasten, Wind und Schnee in Flächen-, Strecken- oder Punktlasten umgerechnet. Als Lasten werden Kräfte bezeichnet, die auf ein Volumen, eine Fläche, eine Strecke oder einen Punkt bezogen sind. Die Umrechnung der Wichten von Baustoffen, Personen, Fahrzeugen, Wasser, Erde usw. in Lasten erfolgt über die Abmessungen der Bauteile und den Aufbau des Tragwerks. Für Flächen- und Streckenlasten werden üblicherweise kleine Buchstaben verwendet, Punktlasten erhalten große Buchstaben. Es gelten für Lasten dieselben Zusammenhänge wie für Kräfte. Lasten können zu Momenten werden, die in den Bauwerken entstehen und von ihnen aufgenommen werden müssen.

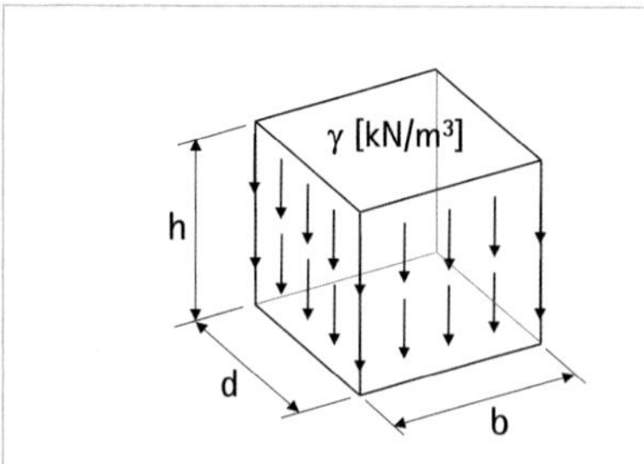

Volumenlast:

Wichte γ [kN/m^3]

Resultierende Kraft:

$G_V = \gamma \cdot h \cdot b \cdot d$

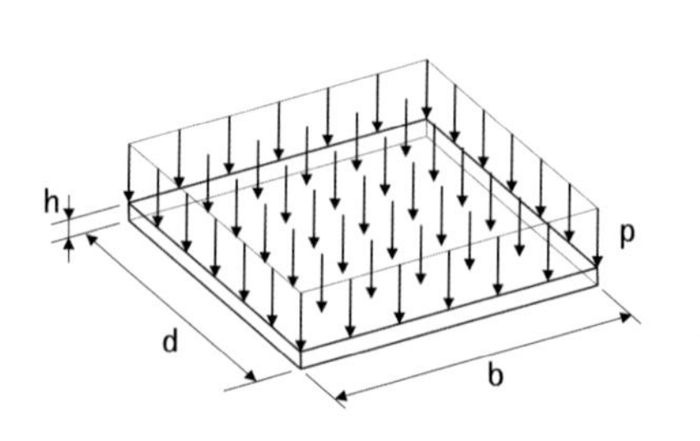

Flächenlast:

$p = \gamma \cdot h$ [kN/m^2]

Bauteile:

Dach, Decken, Glasplatten, Bodenplatten

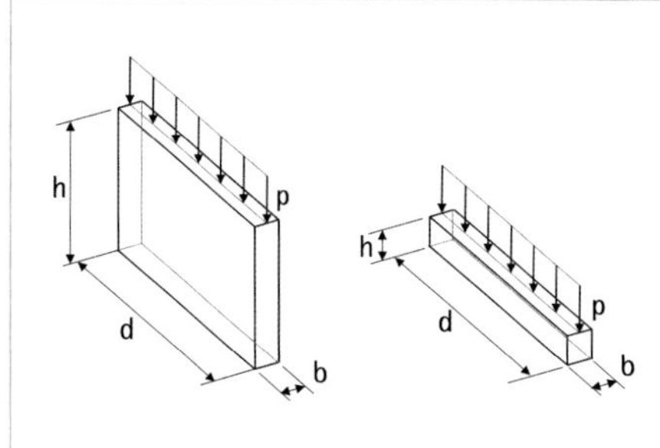

Streckenlast:

$p = \gamma \cdot h \cdot b$ [kN/m]

Bauteile:

Wände, Träger, Unterzüge, Stürze, Scheiben, Streifenfundament

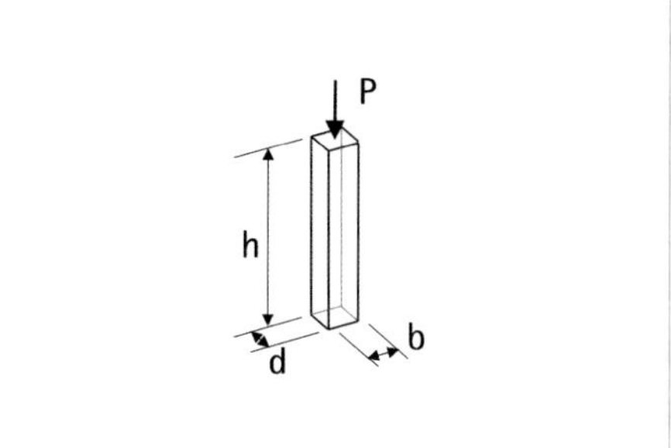

Punktlast:

$P = \gamma \cdot h \cdot b \cdot d$ [kN]

Bauteile:

Stützen, Pfosten, Rahmenstiel, Einzelfundamente

4.2 Eigengewicht von Baustoffen

Das Eigengewicht von Baustoffen und Lagergütern findet sich in Normen oder technischen Datenblättern zu den Baustoffen, die in den Normen nicht beschrieben sind. Die Angabe entspricht dem volumenbezogenen Gewicht der Stoffe. Für Baustoffe von Decken, Böden und Wänden, wie Putz oder Estrich, wird als Besonderheit das Eigengewicht als Flächenlast bezogen auf einen cm Dicke angegeben. Eigenlasten der tragenden Bauteile sind ständige Lasten. Sie wirken über die gesamte Lebensdauer des Bauwerks. Auch die Eigenlasten von Ausbauten gehören zu den ständigen Lasten, obwohl diese bei Sanierungen oder Modernisierung verändert werden können.

Baustoff	Wichte
Stahl	$\gamma_{Stahl} = 78{,}5\ kN/m^3$
Stahlbeton	$\gamma_{Stb} = 25\ kN/m^3$
Glas	$\gamma_{Glas} = 25\ kN/m^3$
Mauerwerk	$\gamma_{MW} = 7–24\ kN/m^3$
Nadelholz	$\gamma_{Stahl} = 4–6\ kN/m^3$

Tabelle 1 Wichten von Baustoffen für tragende Bauteile

Das Eigengewicht eines Daches, einer Wand oder einer Decke setzt sich aus allen Schichten des Bauteils zusammen. Zum Beispiel besteht das Eigengewicht einer Decke aus dem Fußbodenbelag, dem Estrich, der Dämmung, den tragenden Bauteilen, der abgehängten Decke und den Installationen. Abhängig vom Eigengewicht der tragenden Bauteile und den zusätzlichen Lasten durch den Ausbau wird zwischen einer leichten und schweren Bauweise unterschieden. Holz-, Stahl- oder Aluminiumtragwerke werden der leichten Bauweise zugeordnet, wenn auf schwere Bauteile wie Stahlbetondecken verzichtet wird. Ein Tragwerk aus Mauerwerk und Stahlbeton führt zu einer schweren Bauweise.

Deckenart	Gesamtlast	Eigengewicht der tragenden Bauteile
Holzbalkendecke	$g = 1{,}5–2{,}5\ kN/m^2$	$g_{Tragwerk} = 0{,}5\ kN/m^2$
Stahlbetondecke	$g = 6{,}0–8{,}0\ kN/m^2$	$g_{Tragwerk} = 5{,}0\ kN/m^2$

Tabelle 2 Beispiele für Flächenlasten von Decken in Wohngebäuden.

Bestehen die tragenden Bauteile von Dächern und Decken aus Trägern mit einer Schalung, ist das Eigengewicht als Streckenlast der Träger in eine Flächenlast umzurechnen, wenn noch weitere Lasten aus dem Aufbau oder der Dacheindeckung vorhanden sind. Dasselbe gilt für Dämmstoffe, wenn sich diese zwischen tragenden Bauteilen befinden. Das ist beispielsweise bei Holzbalkendecken, Dächern mit einem Dachstuhl aus Holz und einer Schalung oder bei Dächern und Decken aus Stahlträgern mit Trapezblech und weiteren Ausbaulasten der Fall.

Das Umrechnen der Eigengewichte von Trägern und Ausbaulasten erfolgt, indem die Streckenlasten auf den Achsabstand a der Träger bezogen werden.

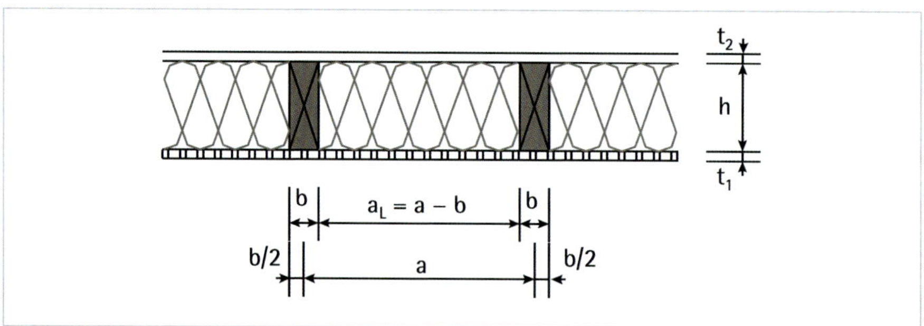

Flächenlast der Träger

$$g_{Träger} = \frac{(\gamma_{Träger} \cdot b \cdot h)}{a}$$

Flächenlast der Dämmung

$$g_{Dämmung} = \frac{[\gamma_{Dämmung} \cdot (a - b)] \cdot h}{a}$$

Die Eigenlast eines Bauteiles wirkt über die gesamte Länge L_0. Bei geneigten Bauteilen führt sie zu einem höheren Eigenwicht bezogen auf die horizontale Projektion. Wird das Eigengewicht auf die Spannweite L als horizontaler Abstand zwischen den Auflagern bezogen, ist die Neigung zu berücksichtigen.

Es gilt:

$$g_{\perp} = \frac{g}{\cos\alpha}$$

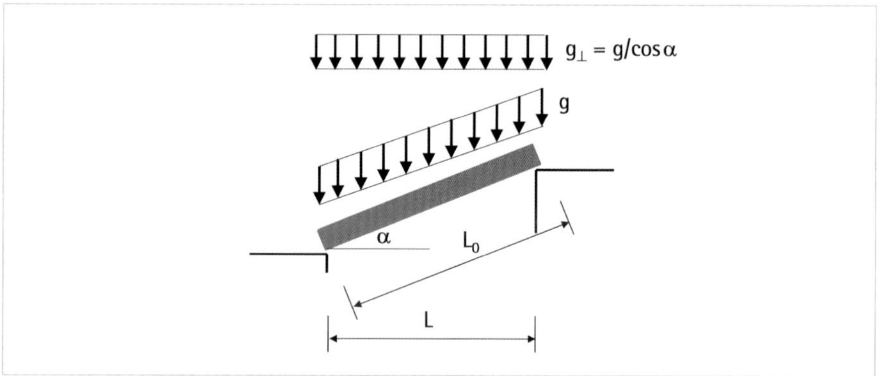

4.3 Nutzlasten

Nutzlasten sind veränderliche Lasten, denn der Aufenthalt von Personen oder Fahrzeugen auf Decken oder Brücken erfolgt nur zeitweise und ist in der Verteilung unterschiedlich. Die Veränderung der Position von Menschen, Einrichtungsgegenständen oder Fahrzeugen ist bei der Auslegung der Bauteile durch die Betrachtung verschiedener Laststellungen zu berücksichtigen. Bei Nutzlasten wird weiterhin zwischen vertikalen und horizontalen Lasten unterschieden. Die vertikalen Lasten entsprechen dem Eigengewicht von Einrichtung, Personen oder Fahrzeugen. Einzelne Einrichtungsgegenstände wie ein Tresor oder ein Klavier, eine Person mit Werkzeug oder ein Fahrzeug werden als Punktlasten berücksichtigt, andere Gewichte werden in eine Flächenlast umgerechnet. Die horizontalen Lasten ergeben sich durch den Anprall von Gegenständen, Personen und Fahrzeugen auf Fassaden, Geländer, Wände und Stützen. Vertikale und horizontale Nutzlasten sind abhängig von der Nutzung des Gebäudes.

Nutzung	Vertikale Lasten			Horizontale Lasten
	Räume	Flure	Treppen	
Wohnhaus	1,5 kN/m^2	3,0 kN/m^2	3,0 kN/m^2	0,5 kN/m
Bürogebäude	2,0 kN/m^2	3,0 kN/m^2	3,0 kN/m^2	0,5 kN/m
Hörsaal, Theater	4,0 kN/m^2	5,0 kN/m^2	5,0 kN/m^2	1,0 kN/m
Sporthalle Tribünen	5,0 kN/m^2	5,0 kN/m^2	7,5 kN/m^2 (Fluchtweg)	2,0 kN/m

Tabelle 3 Beispiele für Nutzlasten nach DIN EN 1991-1-1

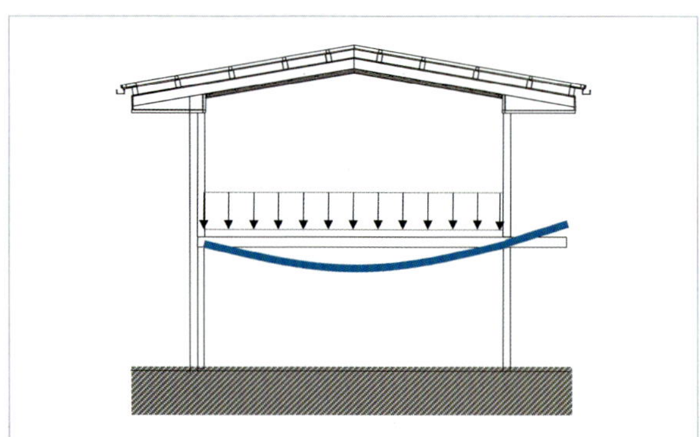

Nutzlast im Haus

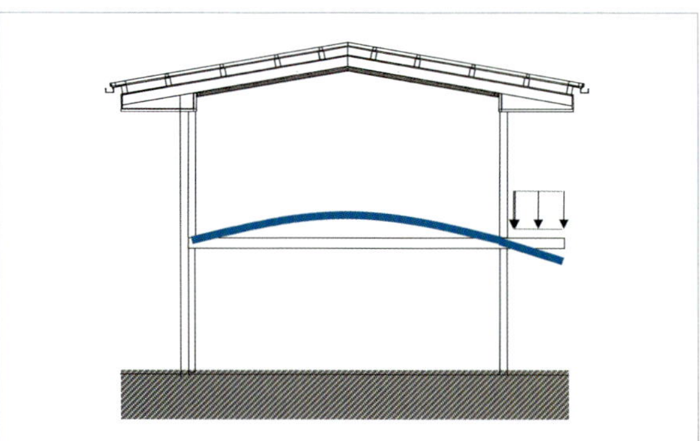

Nutzlast auf dem Balkon

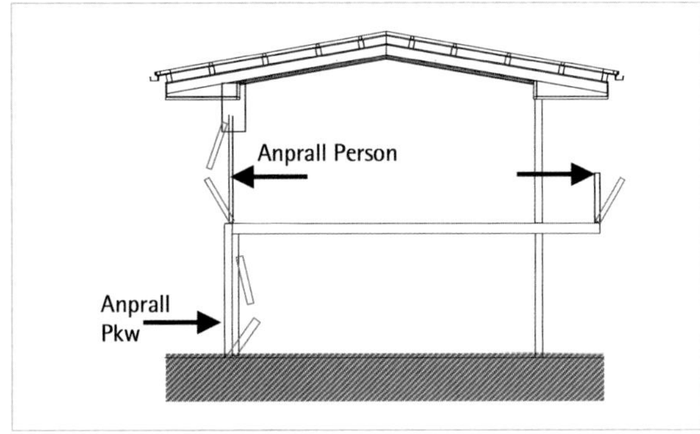

Anprall durch Nutzlasten

4.4 Schneelasten

Schnee ist in der Dichte sehr unterschiedlich. Neuschnee ist mit 1,0 kN/m^3 leicht, während Schnee, der Tage liegt, sich setzt, schwerer wird und 2,0 kN/m^3 wiegt. Alter Schnee wiegt nach Wochen und Monaten Liegezeit 2,5–3,5 kN/m^3. Noch schwerer wird Schnee, wenn er durch Regen feucht wird. Sein Gewicht beträgt dann 4,0 kN/m^3. Es gibt Länder, wie z. B. die Schweiz, in denen die verschiedenen Gewichte des Schnees zu berücksichtigen sind. In Deutschland wird von einem einheitlichen Gewicht ausgegangen. Dieses darf mit γ_{Schnee} = 3,0 kN/m^3 angenommen werden. Im Vergleich dazu hat Wasser eine Wichte von γ_{Wasser} = 10,0 kN/m^3 und ist damit ungefähr dreimal schwerer als die Schneelast auf Dachflächen.

Die Schneelast auf Dachflächen wird ebenfalls in eine Flächenlast umgerechnet. Diese ist abhängig vom Standort des Bauwerks in Deutschland und von der Höhe über Normalnull (Meeresspiegel). Mit der jeweilig anzusetzenden charakteristischen Schneelast s_k wird berücksichtigt, dass es in Deutschland Regionen gibt, die schneearm sind, wie zum Beispiel der Rheingraben, und Regionen, in denen viel Schnee fällt, wie auf den Höhenlagen im Schwarzwald.

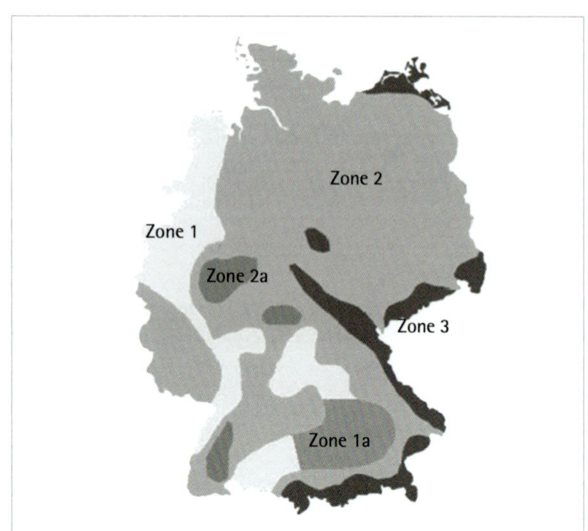

Schneelasten nach DIN EN 1991-1-3 (Quelle: BKK)

Schneelastzonen in Deutschland

- Schneelastzone 1 für Standorte
  - unter 400 m ü. NN:

$$s_k = 0{,}65 \frac{kN}{m^2}$$

  - über 400 m ü. NN:

$$s_k = 0{,}19 + 0{,}91 \cdot \left(\frac{A + 140}{760}\right)^2$$

- Schneelastzone 2 für Standorte
  - unter 286 m ü. NN:

$$s_k = 0{,}85 \frac{kN}{m^2}$$

  - über 286 m ü. NN:

$$s_k = 0{,}25 + 1{,}91 \cdot \left(\frac{A + 140}{760}\right)^2$$

› Schneelastzone 3 für Standorte
  › unter 256 m ü. NN:

$$s_k = 1{,}10 \frac{kN}{m^2}$$

  › über 256 m ü. NN:

$$s_k = 0{,}31 + 2{,}91 \cdot \left(\frac{A + 140}{760}\right)^2$$

A entspricht der Oberkante des Geländes, auf dem das Gebäude steht, angegeben in Meter über dem Meeresspiegel.

Liegen die Standorte über den angegebenen Höhen, werden die Schneelasten überproportional höher. Für den Schwarzwald (Schneelastzone 2) ist z. B. in einer Höhe von 900 m eine Schneelast von ca. 4,43 kN/m² zu berücksichtigen, in Freiburg (Schneelastzone 1) und unter 400 m, beträgt die Schneelast folglich nur 1/7 der Schneelast am Titisee. Werden Dachstühle in den beiden Regionen verglichen, fällt der Unterschied in den Abmessungen der tragenden Bauteile auf. Die in der Norm geregelten Angaben zur Schneelast basieren auf Messungen über einen langen Zeitraum und spiegeln die Wetterbedingungen in der Vergangenheit wieder. Aufgrund der globalen klimatischen Veränderungen können die Schneelasten von den getroffenen Annahmen abweichen.

Es besteht auch die Möglichkeit für einen Standort in der Nähe einer amtlichen Wetterstation, z. B. an Flughäfen, die Schneelast den Messwerten dieser Wetterstation anzupassen.

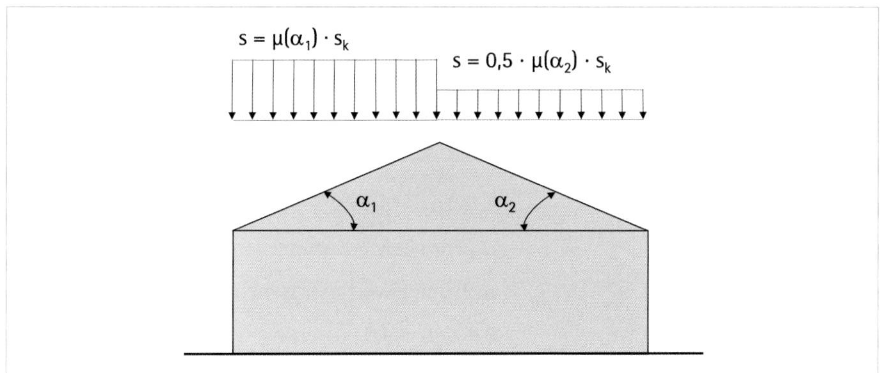

Außer dem Standort des Gebäudes hat die Dachform einen Einfluss auf die Schneelast. Sie wird über den Formbeiwert $\mu(\alpha)$ erfasst. Für alle Dachflächen mit einer Neigung kleiner als 30° bezogen auf die Horizontale ist der Formbeiwert $\mu = 0{,}8$. Für Dachneigungen zwischen 30° und 60° darf der Formbeiwert für die vorhandene Dachneigung α linear interpoliert werden.

Es gilt:

$$\mu = \frac{0{,}8 \cdot (60^\circ - \alpha)}{30^\circ}$$

Für Dachneigungen größer als 60° ist keine Schneelast zu beachten.

An Dachsprüngen sind zusätzlich Schneeverwehungen zu berücksichtigen und an den Enden von Vordächern oder Dachüberständen ist bei geneigten Dächern ein Schneeüberhang möglich.

Bei einem Vordach ohne Dämmung und vor dem Haus, wird die Dachfläche kalt und der Schnee kann gefrieren. Schnee von der Dachfläche rutscht auf das Vordach und bleibt liegen. Verhindert wird dies mit Schneefanggittern. An Stellen, an denen Wasser abläuft, z. B. Dachtraufen ohne Regenrinne, oder an denen Wasser auf Oberflächen gefrieren kann, treten zusätzlich Eislasten auf.

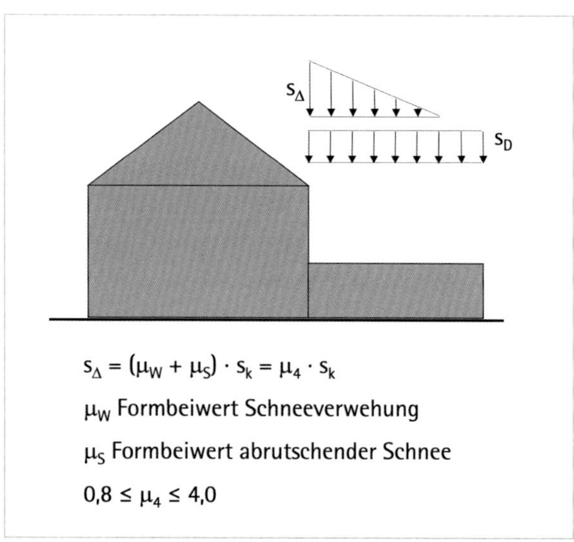

Schneeanhäufung

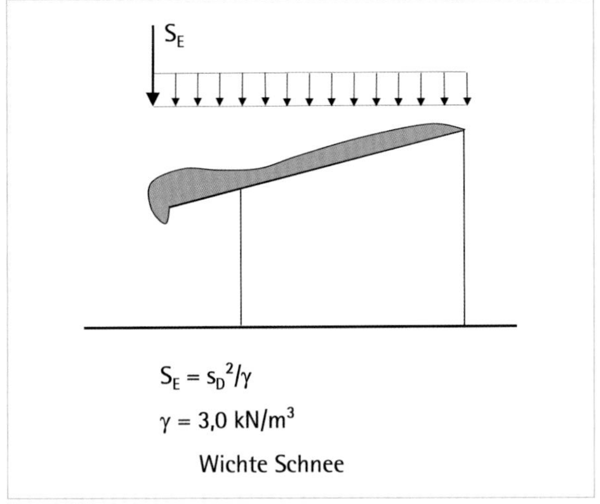

Schneeüberhang mit Eis

4.5 Windlasten

Windlasten ergeben sich aus der Masse des Windes, der Windgeschwindigkeit, dem geografischen Standort, der Rauigkeit des Geländes, der Höhe und der Form des Bauwerks.

Die Masse des Windes ist für Deutschland anzunehmen mit

$$\rho = 1{,}25 \frac{kg}{m^3}$$

Die Beziehung zwischen der Masse des Windes und dem Staudruck als einer flächenbezogenen Belastung ergibt sich über die kinetische Energie des Windes in Abhängigkeit zur Geschwindigkeit v in m/s.

Staudruck:

$$q = \frac{1}{2} \cdot \rho \cdot v^2 \left[\frac{kg}{m^3} \cdot \frac{m^2}{s^2}\right]$$

$$q = \frac{1}{2} \cdot 1{,}25 \cdot v^2 \left[\frac{kg}{m^3} \cdot \frac{m^2}{s^2}\right] = \frac{v^2}{1{,}6} \frac{N}{m^2} = \frac{v^2}{1600} \frac{kN}{m^2}$$

Die Windgeschwindigkeit ist aufgrund der Reibung unmittelbar am Erdboden null und nimmt mit zunehmendem Abstand vom Boden zu.

Abhängig von der Geländesituation, wie Meer, ebenes Ackerland, Wald, Wohnbebauung, Industriegelände oder Stadt mit hoher Bebauung, entstehen zusätzlich Turbulenzen der Winde und führen lokal zu höheren Geschwindigkeiten. Die Ermittlung des Staudrucks für einen bestimmten Standort ist daher aufwändig. Aus diesem Grund gibt es vereinfachte Angaben für Gebäude, die maximal eine Höhe von 25 m über dem Boden haben.

Gebäudehöhe	Binnenland 1	Binnenland 2	
$H < 10$ m	$q = 0{,}5$ kN/m^2	$q = 0{,}5$ kN/m^2	
$10\text{ m} \leq H < 18$ m	$q = 0{,}65$ kN/m^2	$q = 0{,}75$ kN/m^2	
$18\text{ m} \leq H \leq 25$ m	$q = 0{,}80$ kN/m^2	$q = 0{,}90$ kN/m^2	

Tabelle 4 Karte der Windlastzonen in Deutschland (Quelle: BBK Bund)

Die Windlast w setzt sich dann vereinfachend aus dem Staudruck q und dem Aerodynamischen Beiwert c_p zusammen:

$$w = c_p \cdot q \left[\frac{kN}{m^2}\right]$$

Die Windlast wirkt normal auf die Oberfläche. Sie wirkt auf alle Flächen, die dem Wind ausgesetzt sind. Mit dem aerodynamischen Beiwert c_p wird der Einfluss durch das Umströmen berücksichtigt. Die Wirkungsrichtung der Windlast wird mit Druck (+) auf die Oberfläche und Sog (–) weg von der Oberfläche definiert. Jedes freistehende Gebäude hat eine Wind zugewandte und abgewandte Seite.

Das Um- und Überströmen führt zu Windlasten an den Seiten, die parallel zur Strömungsrichtung sind, und zu Windlasten auf den Dachflächen. Die aerodynamischen Beiwerte sind von der Geometrie des Gebäudes und der Dachform abhängig und werden für unterschiedliche Abmessungen und Dachformen in DIN EN 1991-1-4 angegeben. An Ecken und Kanten von Bauwerken kommt es zum Ablösen des Windes von der Oberfläche. Diese Ablösung führt zu hohen Sogkräften.

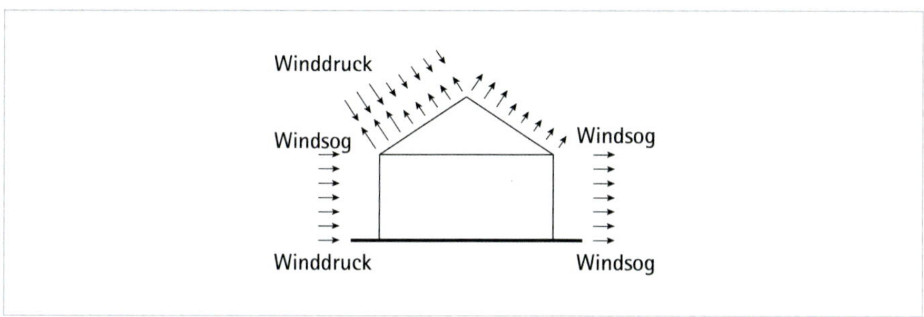

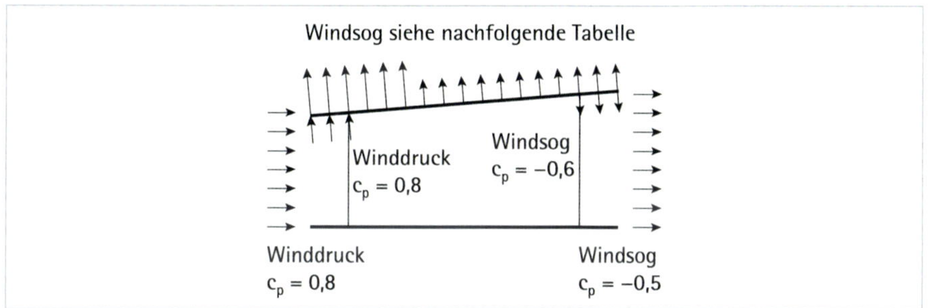

α	F	G	H	I	J
<5°	−1,7	−1,2	−0,6	−0,6	−0,6/+0,2
10°	−1,3/+0,1	−1,0/+0,1	−0,4	−0,5	−0,8/+0,1
15°	−0,9/+0,2	−0,8/+0,2	−0,3/+0,2	−0,4	−1,0
30°	−0,5/+0,7	−0,5/+0,7	−0,2/+0,4	−0,4	−0,5
45°	+0,7	+0,7	+0,6	−0,2	−0,3
60°	+0,7	+0,7	+0,7	−0,2	−0,3
75°	+0,8	+0,8	+0,8	−0,2	−0,3

Tabelle 5 Windwiderstandsbeiwerte auf Dachflächen (– Sog, + Druck) in Abhängigkeit von der Dachneigung α bezogen auf die Horizontale und Flächen größer 10 m².

An Dachüberständen oder Vordächern wirkt auf der Wind zugewandten Seite sowohl Winddruck an der Unterseite der Fläche als auch Windsog an der Oberseite.

Windlasten wirken normal auf jede Oberfläche. An geneigten Flächen hat der Wind eine andere Richtung im Vergleich zum Eigengewicht und einer Nutzlast oder Schneelast. Die Windlast lässt sich in eine vertikale und horizontale Komponente aufteilen, die auf die Länge L_0 einwirken. Die Komponenten lassen sich dann auf die projizierten Längen L für den horizontalen Abstand oder die Spannweite und h für die Höhe umrechnen und ergeben die Windlast.

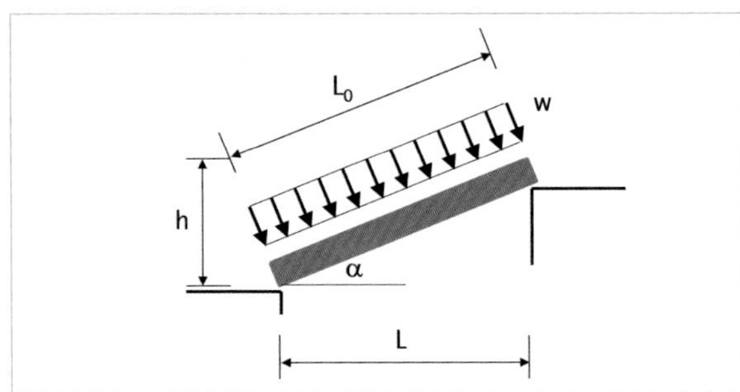

Windlast auf die geneigte Fläche

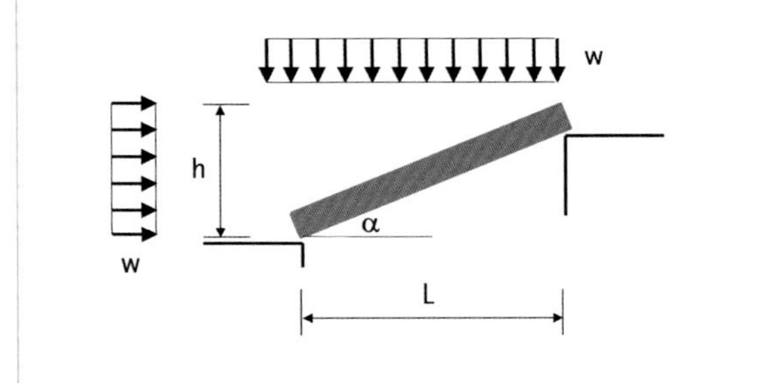

Zerlegen in eine vertikale und horizontale Windlast

4.6 Wasser

Außer der Windlast, die bei geneigten und vertikalen Flächen zu einer horizontalen Belastung auf Bauteile und Tragwerke führt, erzeugen Wasser und Erde eine horizontale Belastung auf Wände im Baugrund. Bei einer Gründung des Bauwerks im Grundwasser kommt als weitere Einwirkung der Auftrieb hinzu. Die Wasserlast wirkt wie Wind immer normal auf die

Oberflächen. Der Auftrieb wirkt dem Eigengewicht des Bauwerks entgegen. Um das Aufschwimmen des Bauwerks zu verhindern, muss das Eigengewicht des Bauwerks größer sein als der Auftrieb. Eine Alternative zum Gewicht ist das Verankern des Bauwerks durch zugbeanspruchte Erdanker und Bohrpfähle.

Die horizontale Wasserlast nimmt von der Wasseroberfläche in die Tiefe linear zu und berechnet sich wie folgt:

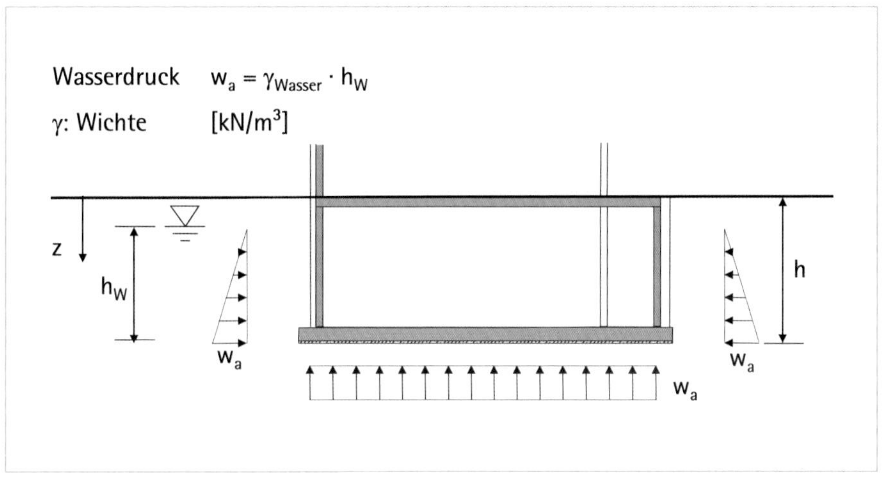

$$w_a(z) = \gamma_{Wasser} \cdot z \left[\frac{kN}{m^2}\right]$$

An der Unterseite der Gründung des Bauwerks mit der Höhe h_W entspricht die Wasserlast dem Auftrieb:

$$w_a = \gamma_{Wasser} \cdot h_W \left[\frac{kN}{m^2}\right]$$

Der Auftrieb wird als Flächenlast auf die Unterseite der Bodenplatte oder Fundamente angesetzt. Wird die Flächenlast mit der Grundfläche multipliziert, ergibt sich die resultierenden Auftriebskraft zu:

$$W_a = \gamma_{Wasser} \cdot h_W \cdot b \cdot l = \gamma_{Wasser} \cdot V$$

Dies entspricht dem Zusammenhang, dass der Auftrieb gleich dem Volumen der verdrängenden Flüssigkeit multipliziert mit der Wichte der Flüssigkeit ist.

4.7 Erddruck

Baugrund besteht aus bindigen Böden wie Lehm und Ton oder nicht bindigen Böden wie Sand und Kies. Dabei ist der Anteil der einzelnen Bodenarten regional unterschiedlich und Schichten unterschiedlicher Bodenarten können übereinanderliegen. Aus dem Eigenwicht des Bodens und den Nutzlasten auf dem Boden entsteht im Boden ein räumlicher Beanspruchungszustand, der zu horizontalen Belastungen auf Bauteile in der Erde führt. Diese Belastungen wirken normal auf die Wände und werden als Erddruck bezeichnet.

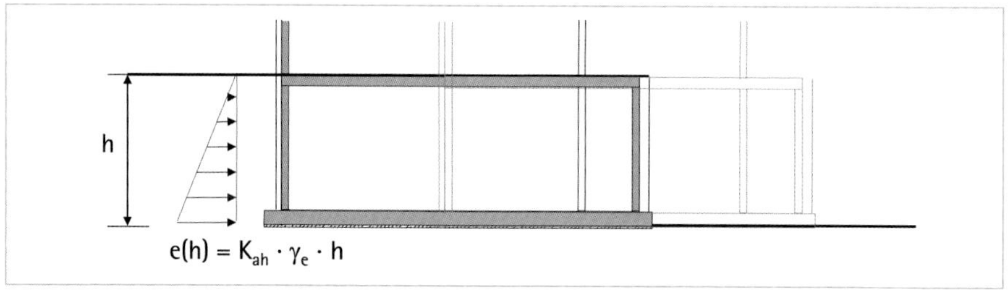

Der horizontale Erddruck auf eine vertikale Wand im Boden ermittelt sich zu:

$$e(z) = K_{ah} \cdot \gamma_{Boden} \cdot z \left[\frac{kN}{m^2}\right]$$

Dabei ist K_{ah} ein Bodenkennwert, der etwas über die Beanspruchbarkeit des Bodens aussagt. Der Wert ist für Fels null und liegt für übliche Böden ungefähr zwischen $0{,}2 < K_{ah} < 0{,}6$. Die horizontale Belastung auf eine Wand beträgt folglich zwischen 20 % und 60 % des Eigengewichts des Bodens und nimmt mit der Einbindetiefes des Bauwerks in den Baugrund linear zu.

Für Gebäude, die einseitig in den Baugrund eingebunden sind, zum Beispiel an einem Hang, ergibt sich aus dem einseitigen Erddruck eine horizontale resultierende Kraft. Diese resultierende Kraft muss über das Eigengewicht und Reibungskräfte zwischen Bauwerk und Boden abtragen werden. Sind das Eigengewicht und die Reibungskräfte zu gering, kommt es zu einer horizontalen Verschiebung des Bauwerks durch den Erddruck.

4.8 Temperatur

Alle Bauteile, die der Witterung ausgesetzt sind, unterliegen den Umgebungstemperaturen. Auf Bauteilen mit direkter Sonneneinstrahlung können Temperaturen von 70 °C bis 120 °C entstehen, je nach Farbe der Oberfläche. In klaren Nächten strahlen die Oberflächen gegen den Himmel mit einer Temperatur von –60 °C und kühlen unter den Gefrierpunkt von Wasser ab. Die Temperaturänderungen führen zu Verformungen oder Beanspruchungen in den Bauteilen. Bei einer gleichmäßigen Temperaturverteilung über den Querschnitt werden Bauteile länger oder kürzer. Eine ungleichmäßige Temperaturverteilung führt zu einer Wölbung oder Krümmung der Bauteile. Werden die Verformungen behindert, entstehen Kräfte und Momente in den Bauteilen und im Tragwerk.

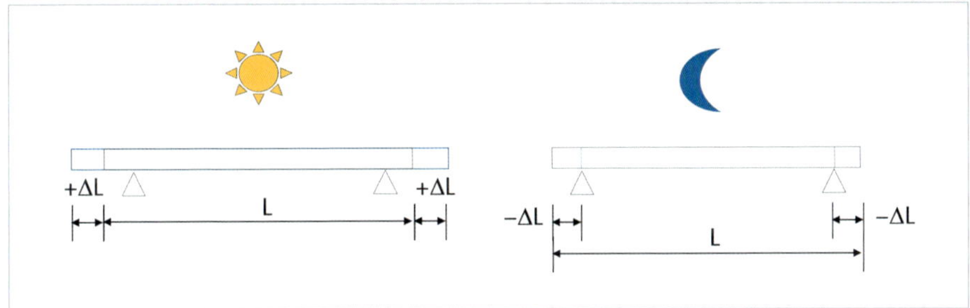

Längenänderung bei konstanter Temperatur über den Querschnitt

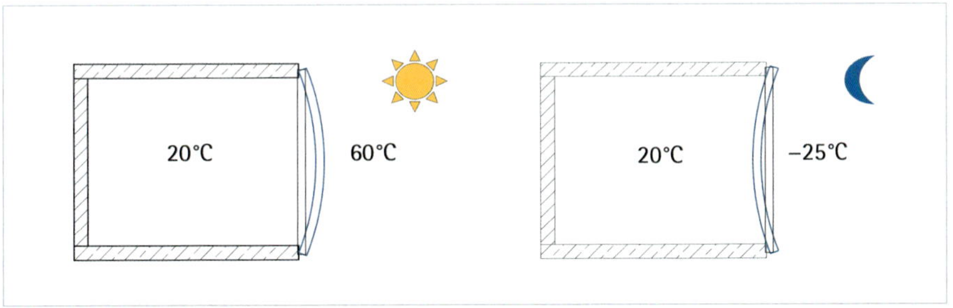

Krümmung bei veränderlicher Temperatur über den Querschnitt

4.9 Baugrundsetzungen

Die Eigenschaften des Baugrunds können je nach Standort sehr unterschiedlich sein. Der Baugrund kann in tiefer unter dem Bauwerk liegenden Schichten weicher sein als unmittelbar an der Oberfläche. Durch Wasser kann es zum Quellen, das heißt zu einer Volumenzunahme des Bodens kommen. Zusätzlich wird der Boden durch das Eigengewicht des Bauwerks zusammengedrückt und kann örtlich nachgeben. Die Folge ist eine Verformung des gesamten Bauwerks.

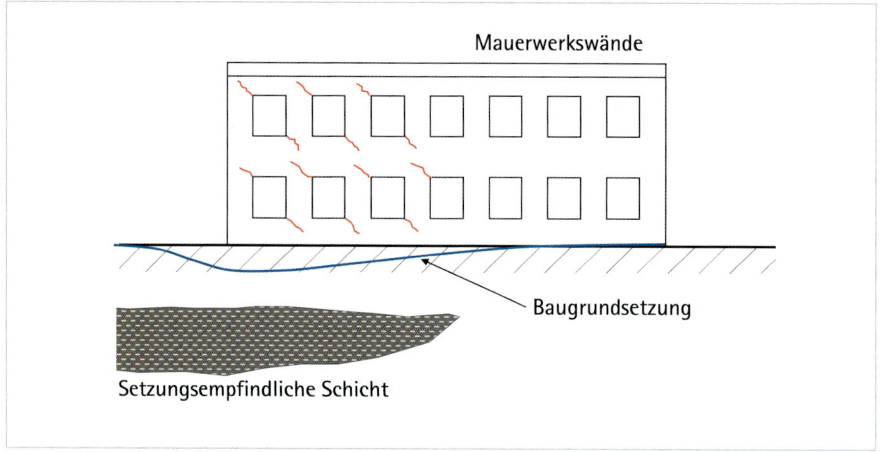

Das Tragwerk kann nachgiebig sein und die Vorformungen aufnehmen oder es ist steif und die Nachgiebigkeit des Baugrundes führt zum Beispiel zu Rissen in den Wänden. Aufgrund der Unterschiedlichkeit des Bodens wird die Tragfähigkeit des Baugrundes durch Untersuchungen bestimmt. Eine Baugrunduntersuchung ist ein zusätzlicher Planungsaufwand und erfordert eine Abstimmung zwischen Bauherren, Architekten, Tragwerksplanung und Grundbauingenieur. Durch die Abstimmung besteht die Möglichkeit, die Bodenverhältnisse bei der Planung des Tragwerks und der Gründung zu berücksichtigen.

4.10 Erdbeben

Erdbeben gehören wie Brand und Explosionen zu den außergewöhnlichen Einwirkungen, die zum Auftreten von Schäden an Gebäuden führen können. Diese möglichen Schäden dürfen jedoch zu keinem Einsturz des Gebäudes führen, solange sich noch Menschen in den Gebäuden aufhalten. Es ist aus vielen Untersuchungen und aufgetretenen Erdbeben bekannt, in welchen Gebieten in Deutschland Erdbeben möglich sind. Näheres hierzu enthält die DIN EN 1998. Für die Erdbeben der Zonen 0 und 1 reichen konstruktive Maßnahmen aus, um eine ausreichende Standsicherheit bei Erdbeben zu erreichen. Hierzu gehören, dass die Anzahl der Geschosse auf maximal fünf beschränkt ist. Es müssen Wände ohne Türen und Fenster in jedem Geschoß vorhanden sein und in allen Geschossen übereinanderstehen. Die Anordnung der Wände muss einen hohen Widerstand des Gebäudes gegen Verdrehen sicherstellen und die Gründung darf keine Höhensprünge aufweisen.

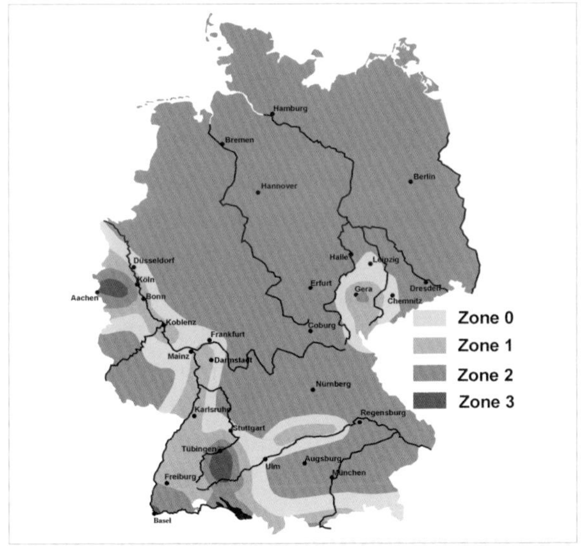

Erdbebenkarte nach DIN EN 1998

Fehlt eine dieser Vorgaben, muss wie für die Erdbeben der Zonen 2 und 3 ein Nachweis erbracht werden, der eine ausreichende Standsicherheit des Gebäudes bestätigt. Dieser Nachweis ist wiederum eine zusätzliche Leistung und ist bei der Planung eines Bauwerkes in einer Erdbebenzone frühzeitig miteinzubinden. Auch dies erfordert eine Abstimmung zwischen Bauherrn, Architekt und Tragwerksplaner.

4.11 Brand

Abhängig von der Nutzung des Gebäudes, der umgebenden Bebauung in unmittelbarer Nähe, Rettungswegen und Brandabschnitten, gibt es Brandschutzanforderungen an die Baustoffeigenschaften und an die tragenden Bauteile. Die Baustoffe werden in brennbare und nicht brennbare Baustoffe unterteilt. Brennbare Baustoffe sind entweder leicht, normal oder schwer entflammbar, zusätzlich wird die Gasentwicklung beim Brand mitberücksichtigt. Die tragenden Bauteile und das Tragwerk müssen einer bestimmten Branddauer standhalten, die von der Nutzung und den Rettungswegen abhängig ist. Die Tragwerke dürfen sich verformen, jedoch nicht einstürzen bevor nach der vorgegebenen Feuerwiderstandsklasse für das Gebäude die Feuerwiderstandsdauer in Minuten überschritten ist. Heute werden für diesen Fall gesonderte Nachweise der Tragfähigkeit geführt. Die Nachweise sind in den Normen für die jeweiligen Baustoffe angegeben.

4.12 Explosion

Besteht für ein Gebäude erhöhte Explosionsgefahr wie z. B. für Regierungsgebäude, Botschaften, o. Ä. werden heute besondere Berechnungen durchgeführt, in denen Explosionen simuliert werden. Die Stärke der Explosion wird in Abstimmung mit den Bauherren, Nutzern, Architekten und Fachplanern für jedes Gebäude einzeln festgelegt.

5 Tragwerk

5.1 Bauteile 72
5.2 Lastabtragung 74
5.3 Momentengleichgewicht an Bauteilen 80
5.4 Schwerpunkt und Schwerachse 82
5.5 Lagerreaktionen 88

Zum Tragwerk eines Gebäudes gehören alle Bauteile, die Einwirkungen aus dem Raumabschluss (z. B. aus Wandverkleidungen, Fußboden- und Deckenaufbauten und Dacheindeckungen) aufnehmen und über das gesamte Tragwerk in den Baugrund abtragen.

Die Abtragung aller Einwirkungen erfolgt über das räumliche Gefüge des Tragwerks und dieses setzt sich zusammen aus:

› der Anordnung der Bauteile im Grundriss und im Aufriss,
› der Geometrie der Bauteile,
› den Verbindungen der Bauteile untereinander,
› der Ausbildung der Gründung und
› den Baustoffen, aus denen die Bauteile hergestellt sind.

Das räumliche Gefüge muss so aufgebaut sein, dass große Verschiebungen und große Verdrehungen einzelner Bauteile und des gesamten Tragwerks vermieden werden. Verschiebungen und Verdrehungen werden behindert, wenn für jedes einzelne Bauteil und das gesamte Tragwerk das Kräftegleichgewicht und das Momentengleichgewicht erfüllt sind. Die Verbindungen der einzelnen Bauteile untereinander sowie zwischen Gründung und Baugrund ist so auszubilden, dass alle Einwirkungen von einem Bauteil auf das andere und in den Baugrund übertragen werden.

5.1 Bauteile

Die Bauteile werden in Abhängigkeit zur Geometrie, zur Richtung der angreifenden Lasten und zur Art der inneren Beanspruchung unterteilt in Seile, Stäbe, Träger, Bogen, Membranen, Scheiben, Platten und Schalen. Diese Bauteile sind gerade, eben oder gekrümmt. Im Folgenden werden vorwiegend gerade und ebene Bauteile betrachtet.

Die einfachsten Bauteile sind Seile und Stäbe. Seile können nur Zugkräfte aufnehmen, Stäbe werden in ihrer Längsachse auf Zug oder Druck beansprucht. Sie können nur solche Kräfte übertragen, die an den Stabenden angreifen und in ihrer Längsachse wirken. Stäbe bilden die Elemente von Fachwerken oder werden zur Aussteifung eingesetzt. Unter einem Träger wird ein lineares Bauteil verstanden, an welchem die angreifenden Lasten in einem Winkel und normal zur Längsachse angreifen. Träger verlaufen zwischen den Auflagern horizontal, geneigt oder geknickt. Zu Trägern gehören Sparren, Pfetten, Dach- und Deckenbalken, Fenster- und Türstürze, Unter- und Überzüge. Die Einwirkungen sind Punkt- und Streckenlasten und die Richtung ist beliebig. Die Lagerung muss so ausgebildet sein, dass die Einwirkungen aufgenommen werden können.

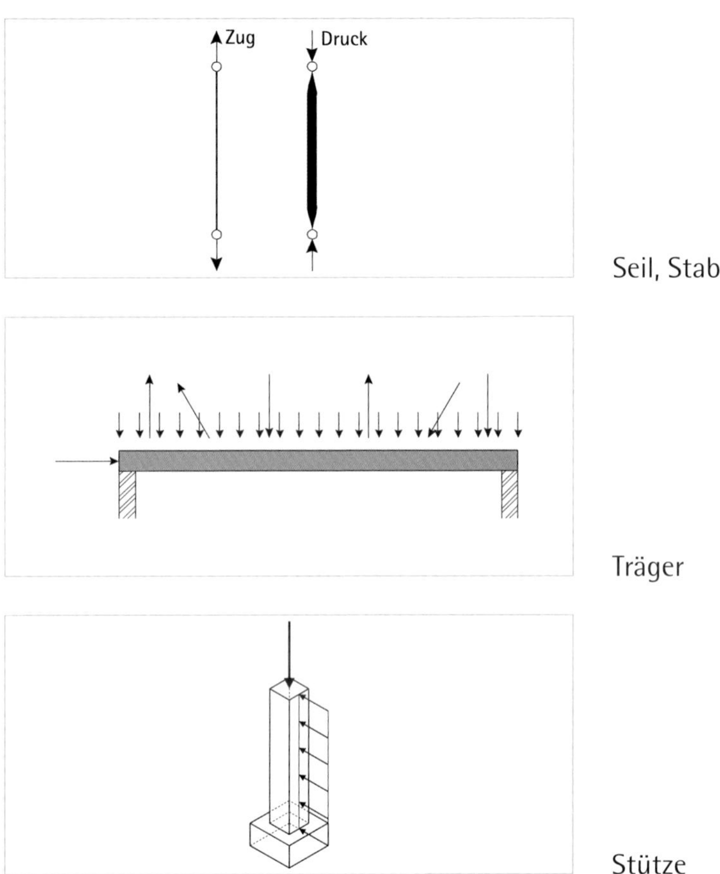

Seil, Stab

Träger

Stütze

Pfosten, Stützen und Pfeiler sind vertikale Bauteile, die sowohl Kräfte in Längsrichtung des Bauteils aufnehmen als auch normal zur Mittelachse, zum Beispiel Lasten aus den darüberliegenden Decken, dem Dach und Windlasten auf die Wand bzw. Fassade.

Scheiben und Platten sind flächige Bauteile, wobei Scheiben in ihrer Mittelfläche und Platten normal zu ihrer Mittelfläche beansprucht werden. Ausnahmen bilden in der Bezeichnung Glasscheiben, die infolge von Schnee- und Windbelastung wie Platten beansprucht werden.

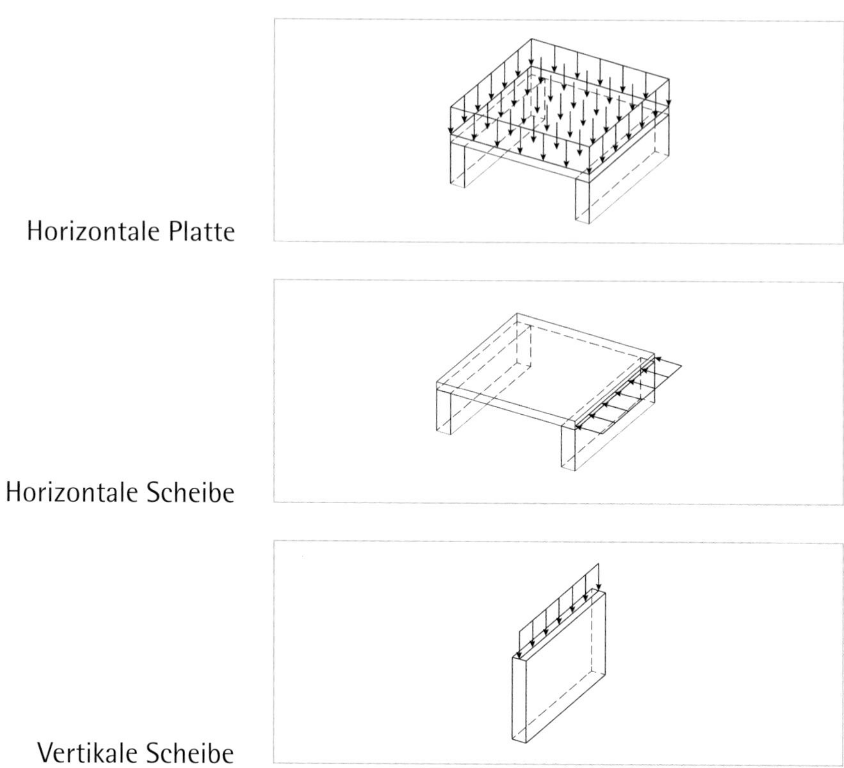

5.2 Lastabtragung

Das Verfolgen der Einwirkungen über alle Bauteile in einem Tragwerk wird Lastabtragung genannt. Methoden zur Beschreibung der Lastabtragung sind abhängig vom Aufbau des Tragwerks und den verwendeten Bauteilen. Eine anschauliche Methode ist das Zerlegen des Tragwerks in seine Bauteile.

Für jedes Bauteil werden die Einwirkungen sowie die Kräfte und Momente bestimmt, mit denen die Einwirkungen auf das Bauteil ein stabiles Gleichgewicht bilden. Diese als Auflager- oder Lagerreaktionen bezeichneten Reaktionsgrößen auf die Einwirkungen werden als Belastung auf das darunterliegende Bauteil angesetzt.

5.2.1 Vertikale Lastabtragung

Einwirkungen wie Eigengewicht, Nutzlast, Schnee und Wind wirken in Richtung Erdmittelpunkt und vereinfachend vertikal auf den ebenen Baugrund. Die Lastabtragung erfolgt von oben, vom Dach, nach unten in die Fundamente und grundsätzlich nur über die Stellen, an denen die Bauteile miteinander verbunden sind.

Das folgende einfache Beispiel besteht aus einer Deckenplatte, zwei Trägern, die parallel unter gegenüberliegenden Kanten der Deckenplatte angeordnet sind, vier Stützen an den Enden der Träger und Einzelfundamenten unter den Stützen. Die Abtragung der Lasten aus der Deckenplatte in den Baugrund erfolgt über die Auflagerkräfte der einzelnen Bauteile auf den darunterliegenden Bauteilen.

Die Flächenlast der Deckenplatte wird mit Streckenlasten ins Gleichgewicht gesetzt, die in der Längsachse der Träger angreifen auf denen die Deckenplatte aufliegt. Diese Streckenlasten wirken in der entgegengesetzten Richtung als Belastung auf die Träger und werden mit Punktlasten an den Trägerenden ins Gleichgewicht gesetzt. Die Punktlasten wirken in entgegengesetzter Richtung auf die Stützen und in Fortsetzung davon als Punktlast auf die Einzelfundamente. Die Punktlasten auf die Einzelfundamente stehen mit der Bodenpressung im Gleichgewicht.

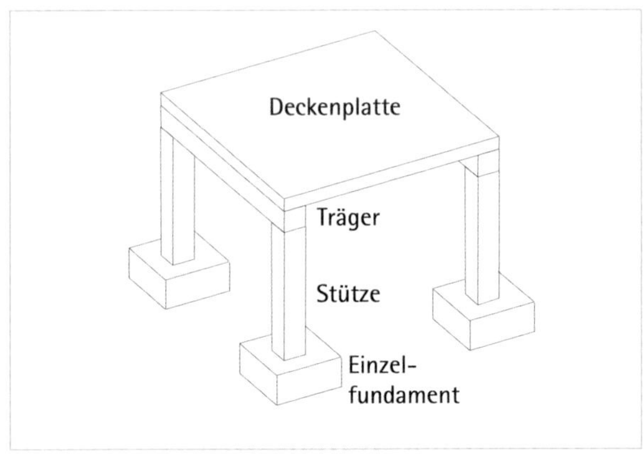

Abtragung vertikaler Lasten

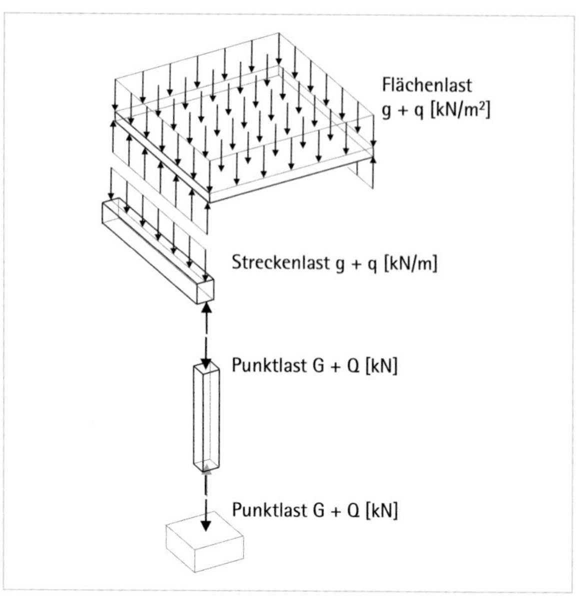

Abtragung vertikaler Lasten

Hinweis zur Abbildung: Die Abtragung der Flächenlast aus der Deckenplatte in den Baugrund gilt auch für die drei anderen Eckpunkte. Auf die Darstellung wurde aus Gründen der Übersichtlichkeit verzichtet.

Statt auf Trägern kann die Deckenplatte auch auf Wandscheiben aufliegen. Unter den Wandscheiben ist ein Streifenfundament erforderlich, um die Lasten in den Baugrund weiterzuleiten.

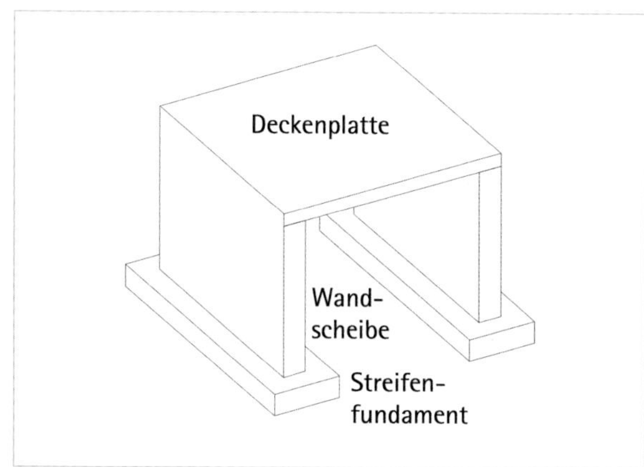

Abtragung vertikaler Lasten

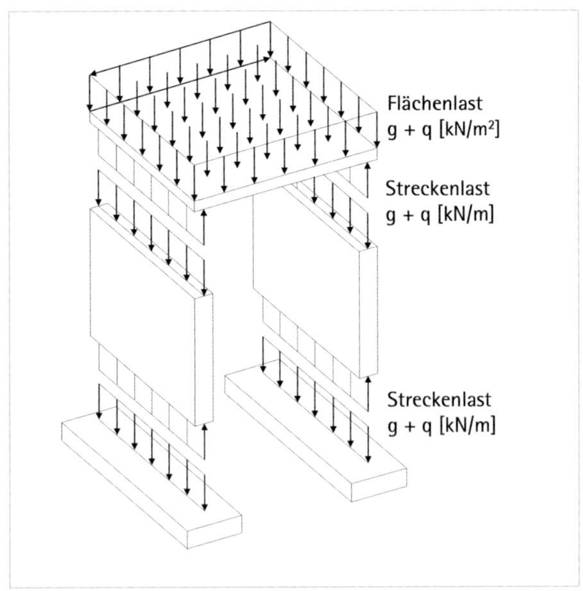

Abtragung vertikaler Lasten

Die beschriebene Lastableitung lässt sich auf jedes Tragwerk anwenden und gilt auch für Tragwerke, deren Bauteile aus Stäben, Trägern, Pfosten und Stützen aufgebaut sind, wie zum Beispiel Holz- oder Stahltragwerke. Diese Tragwerke benötigen eine Schalung aus Holz, Blech oder Stahlbeton, damit eine geschlossene Decke und Wand herzustellen ist. Die Lastabtragung erfolgt über die Schalung auf Dach- oder Deckenbalken in Träger oder Wandscheiben.

Die Wandscheiben bestehen im Holzbau aus Pfosten, Schwellen und dem Rähm. Die Richtung der Lastabtragung wird für horizontale oder geneigte und stabförmige Bauteile wie Sparren, Pfetten, Neben- und Hauptträger sowie Dach- oder Deckenplatten mit einem Pfeil darstellt. Jedes Bauteil besitzt eine **Spannweite**, die dem Abstand der Auflager auf den darunterliegenden Bauteilen entspricht. Die Tragrichtung und die Orientierung der Spannweiten sind identisch.

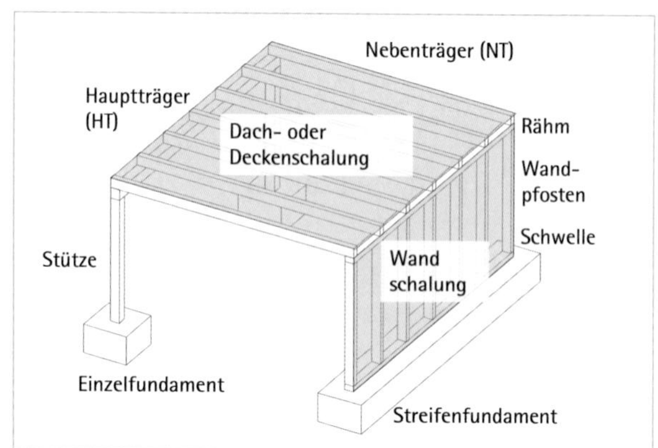

Bezeichnung der Bauteile

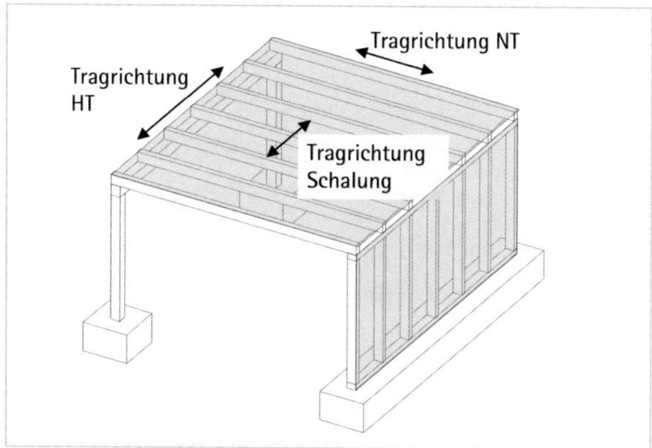

Tragrichtung parallel zur Spannweite des Bauteiles

Aus der Schalung oder Eindeckung gibt es für jedes stabförmige Bauteil eine **Lasteinzugsbreite,** um die Flächenlasten aus der Schalung und der Eindeckung in eine Streckenlast auf das Bauteil umzurechnen. Die Lasteinzugsbreite darf, um einen Überblick über die Lastabtragung in einem Tragwerk zu erhalten, vereinfachend mit dem Abstand der Bauteile normal zur Tragrichtung angenommen werden.

Die Nebenträger haben in dem dargestellten Beispiel den Achsabstand a. Dieser entspricht für die Nebenträger der Lasteinzugsbreite. Für den Hauptträger und die Wand ist die Lasteinzugsbreite die halbe Spannweite der Nebenträger.

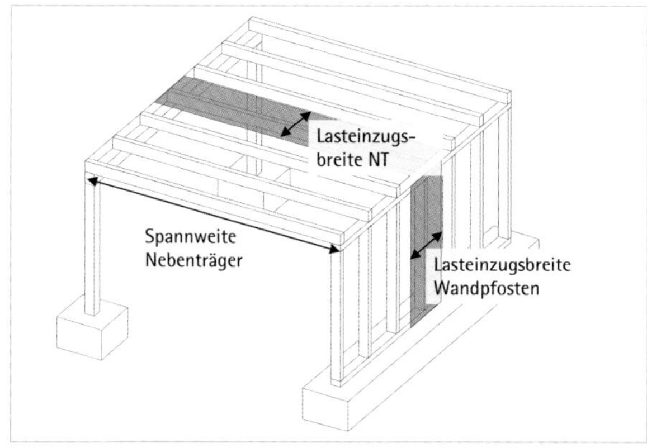

Nebenträger und Wandpfosten: Lasteinzugsbreite senkrecht zur Spannweite

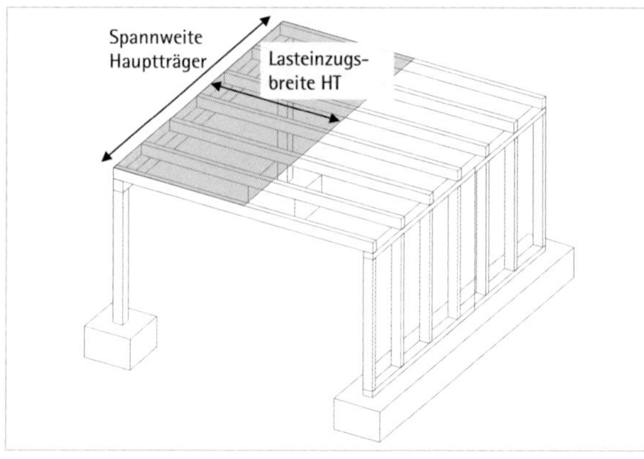

Hauptträger und Wandpfosten: Lasteinzugsbreite senkrecht zur Spannweite

5.2.2 Horizontale Lastabtragung

Anprall, Wind, Wasser und Erddruck wirken auf vertikale und geneigte Wände sowie Dachflächen. Es entstehen Kräfte, deren Wirkungslinien tangential zur Erdoberfläche verlaufen und vereinfachend horizontal zum ebenen Baugrund angenommen werden. Für die Abtragung dieser horizontalen Lasten ist sicherzustellen, dass sich weder einzelne Bauteile noch das gesamte Tragwerk verschieben, verdrehen oder umkippen. Die Abtragung dieser horizontalen Lasten wird **Aussteifung** genannt. Die Windlast auf vertikale Wände ist eine Flächenlast, die normal auf die Wände wirkt und abhängig von der Verbindung der Bauteile untereinander in das Dach und die Decken eingeleitet wird. Dach- und Deckenplatten wirken für die horizontale Windlast wie Scheiben.

Die horizontalen Lasten in den Dach- und Deckenscheiben müssen von den vertikalen Bauteilen aufgenommen werden. Es entsteht durch die horizontale Windlast ein Drehmoment in den vertikalen Bauteilen. Die Abtragung dieser Drehmomente in die Fundamente ist abhängig von der Verbindung der Bauteile untereinander. Durch die Ausbildung der Deckenscheibe und die Anordnung der vertikalen Bauteile ist zusätzlich eine Verdrehung um die vertikale Achse der Deckenscheibe zu verhindern.

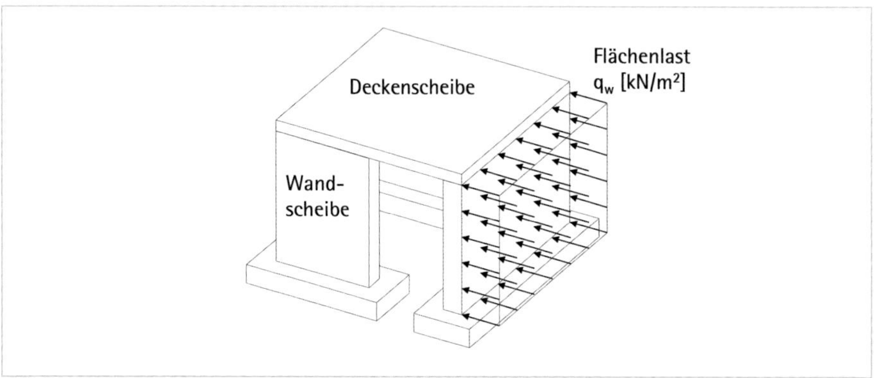

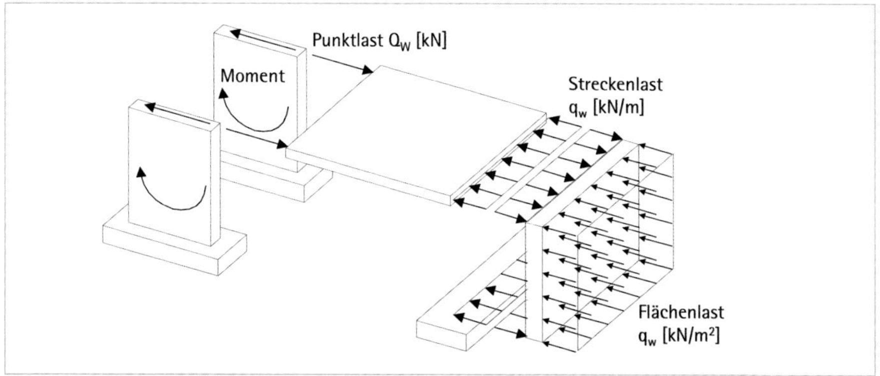

5.3 Momentengleichgewicht an Bauteilen

Im Allgemeinen sind Einwirkungen in der Größe, in der Verteilung und den Angriffspunkten von der Nutzung des Gebäudes und der Art der Einwirkungen abhängig. Die Größe der einwirkenden Lasten kann zum Teil sehr unterschiedlich sein. Das Drehmoment wird zum Beispiel bei Trägern genutzt, die mit unterschiedlichen Punkt- oder Streckenlasten beansprucht werden, um den Angriffspunkt der resultierenden Kraft zu berechnen.

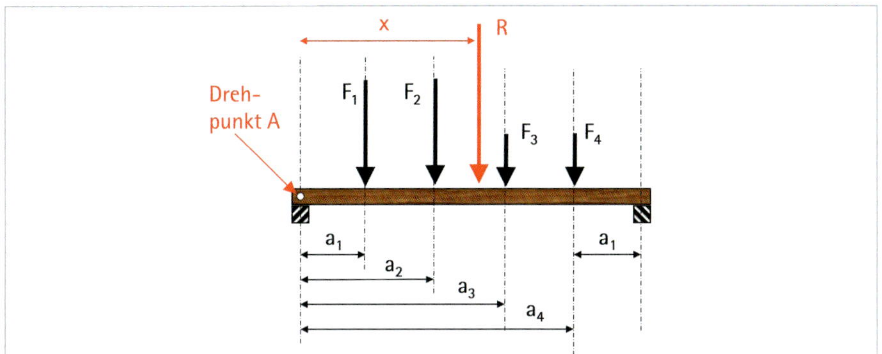

Zur Berechnung des Abstands der resultierenden Kraft zu einem Drehpunkt wird folgende Bedingung betrachtet: Die Summe der Momente aus den einzelnen Kräften mit den zugehörigen Abständen durch denselben Drehpunkt muss dem Drehmoment der resultierenden Kraft entsprechen.

Resultierende Kraft

$$R = F_1 + F_2 + F_3 + F_4$$

Resultierendes Moment

$$M_R = R \cdot x$$

Summe der Momente der einzelnen Kräfte

$$M_A = F_1 \cdot a_1 + F_2 \cdot a_2 + F_3 \cdot a_3 + F_4 \cdot a_4$$

Die Drehmomente M_R und M_A müssen identisch sein. Diese Bedingung lautet

$$M_R = M_A$$

Die Terme eingesetzt folgt

$$R \cdot x = F_1 \cdot a_1 + F_2 \cdot a_2 + F_3 \cdot a_3 + F_4 \cdot a_4$$

Nach x umgeformt ergibt

$$x = \frac{F_1 \cdot a_1 + F_2 \cdot a_2 + F_3 \cdot a_3 + F_4 \cdot a_4}{F_1 + F_2 + F_3 + F_4}$$

Allgemein gilt für den Hebelarm x einer resultierenden Kraft F_i mit i = 1 bis n und n Kräften:

$$x = \frac{\sum_{i=1}^{n} F_i \cdot a_i}{\sum_{i=1}^{n} F_i}$$

Der Hebelarm einer resultierenden Kraft für beliebig viele Kräfte mit parallelen Wirkungslinien ergibt sich für einen angenommenen Drehpunkt aus der Summe der Momente für die einzelnen Kräften mit den zugehörigen Abständen zum selben Drehpunkt dividiert durch die resultierende Kraft. Die Abstände sind senkrecht zu den Wirkungslinien und dem gemeinsamen Drehpunkt anzusetzen. Für jedes Moment bestimmt die Wirkungsrichtung der jeweiligen Kraft den Drehsinn des Momentes. Dieser ist mit dem Vorzeichen in der Summe der Momente zu berücksichtigen.

5.4 Schwerpunkt und Schwerachse

Zur Analyse der Lastabtragung werden das Tragwerk und die Bauteile auf ihren Schwerpunkt, ihre Schwerachsen und Mittelflächen reduziert und die Verbindung der Bauteile untereinander mit Symbolen dargestellt, denen bestimmte Bewegungsmöglichkeiten, sogenannte Freiheitsgrade zugeordnet werden. Es wird vereinfachend davon ausgegangen, dass die Einwirkungen in den Schwerpunkten, Schwerachsen oder Mittelflächen angreifen. Die weitere vereinfachende Bedingung ist zusätzlich die Lagerung der Bauteile in ihren Schwerpunkten, Schwerachsen oder Mittelflächen. Ausmittige Lasteinleitung und Lagerung führen zu einer Verdrehung der Bauteile um ihre Längsachse.

Schwerpunkt für ebene Figuren mit mehr als zwei Symmetrieachsen

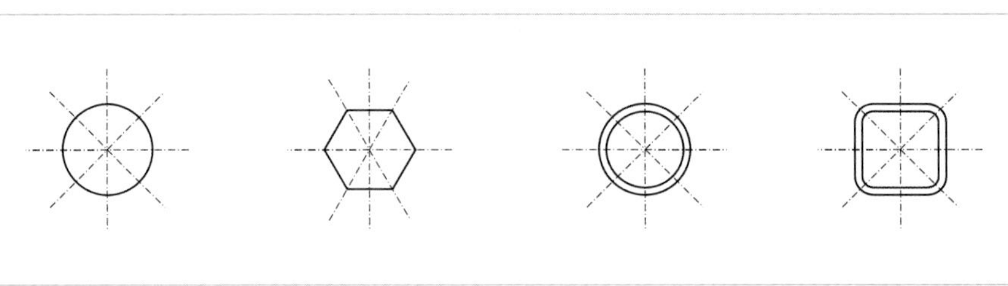

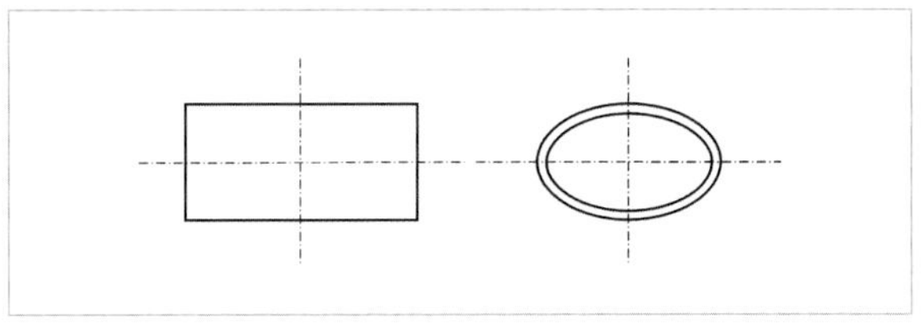

Schwerpunkt für ebene Figuren mit zwei Symmetrieachsen

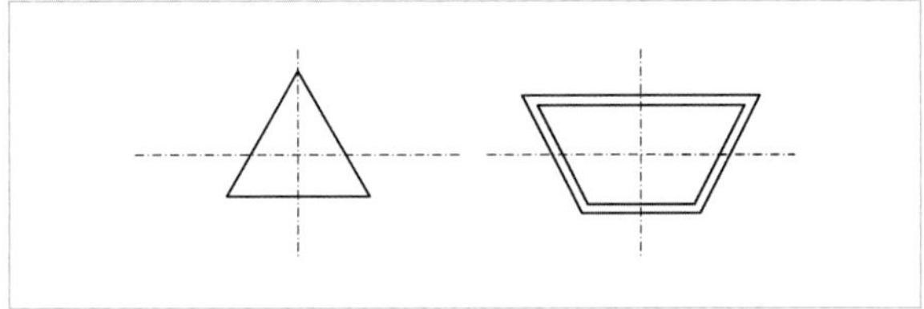

Schwerpunkt für ebene Figuren mit einer Symmetrieachse

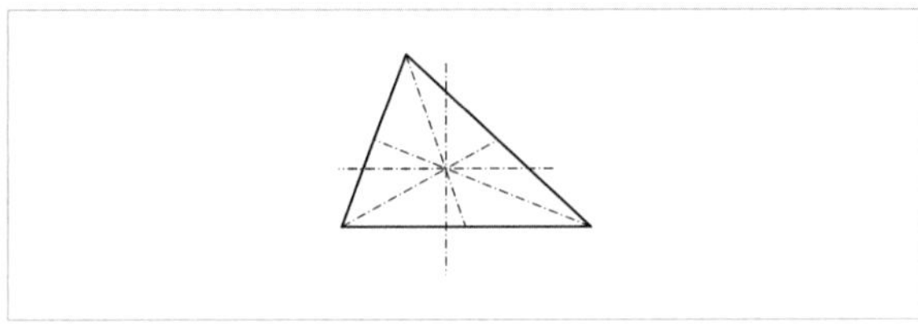

Geometrische Bestimmung des Schwerpunktes für ein beliebiges Dreieck

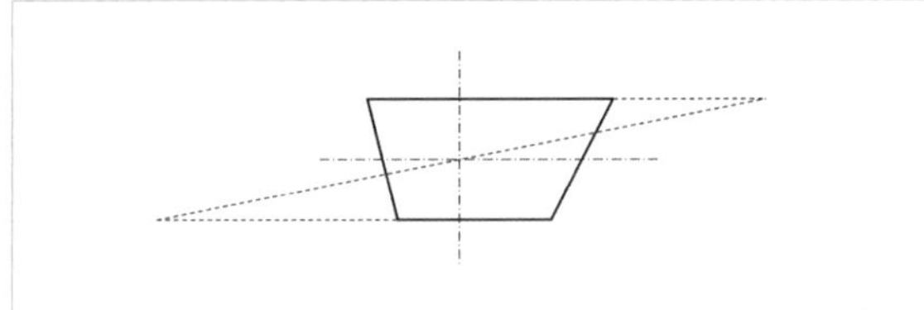

Geometrische Bestimmung des Schwerpunktes für ein beliebiges Trapez

Der Schwerpunkt eines Bauteils ist der Angriffspunkt der resultierenden Kraft aus dem Eigengewicht des Bauteils. Die Berechnung des Schwerpunkts einer Kurve, einer ebenen Figur oder eines Körpers ist eine Anwendung der Integralrechnung unter Einhalten des Gleichgewichts aus allen Drehmomenten, die durch das Eigengewicht entstehen.

Für baupraktische Anwendungen reichen zur Bestimmung des Schwerpunktes Grundlagen der Geometrie aus. Zum Beispiel liegt der Schwerpunkt einer ebenen Figur auf den Symmetrieachsen. Die Erklärung liegt im Momentengleichgewicht, denn das Eigengewicht und der Hebelarm senkrecht zur Symmetrieachse sind identisch. Für zwei und mehr

Symmetrieachsen liegt der Schwerpunkt im Schnittpunkt der Symmetrieachsen. Liegt nur eine oder keine Symmetrieachse vor, ist der Schwerpunkt nur für einfache Polygone geometrisch bestimmt. Im beliebigen Dreieck liegt der Schwerpunkt im Schnittpunkt der Seitenhalbierenden.

Jedes Bauteil mit einer ausgeprägten Längsachse wie ein Seil, ein Stab, ein Träger, eine Stütze oder ein Bogen besitzt eine Querschnittsfläche. Die Querschnittsfläche ist über die Länge des Bauteils konstant oder veränderlich, indem der Querschnitt kleiner oder größer wird. Diese Querschnittsänderung ist sprunghaft oder stetig. Eine stetige Zunahme des Querschnitts zu den Auflagern wird mit Voute bezeichnet. Eine sprunghafte Änderung des Querschnitts tritt bei Wänden, Stützen oder Zugelementen auf, die von Geschoß zu Geschoß im Querschnitt den einwirkenden Kräften und Momenten angepasst werden. An jeder Stelle im Bauteil besitzt der Querschnitt einen Schwerpunkt. Die Abfolge der Schwerpunkte über die Länge des Bauteils wird **Schwerachse** oder **Schwerlinie** genannt.

Bauteil mit konstantem Querschnitt

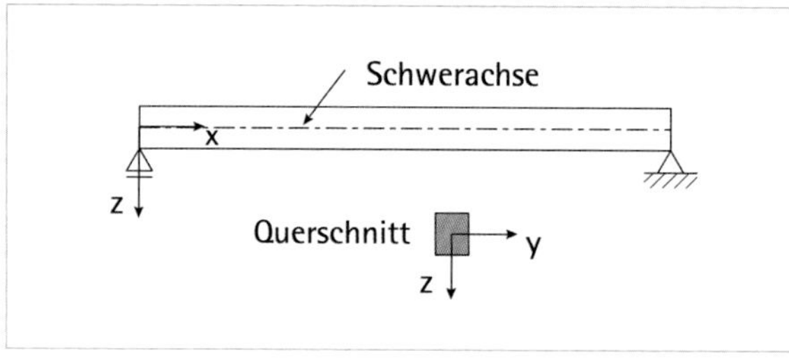

Bauteil mit sich stetig änderndem Querschnitt

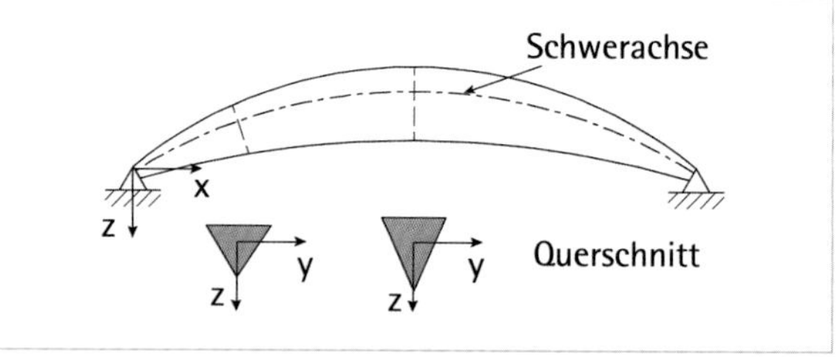

Wird das Bauteil im Schwerpunkt gelagert, treten keine Verschiebungen oder Verdrehungen auf. Eine Lagerung außerhalb des Schwerpunktes führt zu einer Verschiebung oder Verdrehung bis das Gleichgewicht erreicht ist.

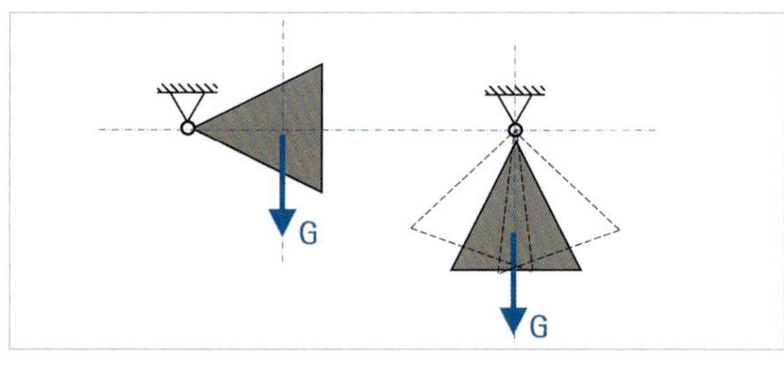

Verdrehung bis die Wirkungslinie der resultierenden Gewichtskraft durch den Auflagerpunkt geht. Dreieckiger Querschnitt

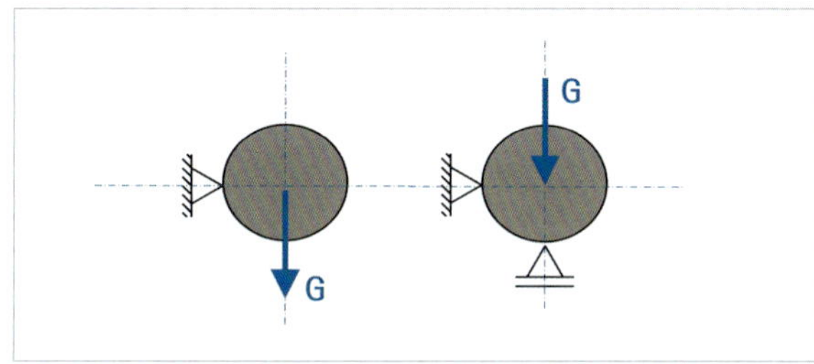

Verhindern der Verdrehung durch ein weiteres Auflager. Kreisquerschnitt

Ergänzung (für Interessierte oder Studierende mit Vorwissen)

Die ingenieurwissenschaftliche Bestimmung des Schwerpunktes einer ebenen Figur ist ein weiteres Beispiel für die Verwendung des Momentengleichgewichts.

Der Inhalt A einer ebenen Figur berechnet sich über die Funktion, mit welcher die Berandung der Figur beschrieben wird und lautet allgemein:

$$A = \int_A dA$$

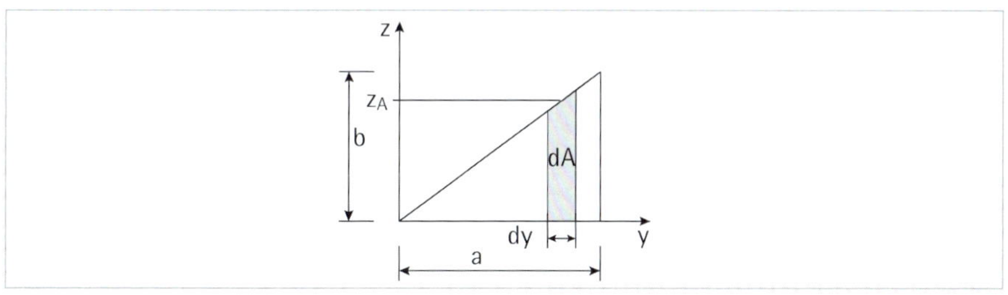

Für das rechtwinklige Dreieck mit den Kantenlängen a und b ist die Funktion der Berandung gegeben mit:

$$z = \frac{b}{a} \cdot y$$

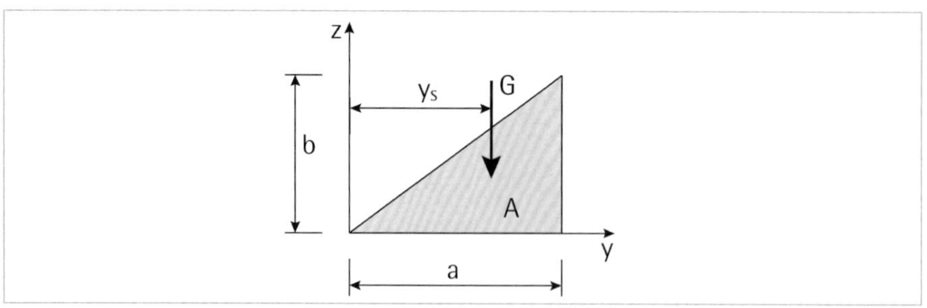

und der Flächeninhalt berechnet sich zu:

$$A = \int_0^a z \cdot dy = \int_0^a \frac{b}{a} y \cdot dy = \left[\frac{b}{2a} \cdot y^2 \right]_0^a = \frac{1}{2} \cdot a \cdot b$$

Wird der Figur die Wichte γ zugeordnet, entspricht die Gewichtskraft dem Flächeninhalt multipliziert mit der Wichte zu:

$$G = \gamma \cdot \int_A dA = \gamma \cdot A$$

und für das Dreieck gilt:

$$G = \gamma \cdot \frac{1}{2} \cdot a \cdot b$$

Das Drehmoment M_G aus der Gewichtskraft G mit dem Hebelarm y_S um den Koordinatenursprung lautet:

$$M_G = G \cdot y_S$$

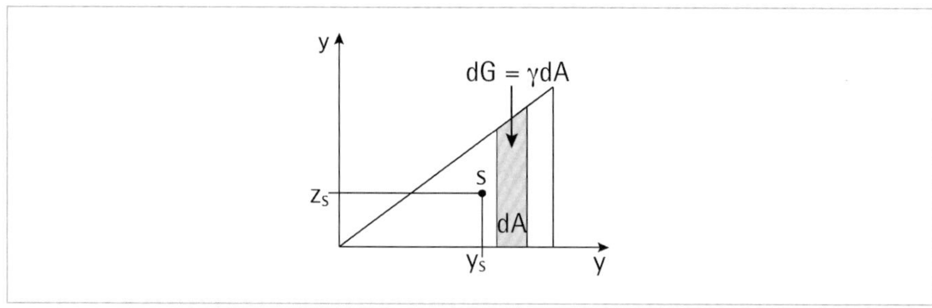

Um denselben Drehpunkt wird das resultierende Moment M aus den Gewichtsanteilen unendlich kleiner Abschnitte ermittelt:

$$M = \gamma \cdot \int_A y \cdot dA$$

Für das rechtwinklige Dreieck berechnet sich das Moment M zu

$$M = \gamma \cdot \int_0^a \frac{b}{a} \cdot y^2 \cdot dy = \gamma \cdot \left[\frac{b}{3 \cdot a} \cdot y^3\right]_0^a = \gamma \cdot \frac{1}{3} \cdot b \cdot a^2$$

Das Moment aus der resultierenden Gewichtskraft muss dem Moment über die Integration der Fläche entsprechen mit $M = M_G$.

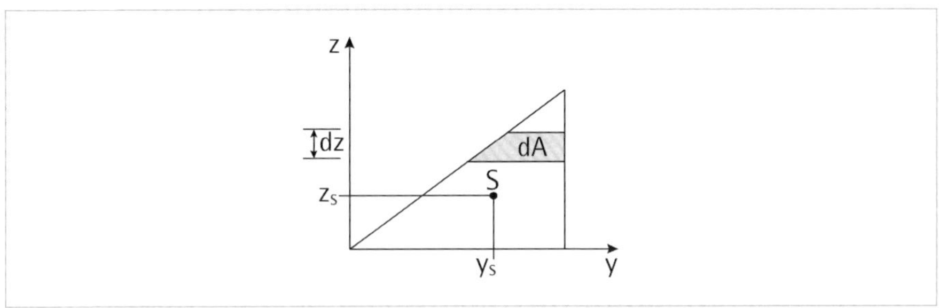

Die Funktionen eingesetzt folgt

$$\gamma \cdot \int_A y \cdot dA = G \cdot y_S = \gamma \cdot \int_A dA \cdot y_S$$

Die Koordinate des Flächenschwerpunkts y_S in die y-Richtung berechnet sich dann zu:

$$y_S = \frac{\gamma \cdot \int_A y \cdot dA}{\gamma \cdot \int_A dA} = \frac{\int_A y \cdot dA}{\int_A dA}$$

Für das rechtwinklige Dreieck ergibt sich:

$$y_S = \frac{M}{G} = \frac{\gamma \cdot \frac{1}{3} \cdot b \cdot a^2}{\gamma \cdot \frac{1}{2} \cdot b \cdot a} = \frac{2}{3} \cdot a$$

Der Flächenschwerpunkt einer ebenen Figur besitzt für jede Fläche im kartesischen y-z Koordinatensystem eine y- und eine z-Koordinate.

Allgemein gilt für eine Fläche mit einem homogenen Werkstoff für die z-Koordinate des Querschnitts:

$$z_S = \frac{\int_A z \cdot dA}{\int_A dA}$$

Dies führt für das rechtwinklige Dreieck zu der Koordinate des Flächenschwerpunktes in z-Richtung:

$$z_S = \frac{1}{3} \cdot b$$

5.5 Lagerreaktionen

Die Übertragung der Einwirkungen von einem Bauteil auf das nächste ist durch die Art festgelegt, wie die Bauteile miteinander verbunden sind. Die Ausbildung der Verbindungen, auch Fügungen, Knotenpunkte oder Anschlussdetails genannt, ist eine konstruktive Aufgabe. Es besteht eine unmittelbare Zuordnung zur Konstruktion des Gebäudes.

Jedes Bauteil, wie auch das Tragwerk, unterliegen im Raum drei Verschiebungen und drei Verdrehungen. Wird ein kartesisches Koordinatensystem zu Grunde gelegt, lässt sich jede beliebige Verschiebung in die drei Richtungen der Koordinatenachsen zerlegen, entsprechendes gilt für die Verdrehungen. Die Richtung der Verschiebung ist in positive und negative Richtung der Koordinatenachsen möglich. Auch für den Drehsinn gibt es je Koordinatenachse zwei Richtungen, die entgegengesetzt gerichtet sind.

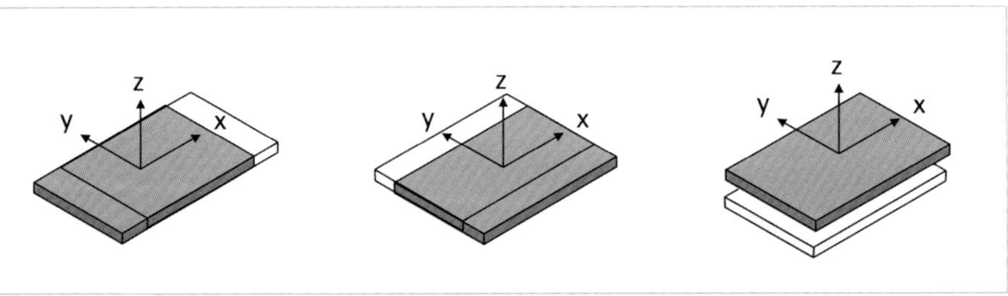

Verschiebung in x-, y- und z-Richtung

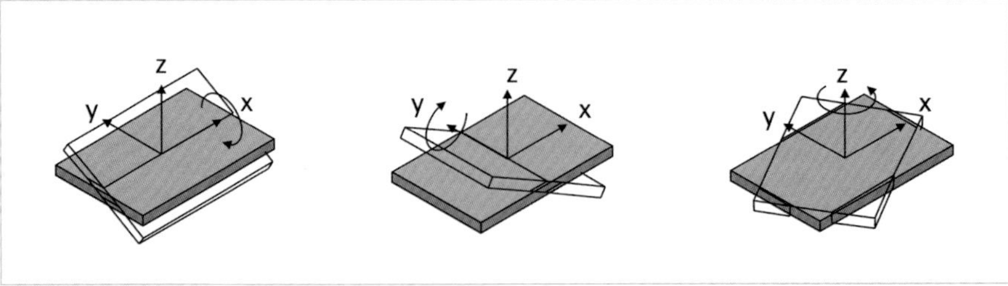

Drehung um die x-, y- und z-Achse

Werden die Verschiebungen und Verdrehungen eines Bauteils in einer Ebene betrachtet, gibt es noch zwei Verschiebungen und eine Verdrehung. Diese sind für die x-z-Ebene dargestellt. Für die x-y-Ebene und die y-z-Ebene gelten die analogen Darstellungen.

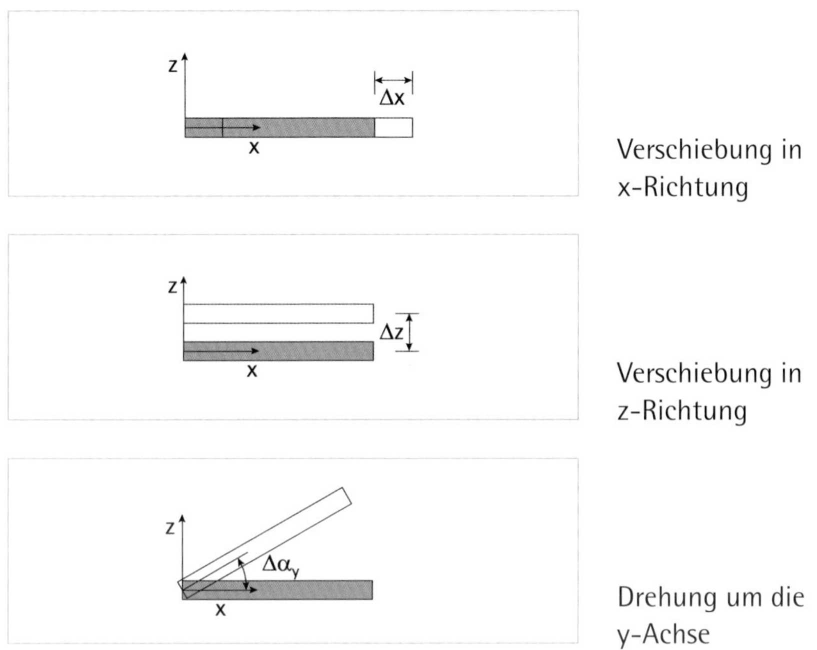

Verschiebung in x-Richtung

Verschiebung in z-Richtung

Drehung um die y-Achse

Damit unter beliebig auf das Bauteil einwirkenden Lasten keine Verschiebungen und Verdrehungen auftreten, muss durch die Lagerung des Bauteils im Raum jede der sechs Bewegungen behindert werden. Wird das Bauteil in einer Ebene betrachtet, sind die Verschiebungen in die Richtungen der Koordinatenachsen, die die Ebene definieren, zu behindern und die Verdrehung um die dritte Achse zu unterbinden.

Für Träger, die in der x-z-Ebene liegen, lassen sich in Abhängigkeit zu den Bewegungen Auflager definieren. Diese werden zur Berechnung der Auflagerreaktionen mit bestimmten Symbolen dargestellt. Die Auflager sind entweder Einzelkräfte oder ein Drehmoment um die y-Achse.

Ein **einwertiges Lager** überträgt die Kraft, die normal auf die Lagerfläche angreift und wird **verschiebliches Auflager** genannt. Im darstellten Beispiel gibt es eine Auflagerkraft in z-Richtung. Das Bauteil ist in x-Richtung verschieblich gelagert und verdreht sich über dem Auflager um die y-Achse. In der Literatur finden sich für dieses Lager die beiden dargestellten Symbole.

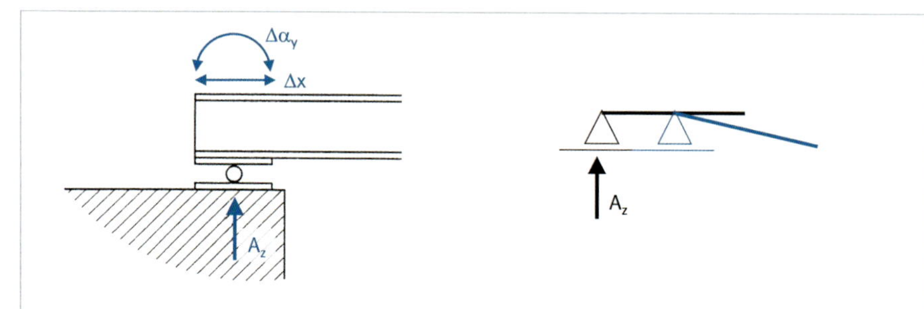

Rollenlager

Lagersymbol a

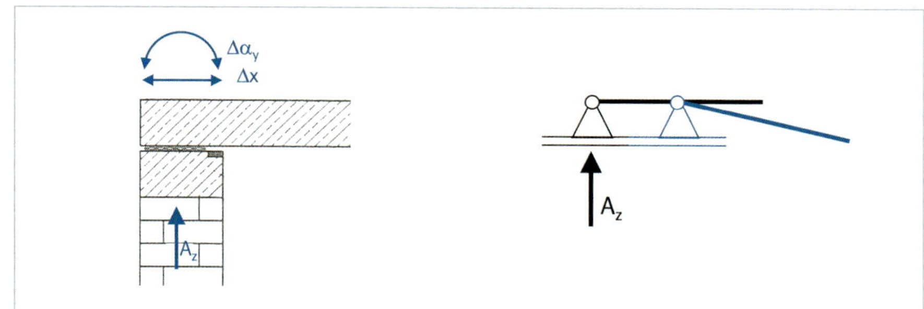

Gleitlager

Lagersymbol b

Ein **zweiwertiges Lager** überträgt Kräfte, die sowohl normal als auch parallel zur Lagerfläche wirken und wird als **festes Auflager** bezeichnet. Es wird eine Auflagerkraft in x- und eine in z-Richtung übertragen. Die Verdrehung des Bauteils um die y-Achse ist möglich.

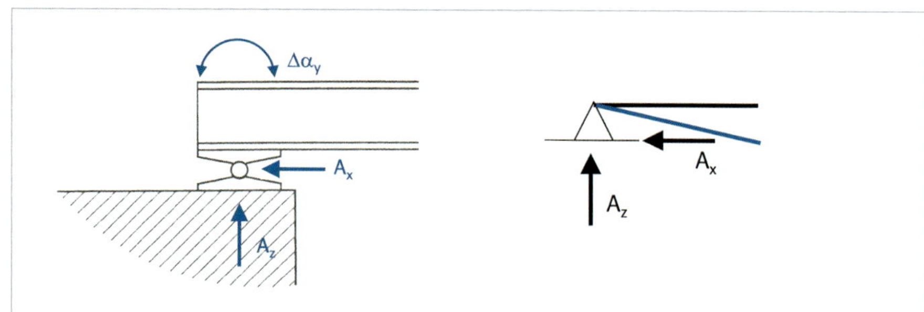

Festes Auflager

Lagersymbol a

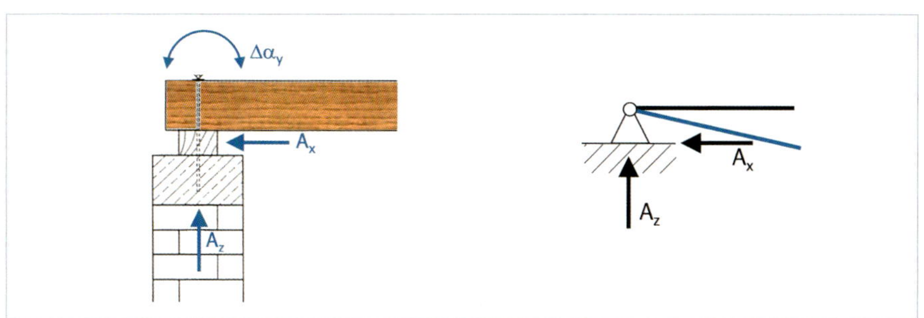

Festes Auflager

Lagersymbol b

Ein **dreiwertiges Auflager** überträgt Kräfte in x- und z-Richtung und ein Drehmoment um die y-Achse. Folglich ist auch eine Verdrehung um die y-Achse behindert. Diese Lagerung heißt **Einspannung** und bedeutet für Holz- und Stahltragwerke einen hohen konstruktiven Aufwand in der Herstellung. Im Stahlbetonbau ist eine besondere Bewehrungsführung notwendig.

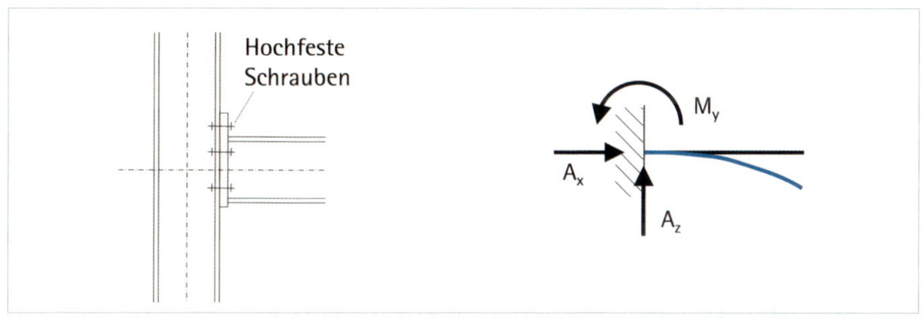

Einspannung
Stahlträger

Lagersymbol

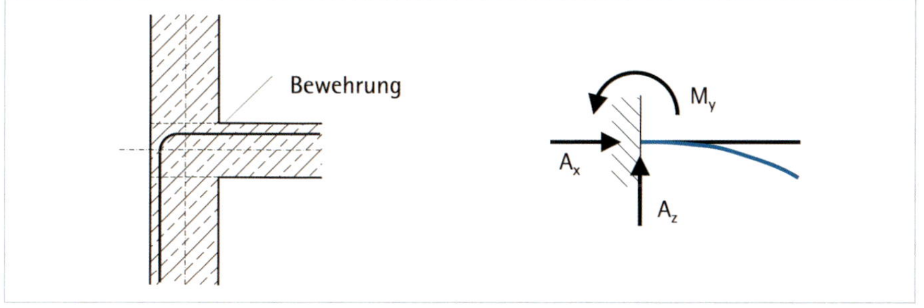

Einspannung
Stahlbeton-
platte

Lagersymbol

Vertikale Bauteile wie Stützen, Pfosten und Wände besitzen als Fußpunkt ein **festes Auflager** oder sind **eingespannt.** Ein festes Auflager überträgt Kräfte in x- und z-Richtung, lässt jedoch eine Verdrehung um die y-Achse im Auflager zu. Diese Verdrehung erfordert eine zusätzliche Lagerung des Bauteils und zusätzliche Bauteile im Tragwerk, um die Abtragung der horizontalen Windlasten sicherzustellen.

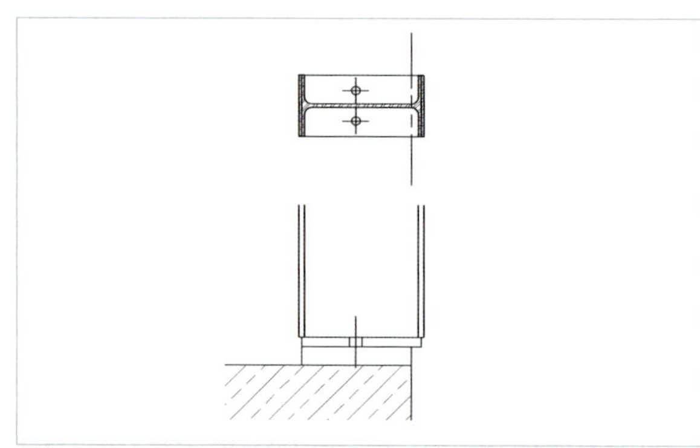

Festes Auflager aus Stahl

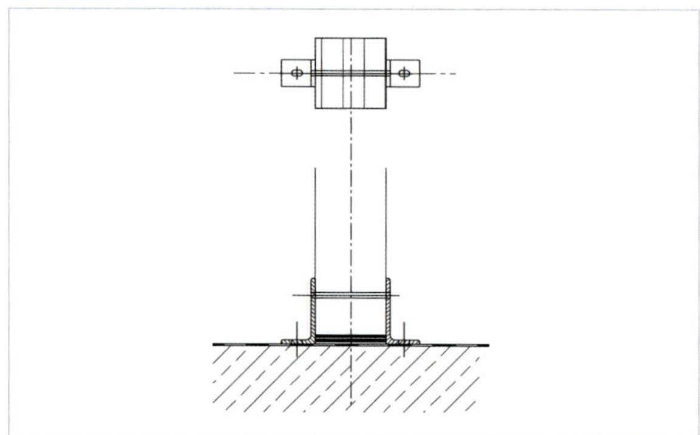

Festes Auflager aus Holz

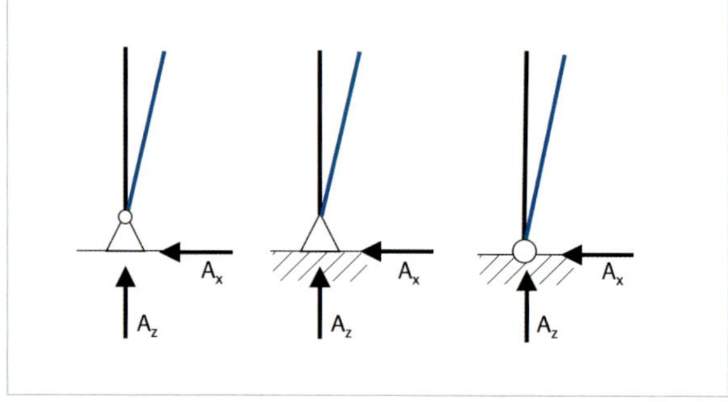

Lagersymbole

Die **Einspannung** eines vertikalen Bauteils in den Baugrund hat den Vorteil, dass es Lasten abträgt, die aus allen Richtungen auf das Bauteil angreifen. Die Verhinderung der Verdrehung führt zu einem konstruktiven Aufwand für die Ausbildung der Einspannung im oder auf dem Baugrund.

Das Einspannen des Bauteils bedeutet die Übertragung eines Drehmoments in den Baugrund. Dies ist nur möglich, wenn auf oder im Boden ein entgegengesetzt wirkendes Drehmoment aufgebaut wird. Mit der Konstruktion für die Einspannung wird ein Kräftepaar erzeugt, welches entgegengesetzt gerichtete und dem Betrag nach gleichgroße Kräfte hat. Das Kräftepaar wirkt entweder horizontal im Boden wie bei Köcherfundamenten oder vertikal durch eine Schraubverankerung auf der Bodenplatte. Grundsätzlich gilt, je größer der Abstand der Kräfte zueinander ist, umso geringer ist der Betrag der Kräfte.

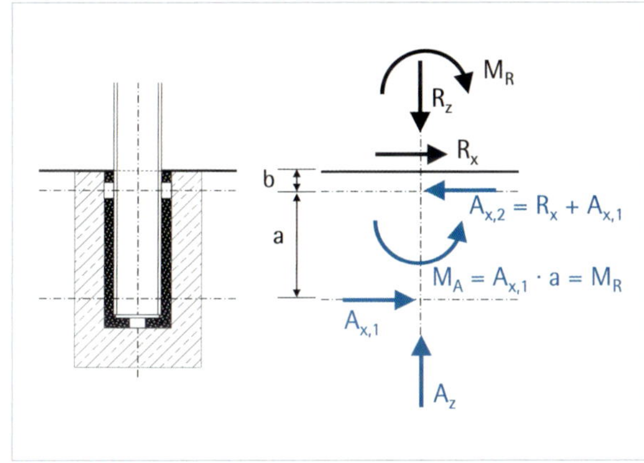

Einspannung mit horizontalem Kräftepaar

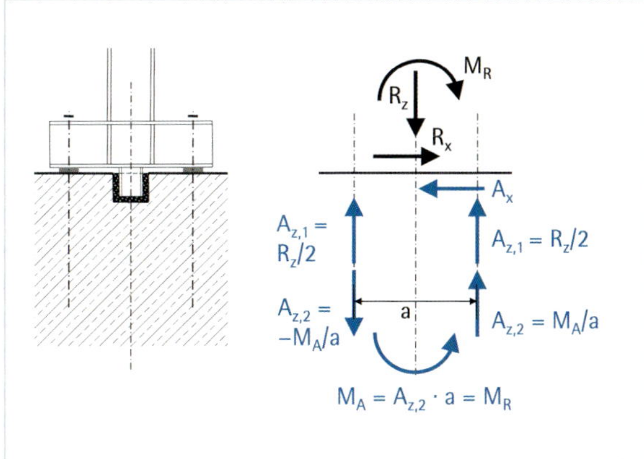

Einspannung mit vertikalem Kräftepaar

Die Ausbildung der Fußpunkte von Pfosten, Stützen und Wänden ist immer im Bezug zu horizontalen oder geneigten Bauteilen zu betrachten. Sind die Fußpunkte gelenkig ausgebildet und werden die Dach- und Deckenbauteile gelenkig mit den vertikalen Bauteilen verbunden, fehlt eine horizontale Lagerung des gesamten Tragwerks bestehend aus Träger mit Stützen oder Platten mit Wandscheiben. Das Tragwerk wird durch die vier Gelenke verschieblich bzw. kinematisch. Für die Abtragung von horizontalen Windlasten sind daher zusätzliche Maßnahmen erforderlich, wenn ein Tragwerk aus gelenkig miteinander verbunden Bauteilen aufgebaut ist. Die am Fußpunkt gelenkig gelagerten Stützen oder Wände entsprechen einer horizontal verschieblichen Lagerung des Trägers oder der Deckenplatte.

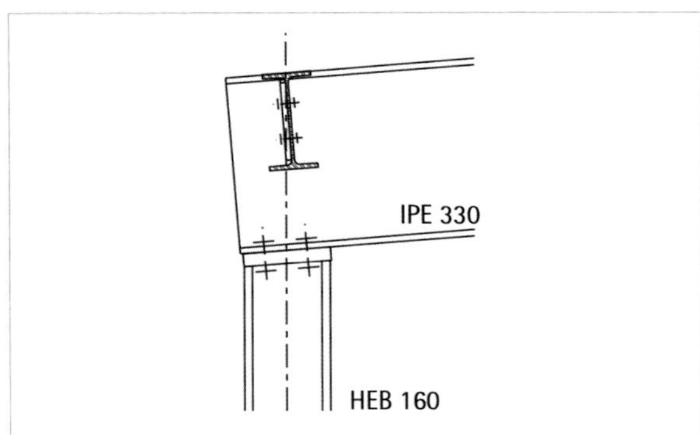

Gelenkige Verbindung Träger – Stütze

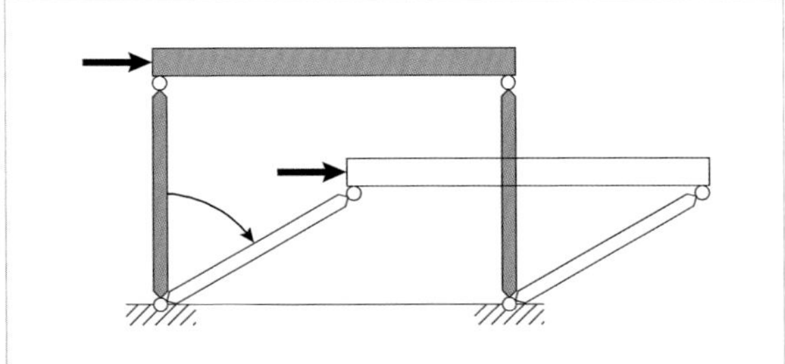

Kinematisches Tragsystem für horizontale Lasten ⇒ als Tragwerk **unbrauchbar!**

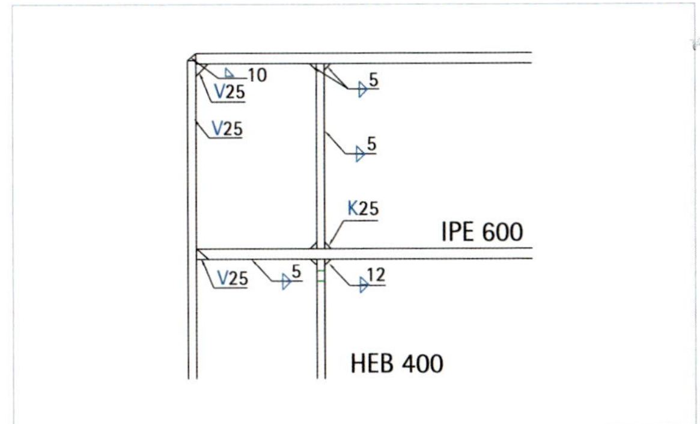

Geschweißte Rahmenecke Biegesteife Verbindung Träger – Stütze

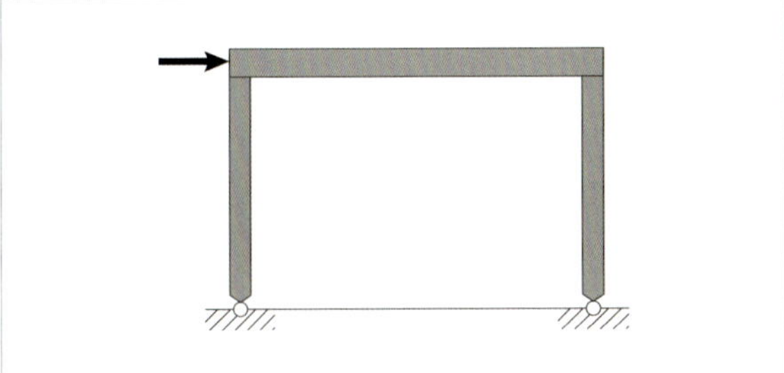

Durch die biegesteifen Rahmenecken unverschieblich

Die Verschieblichkeit der Tragwerke für horizontale Lasten wird vermieden, wenn entweder die Stützen bzw. Wände in die Bodenplatte, Kellerwände oder Fundamente eingespannt sind oder die Verbindung der Stützen/Wände mit den Trägern/Deckenplatten keine oder nur eine sehr geringe Verdrehung zulässt. Tragwerke mit biegesteifen Verbindungen von Stützen mit Trägern werden als Rahmen bezeichnet.

6 Aussteifung

6.1 Anordnung der Wandscheiben 101
6.2 Wandscheiben 107
6.3 Deckenscheiben 114
6.4 Einspannungen 117
6.5 Geschossbauten 120
6.6 Fachwerksysteme 122

Für die Abtragung horizontaler Windlasten und Anprall gibt es drei Prinzipien:

› mittels aussteifenden Scheiben in Dach, Decken und Wänden,
› über Einspannungen der Wände und Stützen in Fundamenten, die Bodenplatte oder Wände im Untergeschoss,
› über das biegesteife Verbinden der vertikalen mit den horizontalen Bauteilen zu einem Rahmentragwerk.

Aussteifung mit Dach-, Decken- und Wandscheiben

Die Wand ist am Fußpunkt gelenkig gelagert, mit der Deckenscheibe gelenkig verbunden und horizontal gehalten.

Ein Teil der Windlast wird in die Decke eingeleitet und muss über weitere Wände in den Boden abgetragen werden.

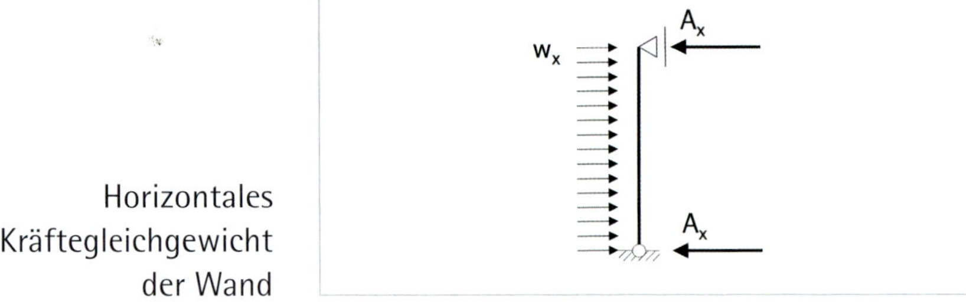

Horizontales Kräftegleichgewicht der Wand

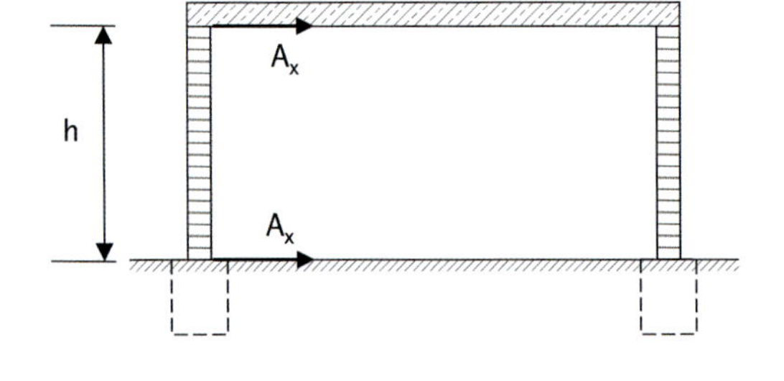

Reaktionskräfte auf die Deckenscheibe und das Fundament

Einspannung der Stützen oder Wände in Fundament, Bodenplatte oder Kellerwände

Wände und Stützen sind in Fundamente, Bodenplatte oder Kellerwände eingespannt. Die gesamte Windlast wird über die Einspannung abgetragen und führt am Fußpunkt zu dem Einspannmoment M_y. Dieses ist in Fundamente, Bodenplatte oder Kellerwände aufzunehmen.

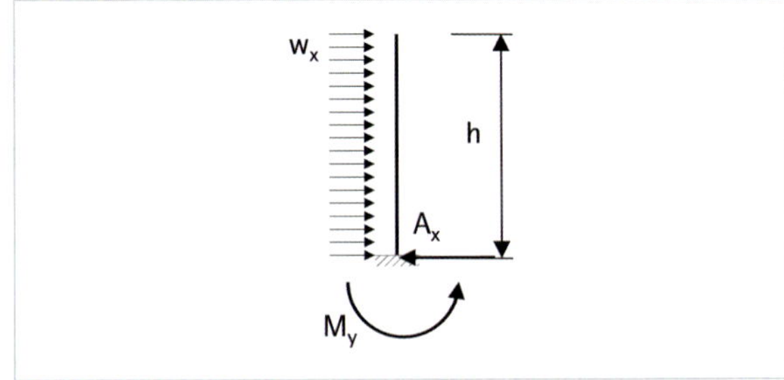

Gleichgewicht der Stütze

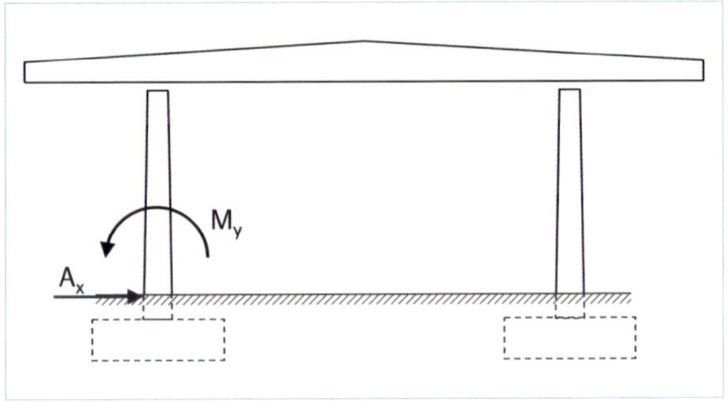

Reaktionskräfte auf das Stützenfundament

Rahmen mit biegesteifen Ecken

Das biegesteife Verbinden von Stützen mit Trägern oder Wänden mit den Decken entspricht einer Einspannung der vertikalen in die horizontalen Bauteile.

Das Moment in der Rahmenecke führt zu vertikalen Auflagerkräften. Die Windlast wird von beiden Auflagern aufgenommen.

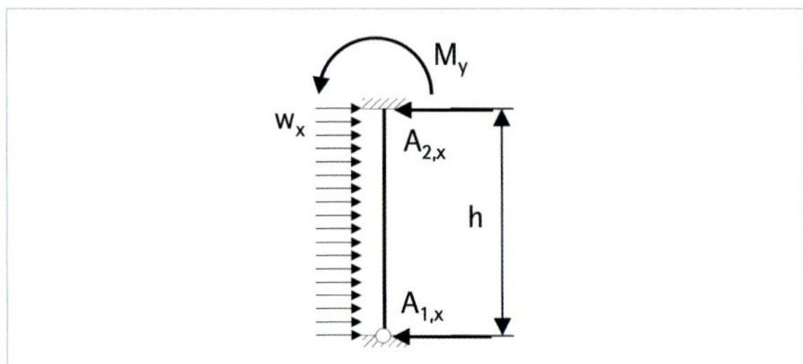

Gleichgewicht der Stütze

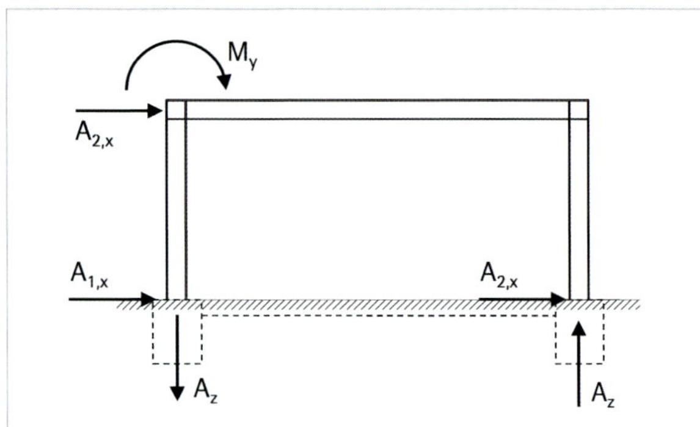

Reaktionskräfte auf die Fundamente

6.1 Anordnung der Wandscheiben

Die horizontalen Windlasten über Scheiben in den Baugrund abzutragen hat den Vorteil, dass gelenkige Verbindungen der Bauteile untereinander ermöglicht werden. Die Abmessungen der vertikalen Bauteile wie Wände und Stützen sind geringer im Vergleich zu eingespannten Stützen und Wänden. Dies gilt für Einspannungen in die Fundamente, die Bodenplatte und Wände im Untergeschoss genauso wie für Rahmentragwerke. Fehlen aussteifende Wandscheiben und liegt die Dach- oder Deckenscheibe in der x-y-Ebene des kartesischen Koordinatensystems, entstehen infolge horizontaler Lasten auf die Deckenscheibe Verschiebungen in x- und y-Richtung auf sowie eine Verdrehung um die z-Achse.

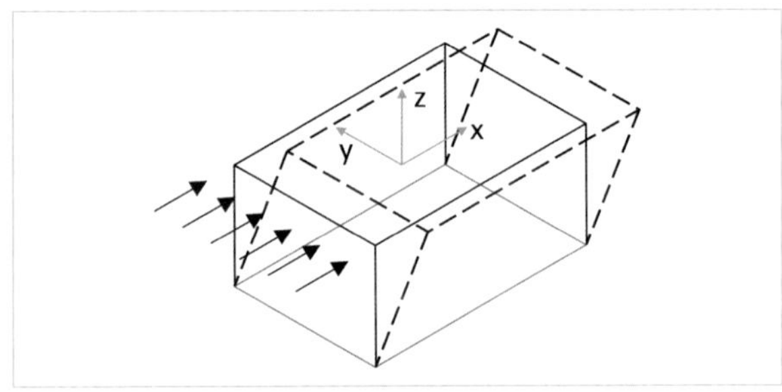

Verschiebung in x-Richtung

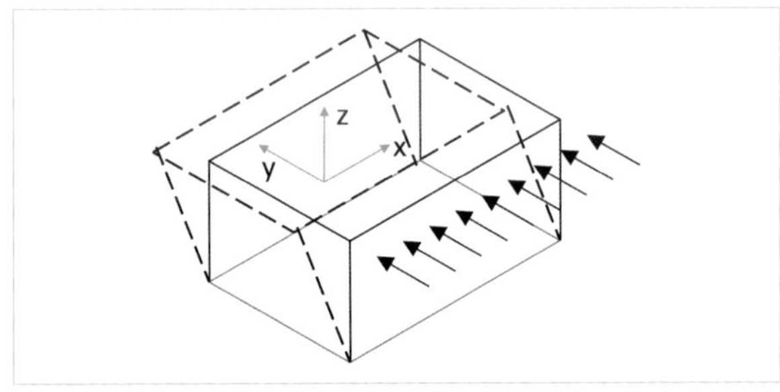

Verschiebung in y-Richtung

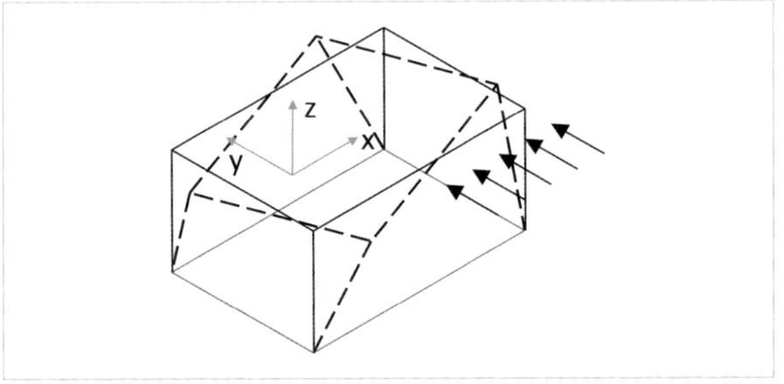

Verdrehung um die z-Achse

Die Lagerung der Dach- und Deckenscheiben erfordert bestimmte Anordnungen von Wandscheiben, um Verschiebungen in x- und y-Richtung und die Verdrehung um die z-Achse zu verhindern. Für die drei unabhängigen Bewegungsmöglichkeiten sind mindestens drei Wandscheiben erforderlich, um die Bewegungen der Dach- und Deckenscheiben durch horizontale Lasten zu verhindern. Zwei Wandscheiben führen entweder zu einer Verschiebung in Richtung der Belastung oder zu einer Verdrehung der Dach- oder Deckenscheiben.

Zwei Wandscheiben

Verschiebung in Richtung der Belastung

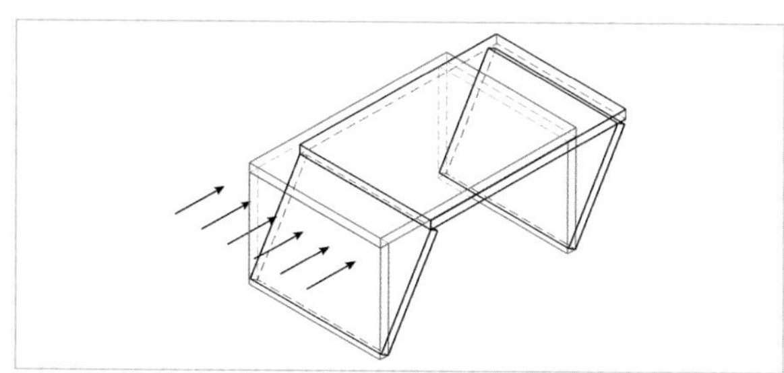

Zwei Wandscheiben

Verschiebung in Richtung der Belastung

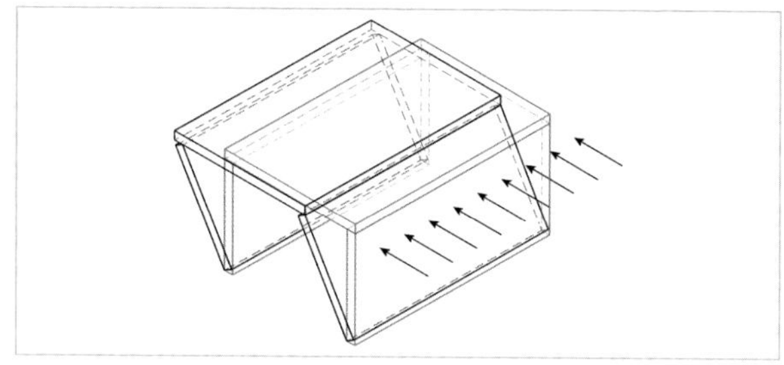

Zwei Wandscheiben

Verdrehung um die z-Achse

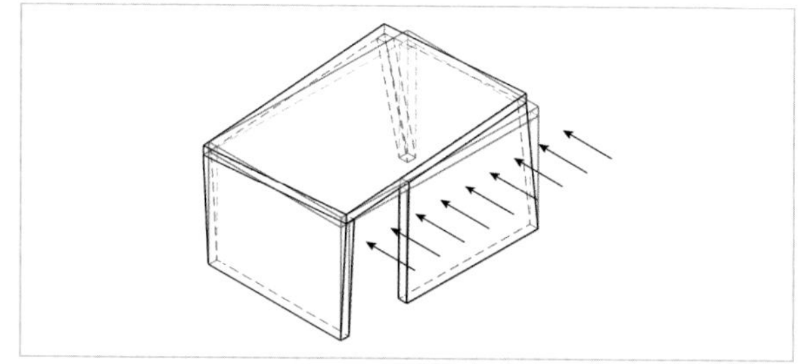

Diese Verschiebungen oder Verdrehung werden mit dem Einführen einer dritten Wandscheibe behindert. Die dritte Scheibe verhindert das Kippen von zwei parallelen Scheiben unter einer Belastung senkrecht auf die Scheiben. Die Lage der dritten Scheibe ist im Grundriss frei wählbar und muss eine andere Richtung aufweisen.

Wird die Scheibe an einem Rand der Dach- oder Deckenscheibe angeordnet, bleibt die Momentenbeanspruchung auf die Dach- oder Deckenscheibe erhalten. Die Verdrehung wird behindert, indem sich in den parallelen Scheiben ein Kräftepaar aufbaut. Die Kräfte in den parallelen Scheiben wirken entgegengesetzt und sind dem Betrag nach gleich groß. Die Verbindung des Dachs oder der Decke mit den Wandscheiben muss diese horizontalen Kräfte auf die Wandscheiben übertragen. Aus den Wandscheiben werden die horizontalen Kräfte in das Fundament, die Bodenplatte oder die darunterliegenden Deckenscheiben weitergeleitet. Die Wandscheiben erfordern keine Verbindung untereinander und können frei im Raum stehen.

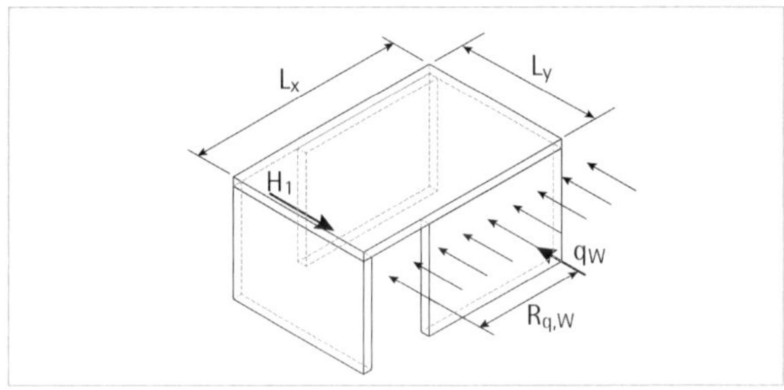

Resultierende Kraft H_1 in der Wandscheibe parallel zur Windrichtung

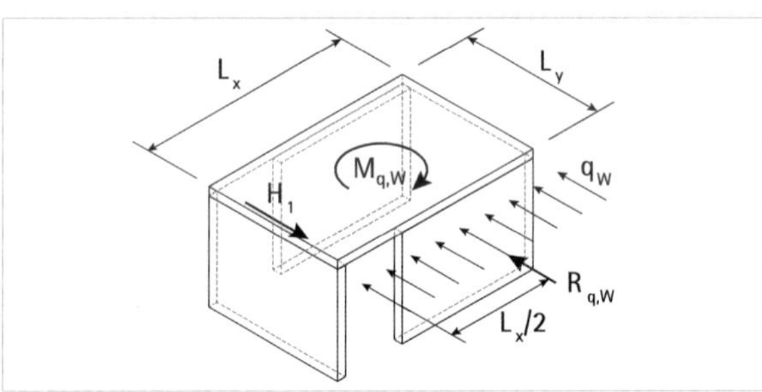

Resultierendes Moment $M_{q,W}$, durch den Abstand $L_x/2$ der Resultierenden Kraft $R_{q,W}$ zur Wandscheibe

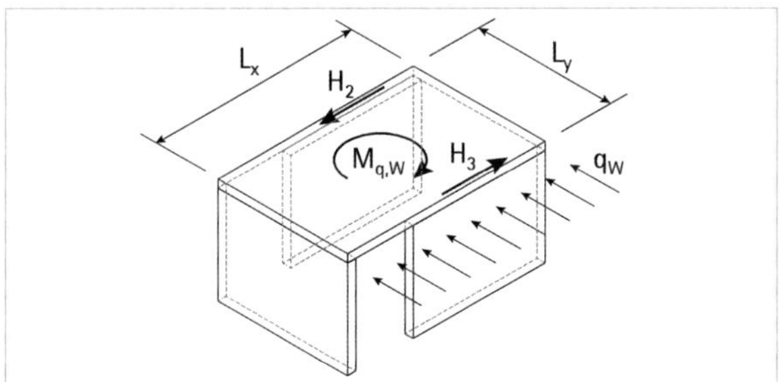

Kräftepaar auf die beiden anderen Wandscheiben durch das Moment $M_{q,W}$

Die resultierende Kraft $R_{q,W}$ aus der Windbelastung entspricht der Windbelastung multipliziert mit der Länge L_x der Deckenscheibe und es gilt:

$$R_{q,W} = q_W \cdot L_x$$

Das Gleichgewicht in y-Richtung lautet:

$$R_{q,W} - H_1 = 0$$

Nach H_1 umgeformt und $R_{q,W}$ eingesetzt:

$$H_1 = q_W \cdot L_x$$

Die resultierende Kraft H_1 nimmt linear mit der Länge L_x zu.

Die resultierende Kraft $R_{q,W}$ und die Kraft H_1 haben den senkrechten Abstand $L_x/2$ zueinander und sind ein Kräftepaar. Das Moment aus dem Kräftepaar berechnet sich zu:

$$M_{q,W} = H_1 \cdot \frac{L_x}{2} = q_w \cdot \frac{L_x^2}{2}$$

Das resultierende Moment $M_{q,W}$ nimmt der Länge L_x im Quadrat zu.

Dieses Moment wird in ein Kräftepaar zerlegt, welches in den parallelen Wandscheiben wirkt, die senkrecht zur Windrichtung angeordnet sind. Liegt der Drehpunkt auf dem Schnittpunkt der Wirkungslinien zwischen der resultierenden Kraft $R_{q,W}$ und der Kraft H_3 lautet das Momentengleichgewicht:

$$M_{q,W} - H_2 \cdot L_y = 0$$

Nach H_2 umgeformt und $M_{q,W}$ eingesetzt:

$$H_2 = \frac{M_{q,W}}{L_y} = q_w \cdot \frac{L_x^2}{2 \cdot L_y} = -H_3$$

Je geringer der Abstand L_y zwischen den beiden Scheiben ist, in denen die Kräfte H_2 und H_3 angreifen umso größer werden diese Kräfte. Stehen zwei Wandscheiben im großen Abstand zur größeren Länge der Dach- oder Deckenscheibe und eine Wandscheibe parallel zur größeren Länge, sind die horizontalen Windlasten auf alle Scheiben geringer.

Für die Anordnung der drei Scheiben im Grundriss gibt es zwei unbrauchbare Anordnungen:

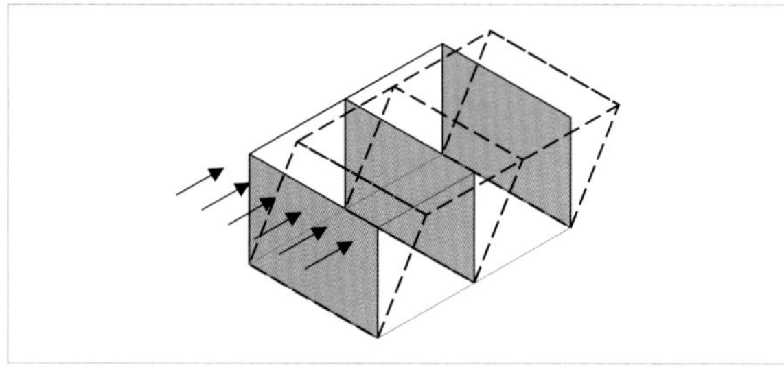

Drei parallele Scheiben bilden keine Aussteifung

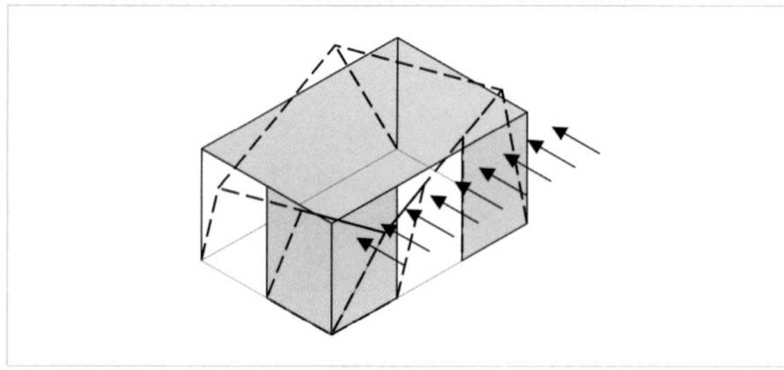

Drei Scheiben mit gemeinsamem Drehpunkt sind als Aussteifung **unbrauchbar.**

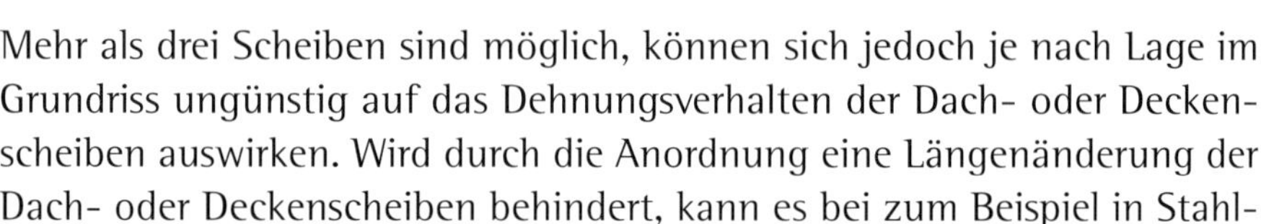

Für die Aussteifung durch Wände gilt:

› Es dürfen maximal zwei Scheiben parallel angeordnet sein.
› Es dürfen maximal die Wirkungslinien von zwei Kräften in den Wandscheiben einen gemeinsamen Schnittpunkt haben.

Mehr als drei Scheiben sind möglich, können sich jedoch je nach Lage im Grundriss ungünstig auf das Dehnungsverhalten der Dach- oder Deckenscheiben auswirken. Wird durch die Anordnung eine Längenänderung der Dach- oder Deckenscheiben behindert, kann es bei zum Beispiel in Stahlbetonplatten zu Rissen kommen.

Anordnung von Wandscheiben im Grundriss von Stahlbeton- und Mauerwerk-Tragwerken

Ungehinderte Ausdehnung der Dach- oder Deckenscheibe

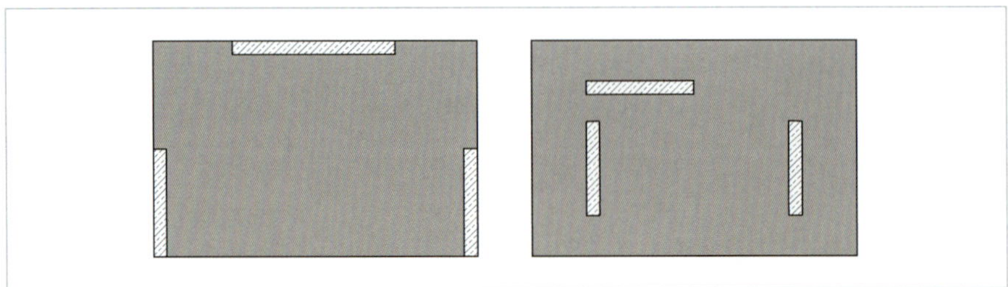

Einseitige Behinderung der Ausdehnung der Dach- oder Deckenscheibe

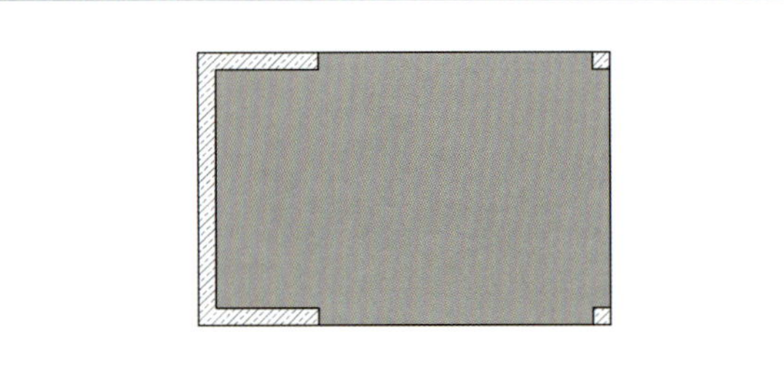

Beidseitige Behinderung der Ausdehnung der Dach- oder Deckenscheibe

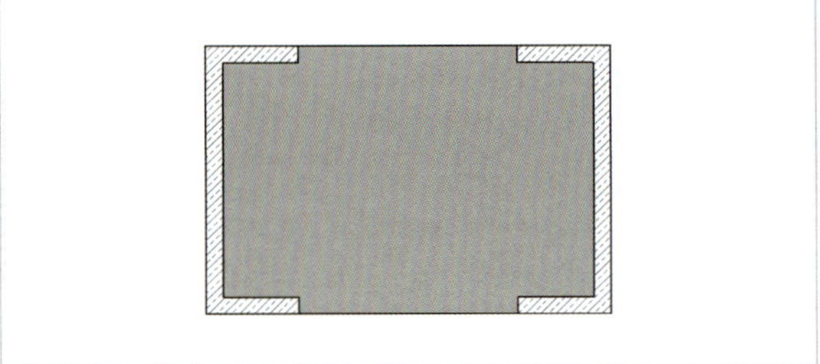

6.2 Wandscheiben

Wandscheiben, die in der Lage sind die Windlasten aus einem Geschoss in das andere, in Fundamente oder eine Bodenplatte abzutragen, werden aus Stahlbeton, Mauerwerk, Holz und Stahl hergestellt. Die Wände aus Stahlbeton, Mauerwerk und Holz sind massiv, wenn Massivholzplatten, Brettsperrholz- oder Brettstapelelemente eingesetzt werden.

In der Auflagerfläche der Wandscheibe auf einer Deckenplatte, einer Bodenplatte oder einem Fundament wirken vereinfachend drei Kräfte, mit denen die horizontale Windlast im Kräfte- und Momenten-Gleichgewicht steht.

In der Auflagerfläche ergibt sich eine horizontale Kraft, die zur Windlast entgegengesetzt gerichtet ist und denselben Betrag hat. Es gilt horizontales Gleichgewicht mit

$$H_W - A_H = 0 \text{ und } A_H = H_W$$

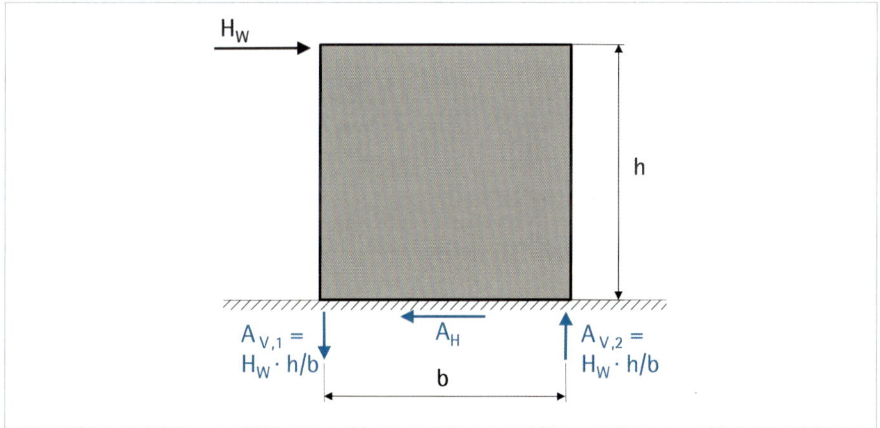

Wird vereinfachend angenommen, die Wandscheibe ist an den Eckpunkten mit dem darunterliegenden Bauteil kraftschlüssig verbunden, gilt für das Momentengleichgewicht um den linken Auflagerpunkt:

$$H_W \cdot h - A_{V,2} \cdot b = 0 \text{ und } A_{V,2} = \frac{H_W \cdot h}{b}$$

Das vertikale Gleichgewicht ist erfüllt mit

$$-A_{V,1} + A_{V,2} = 0 \text{ und } A_{V,1} = A_{V,2}$$

wobei $A_{V,1}$ und $A_{V,2}$ entgegengesetzt gerichtet sind.

$A_{V,1}$ ist eine Zugkraft und $A_{V,2}$ eine Druckkraft. Die Zugkraft $A_{V,1}$ ist über das Eigengewicht bei Mauerwerkswänden, durch Bewehrung in Stahlbetonwänden oder Schrauben bei massiven Holzwänden in das darunterliegende Bauteil zu übertragen.

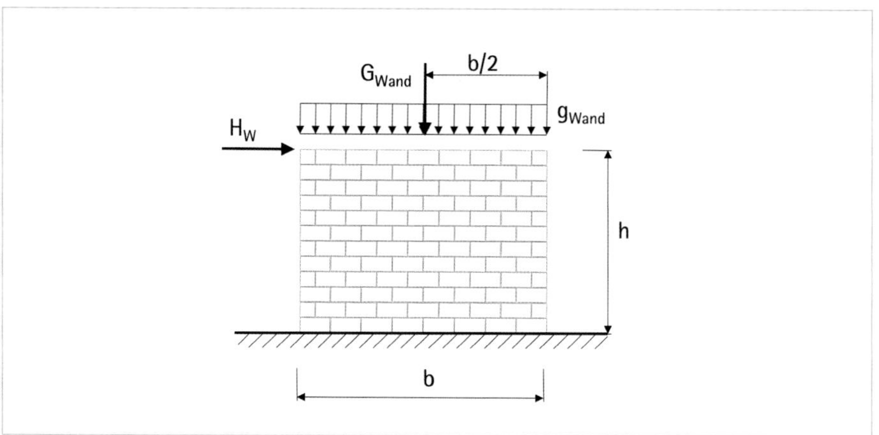

Wird bei einer Mauerwerkswand der Drehpunkt am rechten Eckpunkt der Auflagerfläche gewählt, ergibt sich aus dem Eigengewicht der Wand und der Windbelastung ein resultierendes Moment mit:

$$M_R = H_W \cdot h - G_{Wand} \cdot \frac{b}{2}$$

Das resultierende Moment wird mit zunehmendem Eigengewicht geringer und führt zu einer Reduzierung der Zugkraft am linken Eckpunkt der Auflagerfläche.

Mit der Bedingung, dass durch das Eigengewicht der Wand keine Zugkraft auftreten soll, ist das resultierende Moment gleich null und es gilt:

$$M_R = 0 \Rightarrow H_W \cdot h - G_{Wand} \cdot \frac{b}{2} = 0$$

Nach G_{Wand} umgeformt folgt

$$G_{Wand} = \frac{H_W \cdot h}{\frac{b}{2}}$$

Je breiter die Wand ist, umso geringer kann bei gegebener Windlast und Höhe der Wand das Eigengewicht sein. Je kürzer und höher die Wand wird, umso schwerer und dicker muss die Wand sein.

Wandscheiben lassen sich auch aus Stahlprofilen und Trapezblech sowie Holzpfosten mit einer Holzwerkstoffplatte herstellen. Damit die Wandscheiben in der Lage sind, die Windlasten in das darunterliegende Bauteil zu übertragen, sind folgende Bedingungen notwendig:

- Es muss an allen vier Seiten der Wandscheibe ein Profil oder ein Balken angeordnet sein.
- Das Trapezblech oder die Holzwerkstoffplatte muss in regelmäßigen Abständen mit diesen umlaufenden Randbalken verschraubt sein.
- Bei Holzwerkstoffplatten sind zusätzlich nur Plattenstöße möglich, wenn beide Platten auf einem Pfosten gestoßen werden und mit diesem verschraubt oder vernagelt sind.

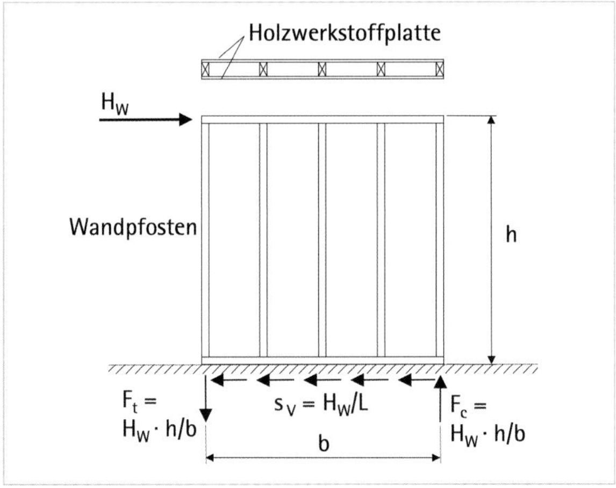

Wandscheibe aus Holz mit Holzwerkstoffplatten

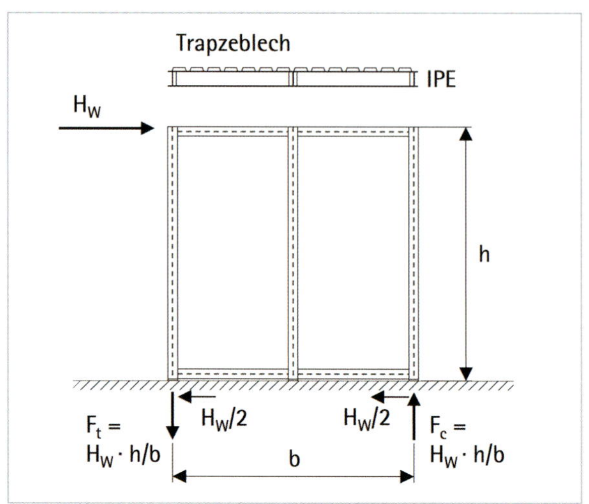

Wandscheibe aus Stahl mit Trapezblech

Eine Alternative zu Wandscheiben sind in Holz- und Stahltragwerken Verbände in Dach und Wänden, um die horizontalen Lasten abzutragen. Verbände bestehen aus Zug- und Druckstäben, die zwischen den Trägern und Stützen angeordnet sind. Das Tragsystem mit Gelenken als Verbindung der Träger mit den Stützen und gelenkig gelagerten Stützen ist für horizontale Lasten unbrauchbar. Zur Abtragung der horizontalen Kraft sind Diagonalen notwendig, die Seile oder Stäbe sind.

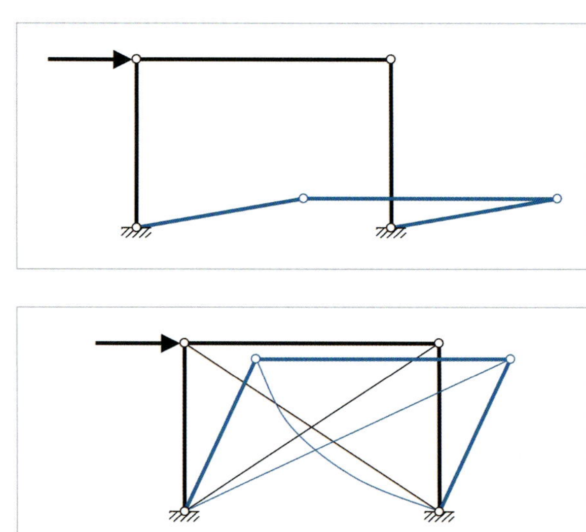

Kein Verband, **unbrauchbar**

Auskreuzung mit Seilen oder Stangen

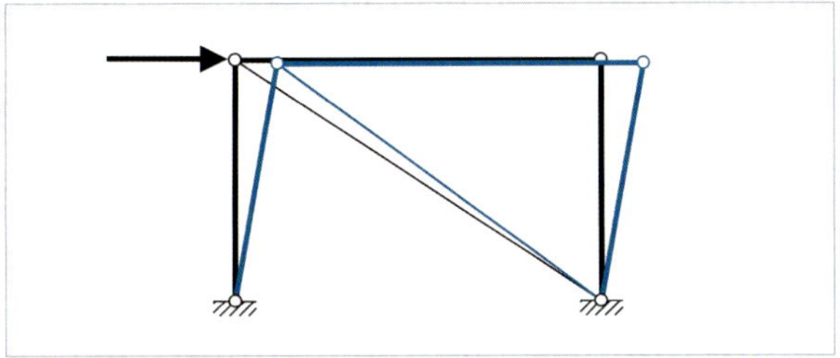

Druckstab

Eine Auskreuzung besteht aus zwei sich kreuzenden Seilen, Stahlstangen oder Flachstahlbändern mit einem geringen Querschnitt. Ohne Vorspannung wird nur eine der Diagonalen zur Lastabtragung herangezogen, die andere wird schlaff oder knickt aus. Eine Druckdiagonale besitzt einen größeren Querschnitt und führt damit zu geringeren horizontalen Verformungen. Die Kräfte in den Diagonalen, dem Träger und der Stütze ermitteln sich über das Kräfteparallelogramm im Anschluss Träger-Stütze-Diagonale, welches durch die Längsachsen der Bauteile in der Geometrie bekannt ist. Ist die horizontale Windlast gegeben, wird diese in die Richtung der Diagonalen und der Stütze zerlegt. Bei der Auskreuzung erhält die Stütze Druck und beim Druckstab wird die Stütze auf Zug beansprucht und ist entsprechend zu verankern.

Auskreuzungen und eine Diagonale sind oftmals eine Einschränkung für die Nutzung. Alternativen sind Streben oder Kopfbänder oder ein in Stäbe aufgelöster Rahmen. Sind die Streben ungefähr bei einem Viertel der Spannweite des Trägers mit diesem verbunden, bekommt der Träger aus den vertikalen Komponenten in den Streben eine zusätzliche Belastung. Die Verformungen werden größer im Vergleich zu der Anordnung von Streben, die in der Mitte des Trägers an diesen angeschlossen sind. Bei Kopfbändern erhalten der Träger und die Stützen eine höhere Beanspruchung durch die Komponenten der Kräfte in den Kopfbändern, die senkrecht auf Stütze und Träger wirken. Fallende Streben erfordern eine Verankerung der Streben auf darunterliegenden Bauteilen. Streben und Kopfbänder sind eine alte Methode Wandscheiben auszubilden, wie an der Fassade von historischen Fachwerkhäusern zu erkennen ist. Heute werden alle Tragwerke als Fachwerk bezeichnet, die aus Stäben aufgebaut sind und diese Dreiecke bilden.

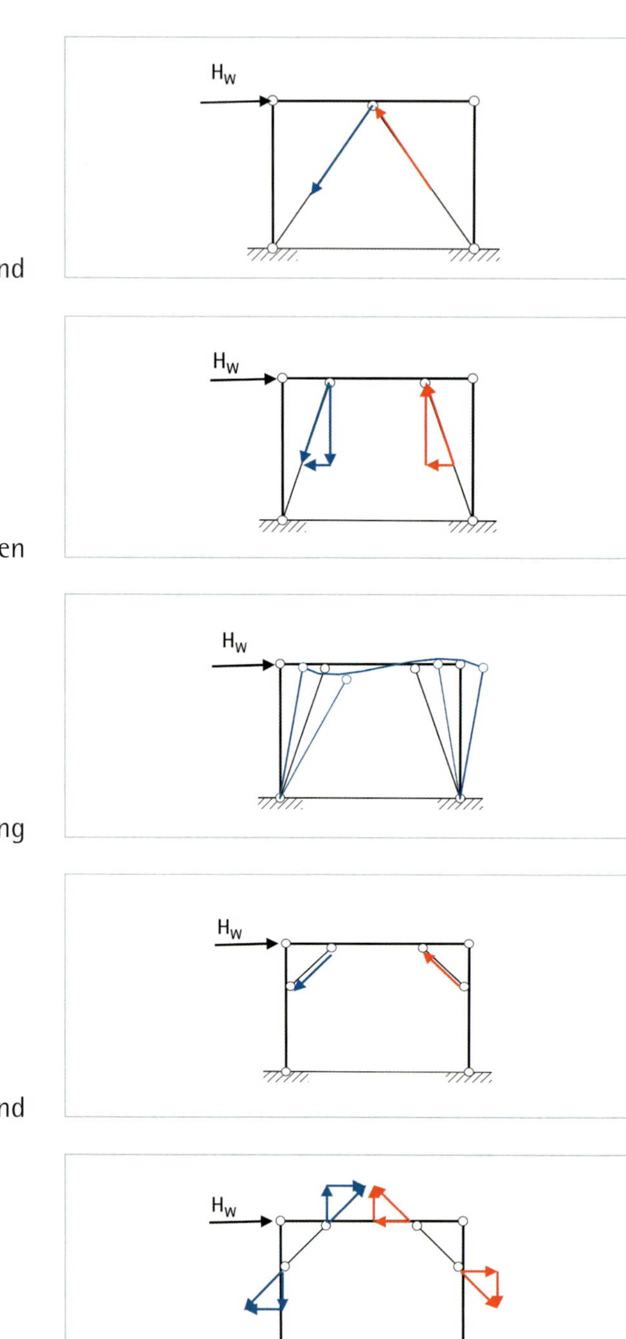

Streben, steigend

Kräfte in den Streben

Verformung

Kopfband

Kräfte in den Kopfbändern

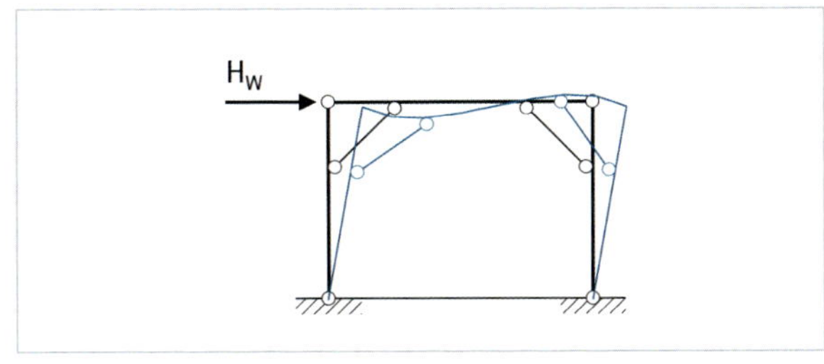

Verformung

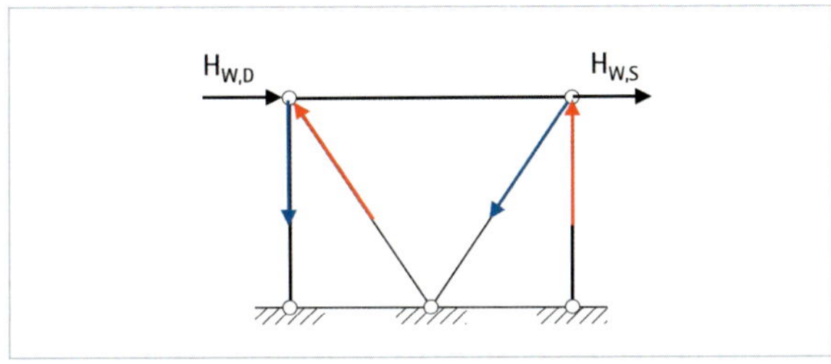

Streben, fallend

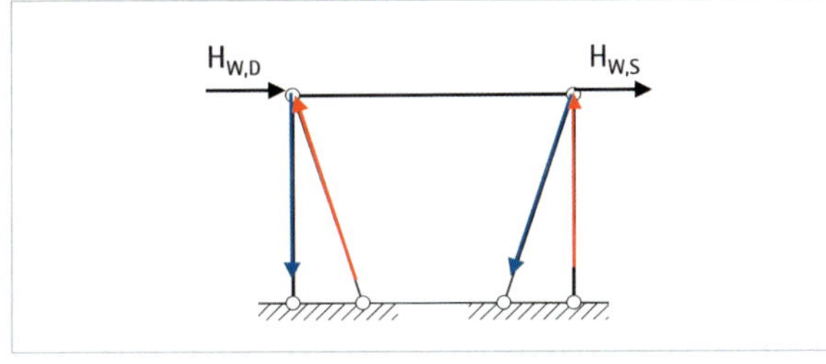

Streben, fallend

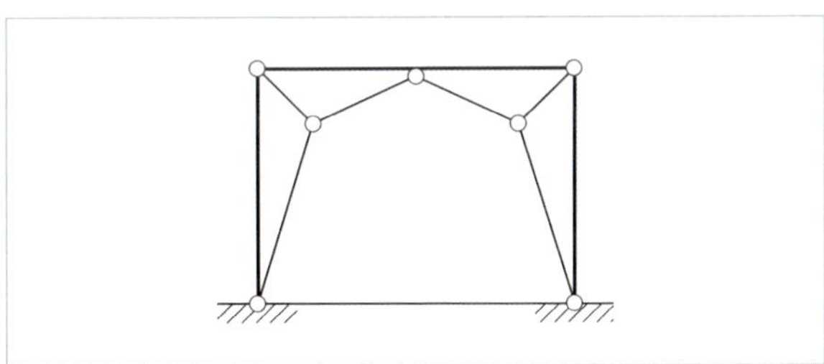

Fachwerkrahmen

6.3 Deckenscheiben

Die horizontalen Dach- und Deckenscheiben sind Platten aus Stahlbeton, Dickholz- und Brettsperrholzplatten. In Tragwerke mit stabförmigen Dach- oder Deckenträgern aus Stahl oder Holz werden Scheiben entweder durch die Eindeckung wie Trapezblech oder Holzwerkstoffplatten gebildet oder es gibt Verbände mit zusätzlichen Diagonalen zwischen den Trägern. Die Holzwerkstoffplatten sind auf Trägern zu stoßen. Die Diagonalen sind entweder drucksteife Profile und Holzbalken oder Auskreuzungen mit Zugdiagonalen aus Seilen, Rundstäben oder Flachstahlbändern.

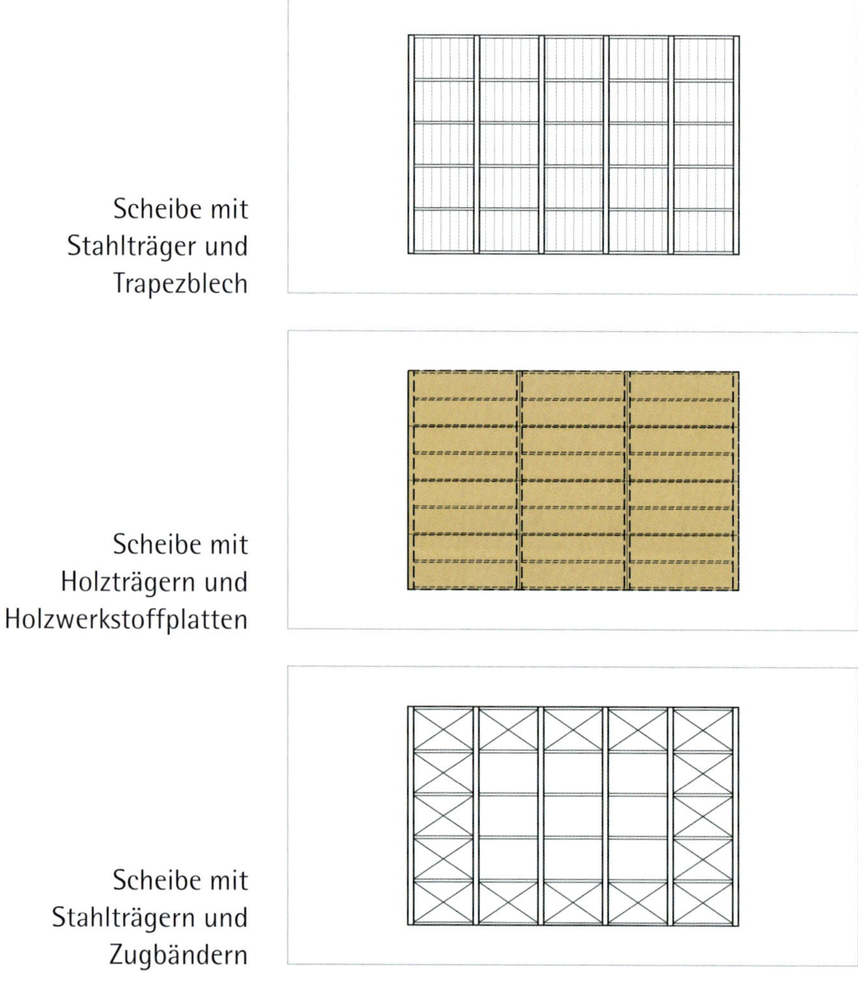

Scheibe mit Stahlträger und Trapezblech

Scheibe mit Holzträgern und Holzwerkstoffplatten

Scheibe mit Stahlträgern und Zugbändern

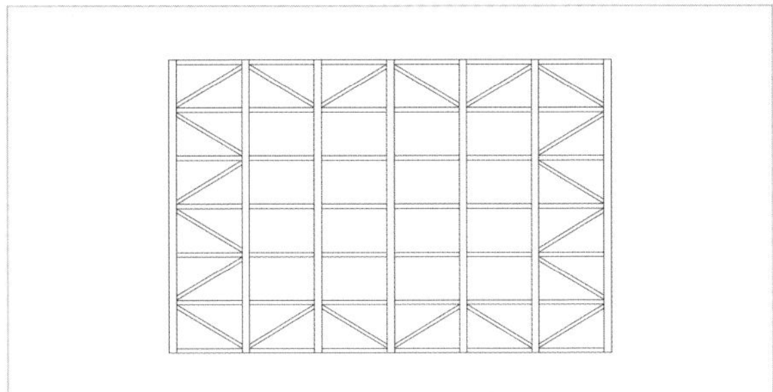

Scheibe mit Holzträgern und drucksteifen Diagonalen

Die Dach- oder Deckenscheiben können Aussparungen z.B. für Treppen oder Innenräume über mehrere Geschoße aufweisen. Für die Abtragung von horizontalen Lasten ist es erforderlich, dass die Dach- oder Deckenscheiben mit den Wandscheiben kraftschlüssig verbunden werden, die die Windlasten in den Baugrund abtragen.

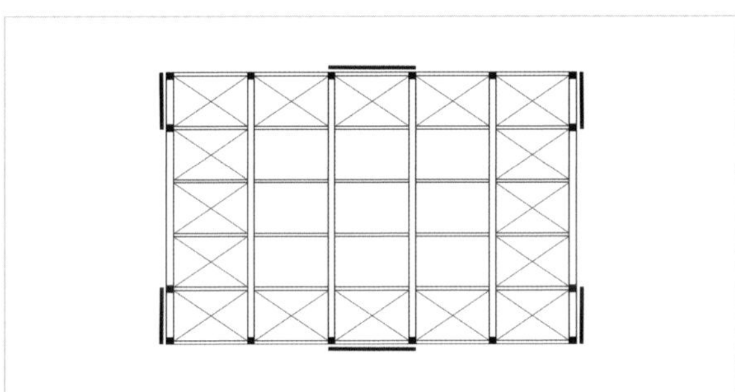

Anordnung der Wandscheiben zur Dachscheibe, Stahltragwerk

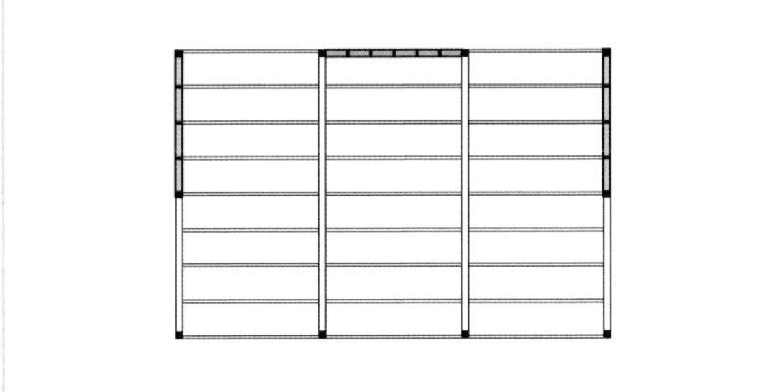

Anordnung der Wandscheiben zur Dachscheibe, Holztragwerk

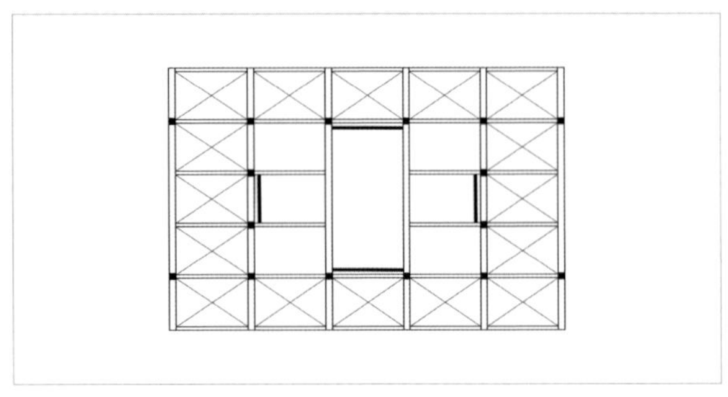

Anordnung der Wandscheiben bei einer Deckenöffnung, Stahltragwerk

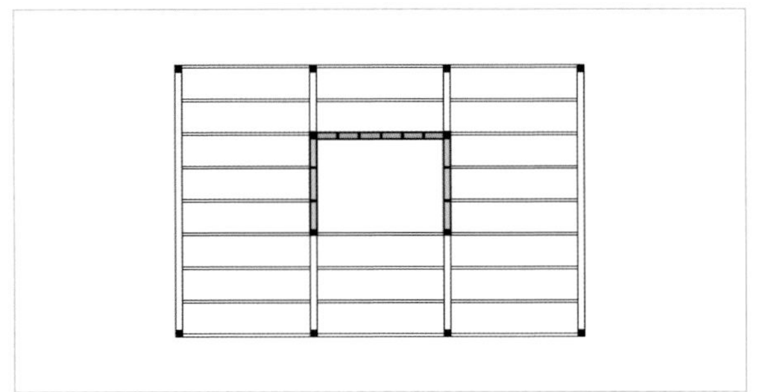

Anordnung der Wandscheiben bei einer Deckenöffnung, Holztragwerk

Im Mauerwerksbau werden bei Holzbalkendecken und Dachstühlen aus Holz auf den Wänden Ringbalken angebracht, die die Aufgabe haben, die Windlasten in die Wände aus Mauerwerk einzuleiten. Die Ringbalken entsprechen horizontalen Trägern, die von Wandscheiben gehalten werden. Die Wandscheiben stehen im Grundriss senkrecht auf den Ringbalken. Die Ringbalken können aus bewehrtem Mauerwerk, Stahlbeton, Stahl oder Holz bestehen.

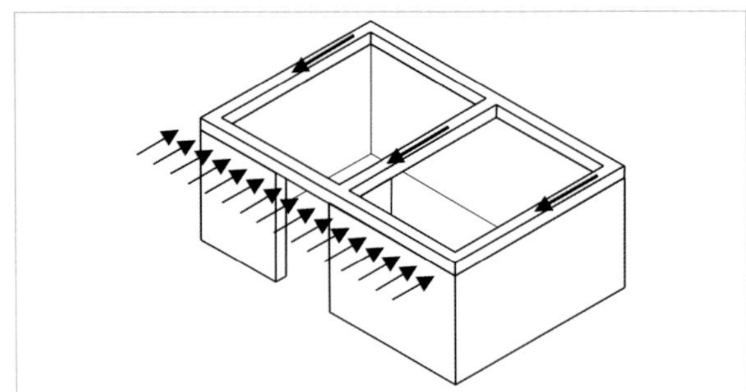

Ringbalken auf Mauerwerkswänden

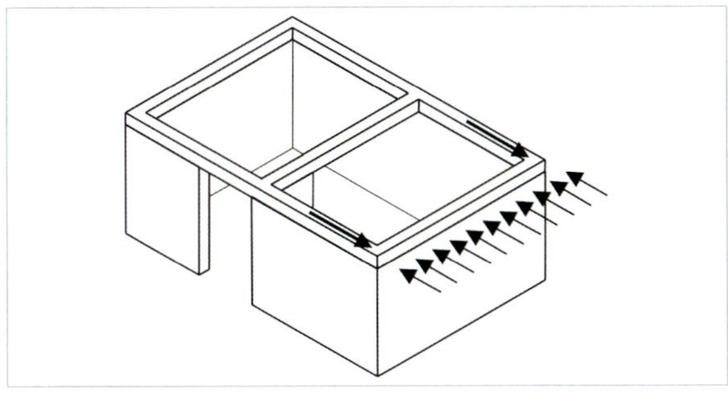

Ringbalken auf Mauerwerkswänden

6.4 Einspannungen

In Fundamente, Bodenplatten und Decken eingespannte Wände oder Stützen sind in der Lage horizontale Windlasten abzutragen. Der Nachteil ist das Moment, das in der Einspannung am größten ist und zu großen Querschnitten führt. Die horizontalen Verformungen am oberen Ende der Stütze sind auch davon abhängig, ob es zu zusätzlichen Verdrehungen im Fundament oder der Bodenplatte kommt. Durch die Einspannung ist keine Aussteifung der Wände erforderlich.

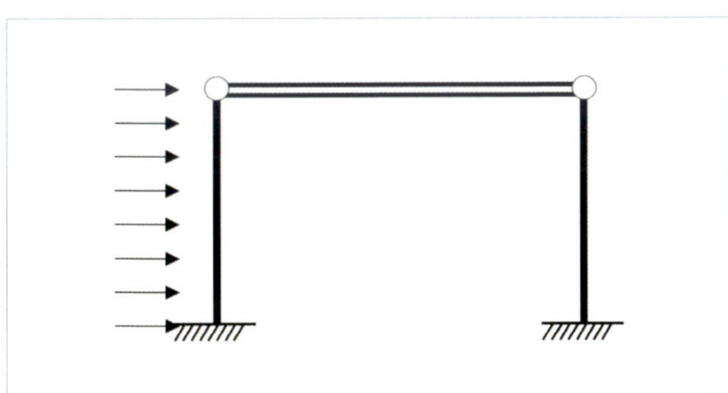

Eingespannte Stützen

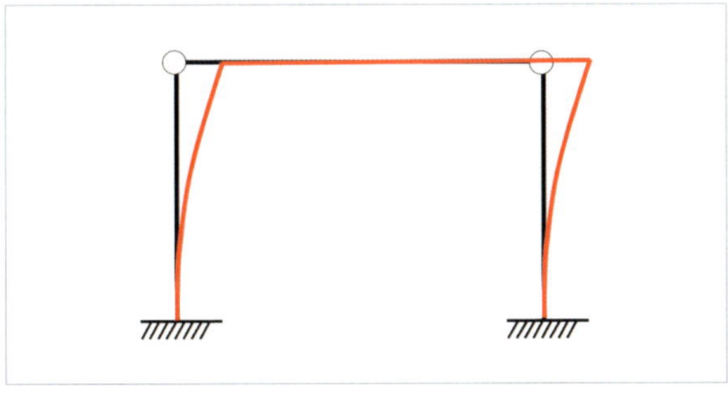

Verformungsfigur (rot)

Obwohl bei eingespannten Stützen keine Windverbände in den Wänden erforderlich sind, sind schlanke und hohe Dach- und Deckenträger gegen seitliches Ausweichen zu halten. Dies erfolgt durch eine massive Scheibe oder durch einen Verband, der als Knick- oder Stabilisierungsverband bezeichnet wird. Offene Profile und hohe schmale Träger sind gegen Verdrehen um die Längsachse weich und eine geringe Ungenauigkeit kann zum seitlichen Ausweichen führen.

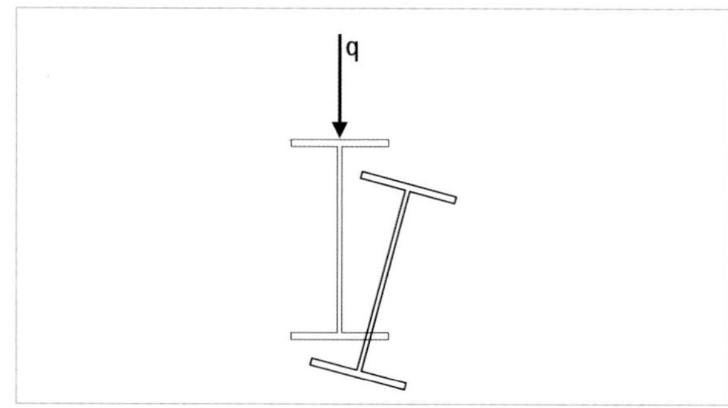

Verdrehung

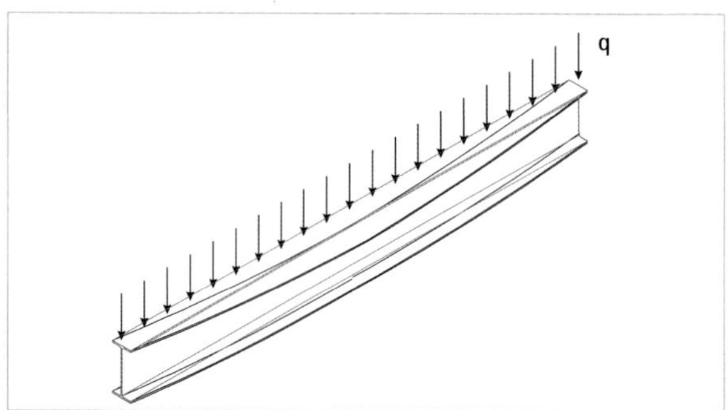

Seitliches Ausweichen

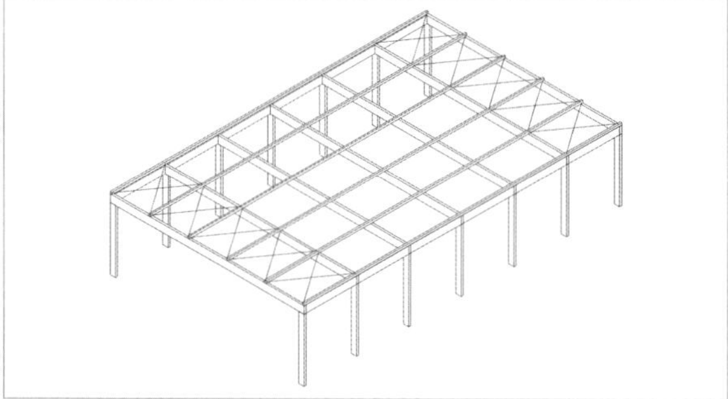

Kippverband

In Rahmentragwerken werden die Wände oder Stützen in die Decken oder Träger eingespannt und auch hier führen die Momente in der Rahmenecke zu großen Querschnitten der Wände und Stützen. Die Stütze wird in Rahmen als Stiel bezeichnet und der Träger ist der Rahmenriegel. Es ist möglich, beide Systeme mit eingespannten Stützen am Fußpunkt und in den Rahmenecken zu kombinieren. Bei gelenkig gelagerten Rahmen ist eine Aussteifung der Rahmen senkrecht zur Rahmenebene erforderlich.

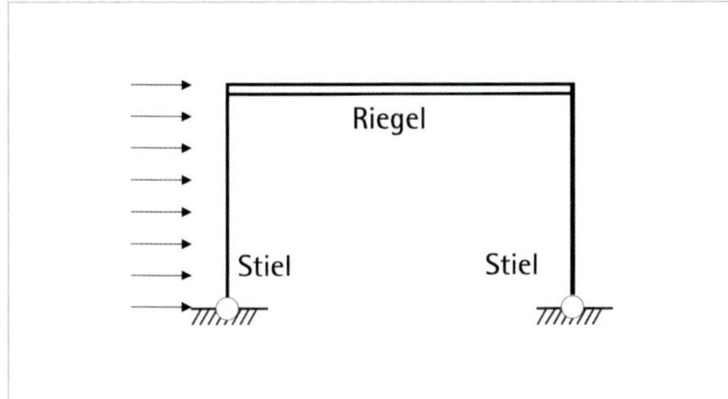

Zwei-Gelenk Rahmen

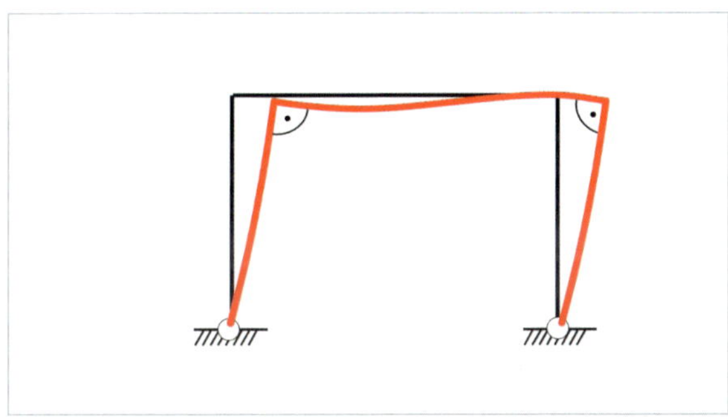

Verformungsfigur (rot)

Werden Rahmen aus schlanken und hohen Profilen hergestellt und sind an den Fußpunkten gelenkig ausgebildet, sind Wandscheiben senkrecht zur Rahmenebene erforderlich. Das Dach oder die Decke muss wie bei eingespannten Stützen das Ausweichen der Rahmenriegel aus der Rahmenebene verhindern. Darstellt ist als Beispiel ein Rahmentragwerk mit einer Deckenscheibe und Diagonalen in den Endfeldern zur Abtragung der Windlasten, die senkrecht zu den Rahmen wirken.

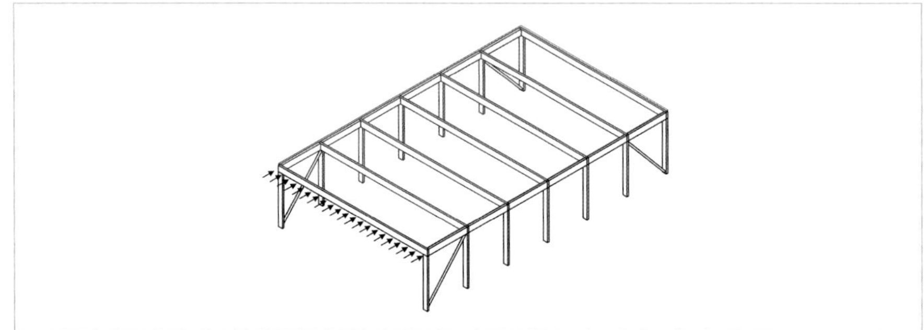

Rahmentragwerk mit Aussteifung

6.5 Geschossbauten

Die Abtragung der Windlasten auf Gebäude mit mehr als einem Geschoss erfolgt nach denselben Prinzipien wie für ein eingeschossiges Tragwerk: über aussteifende Wand, Dach- und Deckenscheiben oder als Rahmentragwerke über biegesteife Verbindungen der vertikalen mit den horizontalen Bauteilen.

Anforderungen für die Aussteifung bei Geschossbauten sind:

- In jedem Stockwerk sind mindestens drei Wandscheiben zur Abtragung der Windlast erforderlich,
- es dürfen in jedem Stockwerk maximal zwei Wandscheiben parallel angeordnet sein,
- es dürfen sich in jedem Stockwerk maximal die Mittelachsen von zwei Wandscheiben in einem gemeinsamen Punkt scheiden und
- die Dach- und Deckenscheiben sind mit den Wandscheiben zur Aussteifung kraftschlüssig zu verbinden.

Es besteht die Möglichkeit, die Wandscheiben in einem Kern zusammenzufassen, wobei der Kern dann im Grundriss als geschlossenes Rechteck oder Quadrat mit kleinen Öffnungen auszubilden ist. Die Anordnung des Kerns im Grundriss ist beliebig, eine mittige Anordnung im Grundriss ist für die Abmessungen der Bauteile im gesamten Tragwerk die wirtschaftlichste Lösung. Werden die aussteifenden Scheiben über den Grundriss verteilt, gelten dieselben Bedingungen wie für ein eingeschossiges Gebäude, vgl. Grundrisse in Abschnitt 6.1. Die Wandscheiben sind aus Stahlbeton, Mauerwerk oder Holz massiv und für Holz- oder Stahltragwerke mit Verbänden, Holzwerkstoffplatten oder Trapezblech auszuführen. Öffnungen für Türen und Fenster sind in aussteifenden Wänden mit kleinen Abmessungen möglich. Die Deckenscheiben und die Dachscheibe übertragen in jedem Stockwerk die Windlasten auf die aussteifenden Wände. Die Dach- und Deckenscheiben sind daher so auszubilden, dass die Windlasten in den Wandscheiben eingeleitet werden. Die Dach- und Deckenscheiben bestehen aus Stahlbeton, massiven Holzplatten oder werden aus Dach- und Deckenträgern mit Trapezblech, Holzwerkstoffplatten oder Verbänden hergestellt.

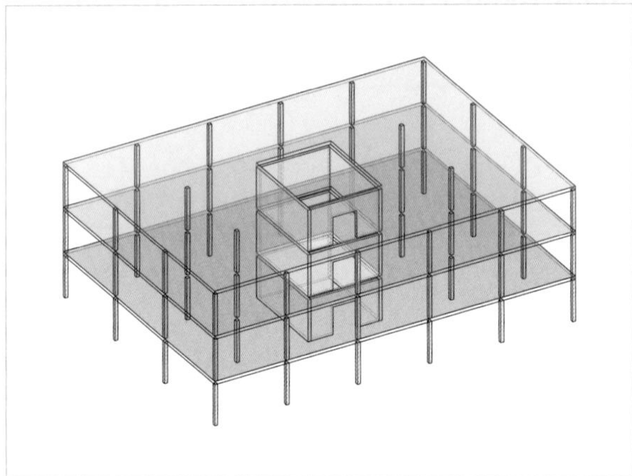

Aussteifung mit einem Kern

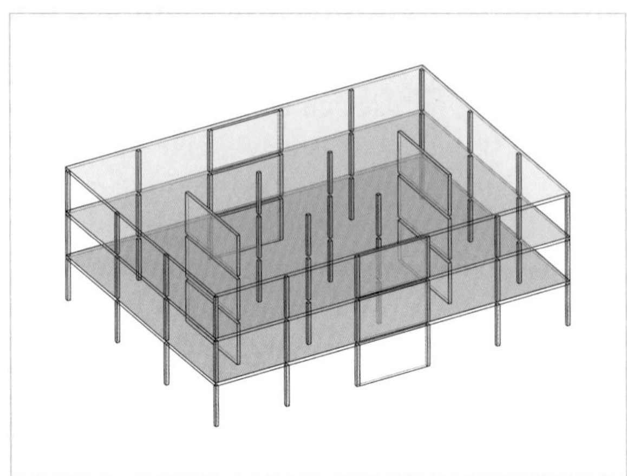

Aussteifung mit vier Wandscheiben

Rahmentragwerke bestehen aus Stützen und Trägern, die in alle drei Richtungen im Raum miteinander biegesteif verbunden sind. Die biegesteife Verbindung erfordert einen hohen konstruktiven Aufwand und die Abmessungen der Stützen sind größer als bei Tragwerken mit gelenkig verbunden Stützen und Trägern, aussteifenden Wand-, Dach- und Deckenscheiben.

6.6 Fachwerksysteme

Es gibt Tragwerke, die ausschließlich aus Stäben aufgebaut sind und als Fachwerk bezeichnet werden. Die Verbindung der Stäbe untereinander entspricht Gelenken, wie Scharnieren, die eine Verdrehung der Stäbe zulassen, wenn das Fachwerk einen entsprechenden Aufbau hat. Werden die Stäbe zu einem Viereck zusammengesetzt, lässt die gelenkige Verbindung der Stäbe eine Verdrehung zu, die Vierecke verformen sich bis zur Unbrauchbarkeit. Der Aufbau von Tragwerken aus Vierecken und gelenkigen Verbindungen der Bauteile führt grundsätzlich zu kinematischen Tragwerken, die zur Abtragung aller Einwirkungen zusätzliche Bauteile erfordern. Durch das Einfügen einer Diagonalen, entsteht in der Ebene eine stabile Struktur.

Kinematisch:

› Verschiebungen und Verdrehungen der Bauteile

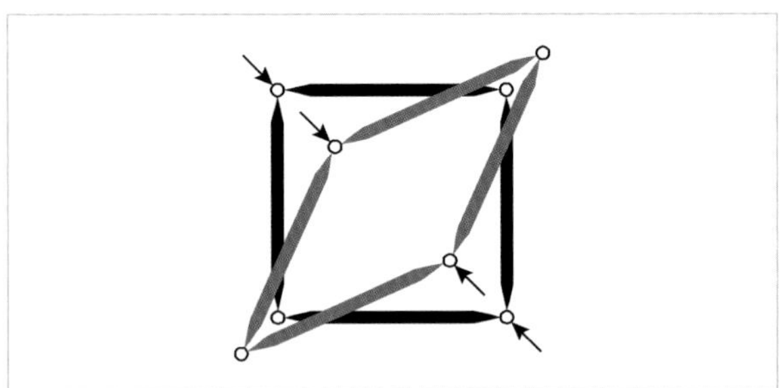

Viereck aus Stäben, kinematisch

Starr:

› Behinderung der Verschiebungen und Verdrehungen

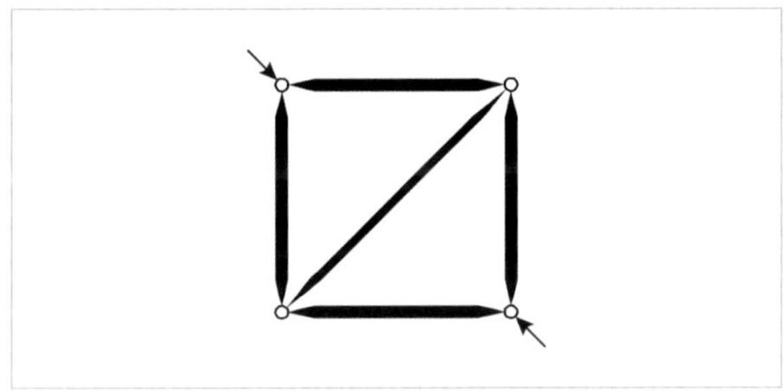

Dreieck aus Stäben, starr

Das Addieren von Stäben mit gelenkigen Verbindungen an den Enden führt zu ebenen und räumlichen Fachwerkstrukturen, die ein geringes Gewicht haben und sehr tragfähig sind. Die Verbindungen werden als Knotenpunkte bezeichnet. Lasten sind an den Knotenpunkten einzuleiten und die Fachwerkstrukturen sind an den Knotenpunkten der Stäbe zu lagern, um eine ungünstige Beanspruchung der Stäbe zu vermeiden.

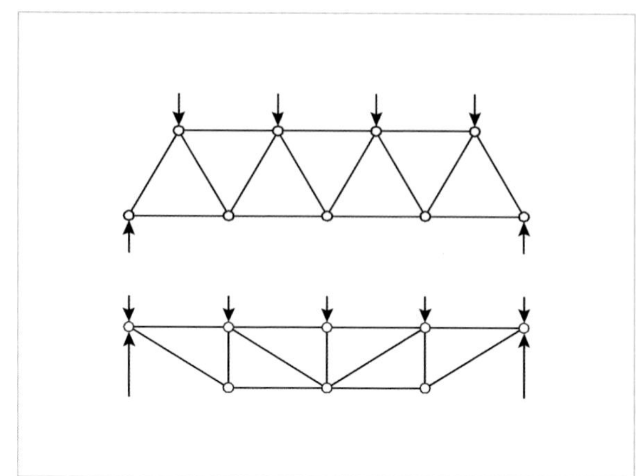

Ebener
Fachwerkträger

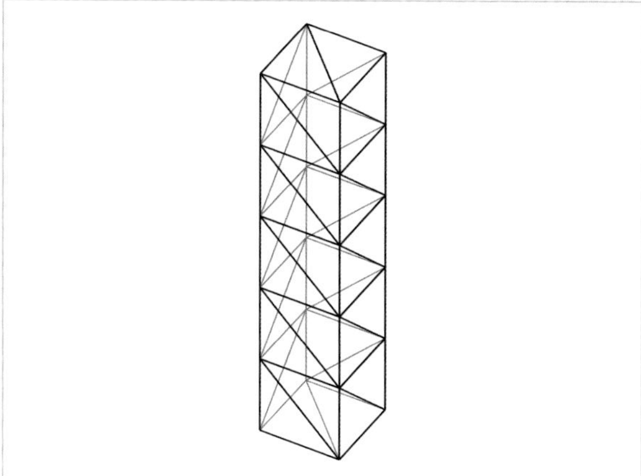

Räumlicher Mast/Turm

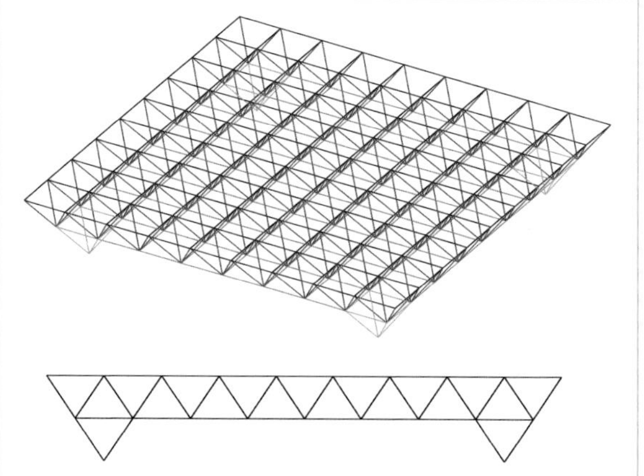

Ebenes Raumfachwerk

7 Äußeres Gleichgewicht

7.1 Statische Systeme in der Ebene 127
7.2 Einfeldträger 130
7.3 Auskragung (Kragarm) 134
7.4 Einfeldträger mit Auskragung 137

Mit dem äußeren Gleichgewicht wird der Zusammenhang zwischen den Einwirkungen und den Auflagerreaktionen beschrieben. Bei bekannten Einwirkungen in Größe, Verteilung und Richtung lassen sich für jedes Bauteil in einem Tragwerk die Auflagerlagerreaktionen ermitteln. Hierfür werden zunächst die Bauteile in ein statisches System übertragen. Das statische System eines Bauteils oder eines Tragwerks ist eine Abstraktion. Stabförmige Bauteile wie Träger, Stützen, Pfosten werden auf ihre Schwerachse reduziert, Platten und Scheiben werden mit ihrer Mittelfläche dargestellt. Die Lagerung entspricht punktförmigen oder streckenförmigen Auflagern unter den Schwerachsen oder der Mittelfläche der Bauteile. Die Darstellung der Lager erfolgt mit den Lagersymbolen, vgl. Kapitel 5.5, denen jeweils die Übertragung bestimmter Auflagerreaktionen zugewiesen wird. Die Art der Auflager kommt aus der Konstruktion des Tragwerks. Weitere Größen für das statische System sind die Einwirkungen in der Art, der Größe, der Richtung und der Verteilung, Werkstoffeigenschaften sowie geometrische Größen wie die Spannweite und die Querschnittsgeometrie.

Bauteile	Statisches System	Isometrie des Tragwerks
1 Pfettensparren	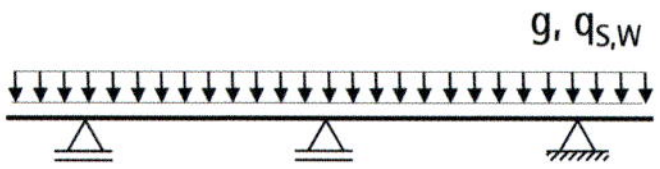 $g, q_{s,w}$	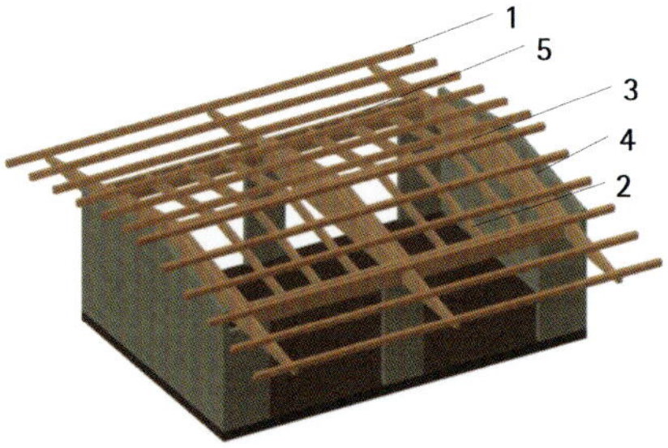 1 5 3 4 2
2 Sparren	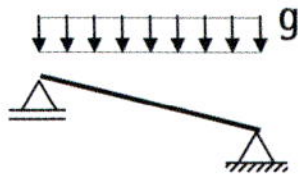 g	
3 Firstpfette	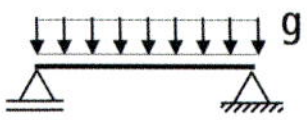 g	
4 Hauptträger	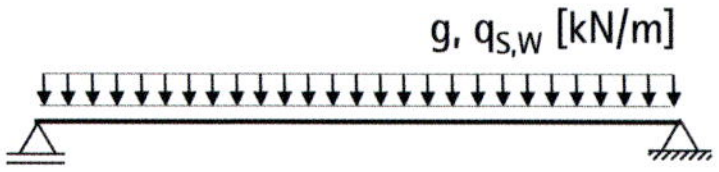 $g, q_{s,w}$ [kN/m]	
5 Traufpfette	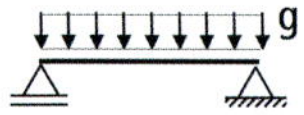 g	

Tabelle 6 Statische Systeme der Bauteile eines Pfettendachs

Haben flächige Bauteile wie Platten oder Scheiben parallele Auflager, werden die Statischen Systeme für einen Meter Breite dargestellt. Typische Beispiele sind Eindeckungen aus Glas, Schalungen von Dach- und Deckenträgern sowie Schalungen für Wände und Wandscheiben, die durch Dach- und Deckenscheiben sowie Bodenplatten und Fundamente gehalten werden.

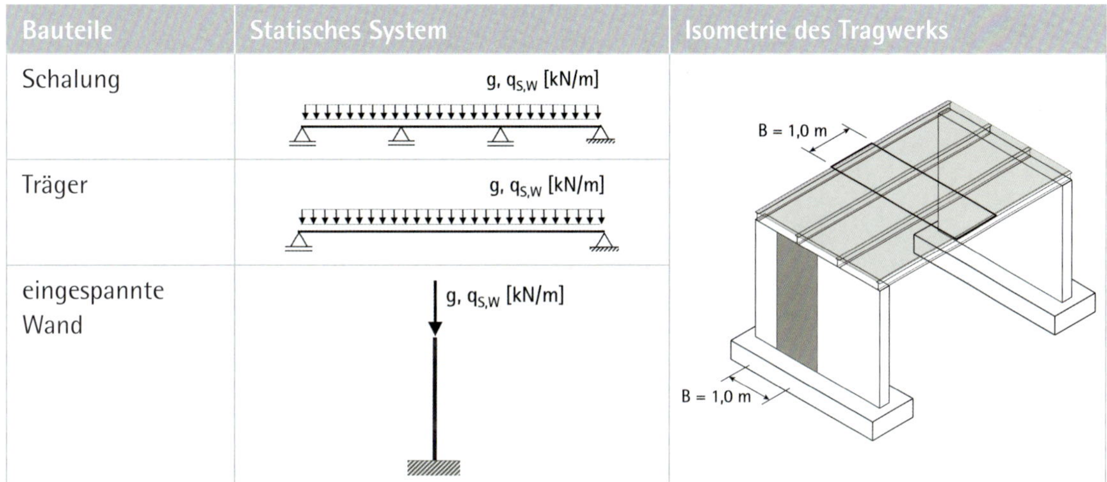

Bauteile	Statisches System	Isometrie des Tragwerks
Schalung	$g, q_{s,w}$ [kN/m]	
Träger	$g, q_{s,w}$ [kN/m]	
eingespannte Wand	$g, q_{s,w}$ [kN/m]	

Tabelle 7 Statische Systeme und Bauteile bei flachen Dächern

7.1 Statische Systeme in der Ebene

Mit der Annahme, die Bauteile sind in der x-y-Ebene unverschieblich gehalten, liegen die statischen Systeme in der x-z-Ebene. Für die x-z-Ebene gibt es zur Bestimmung der Auflagereaktionen die drei Gleichgewichtsbedingungen:

Die Summe aller Kräfte in x-Richtung ist null:

$$\sum F_x = 0$$

Die Summe aller Kräfte in z-Richtung ist null:

$$\sum F_z = 0$$

Die Summe aller Momente um die y-Achse ist null:

$$\sum M_y = 0$$

Besitzt ein Bauteil weniger als drei Auflagerreaktionen, ist das Bauteil in die Richtung der fehlenden Auflagerreaktion beweglich, wenn Lasten in diese Richtung auf das Bauteil angreifen. Das Bauteil ist verschieblich oder verdrehbar und damit kinematisch.

Hat das Bauteil genau drei Auflagerreaktionen, lassen sich diese mit den drei Gleichgewichtsbedingungen ermitteln. Das Bauteil ist unverschieblich gelagert und die Lagerung ist statisch bestimmt.

Ist das Bauteil mit mehr als drei Lagerreaktionen gehalten, sind zusätzliche Bedingungen erforderlich, um die Lagerreaktionen zu bestimmen. Das Bauteil ist statisch unbestimmt gelagert. Die unbestimmte Lagerung ist bei Temperaturänderungen und Baugrundsetzungen zu beachten.

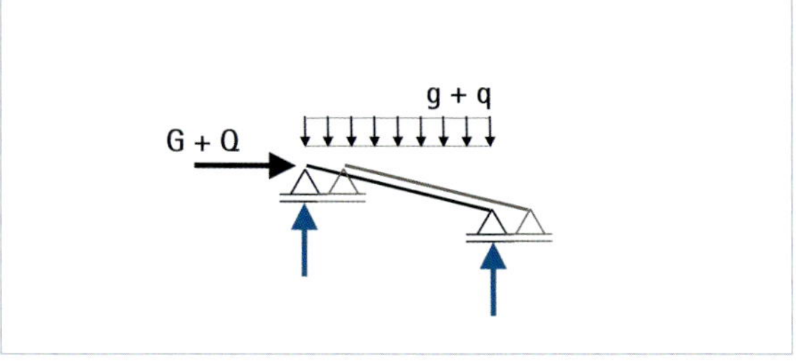

Zwei Auflagerkräfte
kinematisch

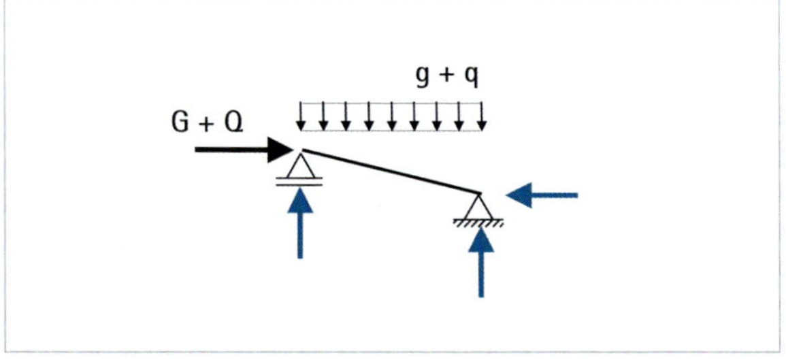

Drei Auflagerkräfte
statisch bestimmt

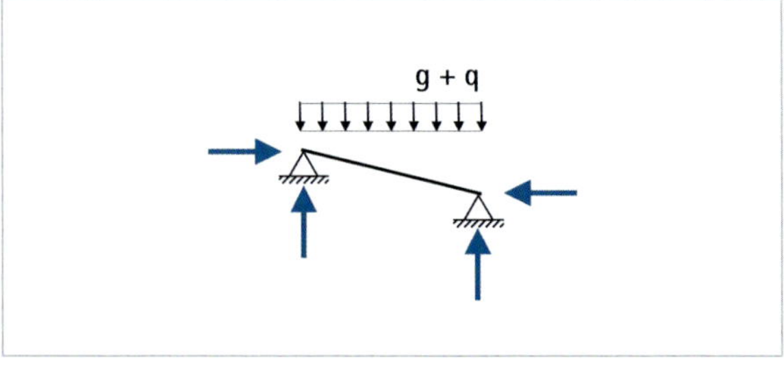

Vier Auflagerkräfte
statisch unbestimmt

In Abhängigkeit zu den Lagern, der Geometrie und der Anordnung im Tragwerk werden die statischen Systeme der Bauteile unterschiedlich bezeichnet. Zu den statisch bestimmt gelagerten Systemen gehören der Einfeldträger, die Auskragung (Kragarm), die Pendelstütze und die eingespannte Stütze.

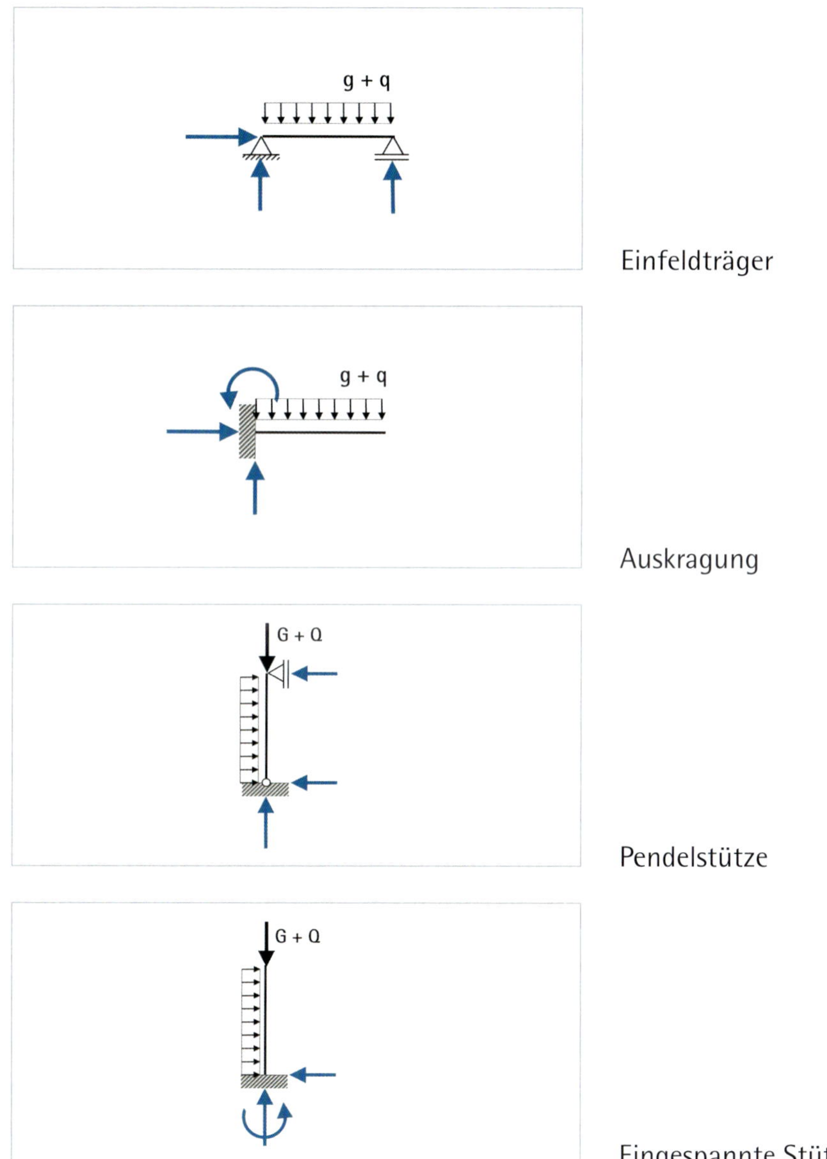

Einfeldträger

Auskragung

Pendelstütze

Eingespannte Stütze

7.2 Einfeldträger

Alle Bauteile in der x-z-Ebene, die an den Enden gelagert sind und keine Zwischenunterstützung haben, heißen Einfeldträger. Einfeldträger sind gerade, als Neben- und Hauptträger in Decken, geneigt, als Sparren in Dächern und geknickt, als Wangen für Treppen mit Zwischenpodesten.

Ein Einfeldträger hat drei Lagerkräfte. Diese ermitteln sich für eine beliebige Streckenlast in Größe, Verteilung und Richtung sowie für beliebige Einzelkräfte in Größe, Richtung und Angriffspunkt folgendermaßen:

› Für Streckenlasten wird die resultierende Kraft ermittelt.
› Der Angriffspunkt der resultierenden Kraft wird aus den Streckenlasten berechnet (vgl. S. 81).
› Das Erfüllen des horizontalen Gleichgewichts führt zur horizontalen Auflagerkraft.
› Das Momentengleichgewicht um einen Auflagerpunkt mit allen einwirkenden Kräften führt zur Lagerkraft des anderen Auflagers.
› Über das vertikale Gleichgewicht wird die zweite Auflagerkraft berechnet.
› Kontrolle der Auflagerkräfte ist mit dem Momentengleichgewicht um das zweite Auflager möglich.

Am Beispiel eines Einfeldträgers, auf den die konstante Streckenlast p(x) über die Spannweite L einwirkt, werden die Kräfte in den Auflagern A und B mit den drei Gleichgewichtsbedingungen berechnet.

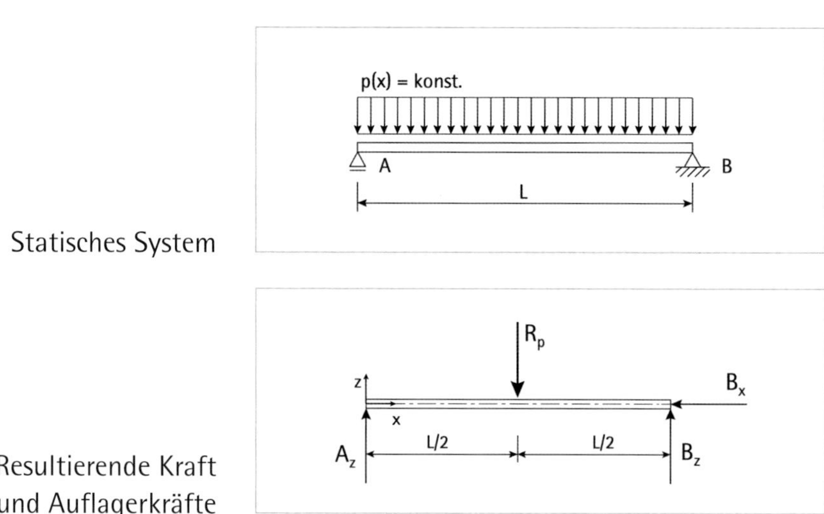

Auflager A ist ein einwertiges Auflager und die Auflagerkraft A_z wirkt in z-Richtung. Auflager B ist ein zweiwertiges Auflager mit den Auflagerkräften B_x in x-Richtung und B_z in z-Richtung.

Die resultierende Kraft R_p der konstanten Steckenlast p(x) berechnet sich zu

$$R_p = p \cdot L$$

Der Angriffspunkt der resultierenden Kraft R_p wirkt im Schwerpunkt der Belastung bei L/2.

Die Auflagerkraft B_x in x-Richtung berechnet über das Kräftegleichgewicht in x-Richtung und die positive Kraftrichtung ist in +x-Richtung:

$$\sum F_x \overset{!}{=} 0 \Rightarrow -B_x = 0 \Rightarrow B_x = 0$$

Die Auflagerkraft B_z wird über das Momentengleichgewicht um das Auflager A bestimmt.

$$\sum M_A \overset{!}{=} 0 \Rightarrow \quad B_z \cdot L - R_p \cdot \frac{L}{2} = 0$$

$$B_z = R_p \cdot \frac{L}{2} = \frac{p \cdot L}{2}$$

Die Auflagerkraft A_z berechnet sich mit dem Kräftegleichgewicht in z-Richtung. Positive Kräfte wirken in +z-Richtung:

$$\sum F_z \overset{!}{=} 0 \qquad A_z + B_z - R_p = 0$$

$$A_z = R_p - B_z = p \cdot L - \frac{p \cdot L}{2} = \frac{p \cdot L}{2}$$

Kontrolle der Auflagerkräfte ist mit dem Momentengleichgewicht um B möglich. Es folgt

$$\sum M_B \overset{!}{=} 0 \qquad A_z \cdot L - R_p \cdot \frac{L}{2} = 0 \Rightarrow$$

$$\frac{p \cdot L}{2} \cdot L - p \cdot L \cdot \frac{L}{2} = 0 \Rightarrow 0 \overset{!}{=} 0$$

Die Methode zur Berechnung der Auflagerkräfte an einem Einfeldträger lässt sich auf beliebige Lasten in Größe, Richtung und Verteilung erweitern. Für einen Einfeldträger, der mit einer konstanten Streckenlast über die Breite b und einer Punktlast im Abstand a vom Auflager A mit dem Richtungswinkel α belastet wird, ist das Vorgehen im Folgenden dargestellt. Auflager A ist das einwertige Auflager mit Auflagerkraft A_Z, die in z-Richtung wirkt. Auflager B ist das zweiwertige Auflager mit den Auflagerkräften B_X in x-Richtung und B_Z in z-Richtung.

Statisches System

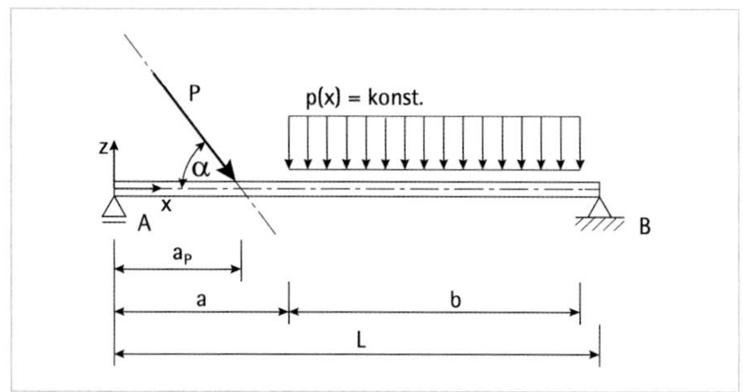

Resultierende Kräfte und Auflagerkräfte

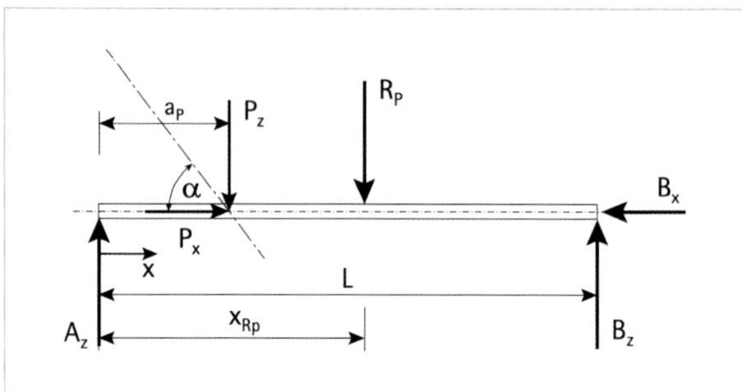

Die Einzelkraft P, die im Abstand a vom Auflager A einwirkt, wird in Komponenten in x- und z-Richtung zerlegt, mit

$$P_X = P \cdot \cos\alpha$$

und

$$P_Z = P \cdot \sin\alpha$$

Der Angriffspunkt von P_X und P_Z liegt im Schnittpunkt der Schwerachse des Trägers mit der Wirkungslinie der Kraft P.

Die resultierende Kraft R_p der konstanten Steckenlast p(x) berechnet sich zu:

$$R_p = p \cdot b$$

Der Angriffspunkt der resultierenden Kraft R_p liegt im Schwerpunkt der Streckenlast bei b/2 bezogen auf die Breite b.

Berechnen der horizontalen Auflagerkraft B_x

Die Auflagerkraft in x-Richtung berechnet über das Kräfte Gleichgewicht in x-Richtung und die positive Kraftrichtung ist in +x-Richtung:

$$\sum F_x \overset{!}{=} 0 \qquad -B_x + P_x = 0 \Rightarrow B_x = P_x = P \cdot \cos\alpha$$

Berechnen der Auflagerkraft B_z

Die Auflagerkraft B_z wird über das Momentengleichgewicht um das Auflager A bestimmt. Die Wirkungslinien der horizontalen Kräfte P_x und B_x gehen durch den Drehpunkt und führen daher zu keinem Moment. Linksdrehend als positive Richtung ergibt sich

$$\sum M_A \overset{!}{=} 0 \qquad B_z \cdot L - R_p \cdot \left(a + \frac{b}{2}\right) - P_z \cdot a = 0$$

$$B_z = \frac{R_p}{L} \cdot \left(a + \frac{b}{2}\right) + \frac{P_z}{L} \cdot a$$

$$= \frac{p \cdot b}{L} \cdot \left(a + \frac{b}{2}\right) + \frac{P \cdot \sin\alpha}{L} \cdot a$$

Berechnen der Auflagerkraft A_z

Die Auflagerkraft A_z berechnet sich mit dem Kräftegleichgewicht in z-Richtung und positive Kräfte wirken in +z-Richtung:

$$\sum F_z \overset{!}{=} 0 \qquad A_z + B_z - R_p - P_z = 0$$

nach A_z umgeformt, B_z und R_p eingesetzt folgt

$$A_z = p \cdot b + P_z - \frac{p \cdot b}{L} \cdot \left(a + \frac{b}{2}\right) - \frac{P_z}{L} \cdot a$$

$$= \frac{p \cdot b}{L} \cdot \left(L - a - \frac{b}{2}\right) + \frac{P \cdot \sin\alpha}{L} \cdot (L - a)$$

Die Kontrolle für die Berechnung der Auflagerkraft A_z ist das Momentengleichgewicht um B mit

$$\sum M_B \overset{!}{=} 0 \qquad A_z \cdot L - R_p \cdot \left(L - a - \frac{b}{2}\right) - P_z \cdot (L - a) = 0$$

Die Terme für A_Z, B_Z und R_p eingesetzt:

$$\left[\frac{p \cdot b}{L} \cdot \left(L - a - \frac{b}{2}\right) + \frac{P_z}{L} \cdot (L - a)\right] \cdot L - p \cdot b \cdot \left(L - a - \frac{b}{2}\right) - P_Z \cdot (L - a) = 0$$

Die erste Klammer ausmultipliziert führt zu:

$$p \cdot b \cdot \left(L - a - \frac{b}{2}\right) + P_Z \cdot (L - a) - p \cdot b \cdot \left(L - a - \frac{b}{2}\right) - P_Z \cdot (L - a) = 0$$

und

$$0 \overset{!}{=} 0 \quad \text{q.e.d.}$$

7.3 Auskragung (Kragarm)

Die Auflagereaktionen einer Auskragung sind an einem Trägerende die Lagerkräfte in x- und z-Richtung sowie das Einspannmoment. Das Vorgehen unterscheidet sich in der Berechnung des Einspannmoments M_A mit dem Momentengleichgewicht von der Ermittlung der Auflagerkräfte am Einfeldträger.

Das Vorgehen wird am Beispiel der konstanten Streckenlast p(x) dargestellt, die über die Spannweite auf die Auskragung einwirkt. Das eingespannte Auflager ist bei A.

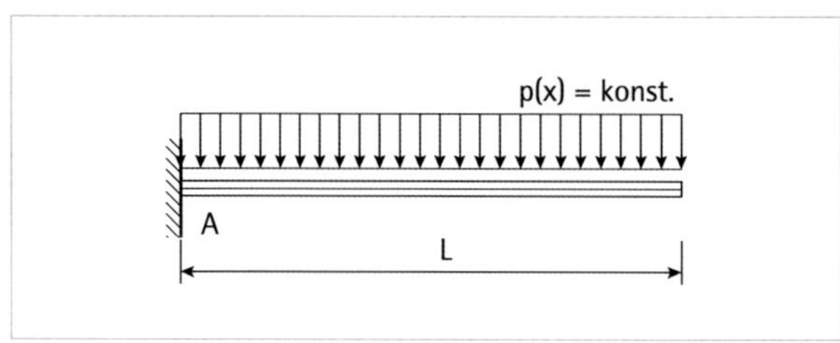

Statisches System

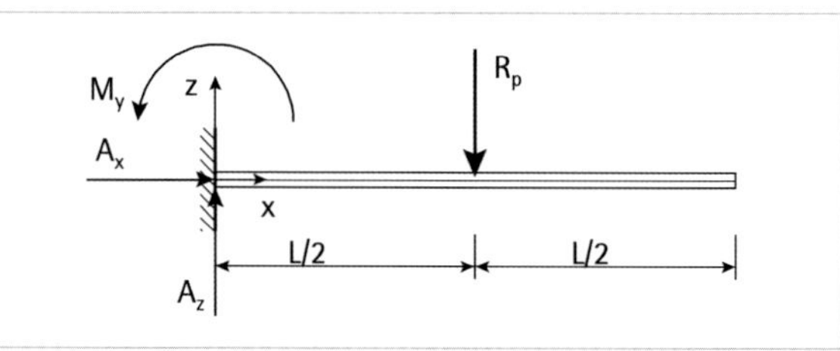

Resultierende Kraft und Auflagerreaktionen

Auflager A ist ein dreiwertiges Auflager mit den Auflagerkräften A_x in x-Richtung und A_z in z-Richtung sowie dem Einspannmoment M_y um die y-Achse.

Die resultierende Kraft R_p der konstanten Steckenlast p(x) berechnet sich zu:

$$R_p = p \cdot L$$

Der Angriffspunkt der resultierenden Kraft R_p aus der Streckenlast ist bei L/2.

Die Auflagerkraft in x-Richtung berechnet sich über das Kräftegleichgewicht in x-Richtung und die positive Kraftrichtung ist in +x-Richtung:

$$\sum F_x \stackrel{!}{=} 0 \qquad A_x = 0$$

Das Einspannmoment M_y am Auflager A wird über das Momentengleichgewicht um das Auflager A bestimmt. Linksdrehend ist die positive Richtung:

$$\sum M_A \stackrel{!}{=} 0 \qquad M_y - R_p \cdot \frac{L}{2} = 0$$

$$M_y = R_p \cdot \frac{L}{2} = \frac{p \cdot L^2}{2}$$

Die Auflagerkraft A_z berechnet sich mit dem Kräftegleichgewicht in z-Richtung. Positive Kräfte wirken in +z-Richtung:

$$\sum F_z \stackrel{!}{=} 0 \qquad A_z - R_p = 0$$

$$A_z = R_p = p \cdot L$$

Das Vorgehen lässt sich auf beliebige Belastungen in Größe, Verteilung und Richtung anwenden. Für eine Punktlast am Ende der Auskragung und eine konstante Streckenlast über die Breite b als Einwirkungen auf die Auskragung wird das Vorgehen dargestellt.

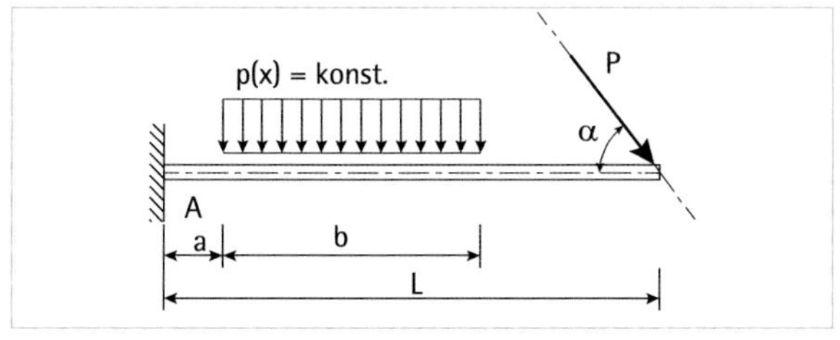

Statisches System

Einwirkende Kräfte und Auflagerreaktionen

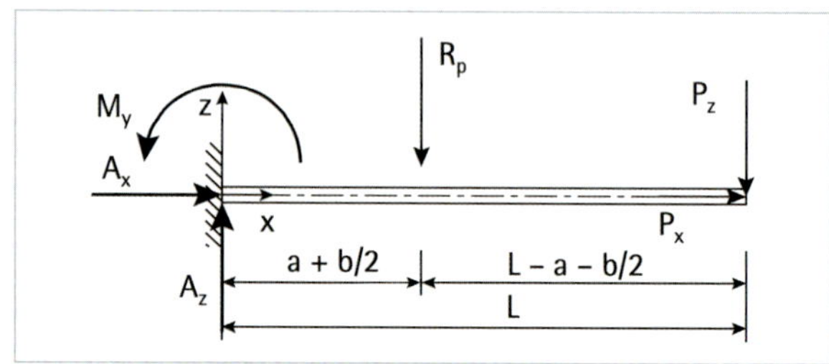

Die Einzelkraft P, die im Abstand L vom Auflager A einwirkt, wird in Komponenten in x- und z-Richtung zerlegt, mit

$$P_x = P \cdot \cos\alpha$$

und

$$P_z = P \cdot \sin\alpha$$

Der Angriffspunkt von P_x und P_z liegt im Schnittpunkt der Schwerachse des Trägers mit der Wirkungslinie der Kraft P.

Die resultierende Kraft R_p der konstanten Steckenlast p(x) berechnet sich zu

$$R_p = p \cdot b$$

Der Angriffspunkt der resultierenden Kraft R_p liegt im Schwerpunkt der Streckenlast bei b/2 bezogen auf die Breite b.

Berechnen der horizontalen Auflagerkraft A_x

Die Auflagerkraft in x-Richtung berechnet über das Kräftegleichgewicht in x-Richtung und die positive Kraftrichtung ist in +x-Richtung:

$$\sum F_x \overset{!}{=} 0 \qquad A_x + P_x = 0 \Rightarrow A_x = -P_x = -P \cdot \cos\alpha$$

Das negative Vorzeichen für die Kraft A_x bedeutet, die Kraft A_x wirkt in die entgegengesetzte Richtung, damit das Gleichgewicht in die x-Richtung erfüllt ist.

Berechnen des Einspannmoments M_y

Das Einspannmoment M_y wird über das Momentengleichgewicht um das Auflager A bestimmt. Die Wirkungslinien der horizontalen Kräfte P_x und A_x gehen durch den Drehpunkt A und führen daher zu keinem Moment. Linksdrehend als positive Richtung ergibt sich:

$$\sum M_A \overset{!}{=} 0 \qquad M_y - R_p \cdot \left(a + \frac{b}{2}\right) - P_z \cdot L = 0$$

$$M_y = R_p \cdot \left(a + \frac{b}{2}\right) + P_z \cdot L = p \cdot b \cdot \left(a + \frac{b}{2}\right) + P \cdot \sin\alpha \cdot a$$

Berechnen der Auflagerkraft A_z

Die Auflagerkraft A_z berechnet sich mit dem Kräftegleichgewicht in z-Richtung und positive Kräfte wirken in +z-Richtung:

$$\sum F_z \overset{!}{=} 0 \qquad A_z - R_p - P_z = 0$$

Nach A_z umgeformt, P_z und R_p eingesetzt, folgt

$$A_z = R_p + P_z = p \cdot b + P \cdot \sin\alpha$$

7.4 Einfeldträger mit Auskragung

Die Kombination von Einfeldträgern mit der Auskragung führt zu Einfeldträgern mit einer einseitigen oder beidseitigen Auskragung. Der Träger wird über die Auflager hinaus verlängert. Die Spannweite L ist der Abstand zwischen den Auflagern A und B und wird mit Feld bezeichnet, die Auskragungen haben die Spannweite L_K. Für einen Träger mit beidseitiger Auskragung dürfen die Spannweiten L_{K1} und L_{K2} unterschiedlich sein. Die Spannweiten der Auskragungen sind vom Auflager bis zum Ende der Auskragung anzusetzen. Die Spannweiten der Auskragungen und die Spannweite zwischen den Auflagern A und B sind Entwurfsgrößen und ergeben sich aus dem Aufbau eines Tragwerks. Die Lasten auf die Auskragung und zwischen den Auflagern A und B sind abhängig vom Aufbau der Konstruktion und der Nutzung des Gebäudes und können auf den gesamten Träger in Größe, Richtung und Verteilung unterschiedlich sein.

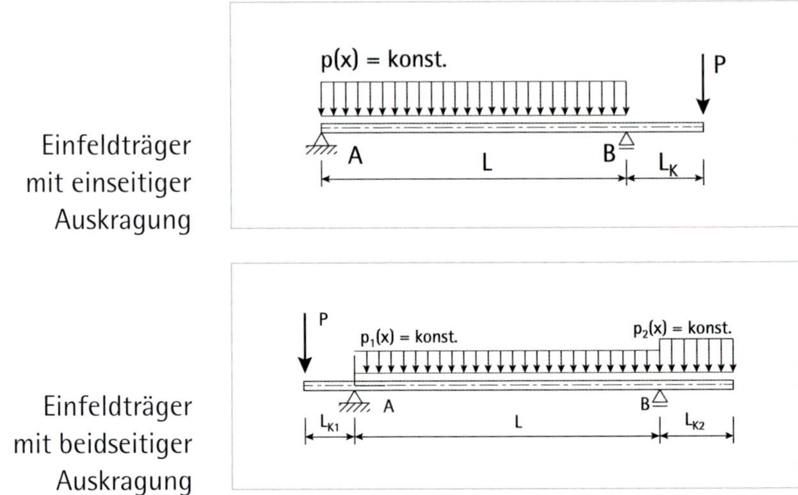

Einfeldträger mit einseitiger Auskragung

Einfeldträger mit beidseitiger Auskragung

Einfeldträger mit einseitiger Auskragung

Das Berechnen der Auflagerreaktionen erfolgt mit derselben Methode wie für einen Einfeldträger mit dem Kräfte- und Momentengleichgewicht. Das Vorgehen wird an einem Beispiel exemplarisch dargestellt und ist in den einzelnen Schritten auf beliebige andere Lasten in Größe, Verteilung und Richtung übertragbar.

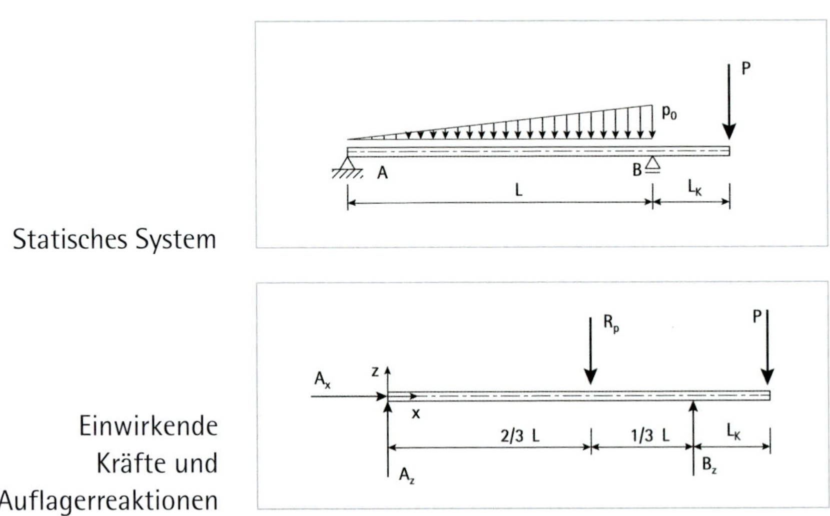

Statisches System

Einwirkende Kräfte und Auflagerreaktionen

Es wirken keine äußeren Kräfte in x-Richtung, folglich ist $A_x = 0$.

Mit dem Ursprung des Koordinatensystems im Auflager A ist die Funktion der Streckenlast, die eine Dreieckslast entspricht, zu beschreiben mit

$$p(x) = \frac{p_0}{L} \cdot x$$

Die resultierende Kraft R_p entspricht dem Flächeninhalt des rechtwinkligen Dreiecks mit den Kantenlängen L und p_0 und berechnet sich zu

$$R_p = \frac{1}{2} \cdot p_0 \cdot L$$

Für das rechtwinklige Dreieck liegt der Flächenschwerpunkt in die x-Richtung bei 2/3 L vom Auflager A und 1/3 L vom Auflager B (vgl. S. 87).

Berechnen der Auflagerkraft B_z

Die Auflagerkraft B_z wird über das Momentengleichgewicht um das Auflager A bestimmt. Linksdrehend als positive Richtung ergibt sich

$$\sum M_A \overset{!}{=} 0 \qquad B_z \cdot L - R_p \cdot \frac{2}{3} L - P \cdot (L + L_K) = 0$$

Nach B_z umgeformt und R_p ersetzt, ergibt

$$B_z = \frac{R_p}{L} \cdot \frac{2}{3} \cdot L + \frac{P}{L} \cdot (L + L_K) = \frac{1}{3} \cdot p_0 \cdot L + P \cdot \left(1 + \frac{L_K}{L}\right)$$

Berechnen der Auflagerkraft A_z

Die Auflagerkraft A_z berechnet sich mit dem Kräftegleichgewicht in z-Richtung und positive Kräfte wirken in +z-Richtung:

$$\sum F_z \overset{!}{=} 0 \qquad A_z + B_z - R_p - P = 0$$

nach A_z umgeformt, B_z und R_p eingesetzt folgt

$$A_z = \frac{1}{2} \cdot p_0 \cdot L + P - \left[\frac{1}{3} \cdot p_0 \cdot L + P \cdot \left(1 + \frac{L_K}{L}\right)\right] = \frac{1}{6} \cdot p_0 \cdot L - P \cdot \frac{L_K}{L}$$

Die Belastung P auf der Auskragung führt zu einer Entlastung des Auflagerkraft A_z und einer größeren Auflagerkraft B_z. Die Größe der entlastenden Kraft auf das Auflager A ist abhängig vom Verhältnis der Spannweiten L_K und L. Entspricht die Spannweite L_K der Auskragung dem Abstand zwischen Auflager A und B oder der Spannweite L des Feldes, ist die abhebende Kraft A_z am Auflager A genauso groß wie die Last auf dem Kragarm und die Auflagerkraft B_z entspricht der Summe aus der Auflagerkraft A_z und der Last auf den Kragarm.

Die Kontrolle für die Berechnung der Auflagerkraft A_z ist mit dem Momentengleichgewicht um B mit dem positiven Drehsinn im Uhrzeigersinn möglich:

$$\sum M_B \overset{!}{=} 0 \qquad A_z \cdot L - R_p \cdot \frac{1}{3} \cdot L + P \cdot L_K = 0$$

Einsetzen der Größen A_z und R_p führt zu

$$\left[\frac{1}{6} \cdot p_0 \cdot L - P \cdot \frac{L_K}{L}\right] \cdot L - \frac{1}{2} \cdot p_0 \cdot L \cdot \frac{1}{3} \cdot L + P \cdot L_K = 0$$

und

$$0 \overset{!}{=} 0 \qquad \text{q.e.d.}$$

Einfeldträger mit beidseitiger Auskragung

Das Vorgehen für eine beidseitige Auskragung ist zur Berechnung der Auflagerkräfte entsprechend. Der Aufwand zur Ermittlung der Auflagerkräfte erhöht sich, wenn die Auskragungen unterschiedliche Spannweiten haben und deshalb wird als Beispiel vereinfachend ein Träger untersucht, bei welchen die Auskragungen dieselben Spannweiten haben.

Es gilt für das Beispiel:

$$L_{K1} = L_{K2} = L_K$$

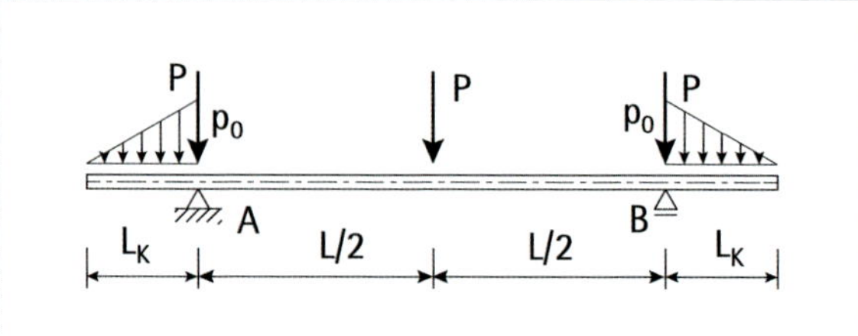

Statisches System

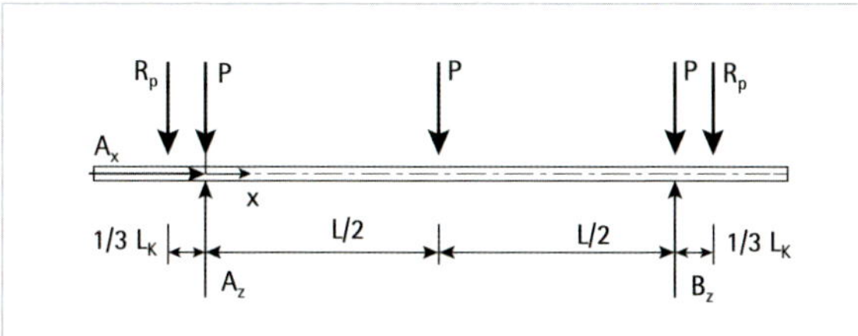

Einwirkende Kräfte und Auflagerreaktionen

Es wirken keine äußeren Kräfte in x-Richtung, folglich ist $A_x = 0$.

Die Dreieckslasten auf den Auskragungen sind jeweils in die resultierende Kraft R_p umzurechnen und es gilt:

$$R_p = \frac{1}{2} \cdot p_0 \cdot L_K$$

Für das rechtwinklige Dreieck ist der Flächenschwerpunkt in die x-Richtung bei 1/3 L_K vom Auflager A nach links und 1/3 L_K vom Auflager B nach rechts entfernt.

Berechnen der Auflagerkraft B_z

Die Auflagerkraft B_z wird über das Momentengleichgewicht um das Auflager A bestimmt. Linksdrehend als positive Richtung ergibt sich:

$$\sum M_A \overset{!}{=} 0$$

$$B_z \cdot L - R_p \cdot \left(L + \frac{1}{3} L_K\right) - P \cdot L - P \cdot \frac{L}{2} - P \cdot 0 + R_p \cdot \frac{1}{3} L_K = 0$$

Durch L geteilt, nach B_z umgeformt und R_p ersetzt, ergibt:

$$B_z = \frac{1}{2} \cdot p_0 \cdot L_K + \frac{3}{2} \cdot P$$

Berechnen der Auflagerkraft A_z

Die Auflagerkraft A_z berechnet sich mit dem Kräftegleichgewicht in z-Richtung. Positive Kräfte wirken in +z-Richtung:

$$\sum F_z \overset{!}{=} 0 \qquad A_z + B_z - 2 \cdot R_p - 3 \cdot P = 0$$

Nach A_z umgeformt, B_z und R_p eingesetzt, folgt

$$A_z = 2 \cdot \frac{1}{2} \cdot p_0 \cdot L + 3 \cdot P - \left[\frac{1}{2} \cdot p_0 \cdot L_K + \frac{3}{2} \cdot P\right] = \frac{1}{2} \cdot p_0 \cdot L_K + \frac{3}{2} \cdot P$$

Die Auflagerkräfte A_z und B_z sind gleichgroß.

Daraus wird ein allgemeingültiger Zusammenhang abgeleitet, der für alle Tragwerke gilt.

Hat das Statische System eine Symmetrieachse und sind die Lasten symmetrisch bezüglich der Symmetrieachse, dann sind auch die Auflagerkräfte in Größe und Richtung symmetrisch. Die Erklärung hierfür ist das Einhalten des Momentengleichgewichts.

Wird der Drehpunkt des Systems um die Feldmitte angesetzt, gilt für das Beispiel:

$$\sum M_{x=\frac{L}{2}} \overset{!}{=} 0$$

$$R_p \cdot \left(\frac{L_K}{3} + \frac{L}{2}\right) - A_z \cdot \frac{L}{2} + P\frac{L}{2} + B_z \cdot \frac{L}{2} - P\frac{L}{2} - R_p \cdot \left(\frac{L_K}{3} + \frac{L}{2}\right) = 0$$

oder

$$-A_z + B_z = 0 \Rightarrow A_z = B_z$$

8 Inneres Gleichgewicht

8.1 Normalkraft 148

8.2 Torsion 152

Die Übertragung der Einwirkungen auf die Auflagerreaktionen führt zu Beanspruchungen und Verformungen der Bauteile. Diese Beanspruchungen in den Bauteilen müssen geringer sein als die Festigkeiten der Baustoffe, um ein Versagen der Bauteile zu verhindern. Die Verformungen dürfen zu keiner Einschränkung der Nutzung führen. Um die Beanspruchungen, die in den Bauteilen unter Lasten wirken, zu erfassen, werden Schnittgrößen eingeführt.

Schnittgrößen

› sind eine Vereinfachung der tatsächlichen Beanspruchungen in Bauteilen,
› wirken in den Schwerachsen oder Mittelflächen der Bauteile,
› stehen mit den äußeren Lasten und Auflagerreaktionen im Gleichgewicht.

Mit jedem Schnitt wird das Bauteil in zwei Teile getrennt und die Schnittgrößen wirken an beiden Schnittflächen der getrennten Teile. Die frei geschnittenen Größen wirken an den Schnittflächen in entgegengesetzte Richtung.

Die Schnittgrößen werden in Schnitten normal zur Schwerachse auf das Bauteil angesetzt. Wirken auf ein Bauteil nur in einer Ebene Lasten ein, so entstehen mit dem Angriffspunkt im Schwerpunkt der Schnittflächen drei Schnittgrößen:

› die Normalkraft (N), normal auf die Schnittfläche gerichtet und auf der Schwerachse liegend,
› die Querkraft (V) ist parallel zur Schnittfläche gerichtet und normal zur Schwerachse wirkend,
› das (Biege-)Moment (M), mit der Drehachse normal zur Ebene, in der das Bauteil angeordnet ist; im dargestellten Beispiel des Einfeldträgers mit einem rechteckigen Querschnitt ist die Drehachse die y-Achse.

Das Torsionsmoment M_T wirkt in der Schwerachse, z. B. durch eine Lagerung des Bauteils außerhalb der Schwerachse, oder wenn die Belastung außermittig angreift.

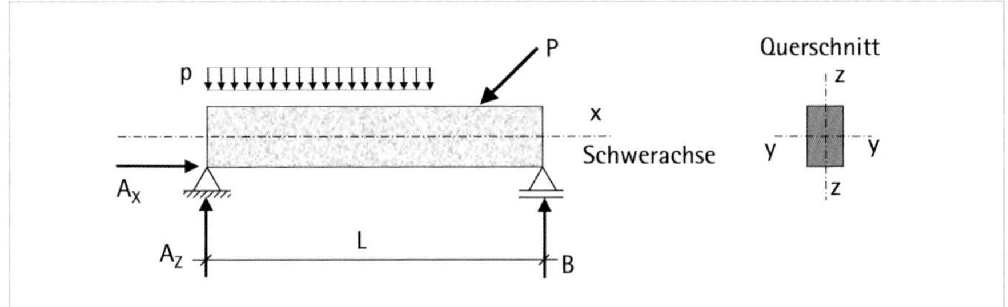

Statisches System

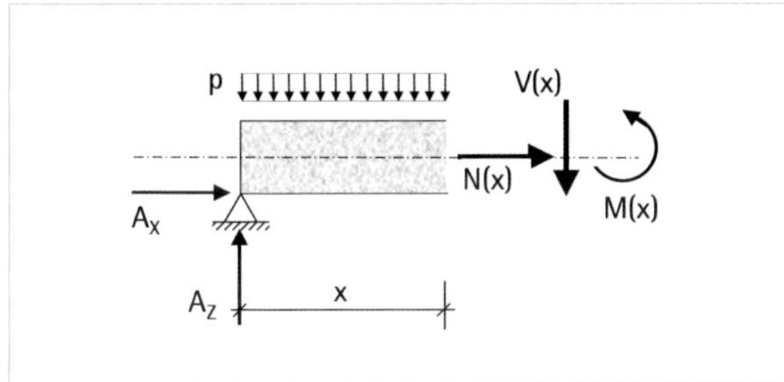

Frei geschnittene innere Größen ›Schnittgrößen‹ – linker Trägerteil und ...

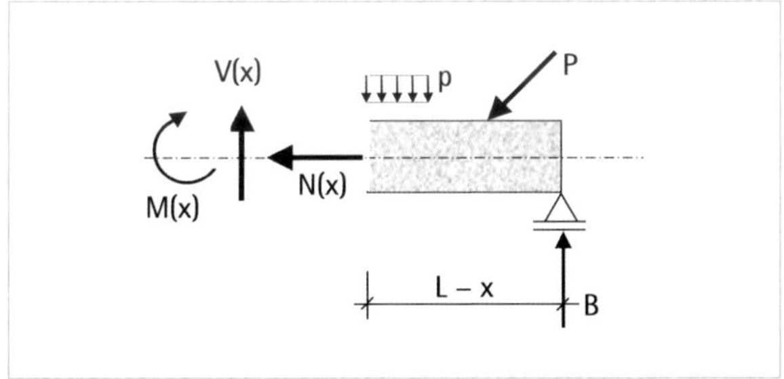

... rechter Trägerteil

Für die Bestimmung der Schnittgrößen ist das Vorzeichen zu berücksichtigen, wobei es hierfür in Europa und International unterschiedliche Konventionen gibt. Im Weiteren wird die in Deutschland übliche Zuordnung angewandt. Die Normalkraft ist positiv definiert, wenn die Richtung der Normalkraft weg von der Schnittfläche ist. Die Normalkraft ist eine Zugkraft. Wirkt die Normalkraft auf die Schnittfläche, ist sie negativ und eine Druckkraft. Die Darstellung einer Druckkraft ist entweder ohne negatives Vorzeichen mit der Pfeilspitze auf die Schnittfläche oder mit negativem Vorzeichen und die Pfeilspitze zeigt von der Schnittfläche weg.

Positive Normalkraft – Zug

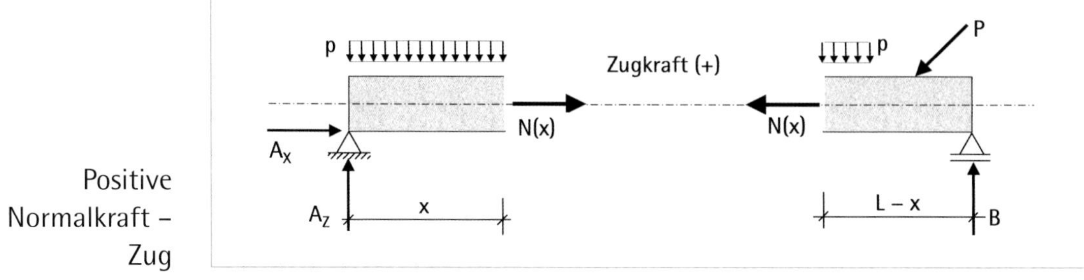

Negative Normalkraft – Druck

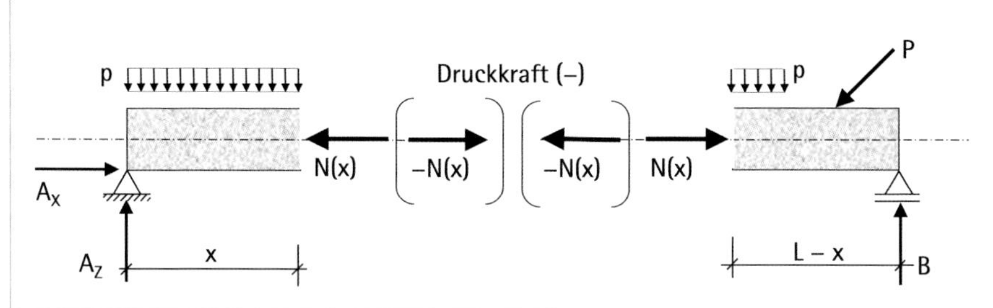

Für die Vorzeichen der Querkraft und des Biegemoments wird das kartesische Koordinatensystem eingeführt. Das Bauteil liegt in der x-z-Ebene. Die Schwerachse entspricht der x-Achse des Koordinatensystems und die positive z-Achse zeigt nach unten.

Die Querkraft wirkt am linken Trägerteil positiv in +z-Richtung und am rechten Trägerteil positiv in –z-Richtung. Beim gedanklichen Zusammenführen der beiden Trägerteile heben sich die beiden Querkräfte gegenseitig auf und es bleibt keine Kraft übrig.

Das Biegemoment dreht im Schnitt um eine Achse parallel zur y-Achse, die durch den Schwerpunkt der Schnittfläche verläuft. Das Biegemoment ist am linken Trägerteil positiv definiert, wenn der Drehsinn des Momentes im Gegenuhrzeigersinn ist. Am rechten Trägerteil ist das Moment positiv definiert, wenn der Drehsinn im Uhrzeigersinn ist. Die Trägerunterseite erhält infolge Biegung eine Zugbeanspruchung und an der Trägeroberseite wird das Bauteil gedrückt.

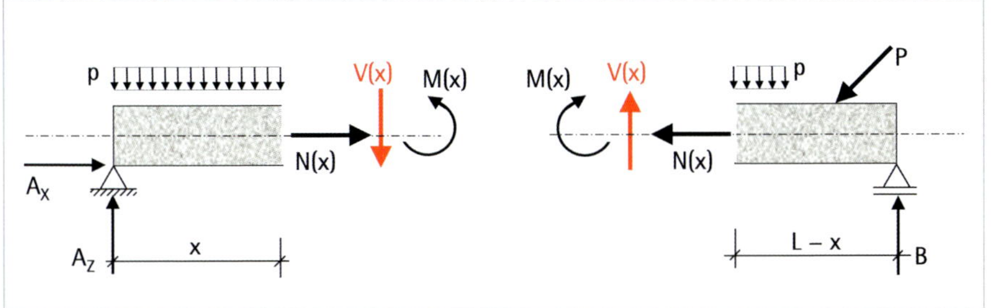

Positive Richtungen der Querkraft (rot) an den Schnittflächen

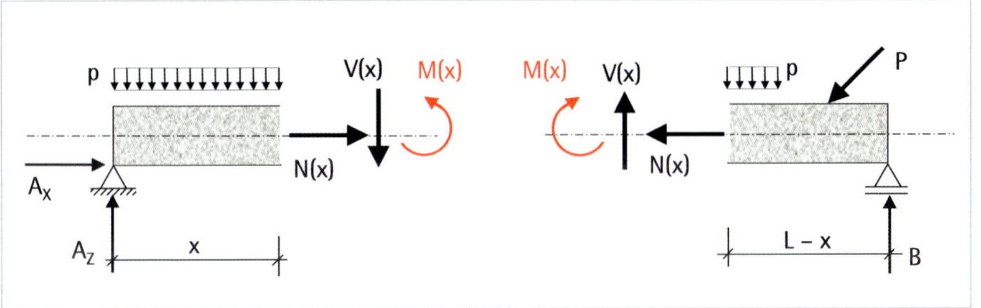

Positive Biegemomente (rot) an den Schnittflächen

Die Schnittgrößen verändern sich über die Länge eines Bauteils in Abhängigkeit zur Verteilung, Richtung und Größe der Lasten, lassen sich in Funktionen beschreiben und werden grafisch dargestellt. Für eine grafische Darstellung ist die Abszisse der Funktion in der Regel die Längsachse des Bauteils und die Ordinate entspricht der betrachteten Schnittgröße. Mit der grafischen Darstellung der Funktionen lassen sich die Stellen in Bauteilen und Tragwerken sichtbar machen, an denen die Schrittgrößen Extremwerte annehmen und für die Abmessungen der Querschnitte in der Geometrie, Breite und Höhe maßgebend sind.

Wirken auf ein Bauteil Lasten aus zwei und drei Richtungen, ergeben sich in den Bauteilen sechs Schnittgrößen:

› die Normalkraft N_x,
› die Querkräfte V_y und V_z,
› die Biegemomente M_y und M_z sowie
› das Torsionsmoment M_x bzw. M_T.

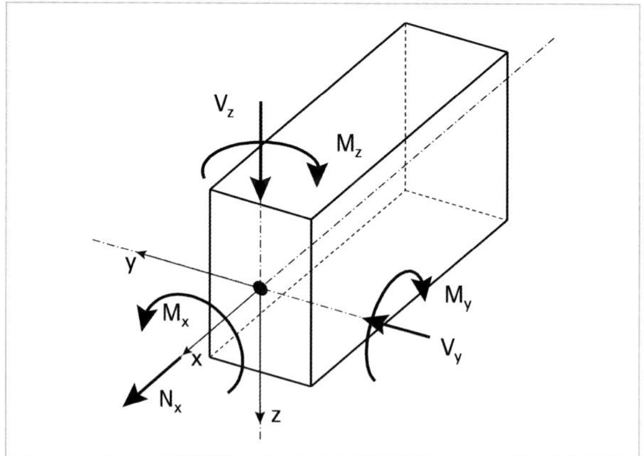

Schnittgrößen am Bauteil

Das Torsionsmoment M_x hat die Längsachse des Bauteils als Drehachse und führt zu einer Verwindung.

8.1 Normalkraft

Normalkräfte wirken in der Stablängsachse und entstehen infolge Punktlasten in Seilen, Stäben, Stützen und Wandpfosten. In Wandscheiben ergeben sich Normalkräfte infolge von Streckenlasten auf einen Meter Breite der Wandscheiben bezogen aus Auflagerkräften aus dem Dach und den Decken.

Bereits unter dem Eigengewicht einer Stütze oder Wand ergibt sich eine Druckkraft als Normalkraft in dem Bauteil, entsprechendes gilt auch in zugbeanspruchten Bauteilen. Die Reißlänge ist zum Beispiel die Länge eines Zugstabes, bei welchem der Stab unter seinem Eigengewicht zerreißt.

Am Beispiel einer Wand ist der Verlauf der Normalkraft über die Höhe h der Wand dargestellt. Die Wand hat die Wichte γ und die Wanddicke d. Der Ursprung des Koordinatensystems ist am oberen Ende der Wand. Die betragsmäßig größte Nomalkraft ist am unteren Ende oder Auflager der Wand.

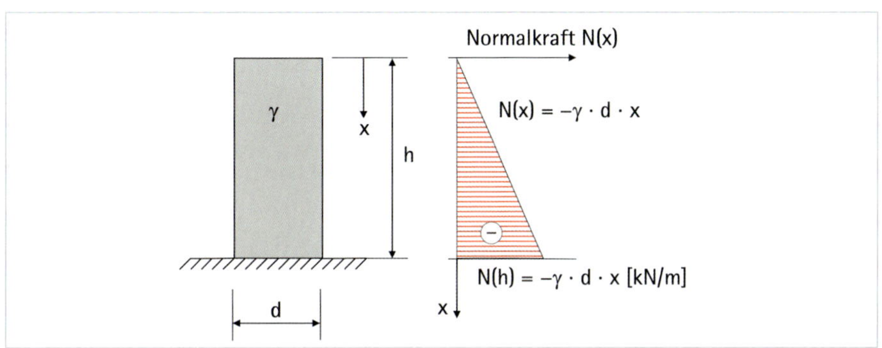

Verlauf der Normalkraft über die Höhe der Wand

Die grafische Darstellung wird auch in der numerischen Berechnung der Schnittgrößen verwendet, um eine visuelle Überprüfung der Schnittgrößen zu ermöglichen und eine Vorstellung über die Abtragung der Lasten zu erhalten. Für einen Fachwerkträger, der als Einfeldträger in Stäbe aufgelöst ist, ergeben sich im Obergurt Druckkräfte (blau) und im Untergurt Zugkräfte (rot). In den Diagonalen ergeben sich Zugkräfte, wenn diese zu den Auflagern steigen und Druckkräfte bei fallenden Diagonalen.

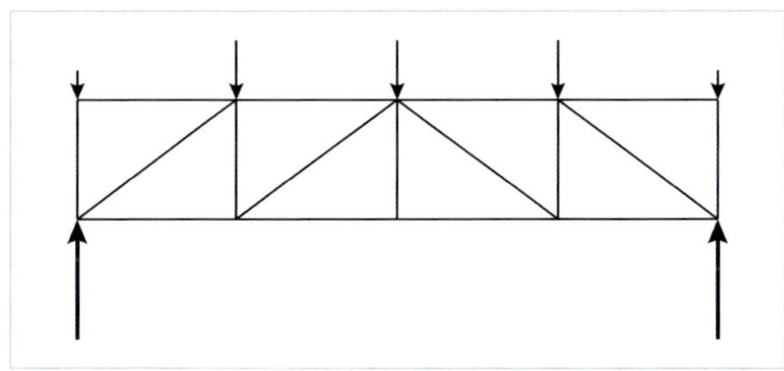

Statisches System mit Lasten und Auflagerkräften

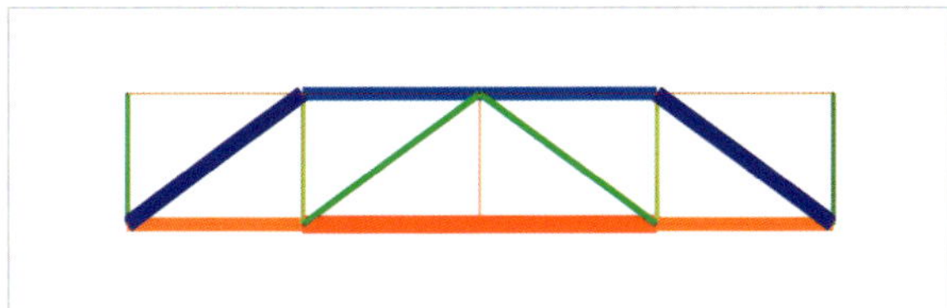

Stabkräfte (rot Zug, blau Druck)

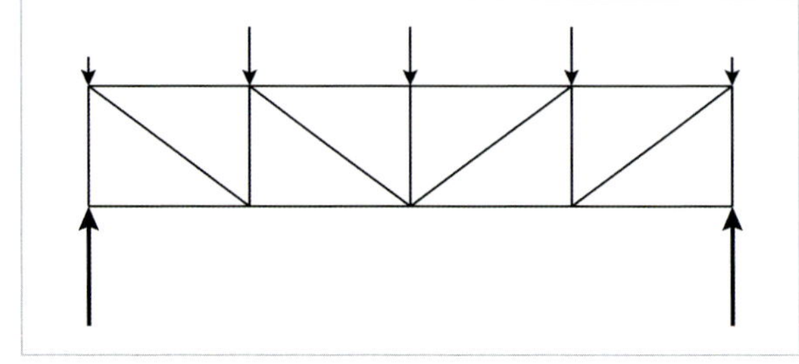

Statisches System mit Lasten und Auflagerkräften

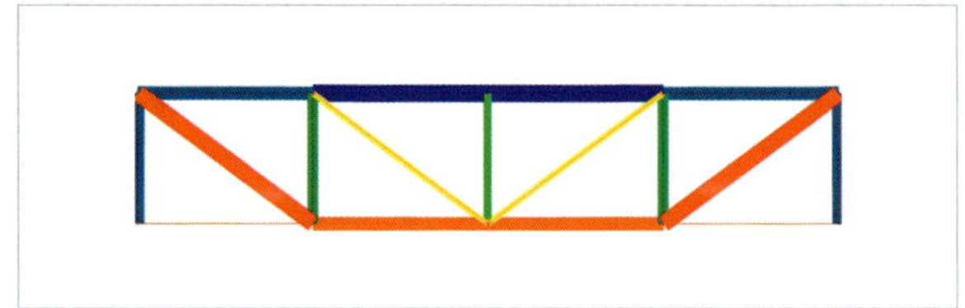

Stabkräfte (rot Zug, blau Druck)

Für ein mehrgeschossiges Gebäude addieren sich Kräfte aus den Geschoßdecken in den Stützen bis zur Gründung auf. Die Normalkraft nimmt unter Vernachlässigung des Eigengewichts vom Dachgeschoß bis zum Erdgeschoß zu.

Normalkraft in der Stütze im Erdgeschoß im Schnitt 1-1:

$$\sum V \overset{!}{=} 0 \quad \uparrow + \qquad N_1 - 3 \cdot F_{Decke} - F_{Dach} = 0$$

[148] $$N_1 = 3 \cdot F_{Decke} + F_{Dach} \text{ (Druck)}$$

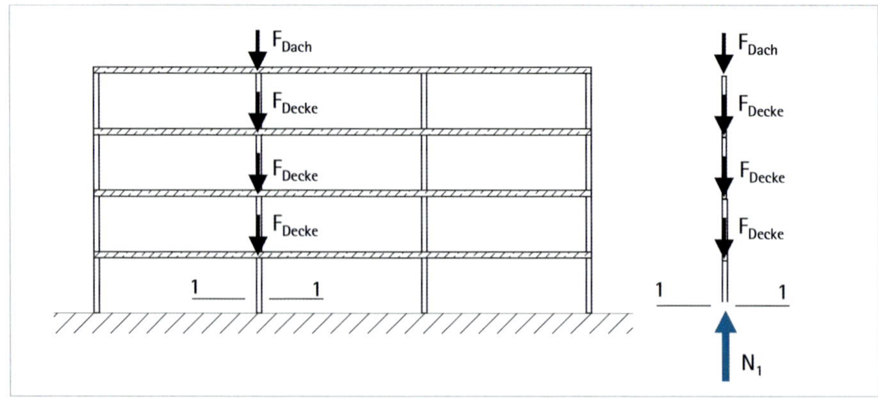

Ergänzung (für Interessierte und Studierende mit Vorwissen)

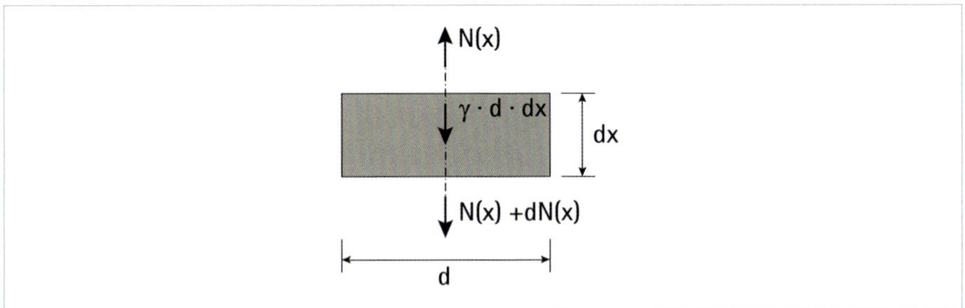

Die allgemein gültige und ingenieurwissenschaftliche Herleitung zum Verlauf der Normalkraft über die Länge eines Bauteils erfolgt über die Betrachtung am Element. In den Ingenieurwissenschaften wird ein unendlich kleines Element aus dem Bauteil herausgeschnitten und die Schnittgrößen sowie einwirkenden Kräfte an diesem Element ins Gleichgewicht gesetzt. Aus dem Gleichgewicht an diesem unendlich kleinen Element bleibt die Änderung der Normalkraft dN(x) über die Höhe des Elements als Unbekannte übrig. Am Beispiel der vertikalen Wand mit der Breite b = 1 m gilt für das Gleichgewicht am unendlich kleinen Element:

[149] $$-N(x) + \gamma \cdot d \cdot dx + N(x) + dN(x) = 0$$

Nach dN(x) umgeformt:

[150] $$dN(x) = -\gamma \cdot d \cdot dx$$

Die Funktion der Normalkraft ergibt sich durch die Integration der Normalkraftänderung:

[151] $$N(x) = \int dN(x) = \int(-\gamma \cdot d \cdot dx) = -\gamma \cdot d \int dx = -\gamma \cdot d \cdot x + C_1$$

An der Stelle x = 0 ist auch für die Wand unter Eigengewicht N(x = 0) = 0 und folglich ist die Integrationskonstante $C_1 = 0$. Die Funktion für den Verlauf der Normalkraft lautet:

[152] $$N(x) = -\gamma \cdot d \cdot x$$

Die Normalkraft ist eine Druckkraft, wie am negativen Vorzeichen erkennbar und mit der Anschauung nachvollziehbar ist.

8.2 Torsion

Eine weitere Schnittgröße in Bauteilen ist die Torsion, die zu einer Verwindung des Bauteils um die Längsachse führt. Torsion entsteht in Trägern, wenn zum Beispiel die Lasteinleitung in die Bauteile ausmittig zur Schwerachse erfolgt, durch eine horizontale Anpralllast auf Geländer oder in Bauteilen, die im Grundriss geknickt oder gekrümmt sind.

Beispiel: Ausmittiger Anschluss eines Nebenträgers mit einem Balkenschuh an einen Hauptträger. Der Hauptträger ist im Querschnitt dargestellt.

Auflagerkraft Nebenträger

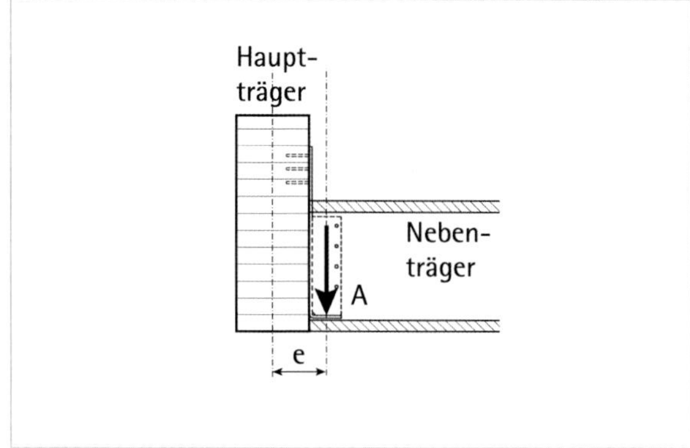

Die Auflagerkraft A greift im Abstand e zur Schwerachse des Hauptträgers an und führt im Hauptträger zu dem Torsionsmoment M_T.

Einwirkung Hauptträger

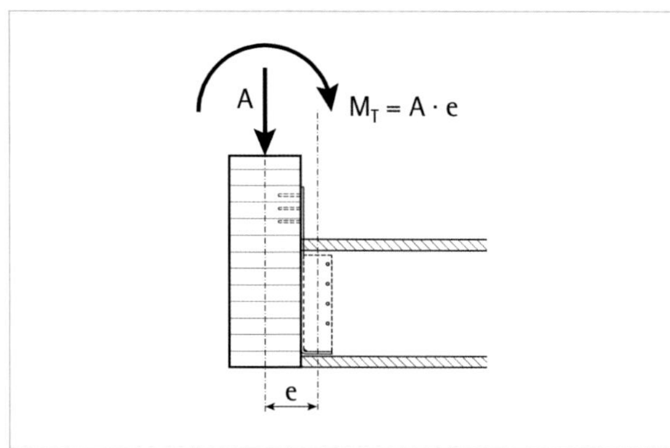

9 Inneres Gleichgewicht an statisch bestimmten Trägern

9.1 Schnittgrößen im Einfeldträger 154
9.2 Schnittgrößen infolge einer Einzelkraft am Einfeldträger 162
9.3 Auskragung 165
9.4 Einfeldträger mit Auskragung 170
9.5 Einfeldträger mit beidseitiger Auskragung 179

Liegen die Träger in der x-Achse des kartesischen Koordinatensystems bzw. sind horizontal und die Einwirkungen greifen normal bzw. senkrecht zur Schwerachse an, entstehen im Inneren der Träger Querkräfte und Biegemomente. Der Verlauf der Querkräfte und Biegemomente berechnet sich vereinfachend mit dem Schnittprinzip. Ein Träger wird an einer beliebigen Stelle normal zur Längsachse geschnitten. Die frei geschnitten Schnittgrößen werden mit den äußeren Lasten und den Auflagereaktionen ins Gleichgewicht gesetzt. Zur Kontrolle können die Werte der Schnittgrößen am rechten und linken Trägerteil verglichen werden, da diese sich im Betrag entsprechen aber entgegengesetzte Vorzeichen haben müssen.

9.1 Schnittgrößen im Einfeldträger

Am Beispiel eines Einfeldträgers mit einer konstanten Streckenlast über die gesamte Spannweite wird das Vorgehen beschrieben. Die Auflagerkräfte sind aus Abschnitt 7.2 bekannt.

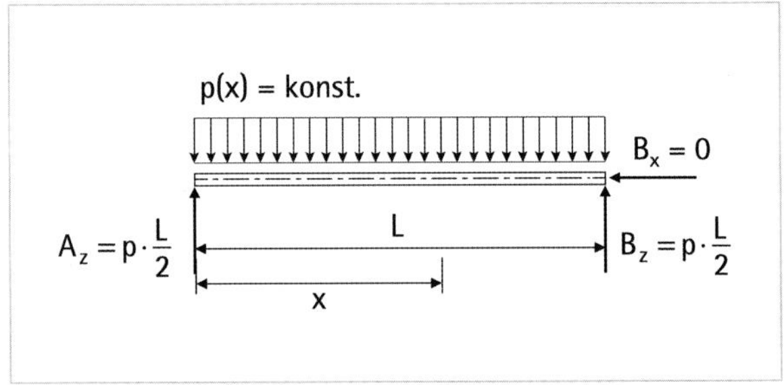

Lasten mit den Auflagerreaktionen nach Abschnitt 7.2

Einführen der unbekannten Schnittgrößen:

- Normalkraft N_x
- Querkraft V_z und
- Biegemoment M_y

Schnitt an der Stelle x:

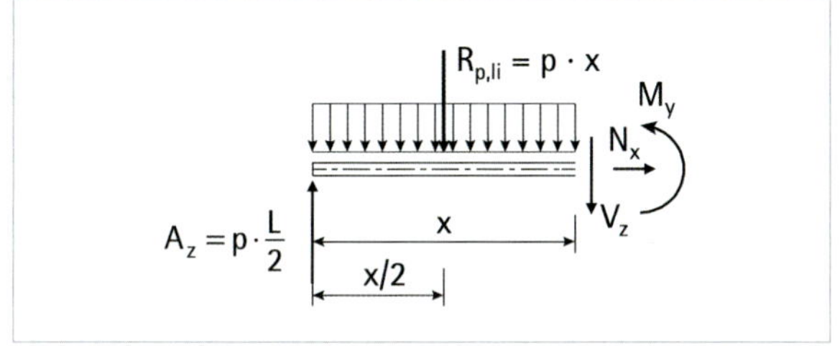

Linker Trägerteil

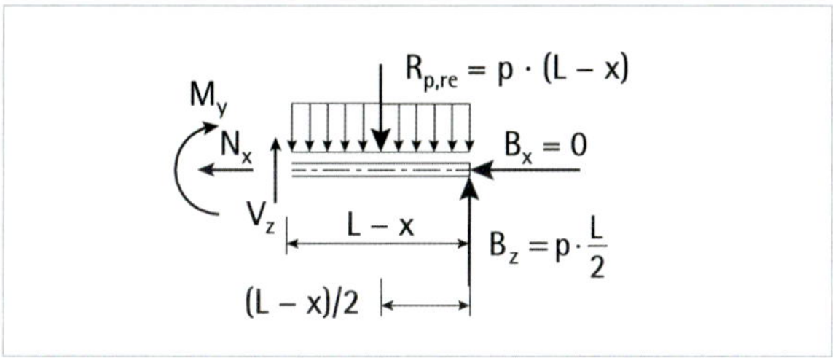

Rechter Trägerteil

Die Ermittlung der Schnittgrößen erfolgt mit denselben drei Gleichgewichtsbedingungen wie die Berechnung der Auflagerkräfte jeweils für den linken und rechten Trägerteil. Zur Bestimmung der Schrittgrößen an einem Trägerteil sind alle Lasten und Lagereaktionen mit den Richtungen an dem Trägerteil anzusetzen, mit denen am gesamten Träger das Gleichgewicht erfüllt ist.

Gleichgewicht am linken Trägerteil

Kräftegleichgewicht in x-Richtung:

$$\sum F_x \overset{!}{=} 0 \quad \rightarrow + \qquad -N_x = 0 \text{ oder } N_x = 0$$

Kräftegleichgewicht in z-Richtung:

$$\sum F_z \overset{!}{=} 0 \quad \uparrow + \qquad A_z - R_{p,li} - V_z = 0$$

$$V_z(x) = A_z - R_{p,li} = p \cdot \frac{L}{2} - p \cdot x = p \cdot \left(\frac{L}{2} - x\right)$$

Der Verlauf der Querkraft entspricht einer Geradengleichung. Für eine konstante Streckenlast ist der Verlauf der Querkraft über die Länge des Bauteils linear veränderlich.

Momentengleichgewicht am linken Trägerteil

Drehpunkt ist der Schwerpunkt des Querschnitts an der Stelle x des Trägers. Die Querkraft V_z hat daher keinen Anteil am Drehmoment. Der Drehsinn ist linksdrehend positiv:

$$\sum M_y \overset{!}{=} 0 \qquad -A_z \cdot x + R_{p,li} \cdot \frac{x}{2} + M_y(x) = 0$$

nach $M_y(x)$ umgeformt, A_z und $R_{p,li}$ in die Gleichung eingesetzt, führt zu:

$$M_y(x) = A_z \cdot x - R_{p,li} \cdot \frac{x}{2} = p \cdot \frac{L}{2} \cdot x - p \cdot \frac{x^2}{2}$$

$$M_y(x) = \frac{p}{2} \cdot (L \cdot x - x^2)$$

Die Funktion des Biegemoments ist für eine konstante Streckenlast eine Parabel 2. Ordnung.

Gleichgewicht am rechten Trägerteil

Kräftegleichgewicht in x-Richtung:

$$\sum F_x \overset{!}{=} 0 \rightarrow + \qquad -N_x(x) - B_x = 0$$

mit

$$B_x = 0$$

folgt

$$N_x(x) = 0$$

Kräftegleichgewicht in z-Richtung:

$$\sum F_z \overset{!}{=} 0 \uparrow + \qquad B_z - R_{p,re} + V_z(x) = 0$$

$$V_z(x) = -B_z + R_{p,re} = -p \cdot \frac{L}{2} + p \cdot (L - x) = p \cdot \left(\frac{L}{2} - x\right)$$

Momentengleichgewicht am rechten Teilsystem

Drehpunkt ist der Schwerpunkt des Querschnitts an der Stelle L – x des Trägers. Der Drehsinn ist rechtsdrehend positiv:

$$\sum M_y \overset{!}{=} 0 \qquad -B_z \cdot (L-x) + R_{p,re} \cdot \frac{L-x}{2} + M_y(x) = 0$$

Nach M_y umgeformt, B_z und $R_{p,re}$ in die Gleichung eingesetzt führt zu:

$$M_y(x) = B_z \cdot (L-x) - R_{p,re} \cdot \frac{L-x}{2} = p \cdot \frac{L}{2} \cdot (L-x) - p \cdot \frac{(L-x)^2}{2}$$

$$M_y(x) = \frac{p}{2} \cdot (L \cdot x - x^2)$$

Sowohl die Querkraft als auch das Biegemoment lassen als Funktion in Abhängigkeit zur Belastung beschreiben und über die Trägerlänge darstellen.

Für x = 0 gilt:

$$V_z(x=0) = p \cdot \frac{L}{2}$$

und

$$M_y(x=0) = 0$$

Für x = L gilt:

$$V_z(x=L) = p \cdot \left(\frac{L}{2} - L\right) = -p \cdot \frac{L}{2}$$

$$M_y(x=L) = \frac{p}{2} \cdot (L \cdot L - L^2) = 0$$

Das negative Vorzeichen der Querkraft erklärt sich für den rechten Trägerteil mit der Vorzeichendefinition für die Querkraft. Diese ist für den rechten Trägerteil positiv nach oben gerichtet. Die Querkraft wirkt der Auflagerkraft B_z entgegen nach unten und ist somit negativ.

Das Biegemoment ist eine Parabel 2. Ordnung, der Maximal- bzw. Minimalwert ergibt sich an der Stelle, an welcher die Funktion eine horizontale Tangente hat. In der Mathematik heißt dies, dass die erste Ableitung der Funktion null ist.

1. Ableitung der Funktion für das Biegemoment:

$$\frac{dM_y(x)}{dx} = \frac{p}{2} \cdot (L - 2 \cdot x) = p \cdot \left(\frac{L}{2} - x\right) = V_z(x)$$

Die erste Ableitung der Funktion des Biegemoments entspricht der Funktion für die Querkraft.

Die Bedingung für den Extremwert lautet

$$\frac{dM_y(x)}{dx} = 0$$

und führt zu:

$$p \cdot \left(\frac{L}{2} - x\right) = 0$$

Nach x aufgelöst:

$$x = \frac{L}{2}$$

Das maximale Biegemoment ist an der Stelle $x = L/2$ und bestimmt sich zu:

$$M_y\left(x = \frac{L}{2}\right) = \frac{p}{2} \cdot \left(L \cdot \frac{L}{2} - \frac{L}{4}^2\right) = p \cdot \frac{L^2}{8}$$

Die Funktion der Querkraft und des Biegemoments werden entlang der Schwerachse aufgetragen. Die Funktion der Querkraft ist grundsätzlich die erste Ableitung der Funktion des Biegemoments. Folglich ist das minimale oder maximale Moment in einem Einfeldträger an der Stelle, an der die Querkraft null ist. Die Ableitung der Funktion für die Querkraft entspricht der Funktion für die Belastung.

Verlauf des Biegemoments über die Spannweite des Trägers:

$$M_y(x) = \frac{p}{2} \cdot (L \cdot x - x^2)$$

Verlauf der Querkraft über die Spannweite des Trägers:

$$V_z(x) = p \cdot \left(\frac{L}{2} - x\right)$$

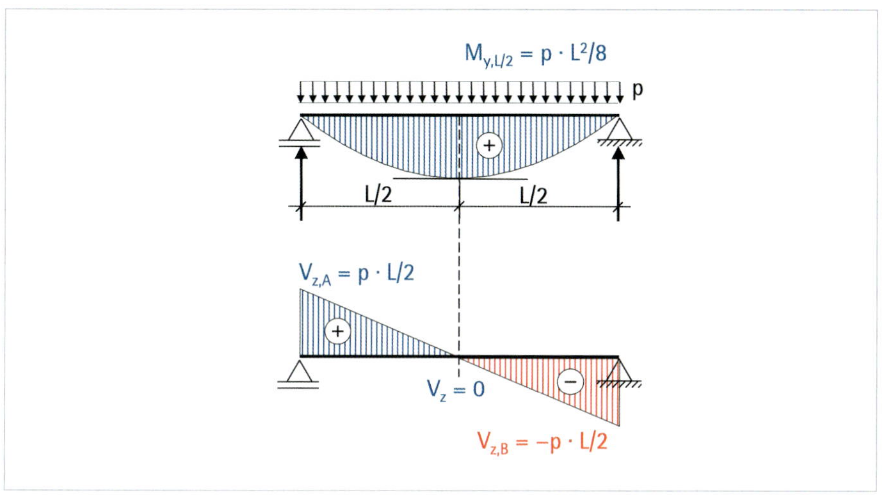

Ergänzung (für Interessierte und Studierende mit Vorwissen)

Das ingenieurwissenschaftliche Vorgehen zur Bestimmung der Querkräfte und Biegemomente in Trägern ist eine Anwendung der Integralrechnung, indem ein unendlich kleines Element des Trägers mit der Länge **dx** herausgeschnitten wird und an diesem die Gleichgewichtsbedingungen aufgestellt werden. Ist die Funktion der Belastung gegeben, führt die Integration dieser Funktion zur Querkraft. Die Integration der Querkraft ergibt die Funktion des Biegemoments. Die Integrationskonstanten berechnen sich mit den Schnittgrößen an den Auflagern.

Zur Veranschaulichung wird das Vorgehen am Beispiel eines Einfeldträgers mit einer linear veränderlichen Belastung aufgezeigt.

Die Funktion der Belastung lautet mit dem Ursprung des Koordinatensystems im Auflager A:

$$p(x) = \frac{p_0}{L} \cdot x$$

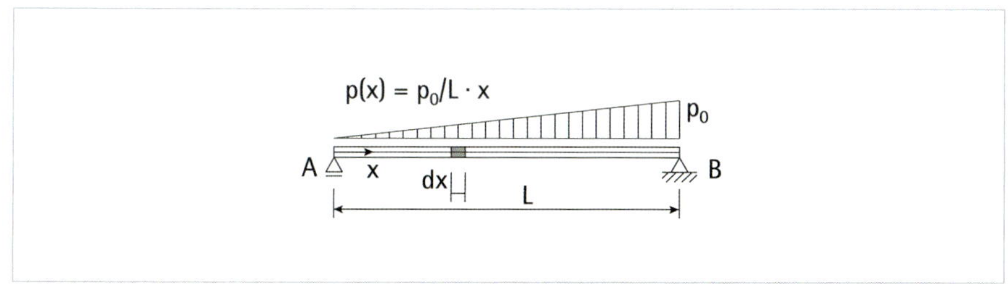

Kräftegleichgewicht in z-Richtung:

$$V_z(x) - p(x) \cdot dx - (V_z(x) + dV_z(x)) = 0$$

Nach der Änderung der Querkraft aufgelöst und die Funktion der Belastung eingesetzt folgt

$$dV_z(x) = -p(x)dx = -\frac{p_0}{L} \cdot x \cdot dx$$

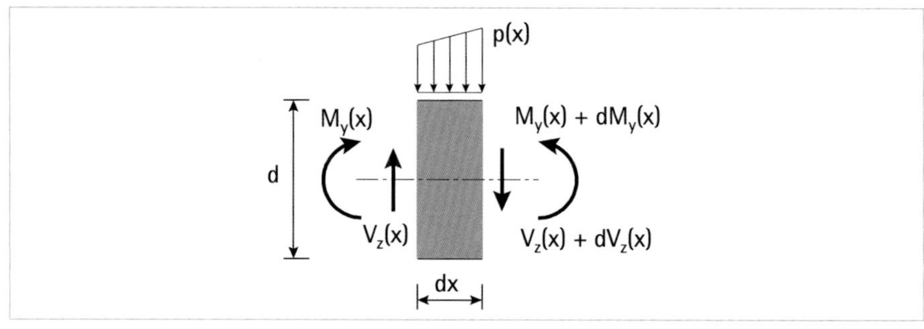

Die Funktion der Querkraft ergibt sich durch das Einsetzen der Belastung und die Integration

$$V_z(x) = -\frac{p_0}{L} \int x \cdot dx = -\frac{p_0}{2L} \cdot x^2 + C_1$$

Die Funktion der Querkraft ist eine Parabel 2. Ordnung.

Momentengleichgewicht um den Schwerpunkt des Trägers an der rechten Schnittstelle:

$$M_y(x) + V_z(x) \cdot dx - (M_y(x) + dM_y(x)) = 0$$

Nach der Änderung des Momentes umgeformt und die Querkraft eingesetzt, ergibt:

$$dM_y(x) = V_z(x) \cdot dx = \left(-\frac{p_0}{2L} \cdot x^2 + C_1 \right) \cdot dx$$

Die Funktion des Biegemoments schreibt sich mit der Integration zu:

$$M_y(x) = \int \left(-\frac{p_0}{2L} \cdot x^2 + C_1 \right) \cdot dx = -\frac{p_0}{6L} \cdot x^3 + C_1 \cdot x + C_2$$

Die Integrationskonstanten berechnen sich mit den Lagerbedingungen. Sowohl für das einwertige Auflager A als auch für das zweiwertige Auflager B ist eine Verdrehung des Trägers am Auflager möglich. Folglich ist das Biegemoment an beiden Auflagern null.

Auflager A:

$$M_y(x=0) = -\frac{p_0}{6L} \cdot 0^3 + C_1 \cdot 0 + C_2 = 0 \Rightarrow C_2 = 0$$

Auflager B:

$$M_y(x=L) = -\frac{p_0}{6L} \cdot L^3 + C_1 \cdot L = 0 \Rightarrow C_1 = \frac{p_0}{6} \cdot L$$

Die Konstanten in die Funktionen eingesetzt:

$$V_z(x) = \frac{p_0}{6} \cdot L - \frac{p_0}{2L} \cdot x^2$$

$$M_y(x) = \frac{p_0}{6L} \cdot x \cdot (L^2 - x^2)$$

Die Auflagerkräfte bei A und B berechnen sich zu:

$$V_z(x=0) = \frac{p_0}{6} \cdot L$$

$$V_z(x=L) = \frac{p_0}{6} \cdot L - \frac{p_0}{2L} \cdot L^2 = -\frac{p_0}{3} \cdot L$$

Für das maximale Biegemoment ist die Querkraft null und der x-Wert berechnet sich zu:

$$V_z(x) = \frac{p_0}{6} \cdot L - \frac{p_0}{2L} \cdot x^2 = 0 \Rightarrow x^2 = \frac{1}{3} \cdot L^2 \Rightarrow x = \frac{1}{\sqrt{3}} \cdot L$$

Das maximale Moment an dieser Stelle ist dann:

$$M_y(x)_{max} = \frac{p_0}{6L} \cdot \frac{1}{\sqrt{3}} \cdot L \cdot \left(L^2 - \frac{1}{3} \cdot L^2\right) = \frac{p_0}{9\sqrt{3}} \cdot L^2$$

9.2 Schnittgrößen infolge einer Einzelkraft am Einfeldträger

Die darstellten Abhängigkeiten zwischen Belastung, Querkraft und Biegemoment werden genutzt, um die Schnittgrößen in Bauteilen mit ihren Verläufen darzustellen.

Die Funktion der Belastung gibt Auskunft über die Funktionen der Querkraft und des Biegemoments. Diese Zusammenhänge werden an einem Einfeldträger aufgezeigt, der eine Punktlast abzutragen hat. Die Träger liegen im x-z-Koordinatensystem und die x-Achse ist in Richtung der Trägerlängsachse orientiert.

Momentengleichgewicht um das Auflager B:

$$A_z \cdot L - P \cdot b = 0$$

nach A_z aufgelöst, ergibt

$$A_z = P \cdot \frac{b}{L}$$

Kräftegleichgewicht in z-Richtung ergibt

$$A_z + B_z - P = 0$$

A_z ersetzt und nach B_z umgeformt, führt zu

$$B_z = P \cdot \frac{a}{L}$$

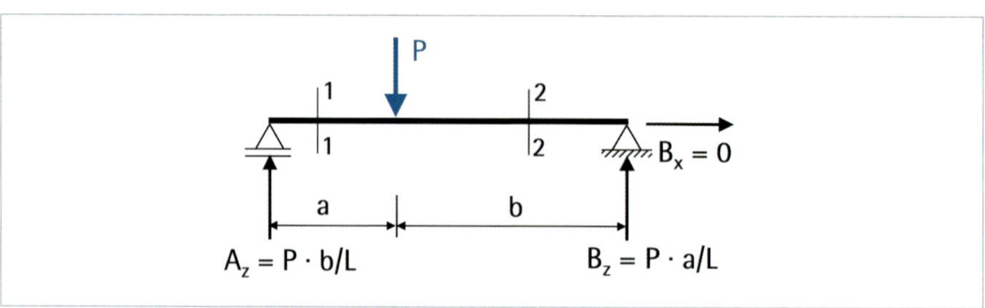

Gleichgewicht am linken Trägerteil im Schnitt 1-1:

Kräftegleichgewicht in z-Richtung:

$$V_z(x) - A_z = 0 \Rightarrow V_z(x) = A_z = P \cdot \frac{b}{L}$$

Momentengleichgewicht um den Drehpunkt bei x:

$$-M_y(x) + A_z \cdot x = 0 \Rightarrow M_y = A_z \cdot x = P \cdot \frac{b}{L} \cdot x$$

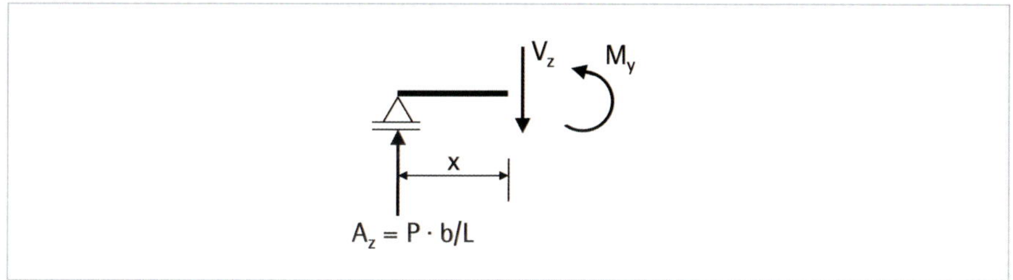

Gleichgewicht am linken Trägerteil am Schnitt 2-2:

Kräftegleichgewicht in z-Richtung:

$$V_z - A_z + P = 0 \Rightarrow V_z = P - P \cdot \frac{b}{L} = P \cdot \frac{L-b}{L} = P \cdot \frac{a}{L}$$

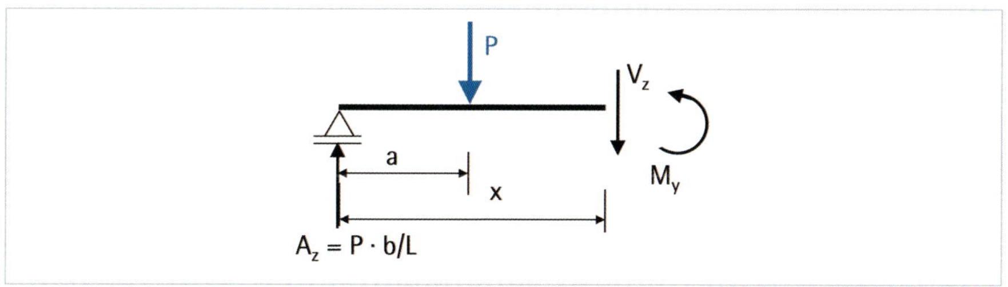

Momentengleichgewicht um den Drehpunkt bei x:

$$-M_y(x) + A_z \cdot x - P \cdot (x-a) = 0 \Rightarrow M_y(x) = P \cdot \frac{b}{L} \cdot x - P \cdot (x-a)$$

Für x = a gilt:

$$M_y(x=a)_{max} = P \cdot \frac{b}{L} \cdot a$$

Die Querkraft hat im Angriffspunkt der Punktlast einen Sprung. Dieser Sprung entspricht dem Betrag der Punktlast und führt zu einem Wechsel des Vorzeichens für die Querkraft. Das Biegemoment ist an dieser Stelle maximal und hat im Verlauf an dieser Stelle einen Knick.

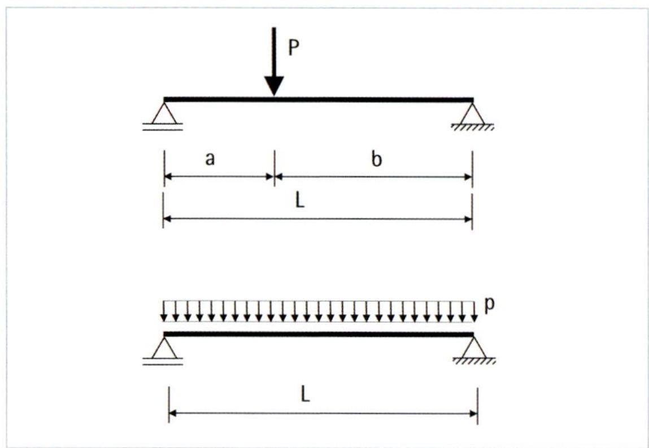

Statisches System

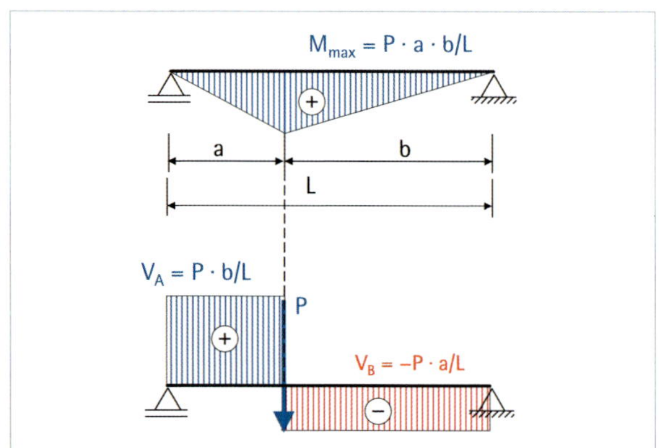

Verlauf des Biegemoments und der Querkraft infolge einer Punktlast

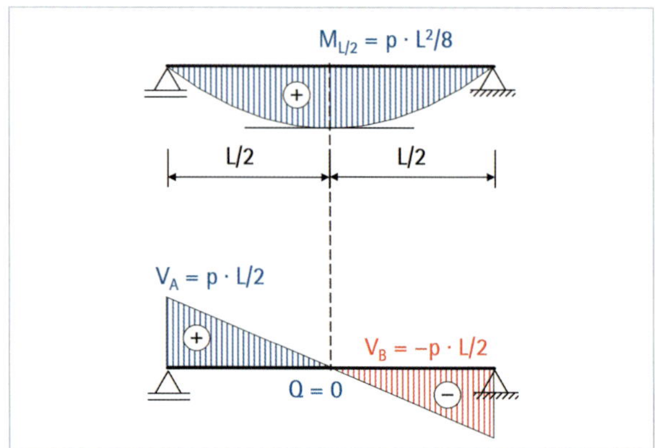

... infolge einer Streckenlast p

Wirken Punktlasten auf einen Träger, ist die Querkraft im Verlauf konstant und das Biegemoment linear veränderlich. An den Punktlasten entstehen im Verlauf der Querkraft Sprünge und im Verlauf des Biegemoments ein Knick. Bei konstanten Streckenlasten ist die Querkraft über die Spannweite des Trägers stetig und linear veränderlich. Das Biegemoment ist stetig und beschreibt eine Parabel 2. Ordnung.

9.3 Auskragung

Der Verlauf der Querkraft und des Biegemoments berechnet sich vereinfachend für Auskragungen nach demselben Prinzip wie es beim Einfeldträger gezeigt wurde, indem an bestimmten Stellen geschnitten wird.

Befindet sich am Kragarmende eine Punktlast, die in z-Richtung wirkt, ermitteln sich die Auflagerreaktionen am Auflager A zu:

$$\sum F_x = 0 \Rightarrow A_x = 0$$

$$\sum F_z = 0 \Rightarrow -A_z + P = 0 \Rightarrow A_z = P$$

$$\sum M_y = 0 \Rightarrow M_A - P \cdot L = 0 \Rightarrow M_A = P \cdot L$$

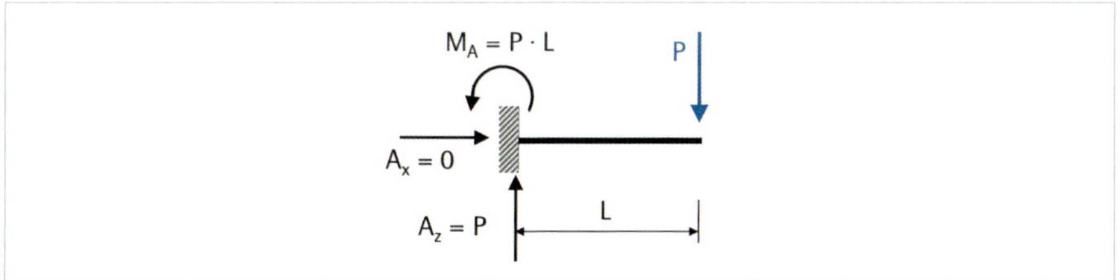

Wird die Auskragung bei x geschnitten, gilt für das Kräftegleichgewicht in z-Richtung:

$$-A_z + V_z(x) = 0 \Rightarrow V_z(x) = P$$

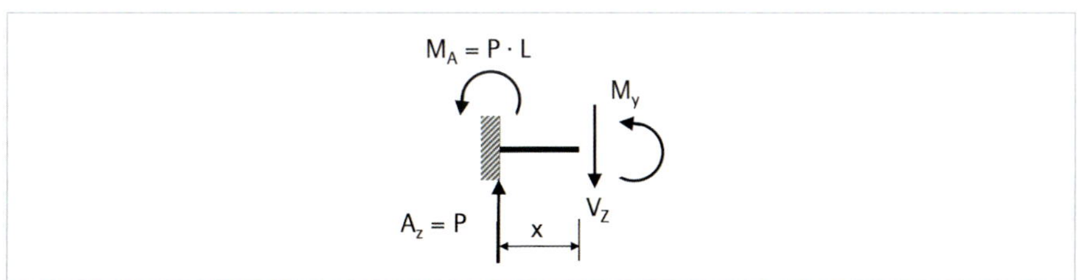

Momentengleichgewicht um den Drehpunkt x:

$$M_A + M_y(x) - A_z \cdot x = 0 \Rightarrow$$

$$M_y(x) = A_z \cdot x - M_A = P \cdot x - P \cdot L = P \cdot (x - L)$$

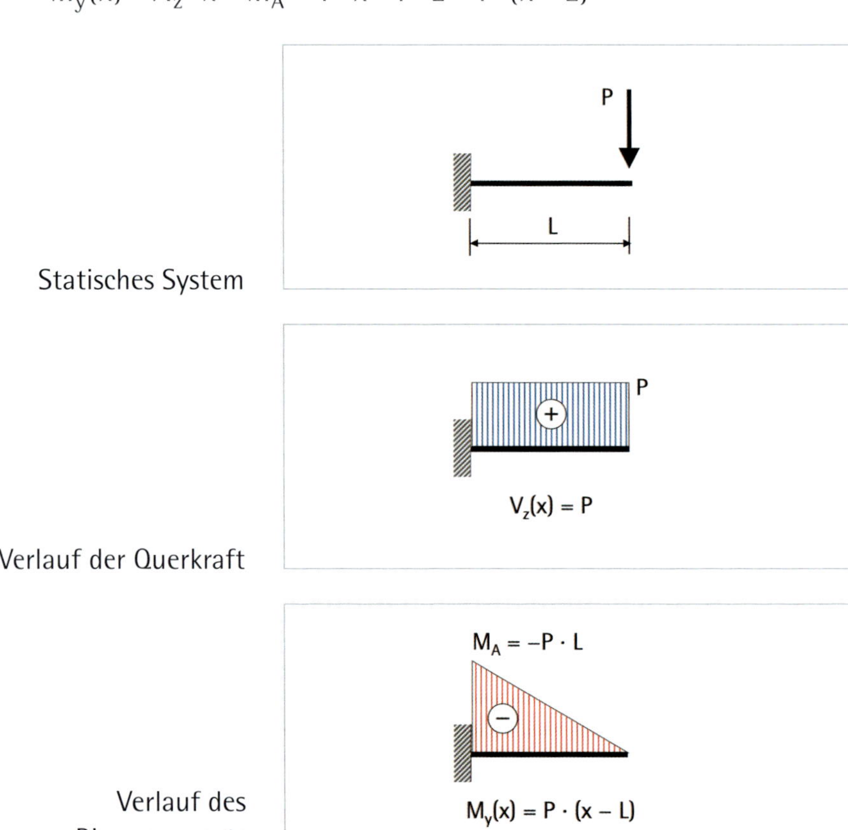

Das Biegemoment hat einen negativen Verlauf. Dies bedeutet, die Auskragung wird auf der Trägeroberseite auf Zug beansprucht und auf der Unterseite auf Druck.

Für eine konstante Streckenlast über die gesamte Spannweite der Auskragung bestimmen sich die Auflagerreaktionen, indem wie für einen Einfeldträger die resultierende Kraft R_p der Streckenlast bestimmt wird. Der Angriffspunkt der Kraft liegt im Schwerpunkt der Fläche, die durch die Spannweite L und die Streckenlast p gegeben ist.

Es gilt

$$V_z(x) = P$$

und

$$x_p = \frac{L}{2}$$

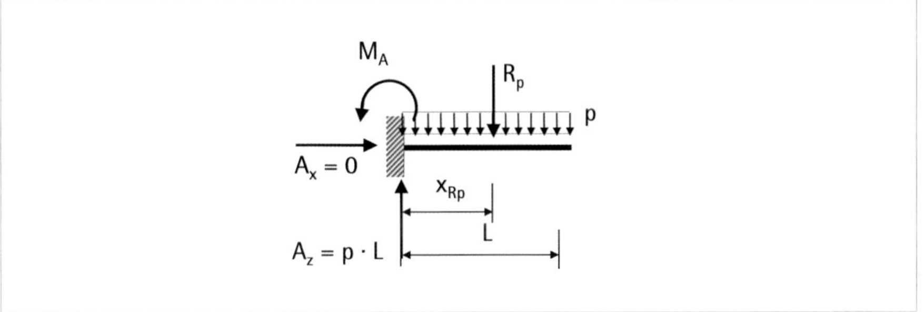

Die Auflagerreaktionen am Auflager A berechnen sich mit den Gleichgewichtsbedingungen:

Kräftegleichgewicht in x-Richtung führt zu

$$A_x = 0$$

Kräftegleichgewicht in z-Richtung ergibt:

$$-A_z + R_p = 0 \Rightarrow A_z = R_p = p \cdot L$$

Momentengleichgewicht um das Auflager A:

$$-M_A + R_p = 0 \Rightarrow M_A = p \cdot L \cdot \frac{L}{2} = p\frac{L^2}{2}$$

Für den Verlauf der Querkraft und des Biegemoments wird an einer Stelle x der Auskragung geschnitten und für den linken Teil der Auskragung die Gleichgewichtsbedingungen erfüllt. Die resultierende Kraft ist für das linke Stück der Auskragung:

$$R_p(x) = p \cdot x$$

Der Angriffspunkt ist x/2 vom Auflager A entfernt.

Kräftegleichgewicht in z-Richtung:

$$-A_z + R_p(x) + V_z(x) = 0 \Rightarrow$$
$$V_z(x) = A_z - R_p(x) = p \cdot L - p \cdot x = p \cdot (L - x)$$

Für eine konstante Streckenlast ist der Verlauf der Querkraft wie am Einfeldträger linear.

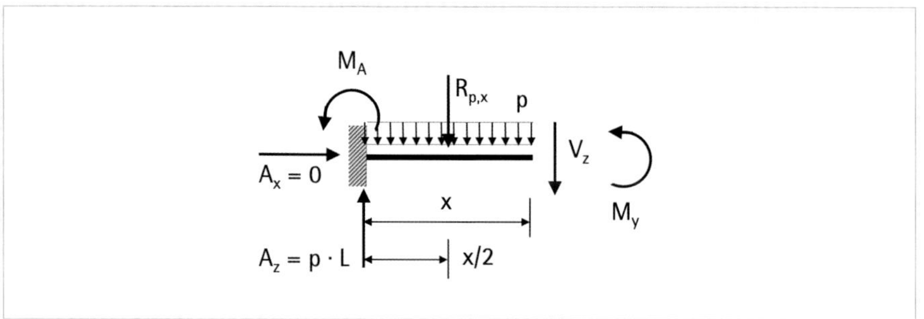

Wird x = 0 in die Funktion der Querkraft eingesetzt, ergibt sich die Auflagerkraft A_Z. Für x = L ist die Querkraft null.

Momentengleichgewicht um den Drehpunkt x:

$$M_A - A_z \cdot x + R_p(x) \cdot x + M_y(x) = 0$$

Umgeformt, A_z und $R_p(x)$ eingesetzt, führt zu:

$$M_y(x) = A_z \cdot x - M_A - R_{p,x} \cdot \frac{x}{2}$$
$$= p \cdot L \cdot x - p \cdot \frac{L^2}{2} - p \cdot x \cdot \frac{x}{2} = -\frac{p}{2} \cdot (L - x)^2$$

Bei einem linearen Querkraftverlauf ist die Funktion für das Biegemoment eine Parabel 2. Ordnung. Mit der Abhängigkeit, dass die Querkraft die erste Ableitung des Biegemoments ist, besteht die Möglichkeit den Verlauf des Biegemoments zu überprüfen. Es gilt:

$$V_z(x) = \frac{dM_y(x)}{dx} = -p \cdot (L - x) \cdot (-1) = p \cdot (L - x) \quad \text{q.e.d.}$$

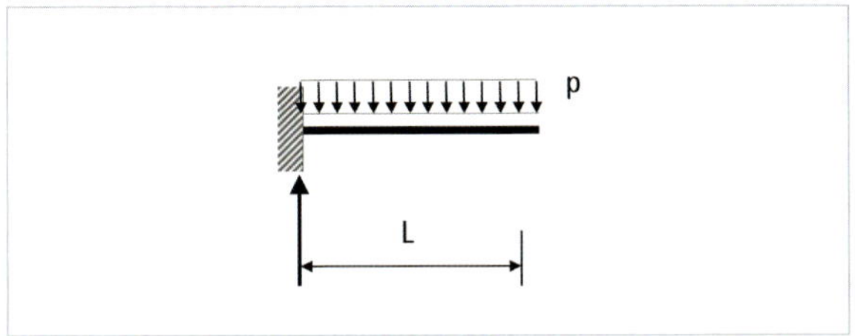

Statisches System

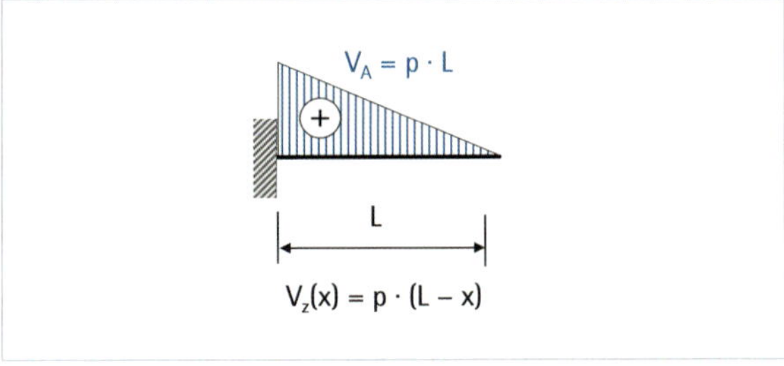

Verlauf der Querkraft

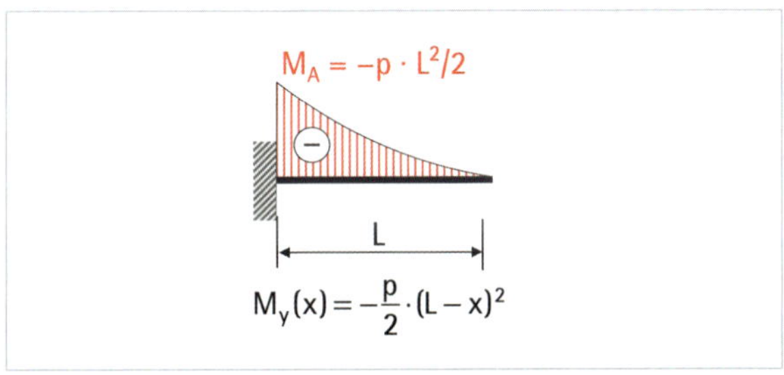

Verlauf des Biegemoments

Für eine konstante Streckenlast über die gesamte Spannweite besteht zwischen den Biegemomenten am Einfeldträger und an der Auskragung ein Zusammenhang. Das Einspannmoment der Auskragung entspricht im Betrag dem maximalen Biegemoment in Feldmitte eines Einfeldträgers mit der **zweifachen** Spannweite.

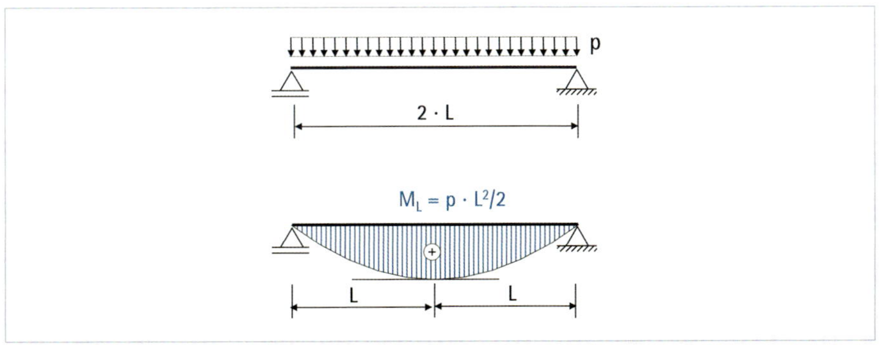

$$M_x(x = L)$$
$$= p \cdot \frac{(2L)^2}{8}$$
$$= p \cdot \frac{L^2}{2}$$

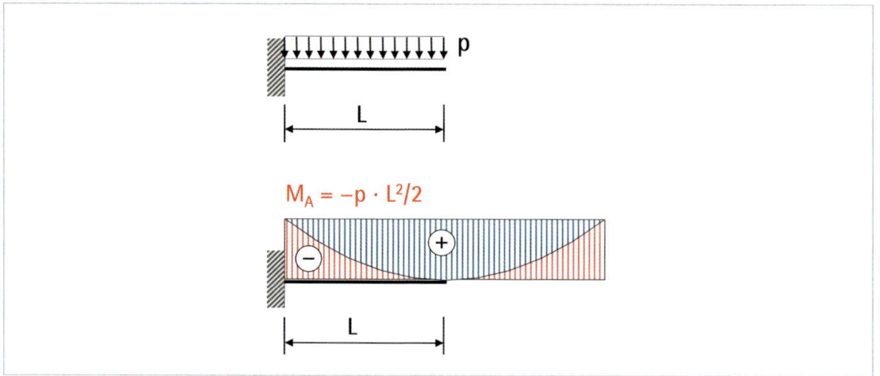

$$M_A = -p \cdot \frac{L^2}{2}$$

9.4 Einfeldträger mit Auskragung

Die Schnittgrößen in Einfeldträgern mit Auskragungen sind eine Überlagerung der Schnittgrößen am Einfeldträger und der Auskragung. Lasten auf der Auskragung führen zu Schnittgrößen im Einfeldträger. Die Darstellung des Verlaufes der Querkraft und des Biegemoments über die gesamte Länge ist am Beispiel eines Einfeldträger mit einseitiger Auskragung dargestellt. Zwischen den Auflagern wirkt eine konstante Streckenlast und am Ende der Auskragung greift eine Punktlast an. Die konstante Streckenlast wird zur Berechnung der Auflagerkräfte in eine Punktlast umgerechnet. Der Angriffspunkt ist in Feldmitte bei L/2.

$$\sum F_x = 0 \Rightarrow B_x = 0$$

Momentengleichgewicht um das Auflager A:

$$\sum M_A = 0 \Rightarrow B_z \cdot L - R_p \cdot \frac{L}{2} - P \cdot (L + L_K) = 0$$

Nach B_z umgeformt und $R_p = p \cdot L$ eingesetzt, führt zu:

$$B_z = p \cdot \frac{L}{2} + P \cdot \left(1 + \frac{L_K}{L}\right)$$

Die Punktlast am Ende der Auskragung führt am Auflager B zu einer Auflagerkraft in z-Richtung, die um das Verhältnis der Spannweiten größer ist als die Punktlast selbst.

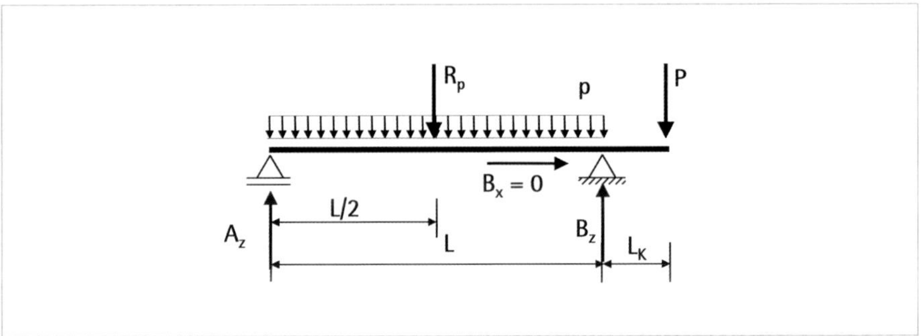

Mit dem Kräftegleichgewicht in z-Richtung bestimmt sich die Auflagerkraft A_z zu:

$$\sum F_z = 0 \qquad -A_z + P + R_p - B_z = 0$$

Nach A_z umgeformt:

$$A_z = P + R_p - B_z$$

B_z und R_p eingesetzt:

$$A_z = P + p \cdot L - p \cdot \frac{L}{2} - P - P\frac{L_K}{L} = p \cdot \frac{L}{2} - P\frac{L_K}{L}$$

Durch die Punktlast am Ende des Kragarmes ergibt sich am Auflager A eine abhebende Kraft, wie an dem negativen Vorzeichen zu erkennen ist.

Zur Darstellung der Schrittgrößen wird an drei Stellen geschnitten. Die Schnittstellen sind unmittelbar an den Auflagern.

Gleichgewicht am Schnitt 1, unmittelbar rechts am Auflager A:

Kräftegleichgewicht in z-Richtung:

$$A_z - V_z(x = 0) = 0 \Rightarrow V_z(x = 0) = A_z = p \cdot \frac{L}{2} - P \cdot \frac{L_K}{L}$$

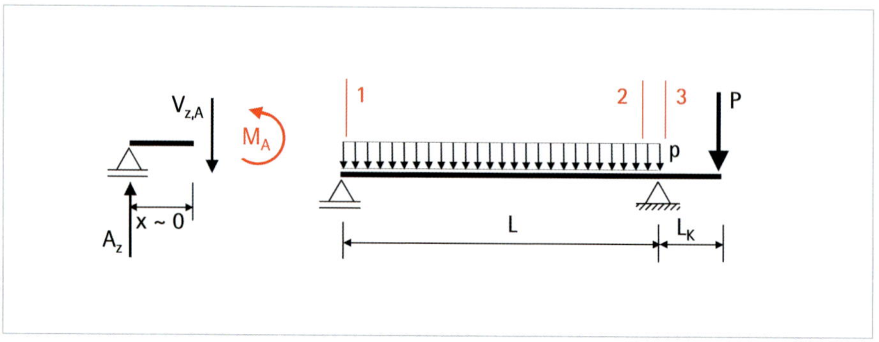

Momentengleichgewicht um das Auflager A ergibt:

$$M_y(x=0)=0$$

Gleichgewicht am Schnitt 2, unmittelbar links des Auflagers B:

Betrachtet wird das rechte Trägerstück. Die Querkraft ist positiv nach oben gerichtet.

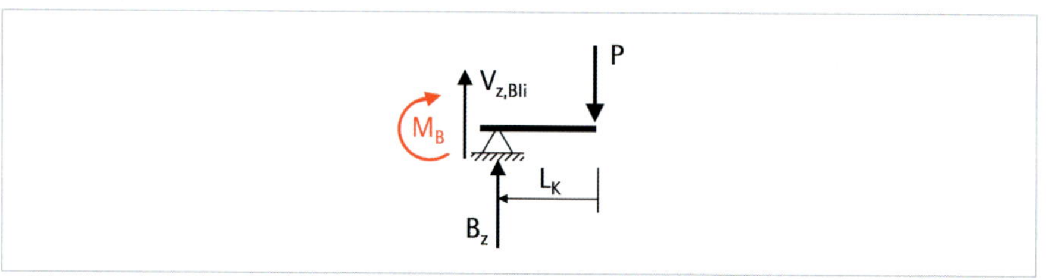

Kräftegleichgewicht in z-Richtung:

$$-V_{z,Bli}-B_z+P=0 \Rightarrow$$

$$V_{z,Bli}=-B_z+P=-p\cdot\frac{L}{2}-P\cdot\left(1+\frac{L_K}{L}\right)+P=-p\cdot\frac{L}{2}-P\cdot\frac{L_K}{L}$$

Momentengleichgewicht um das Auflager B:

$$M_{y,B}+P\cdot L_K=0 \Rightarrow M_{y,B}=-P\cdot L_K$$

Das Gleichgewicht an der Auskragung nach dem Auflager B führt zu:

$$V_{z,Bre}=P \text{ und } M_{y,B}=-P\cdot L_K$$

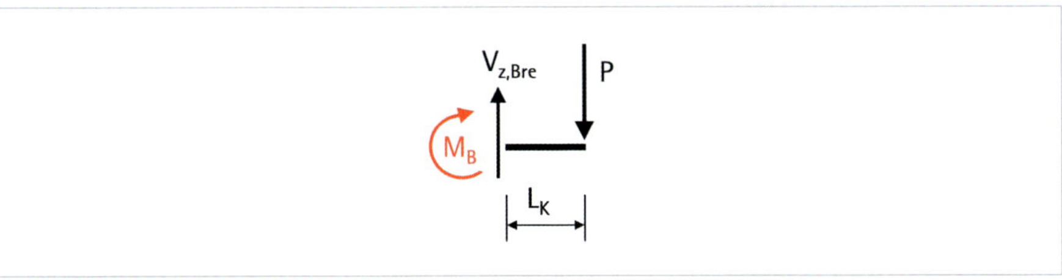

Die Auflagerkraft B_Z setzt sich aus den Beträgen der beiden Querkräfte zusammen. Es gilt:

$$B_Z = |V_{Z,Bli}| + V_{Z,Bre}$$

Berechnung des Nulldurchgangs der Querkraft: Schnitt an der Stelle x mit der Bedingung $V_Z = 0$

Kräftegleichgewicht in z-Richtung bei x:

$$-A_Z + p \cdot x + V_Z(x) = 0$$

mit

$$V_Z(x) = 0$$

folgt

$$A_Z - p \cdot x = 0$$

Umformen nach x ergibt

$$x = \frac{A_Z}{p}$$

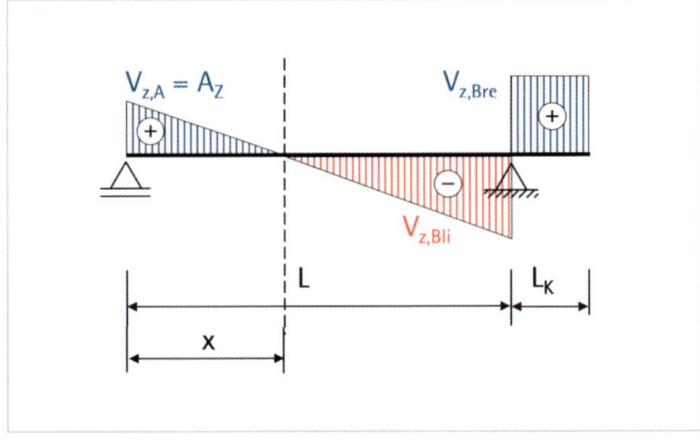

Verlauf der Querkraft

Momentengleichgewicht um x:

$$A_z \cdot x - p \cdot \frac{x^2}{2} - M_{y,max} = 0$$

Nach $M_{y,max}$ umgeformt und x eingesetzt:

$$M_{y,max} = A_z \cdot x - p \cdot \frac{x^2}{2} = A_z \cdot \frac{A_z}{p} - p \cdot \frac{A_z^2}{2p^2} = \frac{A_z^2}{2p}$$

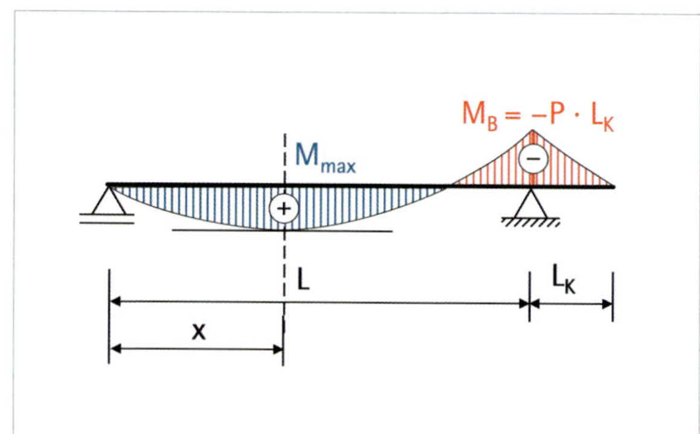

Verlauf des Biegemoments

Zwischen Auflager A und B ist der Verlauf der Querkraft linear und über die Auskragung konstant. Der Verlauf des Biegemoments ist zwischen den Auflagern oder im Feld eine Parabel 2. Ordnung und im Bereich der Auskragung linear. Das negative Biegemoment über dem Auflager B wird als Stützmoment bezeichnet und ist durch das negative Vorzeichen ein minimales Biegemoment. Das Minusvorzeichen bedeutet, der Träger wird auf der Oberseite auf Zug beansprucht und erhält auf der Unterseite Druck über dem Auflager B. Der Betrag des Stützmoments ist proportional zur Spannweite der Auskragung und zur Größe der Punktlast P. Je größer die Punktlast und die Spannweite der Auskragung sind, umso größer ist der Betrag des Stützmoments und das Feldmoment wird geringer.

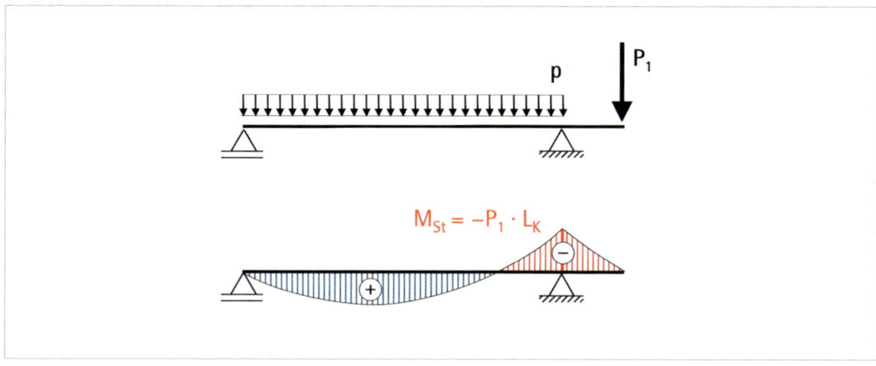

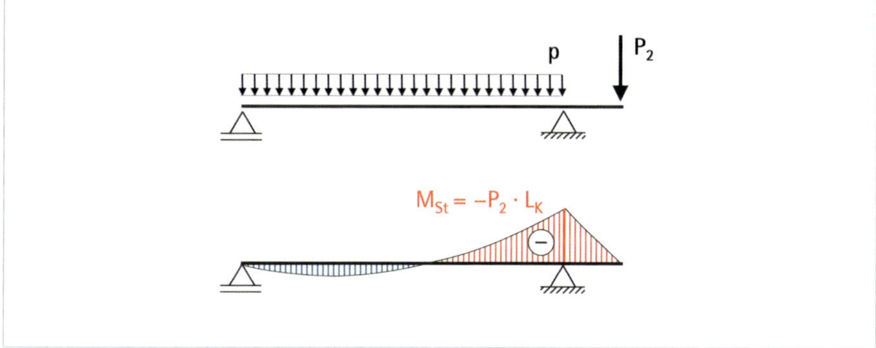

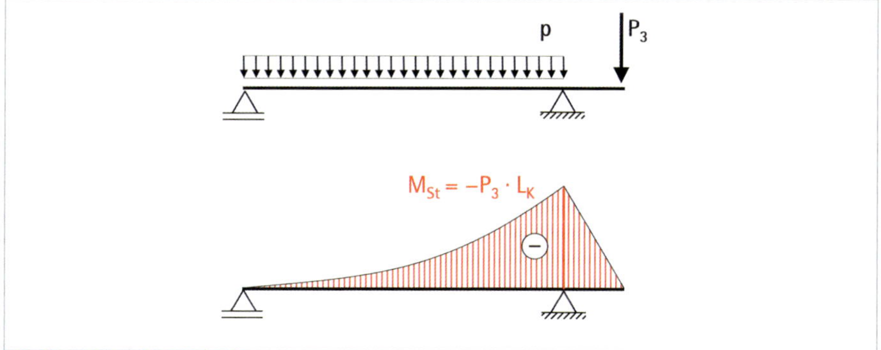

Auch für eine konstante Streckenlast auf der Auskragung ist das maximale Feldmoment und das minimale Stützmoment über dem Auflager B abhängig von der Spannweite der Auskragung. Es gibt ein bestimmtes Verhältnis zwischen der Spannweite der Auskragung und der Spannweite zwischen den Auflagern, für welches der Betrag des Stützmomentes dem Betrag des maximalen Feldmomentes entspricht.

Momentengleichgewicht um Auflager B:

$$A_z \cdot L - p \cdot \frac{L^2}{2} + p \cdot \frac{L_K^2}{2} = 0$$

Nach A_z umgeformt, ergibt sich:

$$A_z = \frac{p}{2} \cdot \frac{L^2 - L_K^2}{L}$$

Für das maximale Biegemoment zwischen Auflager A und B gilt dieselbe Herleitung wie auf S. 173 und 174. Die Stelle des maximalen Biegemoments ist vom Auflager A entfernt mit:

$$x = \frac{A_z}{p}$$

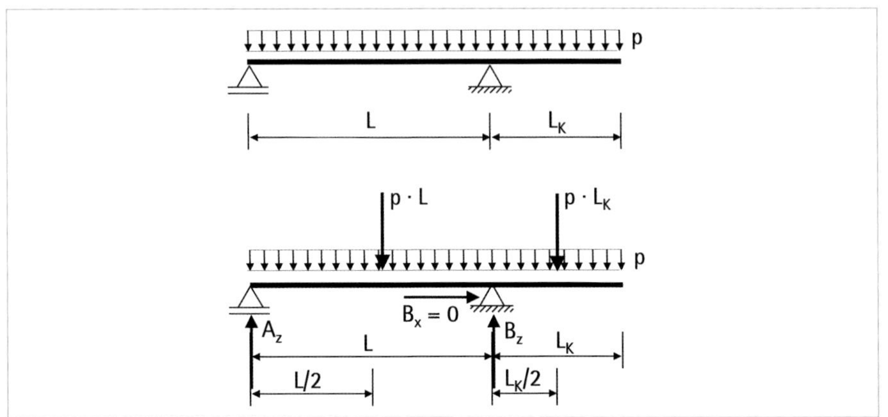

Das maximale Biegemoment berechnet sich dann zu:

$$M_{y,max} = \max M_{y,Feld} =$$

$$A_z \cdot x - p \cdot \frac{x^2}{2} = \left(p \cdot \frac{L^2 - L_K^2}{2L}\right)^2 \cdot \frac{1}{2p} = \frac{p}{2} \cdot \left(\frac{L^2 - L_K^2}{L}\right)^2$$

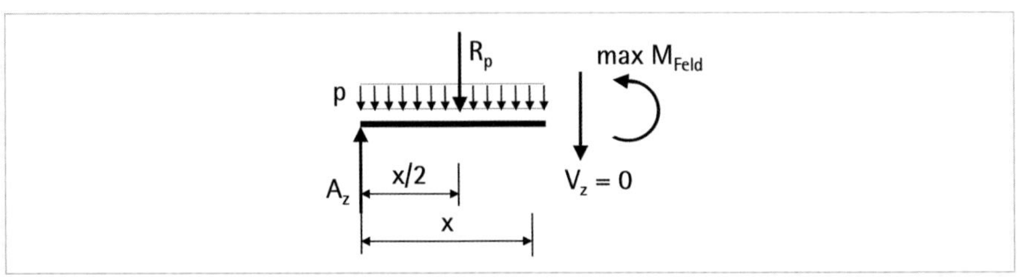

Das minimale Stützmoment über dem Auflager B lautet:

$$M_{y,\min} = \min M_{y,St} = -p \cdot \frac{L_K^2}{2}$$

Ist der Betrag des maximalen Feldmomentes und minimalen Stützmomentes gleich, gilt:

$$\max M_{y,Feld} = |\min M_{y,St}|$$

und

$$\frac{p}{2} \cdot \left(\frac{L^2 - L_K^2}{L} \right)^2 = \left| -p \cdot \frac{L_K^2}{2} \right| = p \cdot \frac{L_K^2}{2}$$

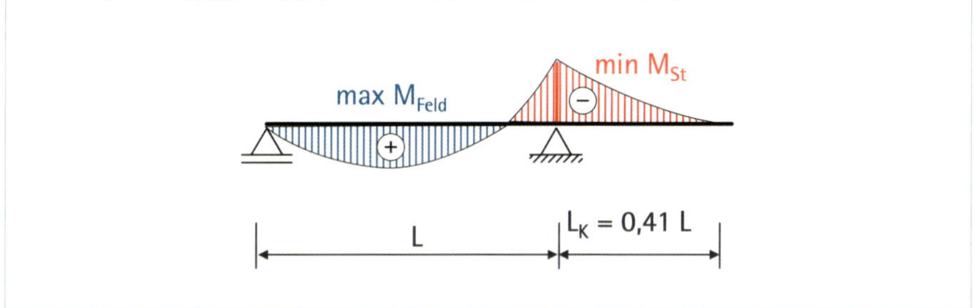

Beide Seiten mit 2/p multipliziert und die Wurzel gebildet, führt zu

$$\frac{(L^2 - L_K^2)}{L} = L_K$$

Nach L_K aufgelöst folgt

$$L_K^2 + L \cdot L_K - L^2 = 0 \Rightarrow L_K = -L \pm \sqrt{L^2 + L^2} = -L \cdot [1 \pm \sqrt{2}]$$

Der positive Wert für die Spannweite der Auskragung lautet dann:

$$L_K = (\sqrt{2} - 1) \cdot L \approx 0{,}41 \cdot L$$

Für eine konstante Streckenlast über die gesamte Trägerlänge wird das Stützmoment für die Abmessungen des Querschnitts maßgebend, wenn die Spannweite der Auskragung größer ist als 41 % der Spannweite des Trägers zwischen den Auflagern.

Nutzlasten sind veränderliche Lasten und führen in Abhängigkeit zu ihrer Verteilung zu unterschiedlichen Schnittgrößen. Wirkt eine Nutzlast q [kN/m] oder Q [kN] zwischen den Auflagern, gibt es in der Auskragung keine Schnittgrößen. Wirkt die Nutzlast nur auf der Auskragung, wird das Stützmoment bis zum gegenüberliegenden Auflager abgebaut. Darstellt sind die Biegemomente für unterschiedliche Stellungen einer Nutzlast über den gesamten Träger, im Feld und auf der Auskragung.

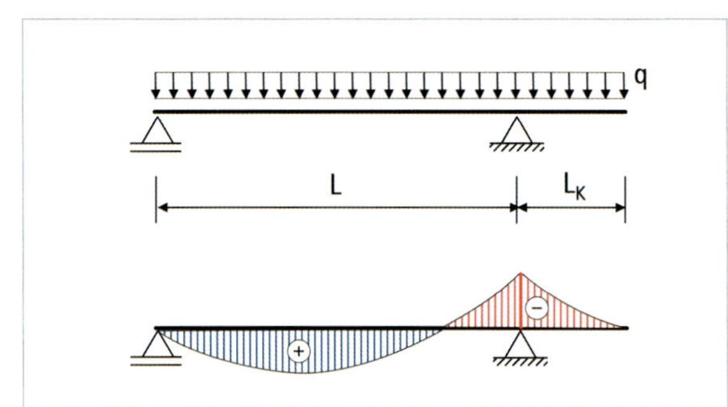

Nutzlast auf dem gesamten Träger

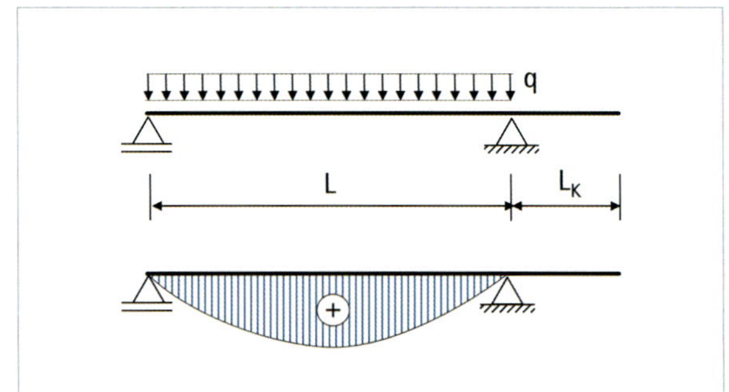

Nutzlast zwischen den Auflagern, im Feld

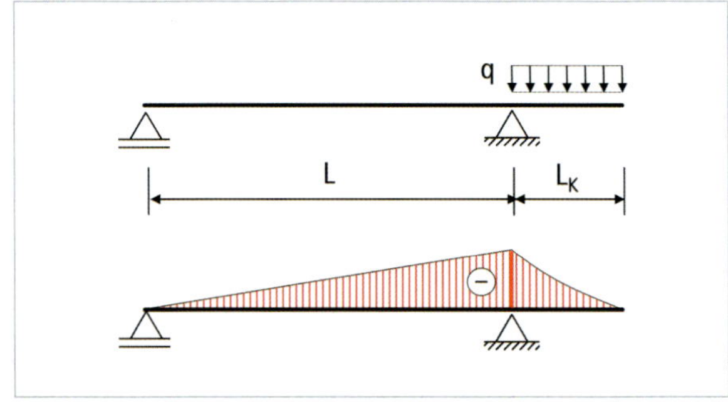

Nutzlast auf der Auskragung

9.5 Einfeldträger mit beidseitiger Auskragung

Einfeldträger mit beidseitigen Auskragungen haben bei Belastungen auf den Auskragungen über jedem Auflager ein negatives Stützmoment. Die Größe der Stützmomente beeinflusst das maximale Biegemoment oder Feldmoment zwischen den Auflagern.

Das Vorgehen zur Darstellung der Schnittgrößen über die Länge der Träger entspricht dem Vorgehen für Einfeldträger, Auskragungen und Einfeldträgern mit einseitiger Auskragung. Über das Momentengleichgewicht um ein Auflager wird die Auflagerkraft des zweiten Auflagers bestimmt. Die zweite Auflagerkraft ergibt sich über das Gleichgewicht in z-Richtung oder über das Momentengleichgewicht um das gegenüberliegende Auflager. Mit Schnitten links und rechts der Auflager lassen sich die Querkräfte unmittelbar an den Auflegern und das negative Stützmoment über den Auflagern ermitteln. Der Sprung der Querkraft unmittelbar an den Auflagern entspricht der Auflagerkraft, denn diese setzt sich aus der betragsmäßigen Addition der Querkräfte zusammen. Mit der Abhängigkeit zwischen Belastung und der Funktion der Querkraft lässt sich der Verlauf der Querkraft über die Länge des Trägers darstellen. Das maximale Biegemoment zwischen den Auflagern ergibt sich an der Stelle, an welcher die Querkraft im Feld null wird. Das Schneiden an dieser Stelle und Kräftegleichgewicht führt zum x-Wert der Nullstelle. Das Momentengleichgewicht mit dem Drehpunkt an der Stelle x, ergibt den Wert des maximalen Feldmoments.

Das Vorgehen gilt für jede Belastung in Größe, Verteilung und Angriffspunkt sowie für unterschiedliche Spannweiten der Auskragungen.

Am Beispiel eines Einfeldträgers mit einer beidseitigen Auskragung wird das Vorgehen noch einmal dargestellt. Vereinfachend sind das statische System und die Einwirkungen symmetrisch zur Mittelachse. Es genügt die Bestimmung der Schnittgrößen bis zur Symmetrieachse. Der Verlauf der Querkraft ist punktsymmetrisch und der Verlauf des Biegemoments ist achsensymmetrisch. Für das Beispiel fehlt eine Belastung in x-Richtung, deshalb ist die Auflagerkraft A_x null.

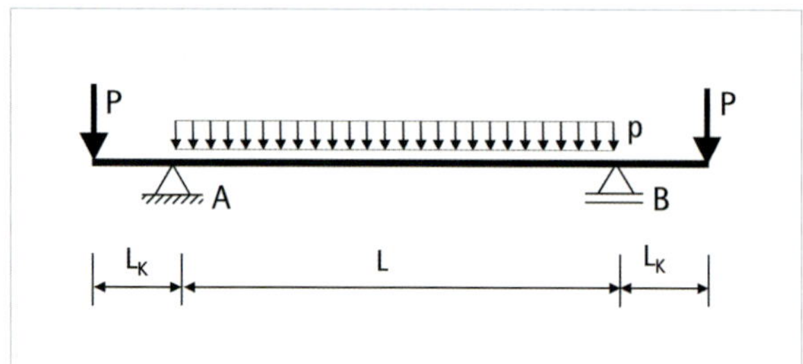

Statisches System

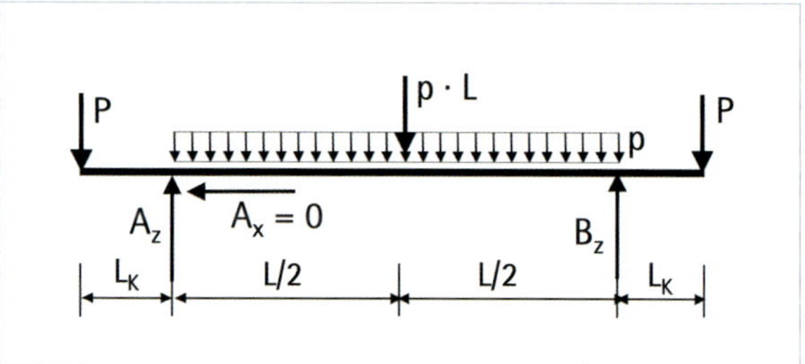

Auflagerkräfte und resultierende Kraft aus der konstanten Streckenlast

Aus dem Momentengleichgewicht um B folgt die Auflagerkraft A_z:

$$A_z = p \cdot \frac{L}{2} + P$$

Kräftegleichgewicht in z-Richtung:

$$B_z = A_z = p \cdot \frac{L}{2} + P$$

Schnitt unmittelbar links am Auflager A, Gleichgewicht in z-Richtung:

$$V_{z,A\,li} = -P$$

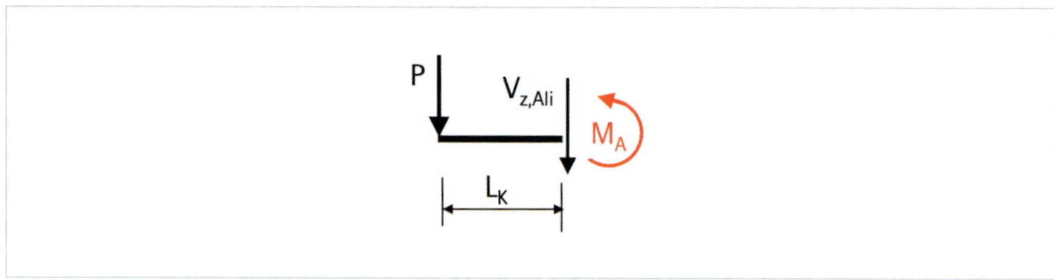

Momentengleichgewicht:

$$M_{y,Ali} = -P \cdot L_K$$

Gleichgewicht unmittelbar rechts am Auflager A:

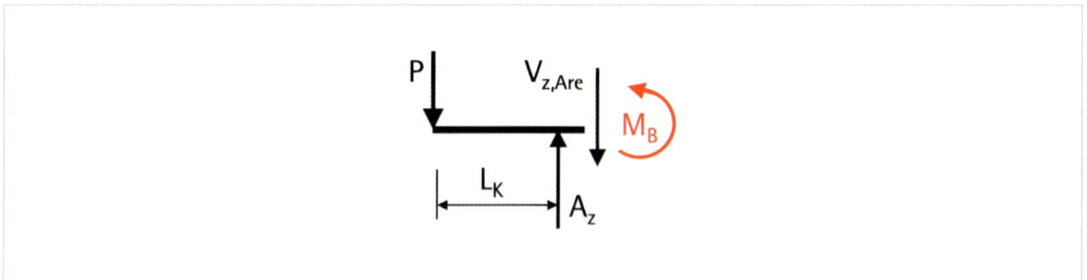

Gleichgewicht in z-Richtung:

$$V_{z,Are} = A_z - P = p \cdot \frac{L}{2}$$

Momentengleichgewicht:

$$M_{y,Are} = -P \cdot L_K$$

Aus der Darstellung des Querkraftverlaufs ist die Querkraft für die angenommene Belastung bei L/2 null. Das maximale Biegemoment berechnet sich an der Stelle L/2 zu

$$M_{y,max} = A_z \cdot \frac{L}{2} - p \cdot \frac{L}{2} \cdot \frac{L}{4} - P \cdot \left(L_K + \frac{L}{2}\right)$$

A_z eingesetzt und umgeformt folgt:

$$M_{y,max} = p \cdot \frac{L^2}{8} - P \cdot L_K$$

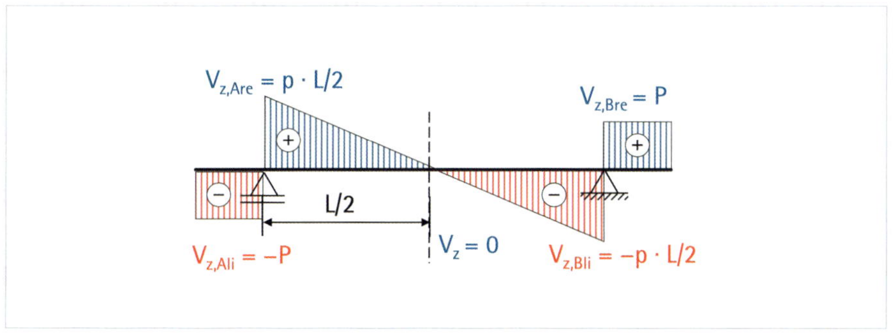

Verlauf der Querkraft

Das Moment über den Auflagern lautet:

$$M_{y,St} = M_A = M_B = -P \cdot L_K$$

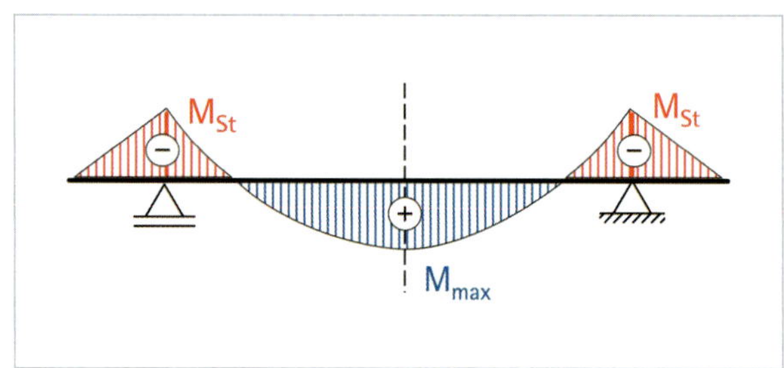

Verlauf des Biegemoments

Das maximale Feldmoment ergibt sich für das dargestellt Beispiel aus der Differenz des Biegemoments für einen Einfeldträger mit derselben Belastung und Spannweite und dem Biegemoment über dem Auflager A oder B.

Die Belastung auf der Auskragung entlastet den Träger zwischen den Auflagern.

Die Größe der Stützmomente über den Auflagern A und B beeinflusst das maximale Feldmoment zwischen den Auflagern. Für eine konstante Streckenlast über die gesamte Spannweite und denselben Spannweiten der Auskragungen wird diese Abhängigkeit allgemein dargestellt. Auf die Berechnung der Auflagerkräfte und die einzelnen Schnitte zur Darstellung der Verläufe von Querkraft und Biegemoment wird verzichtet. Die Auflagerkraft in x-Richtung ist null. Lasten, die in x-Richtung auf den Träger einwirken, fehlen.

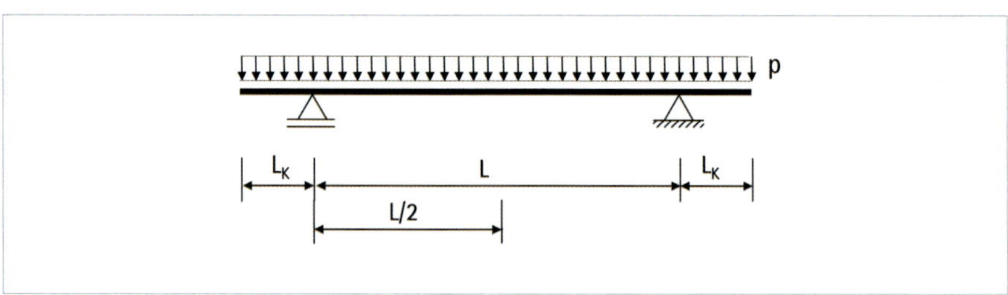

Auflagerkräfte in z-Richtung:

$$A_z = B_z = \frac{1}{2} \cdot p \cdot (L + 2 \cdot L_K)$$

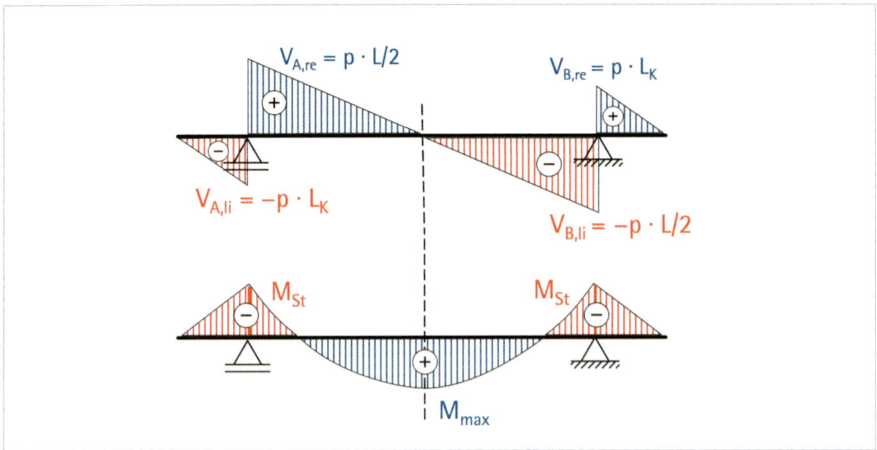

Das minimale Stützmoment berechnet sich zu:

$$M_{y,St} = M_A = M_B = -p \cdot \frac{L_K^2}{2}$$

Das maximale Biegemoment lautet dann:

$$M_{y,max} = p \cdot \frac{L^2}{8} - p \cdot \frac{L_K^2}{2}$$

Für die Beziehung zwischen maximalem Feldmoment und minimalem Stützmoment für einen Einfeldträger mit beidseitiger Auskragung, ergibt sich das maximale Biegemoment abhängig vom Verhältnis der Spannweiten für die Auskragung und zwischen den Auflagern.

Lautet die Bedingung, dass das maximale Biegemoment im Feld denselben Betrag hat wie das minimale Stützmoment, gilt:

$$M_{y,max} = |-M_{y,min}|$$

Die Funktionen eingesetzt:

$$p \cdot \frac{L^2}{8} - p \cdot \frac{L_K^2}{2} = \left| p \cdot \frac{L_K^2}{2} \right|$$

Mit p gekürzt und nach L_K aufgelöst:

$$L_K^2 = \frac{L^2}{8} \Rightarrow L_K = \frac{1}{\sqrt{8}} \cdot L \approx 0{,}35 \cdot L$$

Für eine Auskragung, die ungefähr einem Drittel der Spannweite zwischen den Auflagern entspricht, ist das Stützmoment über den Auflagern und das maximale Feldmoment dem Betrag nach annähernd gleich groß.

Das maximale Feldmoment wird null, wenn die Spannweite der Auskragung der halben Spannweite des Feldes oder dem halben Abstand zwischen den Auflagern entspricht.

Für

$$L_K = \frac{L}{2}$$

folgt

$$M_{y,max} = p \cdot \frac{L^2}{8} - \frac{1}{2} p \cdot \left(\frac{L}{2}\right)^2 = 0$$

Es wirken für dieses Verhältnis der Spannweiten nur negative Biegemomente im Träger.

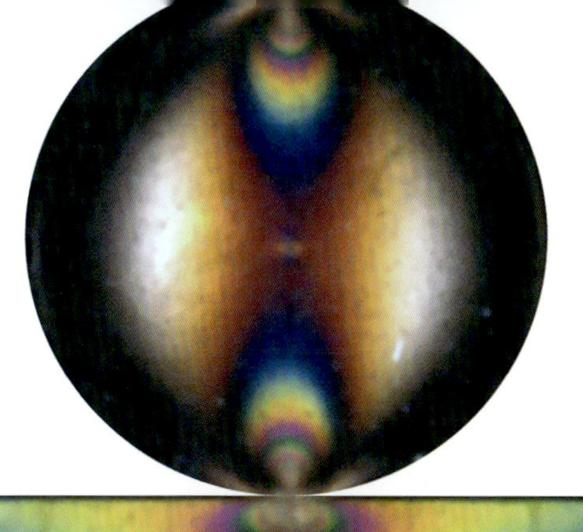

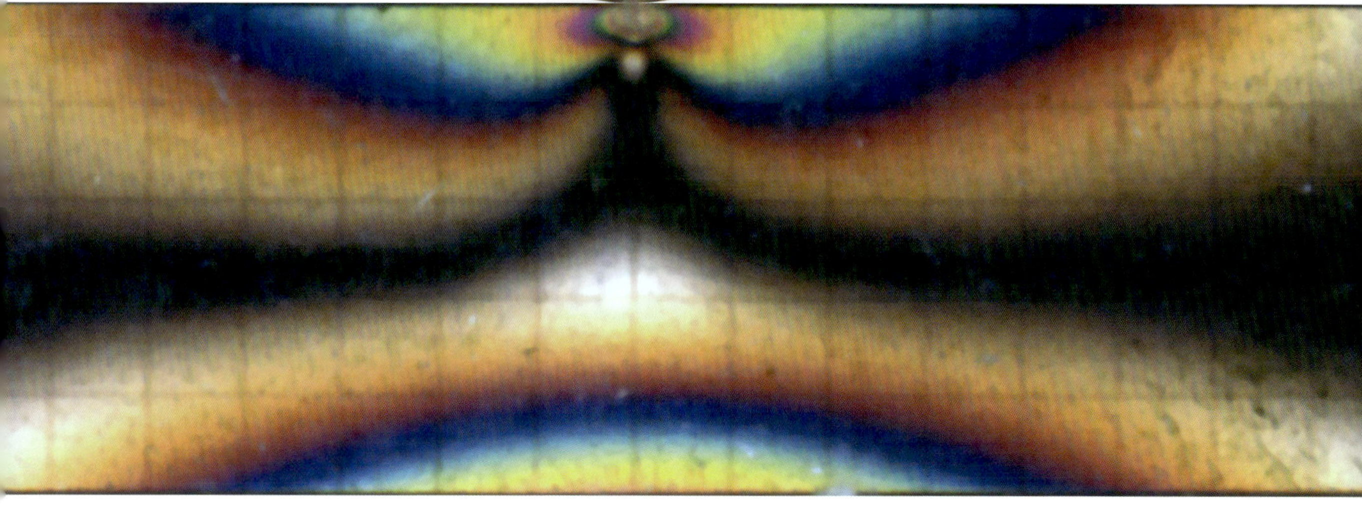

10 Spannungen

10.1	Normalspannungen	187
10.2	Biegespannung	190
10.3	Schubspannung	197
10.4	Torsionsspannung	203

Schnittgrößen geben einen Anhaltspunkt über die Beanspruchungen in Bauteilen. Für die Ausnutzung der Bauteile unter den einwirkenden Lasten sind außer den Schnittgrößen auch die Geometrie des Querschnitts und Baustoffeigenschaften wie Festigkeiten und Steifigkeiten maßgebend.

Bauteile, die statisch bestimmt gelagert sind und deren Schnittgrößen mit den Gleichgewichtsbedingungen bestimmt werden, haben Vorteile bei der Auslegung. Für die Berechnung der Auflagerreaktionen und Schnittgrößen sind keine Angaben zu den Querschnitten und Baustoffen erforderlich. Die im Entwurf angenommenen Abmessungen der Bauteile lassen sich mit den Gleichgewichtsbedingungen überprüfen und gegebenenfalls im Querschnitt oder den Festigkeiten der Baustoffe anpassen.

Bauteile, die statisch unbestimmt gelagert und statisch unbestimmt aufgebaut sind, benötigen bereits zur Ermittlung der Auflagerreaktionen und der Schnittgrößen Angaben zu den Querschnitten und den Baustoffen. Der Aufwand für die Nachweise, mit denen die Abmessungen und Baustoffe festgelegt werden, wird größer.

Zur Überprüfung der gewählten Werkstoffe und Abmessungen für die Bauteile gibt es zwei Möglichkeiten:

1. Sind die Extremwerte der Schnittgrößen in Bauteilen mit dem Schnittprinzip berechnet und bekannt, werden diese in **Spannungen** umgerechnet und den aufnehmbaren Werkstofffestigkeiten gegenübergestellt.
2. Bei gegebenen Werkstoffen und Querschnitten lassen sich mit den Werkstofffestigkeiten Schnittgrößen der Querschnitte ermitteln. Diese werden den Schnittgrößen, die in den Bauteilen mit dem Schnittprinzip berechnet werden, gegenübergestellt.

Der erste Weg, über Schnittgrößen Spannungen zu ermitteln, ermöglicht eine anschauliche Herleitung der für die Spannungen in den Bauteilen maßgebenden Querschnittswerte.

Die Bezeichnung der Spannungen lässt sich aus der Schnittgröße ableiten.

Schnittgröße		Spannung	
Normalkraft (Zug, Druck)	N(x)	Normalspannung (Zug-, Druckspannung)	$\sigma_N(x)$
Querkraft	V(x)	Schub- oder Scherspannung	$\tau_V(x)$
Biegemoment	M(x)	Biegespannung	$\sigma_M(x)$
Torsion	$N_T(x)$	Torsionsspannung	$\tau_T(x)$

Tabelle 8 Bezeichnungen von Schnittgrößen und zugehörigen Spannungen

10.1 Normalspannungen

In jedem Bauteil, in dem Normalkräfte in der Schwerachse oder Mittelfläche des Bauteils wirken, entstehen Normalspannungen. Wird das Bauteil an einer beliebigen Stelle normal zur Schwerachse geschnitten, wirkt die Normalkraft im Schwerpunkt dieser Schnittfläche. Die Normalspannung ergibt sich aus der Normalkraft und der Querschnittsfläche durch Division der Normalkraft durch die Querschnittsfläche. Dieses Berechnen der Normalspannung ist eine Vereinfachung und beruht auf den Annahmen, die Normalspannung habe an jeder Stelle in der Schnittfläche denselben Wert, die Spannungsverteilung sei über die Querschnittsfläche konstant und die Normalspannung wirke wie die Normalkraft normal auf die Schnittfläche. In Wirklichkeit ist die Verteilung der Normalspannung bedingt durch die Lagerung der Bauteile und die Verbindung der Bauteile untereinander an den Auflagern und Knotenpunkten über die Schnittfläche unterschiedlich. Für das weitere Vorgehen ist die angenommene Vereinfachung der konstanten Normalspannung über die Schnittfläche hinreichend genau.

Die Normalspannung berechnet sich an der Stelle x im Bauteil zu

$$\sigma_N(x) = \frac{\pm N(x)}{A} \left[\frac{N}{mm^2}, \frac{kN}{cm^2}, \frac{MN}{m^2}, \text{Pa(Pascal)}, \text{kPa}, \text{MPa}\right]$$

mit der Normalkraft N(x) und der Querschnittsfläche A an der Stelle x.

Die Bezeichnung der Normalspannung ist ein kleines, griechisches σ (Sigma).

Für eine Druckkraft ist die Normalspannung negativ und für eine Zugkraft positiv.

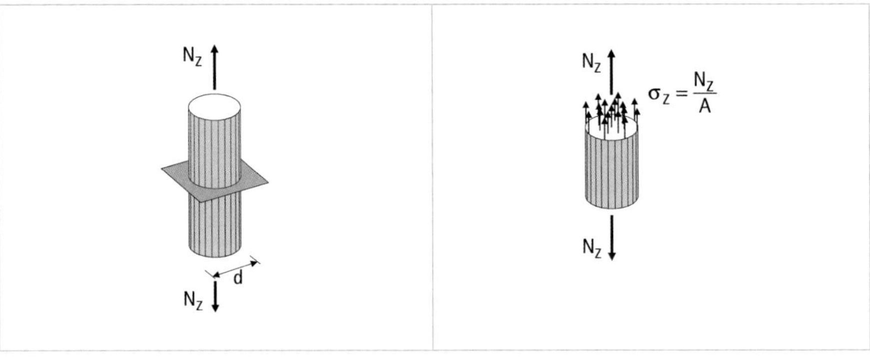

Zugkraft

$$A = \frac{\pi}{4} \cdot d^2 \text{ mit } r = \frac{d}{2}$$

Zugspannung

$$\sigma_z = \frac{N_z}{\pi \cdot r^2}$$

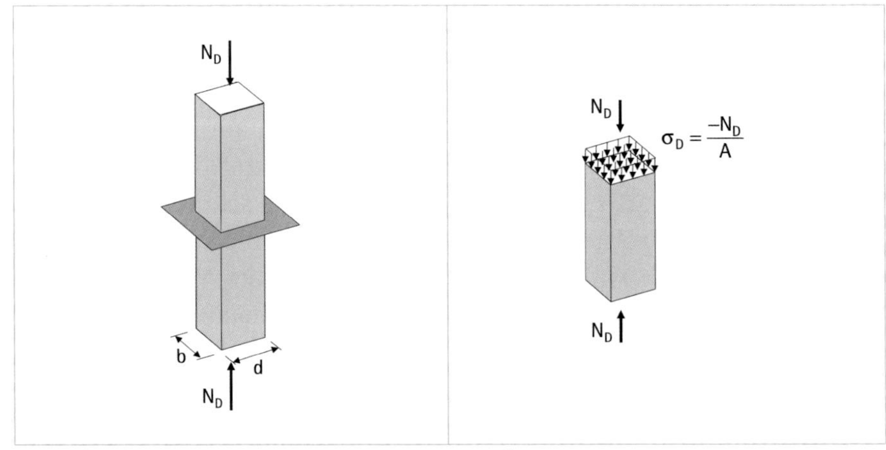

Druckkraft

$$A = b \cdot d$$

Druckspannung

$$\sigma_D = -\frac{N_D}{b \cdot d}$$

Die Normalspannung ist proportional zur Normalkraft, mit zunehmender Normalkraft wird auch die Normalspannung größer, wenn das Bauteil einen konstanten Querschnitt hat. Für eine Wand mit der Breite b = 1 m, ist der Verlauf der Normalkraft und der Normalspannung unter dem Eigengewicht γ der Wand dargestellt:

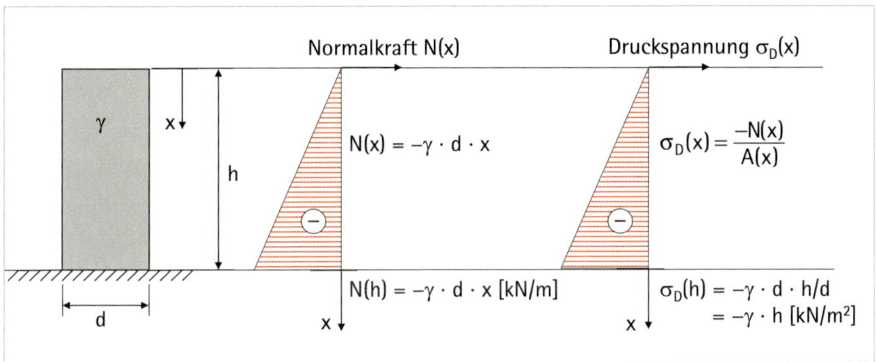

Soll bei einer veränderlichen Normalkraft die Normalspannung in den Bauteilen konstant bleiben, wird die Querschnittsfläche eine Funktion der Normalkraft. Die erforderliche Querschnittsfläche nimmt mit der Normalkraft zu. Ein Beispiel hierfür sind die Zugstangen einer Hängekonstruktion:

Das Eigengewicht der Zugstangen wird vernachlässigt.

Querschnittsflächen A_1, A_2 und A_3 sind so gewählt, dass die Zugspannung in jedem Geschoss konstant ist:

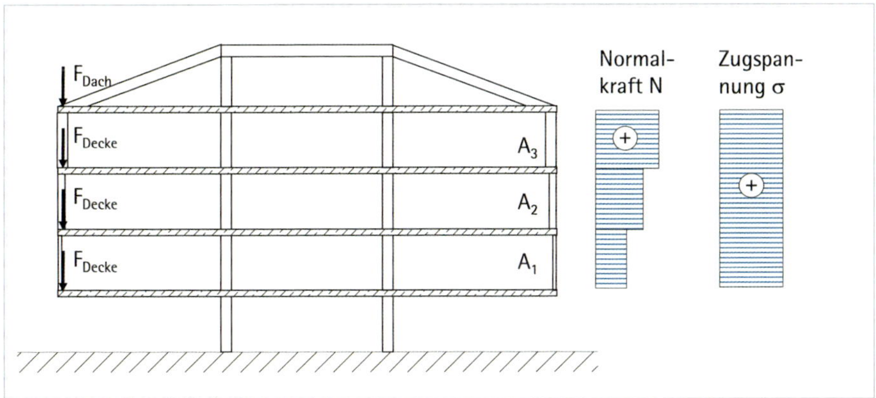

10.2 Biegespannung

Biegemomente führen in allen Bauteilen zu Biegespannungen. Für die Herleitung der Biegespannungen in Rechteckquerschnitten wird das linear elastische Werkstoffgesetz, siehe Kapitel 1.5, benötigt. Nach diesem Werkstoffgesetz (Hooke'sches Gesetz) ist die Spannung in einem Bauteil proportional zu den elastischen Verzerrungen. Diese sind in biegebeanspruchten Bauteilen Dehnungen und Stauchungen.

Ein Einfeldträger verformt sich unter einer Belastung normal zu Schwerachse. Die Verformung entspricht der Krümmung des Trägers und wird auch mit Durchbiegung oder Biegung bezeichnet. Am Auflager ist die Durchbiegung null und nimmt abhängig von der Belastung zur Trägermitte hin zu.

Für die Bestimmung der Spannungen in den Trägern werden Annahmen getroffen, die auf den französischen Ingenieur Claude Louis Marie Henry Navier (1785–1836) zurückgehen und unter dem Begriff technische Biegelehre bekannt sind.

Das betrachtete Trägerstück, an dem die Verzerrungen aufgetragen sind, ist im Aufriss des Trägers dargestellt.

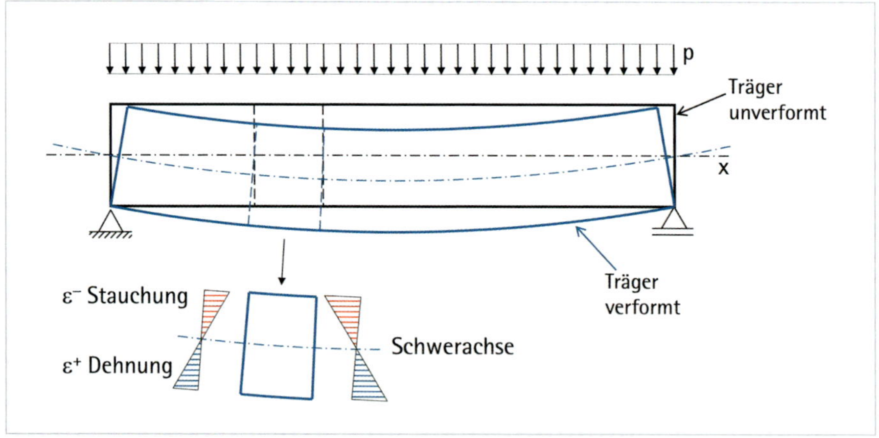

Die Annahmen für die Ermittlung der Spannungen sind:

- Die Schwerachse des Trägers krümmt sich.
- Die Schwerachse erfährt keine Längenänderung bzw. bleibt ungedehnt.
- Der Querschnitt bleibt im verformten Zustand eben und normal zur Schwerachse.
- Die untere Seite des Trägers wird gedehnt und die obere Seite wird gestaucht.
- Dehnung und Stauchung nehmen linear von der Schwerachse zum oberen und unteren Rand des Trägers zu.

Wird das linear elastische Werkstoffgesetz zu Grunde gelegt, entspricht die Spannungsverteilung über die Höhe des Trägers den Verzerrungen. Die Spannung ist in der Schwerachse null und nimmt linear zum oberen und unteren Rand zu.

Linear elastisches Werkstoffgesetz:

$$\sigma = E \cdot \varepsilon$$

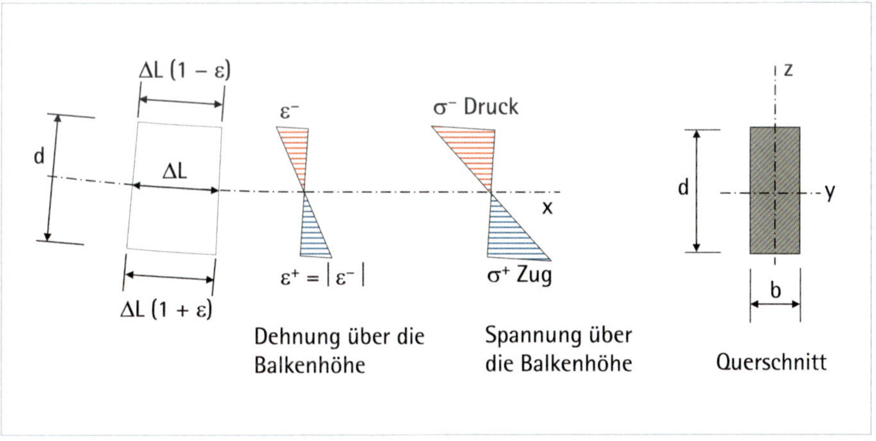

Die Druck- und Zugspannungen dürfen in einer resultierenden Kraft zusammengefasst werden. Dafür wird die Spannungsverteilung über die Breite b des Balkens als konstant angesetzt.

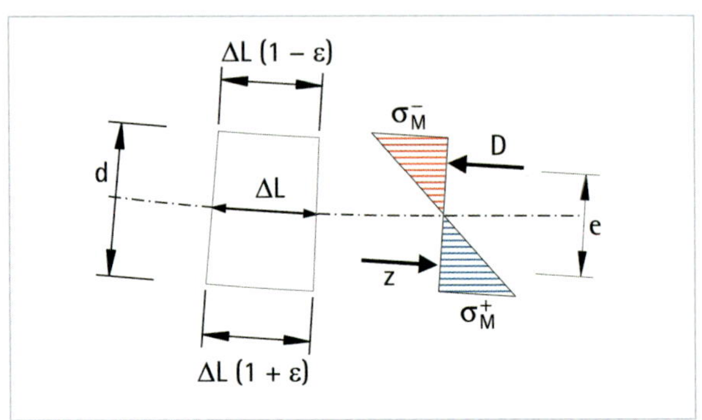

Resultierende Druckkraft D und Zugkraft Z aus der Spannung

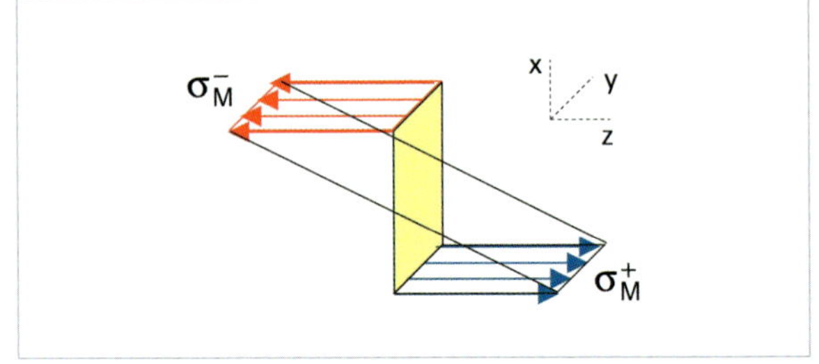

Spannungsverteilung über die Breite b des Trägers

Die resultierenden Kräfte ermitteln sich nach S. 87 und 88 aus der Druckspannung zu

$$D = \frac{1}{2} \cdot \frac{d}{2} \cdot \sigma_M^- \cdot b = \frac{1}{4} \cdot d \cdot b \cdot \sigma_M^-$$

und aus der Zugspannung zu:

$$z = \frac{1}{2} \cdot \frac{d}{2} \cdot \sigma_M^+ \cdot b = \frac{1}{4} \cdot d \cdot b \cdot \sigma_M^+$$

Der Abstand z der resultierenden Zugkraft von der Schwerachse ist nach S. 88:

$$z = \frac{2}{3} \cdot \frac{1}{2} \cdot d = \frac{1}{3} d$$

Der Abstand e zwischen der resultierenden Zug- und Druckkraft berechnet sich dann zu:

$$e = 2 \cdot z = 2 \cdot \frac{1}{3} \cdot d = \frac{2}{3} \cdot d$$

Die resultierenden Kräfte haben parallele Wirkungslinien mit dem Abstand z, sind entgegengesetzt gerichtet und dem Betrag nach gleichgroß. Diese Bedingungen erfüllt ein Drehmoment. Das resultierende Moment M_R lautet für den Drehpunkt um den Angriffspunkt der Druckkraft D:

$$M_R = z \cdot e = \frac{1}{4} \cdot b \cdot d \cdot \sigma_M^+ \cdot \frac{2}{3} \cdot d = \frac{1}{6} \cdot b \cdot d^2 \cdot \sigma_M^+$$

Das Moment M_R wird dem Biegemoment M_y gleichgesetzt, welches durch die Belastungen im Träger vorhanden ist. Damit ist in der Gleichung nur noch die Zugspannung als unbekannte Größe vorhanden und durch Umformen ergibt sich:

$$\sigma_M^+ = \frac{M_y}{\frac{1}{6} \cdot b \cdot d^2} = \frac{M_y}{W_y}$$

Die Druckspannung leitet sich mit dem Drehpunkt um den Angriffspunkt der Zugkraft Z her.

Allgemein gilt für die Biegespannung am oberen und unteren Rand des Trägers an einer beliebigen Stelle x über die Spannweite:

$$\sigma_M(x) = \pm \frac{M_y(x)}{W_y} \left[\frac{N}{mm^2}, \frac{kN}{cm^2}, \frac{MN}{m^2}, Pa, kPA, MPa\right]$$

Die Biegespannung σ_M entspricht dem Biegemoment M_y dividiert durch das **Widerstandsmoment** W_y. Das Widerstandsmoment W_y lautet für ein Rechteck als Querschnitt:

$$W_y = \frac{1}{6} \cdot b \cdot d^2 \, [cm^3]$$

Für den Verlauf der Biegespannung über die Höhe d des Trägers wird die Ähnlichkeit an Dreiecken genutzt und eine linear veränderliche Spannungsverteilung angenommen.

Die Spannung $\sigma_M(z)$ wirkt im Abstand e von der Schwerachse im Träger. Es gilt:

$$\frac{\sigma_M(z)}{z} = \frac{\max\sigma_M}{\frac{d}{2}}$$

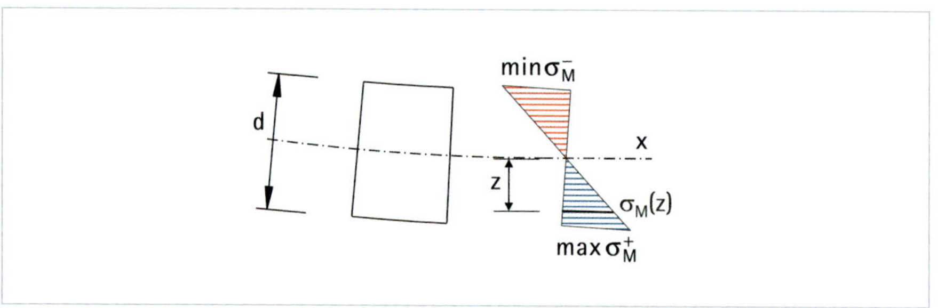

Nach $\sigma(e)$ umgeformt, das Biegemoment und das Widerstandsmoment eingesetzt, führt zu:

$$\sigma_M(z) = \frac{\max\sigma_M}{\frac{d}{2}} \cdot z = \frac{M_y}{\frac{d}{2} \cdot W_y} \cdot z$$

Der Term im Nenner der Gleichung für die Biegespannung an der Stelle z bezogen auf die Schwerachse wird zum **Flächenträgheitsmoment I_y** zusammengefasst.

Das Flächenträgheitsmoment I_y für einen Rechteckquerschnitt lautet allgemein:

$$I_y = W_y \cdot \frac{d}{2} = \frac{1}{6} \cdot b \cdot d^2 \cdot \frac{d}{2} = \frac{1}{12} \cdot b \cdot d^3 \; [cm^4]$$

Das Flächenträgheitsmoment in die Gleichung für die Biegespannung eingesetzt, führt mit dem Abstand e von der Schwerachse des Trägers an der Stelle x über die Spannweite zu:

$$\sigma_M(x,z) = \pm\frac{M_y(x)}{I_y} \cdot z$$

Das Flächenträgheitsmoment ist eine konstante Größe während das Widerstandsmoment abhängig von der z-Koordinate ist, an welcher die Biegespannung berechnet wird.

Die Beziehung zwischen dem Flächenträgheitsmoment und dem Widerstandsmoment schreibt sich zu:

$$W_y = \frac{I_y}{z}$$

Für z = 0 wird das Widerstandsmoment unendlich groß und die Biegespannung ist null, denn das Widerstandsmoment steht im Nenner. Für z = d/2 hat das Widerstandsmoment den kleinsten Wert und führt im Betrag zu den größten Biegespannungen.

Für die Biegung um die z-Achse des Rechteckquerschnitts berechnen sich das Flächenträgheitsmoment und das Widerstandsmoment analog. Die Querschnittswerte lauten:

Flächenträgheitsmoment I_z:

$$I_z = \frac{1}{12} \cdot d \cdot b^3$$

Widerstandsmoment W_z:

$$W_z = \frac{1}{6} \cdot d \cdot b^2$$

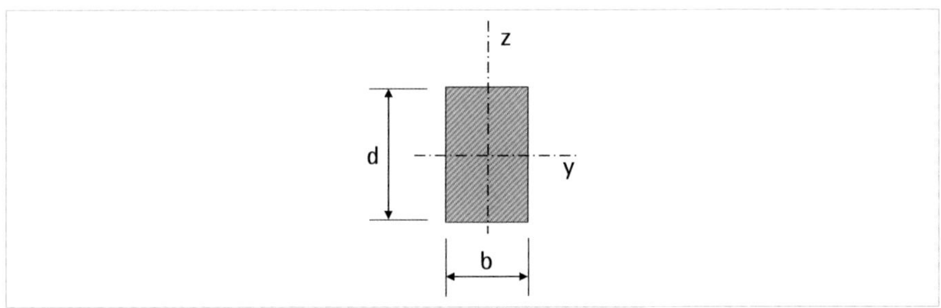

Für einen quadratischen Querschnitt sind die Querschnittswerte für die Biegung um die y- und z-Achse identisch. Ein Rechteckquerschnitt kann als Träger stehend oder liegend genutzt werden. Für ein stehendes Rechteck ist das Widerstandsmoment größer als für einen liegenden Querschnitt. Folglich sind für einen stehenden Querschnitt die Biegespannungen geringer. Der Unterschied in den maximalen Spannungen entspricht dem Verhältnis der Seitenlängen des Rechtecks, wenn die Trägerhöhe d auf die Trägerbreite b bezogen wird.

Rechteckquerschnitt		stehend	liegend
$d = 2 \cdot b$	$W_{y,stehend} = 2 \cdot W_{y,liegend}$		
$d = 3 \cdot b$	$W_{y,stehend} = 3 \cdot W_{y,liegend}$		
$d = 4 \cdot b$	$W_{y,stehend} = 4 \cdot W_{y,liegend}$		

Tabelle 9 Das Widerstandsmoment eines Rechteckquerschnitts steigt mit zunehmendem Verhältnis d/b.

Ergänzung (für Interessierte und Studierende mit Vorwissen)

Ingenieurwissenschaftlich erklärt sich die Dimension des Flächenträgheitsmoments mit cm^4, denn allgemein ist die Funktion für das Flächenträgheitsmoment um die y-Achse eines Querschnitts das bestimmte Integral über die Querschnittsfläche und lautet:

$$I_y = \int_A z^2 \cdot dA$$

wobei z der Abstand eines sehr kleinen Elements im Querschnitt mit der Fläche **dA** ist und quadratisch in die Berechnung eingeht. Die Fläche multipliziert mit dem Hebelarm z entspricht der resultierenden Kraft und das Moment ergibt aus der resultierenden Kraft multipliziert mit dem Hebelarm z.

Für die Biegung um die z-Achse berechnet sich das Flächenträgheitsmoment allgemein zu:

$$I_z = \int_A y^2 \cdot dA$$

Für einen Rechteckquerschnitt mit der Breite b vereinfacht sich die Funktion zu:

$$I_y = \int_{-\frac{d}{2}}^{+\frac{d}{2}} z^2 \cdot b \cdot dz = \left[\frac{1}{3} \cdot b \cdot z^3\right]_{-\frac{d}{2}}^{+\frac{d}{2}} = \frac{1}{3} \cdot b \cdot \left(\frac{d^3}{8} - \left(-\frac{d^3}{8}\right)\right)$$

$$I_y = \frac{1}{12} \cdot b \cdot d^3$$

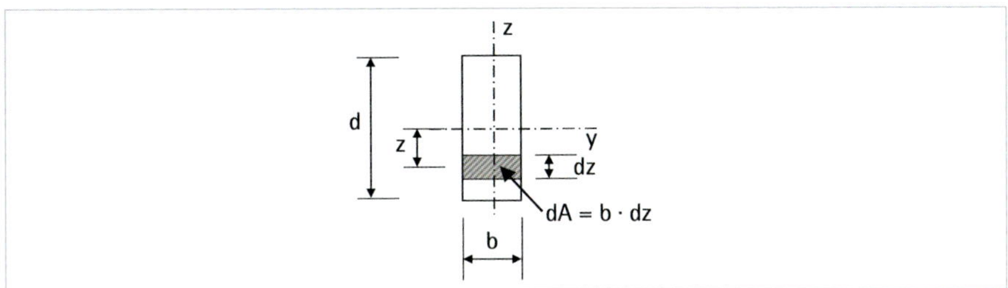

10.3 Schubspannung

Die Querkraft in einem Bauteil führt zu Scher- oder Schubspannungen. Das Besondere an Schubspannungen ist, dass diese sowohl in Längsrichtung als auch normal zur Schwerachse in den Bauteilen vorhanden sind.

Die Herleitung der Schubspannung erfolgt an einem Träger mit einem rechteckigen Querschnitt. Es wird ein Abschnitt mit der Höhe d und Länge dx des Trägers betrachtet. An diesem Abschnitt werden die Schnittgrößen und die Biegespannung dargestellt.

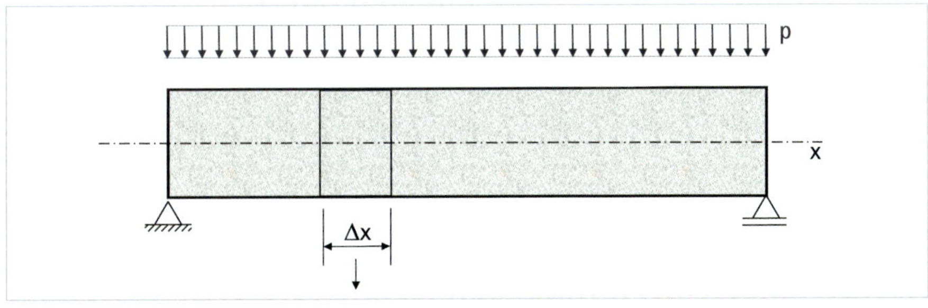

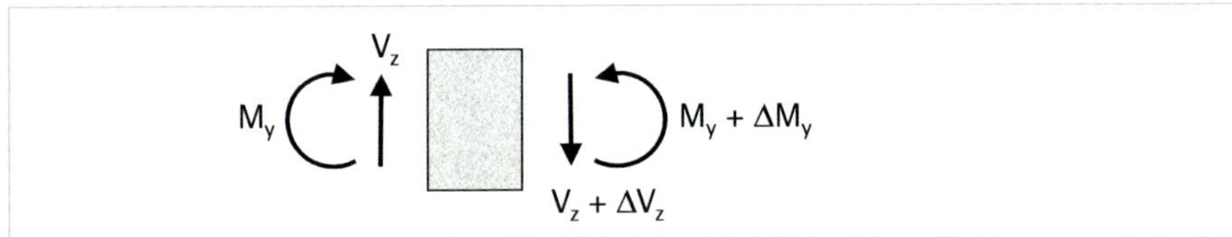

Biegemoment M_y

Querkraft V_z

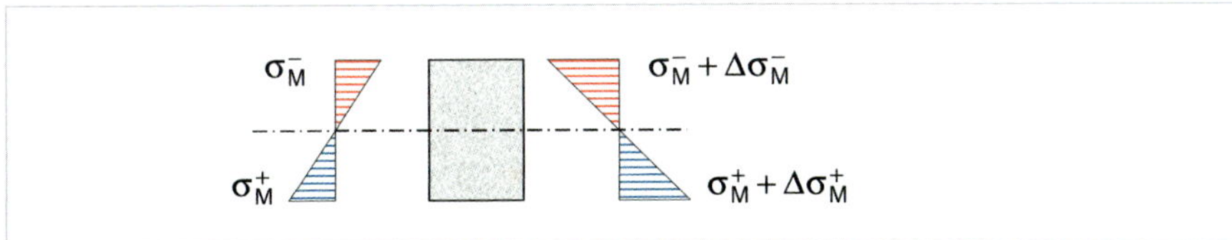

Druckspannung σ_M^-

Zugspannung σ_M^+

Die Änderungen der Schrittgrößen und Spannungen über die Länge Δx des Trägerstückes sind mit ΔM_y, ΔV_z und $\Delta\sigma_M$ angegeben. Die Spannungen am linken und rechten Rand des herausgeschnittenen Trägerstücks lassen sich auf der rechten Seite aufteilen in die Spannung auf der linken Seite und die Zunahme der Spannung auf der rechten Seite. Als Spannung, die auf den Trägerabschnitt wirkt, bleibt die Spannungsänderung übrig.

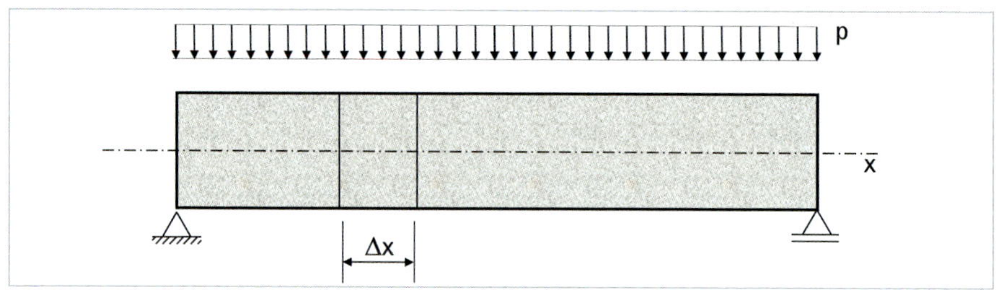

Aufteilen der Biegespannung

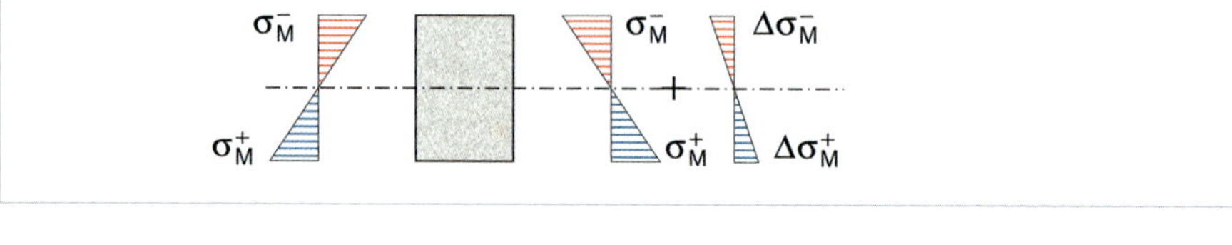

Resultierende Biegespannungen

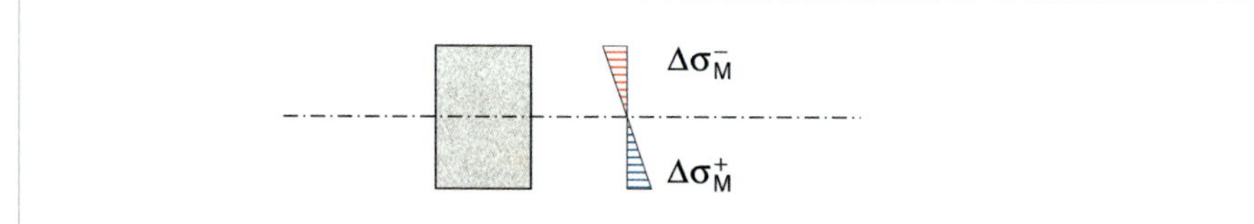

Im nächsten Schritt wird aus dem Trägerabschnitt mit der Breite Δx und der Höhe d am unteren Rand ein Element herausgeschnitten. Auf dieses Element mit der Breite Δx und der Höhe Δd wirkt die Spannung $\Delta\sigma^+$. Diese Spannung nimmt vom unteren zum oberen Rand linear ab. Ist die Höhe des Elementes sehr klein, darf die Spannung durch die konstante Spannung $\Delta\sigma_z^+$ersetzt werden. Damit das Element im Gleichgewicht ist, wird am oberen Rand des Elements die **Schubspannung** τ_V (griechisch Tau) eingeführt.

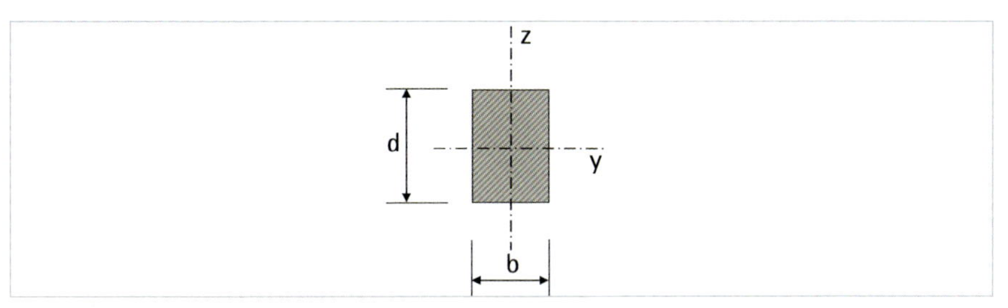

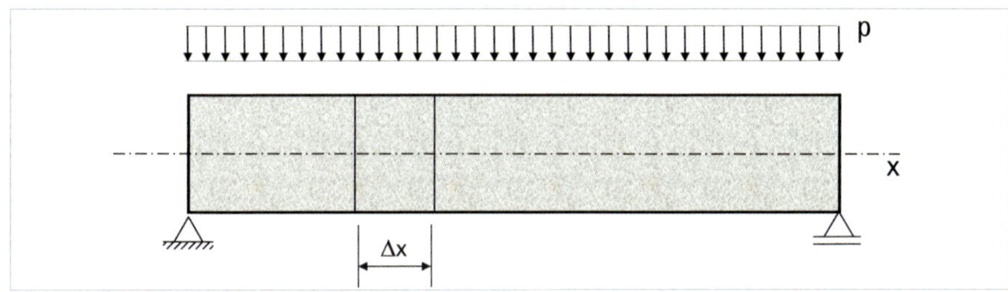

Element am unteren Rand des Trägerstücks

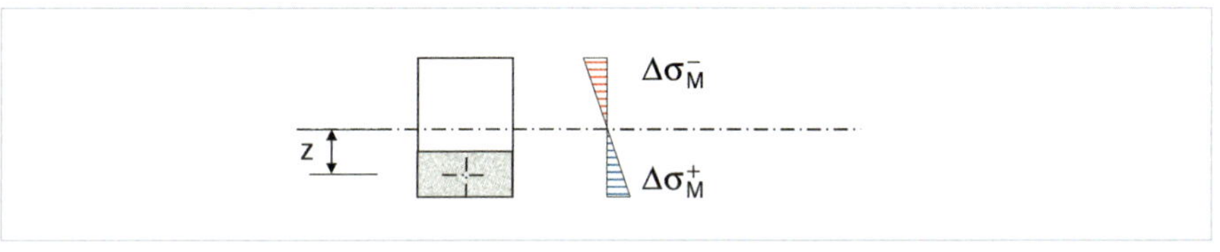

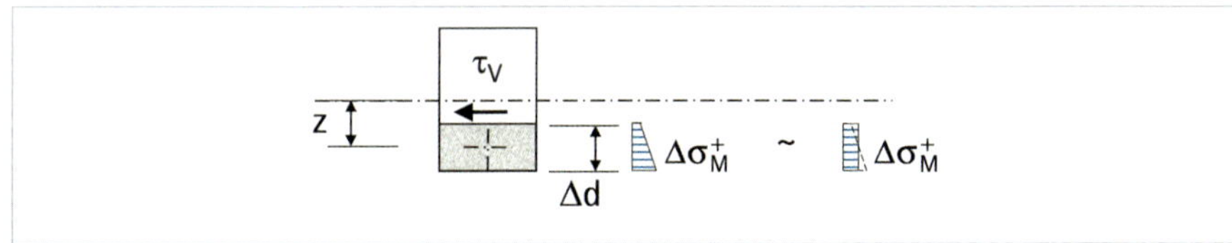

Gleichgewicht am Element zwischen der Biegespannung $\Delta\sigma_M{}^+$ und Schubspannung τ_V

Horizontales Gleichgewicht an dem Element mit der Breite Δx und der Höhe Δd führt mit einer konstanten Schubspannung über die Breite des Rechteckquerschnitts zu:

$$\tau_V \cdot \Delta x \cdot b - \Delta\sigma_M^+ \cdot \Delta d \cdot b = 0$$

Die Änderung der Biegespannung lässt sich mit der Änderung des Biegemoments im Schwerpunkt der betrachteten Spannung und dem Abstand z vom Flächenschwerpunkt beschreiben als:

$$\Delta\sigma_M^+ = \frac{\Delta M_y}{I_y} \cdot z$$

Die Gleichung für die Schubspannung umgeformt und die Biegespannung durch das Biegemoment ersetzt folgt:

$$\tau_V \cdot b = \frac{\Delta M_y}{\Delta x} \cdot \frac{z}{I_y} \cdot \Delta d \cdot b$$

Nach S. 158 entspricht die Änderung des Biegemoments der Querkraft mit:

$$V_z = \frac{\Delta M_y}{\Delta x}$$

Die Querkraft in die Gleichung für die Schubspannung eingesetzt und durch die Breite geteilt, führt zu:

$$\tau_V = \frac{V_z}{I_y \cdot b} \cdot \Delta d \cdot b \cdot z$$

Für die Schubspannung an der Stelle x im Träger gilt allgemein

$$\tau_V(x) = \frac{V_z(x) \cdot S(z)}{I_y \cdot b}$$

mit:

$$S(z) = \Delta d \cdot b \cdot z = \Delta A \cdot z \; [cm^3]$$

S wird als **Statisches Moment** bezeichnet und entspricht dem Produkt aus dem Flächenelement A und dem Abstand z. Der Abstand z entspricht dem Abstand zwischen dem Flächenschwerpunkt des Elementes ΔA und der Schwerachse des Trägers.

Das Statische Moment für den Rechteckquerschnitt lässt sich für unterschiedliche Höhen ermitteln. Es ist für die untere Trägerhälfte und ein Viertel der unteren Trägerhälfte dargestellt.

$$S\left(z = \frac{d}{2}\right)$$

bezogen auf die Schwerachse mit

$$z = \frac{d}{4}$$

$$S\left(z = \frac{d}{2}\right) = b \cdot \frac{d}{2} \cdot \frac{d}{4}$$

$$= \frac{1}{8} \cdot b \cdot d^2$$

$$S\left(z = \frac{d}{4}\right)$$

bezogen auf ein Viertel der Trägerhöhe mit

$$z = \frac{3}{8}d$$

$$S\left(z = \frac{d}{4}\right) = b \cdot \frac{d}{4} \cdot \frac{3 \cdot d}{8}$$

$$= \frac{3}{32} \cdot b \cdot d^2$$

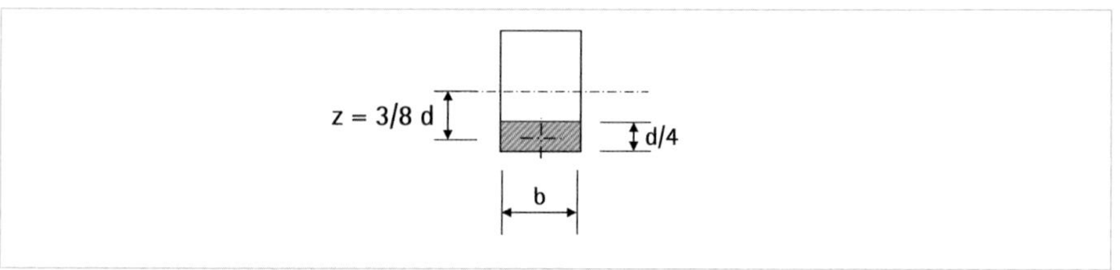

Für den oberen und unteren Rand ist A = 0 und folglich auch die Schubspannung null.

Die Funktion der Schubspannung über die Höhe des Trägers ist eine Parabel mit dem Scheitel in der Schwerachse.

Die maximale Schubspannung in der Schwerachse lautet:

$$\tau_{V,max}(x) = \frac{V_z(x) \cdot S}{I_y \cdot b} = \frac{V_z(x)}{b} \cdot \frac{\frac{1}{8} \cdot b \cdot d^2}{\frac{1}{12} \cdot b \cdot d^3}$$

Gekürzt und zusammengefasst mit

$$A = b \cdot d$$

folgt

$$\tau_{V,max}(x) = \frac{3}{2} \frac{V_z(x)}{A}$$

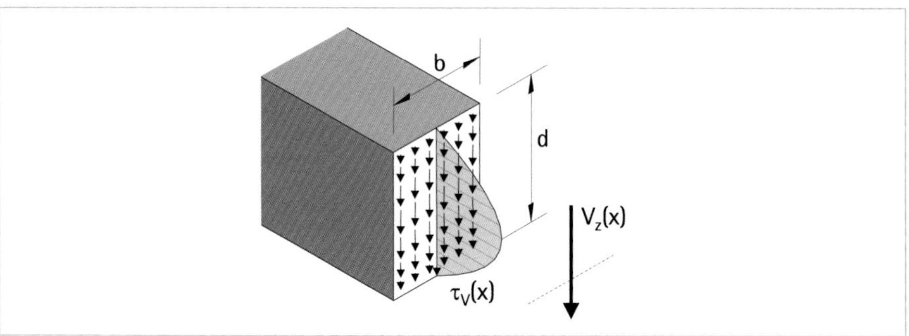

Aus Gründen des Gleichgewichts wirken die Schubspannungen in den Trägern sowohl in Längsrichtung als auch normal zur Schwerachse.

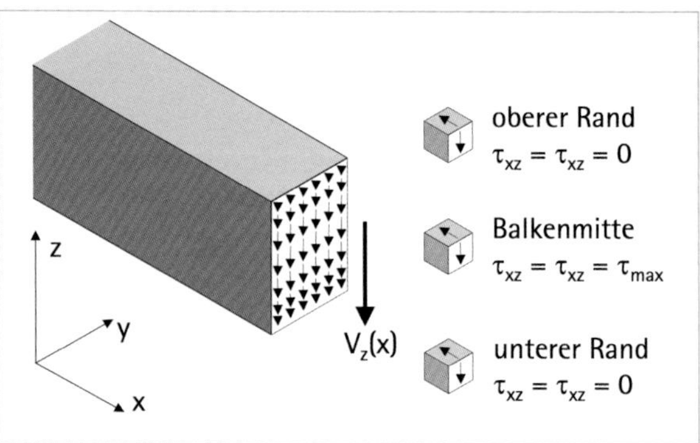

Schubspannungen über die Trägerhöhe

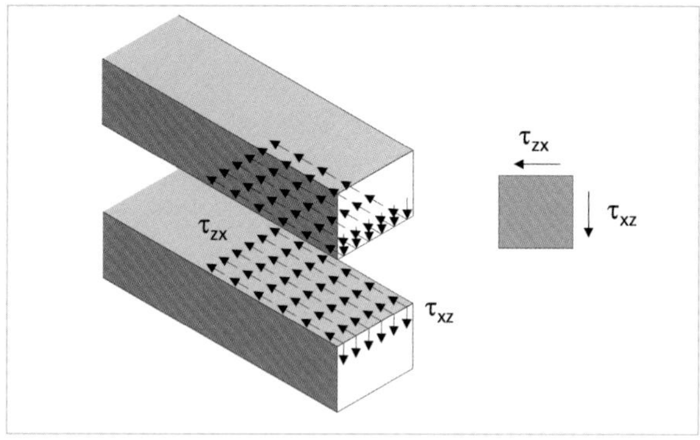

Schubspannungen in x- und z-Richtung

10.4 Torsionsspannung

Die Bestimmung von Torsionsspannungen infolge einer Verdrehung des Bauteils um die Längsachse ist abhängig von der Querschnittsgeometrie. Offene Profile weisen bei Torsionsmomenten eine große Verdrehung auf und sind daher zur Aufnahme von Torsionsmomenten weniger geeignet. Geschlossene Profile haben einen hohen Widerstand gegen Verdrehen und werden zur Aufnahme von Torsionsmomenten bevorzugt. Die Torsionsspannungen haben an bestimmten Stellen im Querschnitt dieselbe Richtung wie die Schubspannungen und werden zu den Schubspannungen an den Stellen addiert.

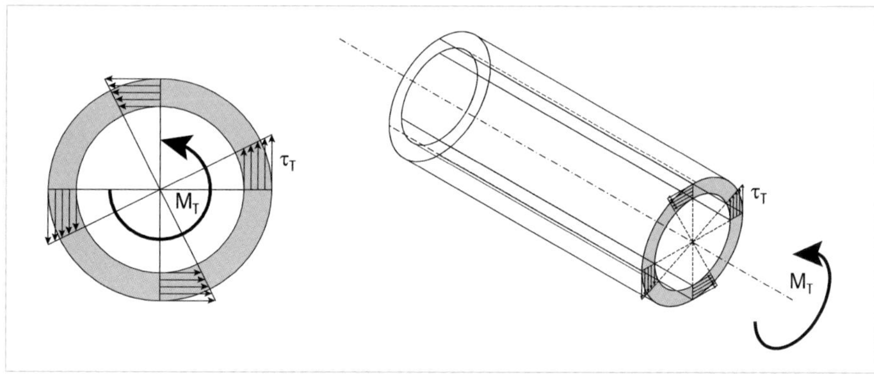

Torsionsspannung

11 Zusammengesetzte Querschnitte

11.1 Flächenschwerpunkt von zusammengesetzten Querschnitten 207

11.2 Flächenträgheitsmoment von zusammengesetzten Querschnitten 210

11.3 Widerstandsmoment von zusammengesetzten Querschnitten 214

11.4 Querschnittswerte für Stahlprofile 218

11.5 Spannungen in zusammengesetzten Querschnitten 220

Massive, rechteckige oder runde Querschnitte sind aus dem Holzbau und Stahlbetonbau bekannt. Die Herstellung der Schalung für rechteckige Stützen und Träger oder für runde Stützen ist mit vertretbarem Aufwand möglich. Die Deckenplatten in Ortbetontragwerken werden mit Deckenträgern monolithisch verbunden und es entsteht ein Verbundquerschnitt. Durch den Verbund wirkt die Deckenplatte bei der Lastabtragung der Träger oder Unterzüge mit. Diese Verbundquerschnitte werden im Stahlbeton bei einem engen Abstand der Träger zwischen 0,3 und 0,6 m als Rippendecke und sonst als Plattenbalken bezeichnet. Bei Plattenbalken beträgt der Trägerabstand ungefähr ein Drittel der Spannweite des Trägers. Der tragende Querschnitt setzt sich aus der Deckenplatte und dem Träger zusammen. Durch den Verbund ergibt sich eine höhere Tragfähigkeit. Die Gesamthöhe der Decke, bestehend aus Träger und Deckenplatte, darf reduziert werden. Es sind größere Spannweiten bei derselben Belastung oder höhere Belastungen bei einer konstanten Spannweite möglich.

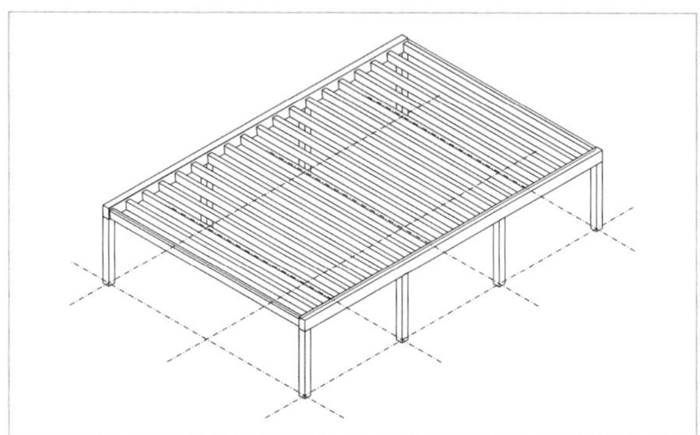

Rippendecke

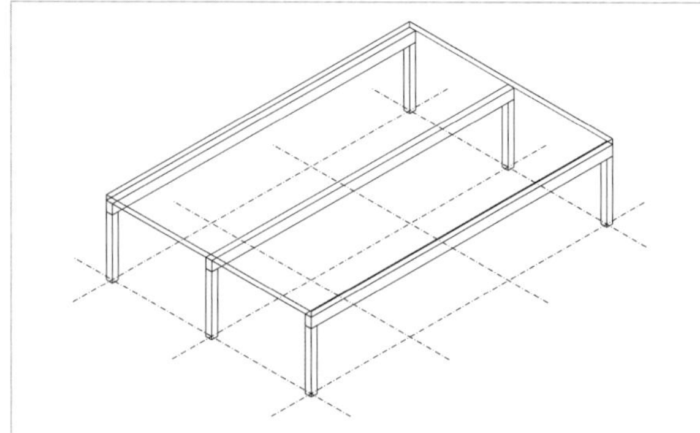

Plattenbalkendecke

Im Holzbau werden Balken miteinander verbunden, um eine höhere Tragfähigkeit zu erreichen. Die Verbindung der Balken untereinander ist genagelt, geschraubt oder geleimt.

Das Verbinden von Trägern mit den Deckenplatten ist heute auch im Holzbau eine Möglichkeit, um Querschnitte in Dach- und Deckenkonstruktionen zu reduzieren. Zum Beispiel wird die Holzschalung mit den Nebenträgern vernagelt, verschraubt und verklebt. Es entsteht ein Verbundquerschnitt aus der Holzwerkstoffplatte für die Schalung und den Holzträgern mit einer höheren Ausnutzung des Verbundquerschnitts.

Metalle wie Stahl und Aluminium benötigen in der Herstellung sehr viel Energie. Mit der Entwicklung der Stahlherstellung Mitte des 19. Jahrhunderts begann man deshalb, Walzeisen und später Walzstahl zu Profilen zu verarbeiten. Die Profile sollten bei einem geringen Stahlverbrauch einen hohen Biegewiderstand aufweisen. Es entstanden die heute noch bekannten Walzprofile aus Stahl wie I-, H-, L-, T-, U- und Z-Profile sowie Hohlprofile mit rundem, elliptischem, quadratischem und rechteckigem Querschnitt. Die Hohlprofile haben bei gleichen Außenabmessungen unterschiedliche Wandstärken. Das Walzen von massiven Rundstäben zu Profilen ist aufwendig, deshalb gibt es diese Profile nur in bestimmten Abmessungen.

Aluminium ist formbarer im Vergleich zu Stahl und ermöglicht sehr komplexe Querschnitte, die vorwiegend in Glasfassaden, für Fenster- und Türrahmen eingesetzt werden.

11.1 Flächenschwerpunkt von zusammengesetzten Querschnitten

Wird ein Querschnitt aus mehreren Teilquerschnitten zusammengesetzt, sind die Querschnittswerte wie Fläche, Flächenschwerpunkt, Trägheits- und Widerstandsmoment für den gesamten Querschnitt zu bestimmen.

Am Beispiel eines Querschnitts, der aus zwei Rechtecken mit demselben Werkstoff besteht, wird der Flächenschwerpunkt hergeleitet.

Die resultierenden Gewichtskräfte für die Teilquerschnitte A_1 und A_2 sind:

$$G_1 = \gamma \cdot A_1 \text{ und } G_2 = \gamma \cdot A_2$$

Die resultierenden Gewichtskraft G_R ist die Summe der Gewichtskräfte für die einzelnen Querschnitte:

$$G_R = G_1 + G_2 = \gamma \cdot (A_1 + A_2)$$

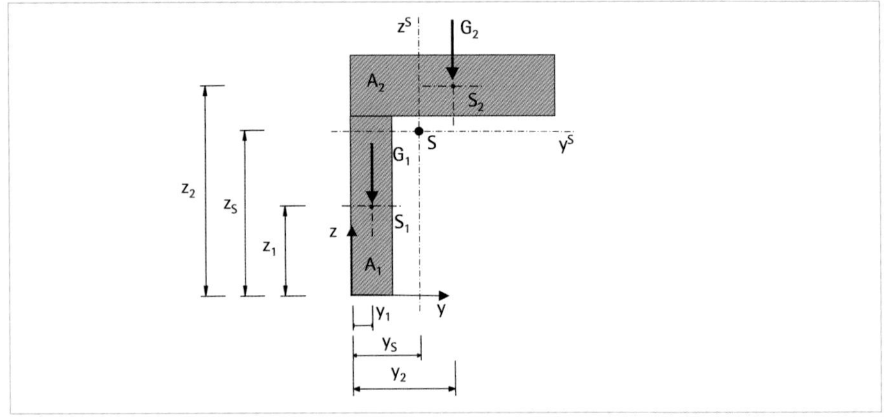

Bezogen auf den angenommenen Ursprung eines Koordinatensystems führen die Gewichtskräfte zu einem Drehmoment:

$$M = G_1 \cdot y_1 + G_2 \cdot y_2 = \gamma \cdot (A_1 \cdot y_1 + A_2 \cdot y_2)$$

Das resultierende Moment M_R aus der resultierenden Gewichtskraft lautet mit dem Abstand y_S des Schwerpunkts vom Koordinatenursprung:

$$M_R = G_R \cdot y_S = \gamma \cdot (A_1 + A_2) \cdot y_S$$

Dieses Moment entspricht dem Moment aus den einzelnen Querschnitten und es gilt:

$$\gamma \cdot (A_1 + A_2) \cdot y_S = \gamma \cdot (A_1 \cdot y_1 + A_2 \cdot y_2)$$

Haben die Querschnitte dieselbe Wichte, kürzt sich diese aus der Gleichung und umgeformt nach y_S folgt:

$$y_S = \frac{A_1 \cdot y_1 + A_2 \cdot y_2}{A_1 + A_2}$$

Dieses Vorgehen lässt sich auf n Teilquerschnitte übertragen. Der Ursprung des Koordinatensystems ist frei wählbar und die ermittelten Koordinatenwerte für den Flächenschwerpunkt der Gesamtfläche beziehen sich auf dieses gewählte Koordinatensystem.

Für den y-Wert gilt:

$$y_S = \frac{A_1 \cdot y_1 + A_2 \cdot y_2 + A_3 \cdot y_3 + \ldots + A_n \cdot y_n}{A_1 + A_2 + A_3 + \ldots + A_n} = \frac{\sum_{i=1}^{n} A_i \cdot y_i}{\sum_{i=1}^{n} A_i}$$

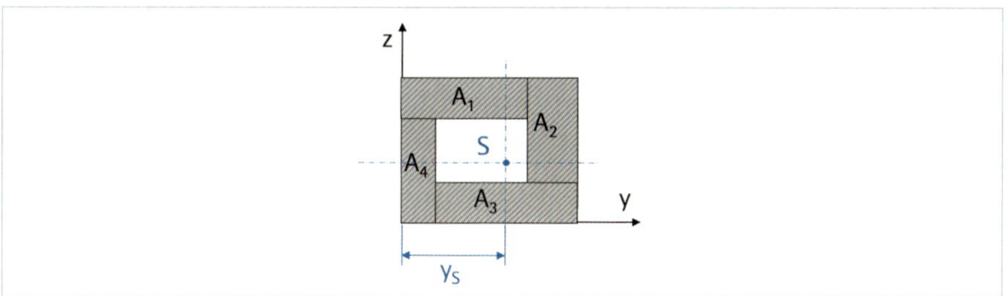

Der Flächenschwerpunkt einer Fläche, die aus mehreren Teilflächen besteht, entspricht der Summe aus dem Flächeninhalt der Teilquerschnitte, multipliziert mit dem Abstand des Schwerpunktes zu einem gewählten Drehpunkt, dividiert durch die Gesamtfläche. Werden die Flächen sehr klein, geht die Summenbildung in ein Integral über.

Das Vorgehen zur Bestimmung des z-Wertes für den Flächenschwerpunkt ist entsprechend. Allgemein lautet die z-Koordinate des Schwerpunktes für n Teilflächen:

$$z_S = \frac{A_1 \cdot z_1 + A_2 \cdot z_2 + A_3 \cdot z_3 + \ldots + A_n \cdot z_n}{A_1 + A_2 + A_3 + \ldots + A_n} = \frac{\sum_{i=1}^{n} A_i \cdot z_i}{\sum_{i=1}^{n} A_i}$$

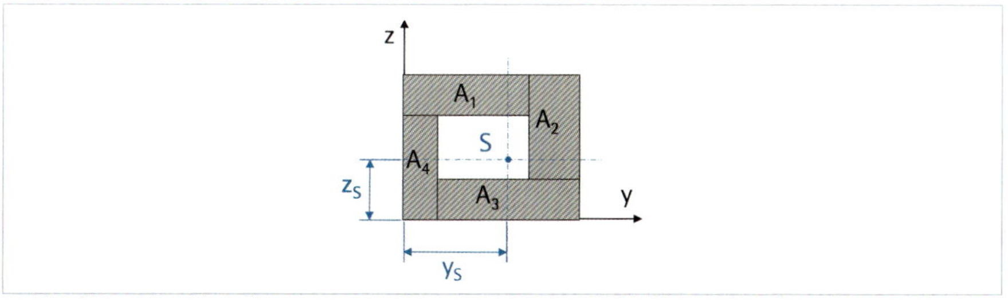

11.2 Flächenträgheitsmoment von zusammengesetzten Querschnitten

Das Flächenträgheitsmoment von zusammengesetzten Querschnitten hat eine Besonderheit, die in der Verbindung der einzelnen Querschnitte untereinander liegt. Das Flächenträgheitsmoment ist von der Scherfestigkeit der Verbindung zwischen den einzelnen Querschnitten abhängig.

In der Herleitung der Schubspannung in Kapitel 10.3 ist zum einen die Beziehung der Schubspannung zum Flächenträgheitsmoment am Rechteckquerschnitt dargestellt und zum anderen aufgezeigt, dass die Schubspannungen in Längsrichtung und rechtwinklig zur Schwerachse des Trägers wirken.

Liegen die einzelnen Querschnitte ohne Verbund aufeinander, fehlt die Übertragung der Schubspannungen von einem Querschnitt auf den anderen. Es kommt in den Fugen zu einer Verschiebung der Querschnitte untereinander, die an den Enden der Bretter sichtbar wird.

Sind die Querschnitte miteinander verbunden, werden die Schubspannungen, die parallel in den Fugen wirken, über die Verbindungsmittel von einem Querschnitt auf den anderen übertragen. Nagel- und Schraubverbindungen sind nachgiebig. Leimverbindungen sind sehr fest und es darf bei Brettschichtträgern das Flächenträgheitsmoment des gesamten Trägers angesetzt werden, obwohl der Querschnitt aus einzelnen Brettern aufgebaut ist.

Bretter lose aufeinander gelegt

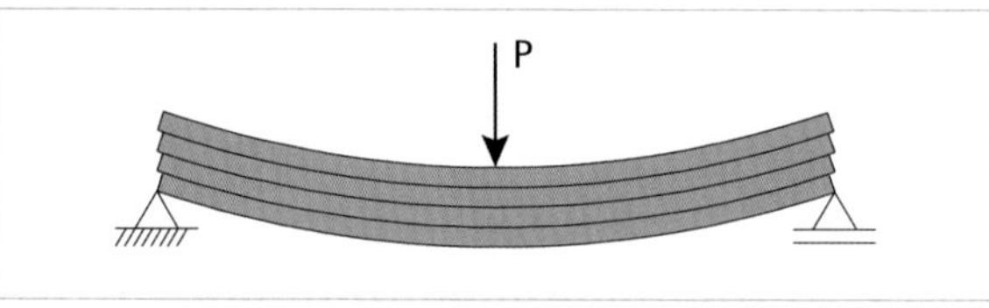

Bretter miteinander verleimt

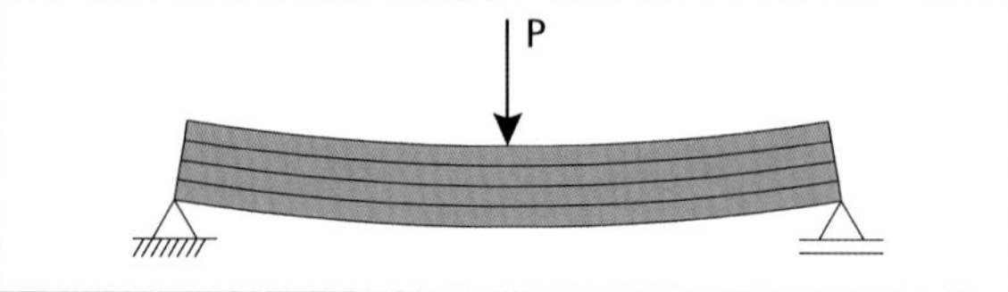

Die Übertragung der Schubspannungen ist auch mit unterschiedlichen Werkstoffen möglich, sofern sich diese miteinander verbinden lassen. Diese Bauweise wird als Verbundbau bezeichnet und die Kombinationen sind heute sehr vielfältig. Es werden Stahl- und Holzträger mit Betonplatten verbunden, Glasscheiben durch Holz verstärkt, Stahlbleche und Holzwerkstoffplatten mit Beton kombiniert, Stahlprofile mit Beton zu Decken, Trägern und Stützen verbunden, Stahlbleche mit Wärmedämmung und Kunststoffe mit Holz, Stahl oder Glas verklebt.

Unter der Annahme, dass die Verbindung zwischen den einzelnen Querschnitten sehr fest ist, wird das Flächenträgheitsmoment mit dem **Satz von Steiner**, benannt nach dem Schweizer Mathematiker Jakob Steiner (1796–1863), berechnet.

Vereinfachend erfolgt die Herleitung an einem Querschnitt, der aus zwei Rechteckquerschnitten besteht und bezogen auf die z-Richtung symmetrisch ist.

Der Koordinatenursprung liegt in der linken unteren Ecke des Gesamtquerschnitts.

Der Flächenschwerpunkt in z-Richtung berechnet sich nach S. 209 zu:

$$z_S = \frac{A_1 \cdot z_1 + A_2 \cdot z_2}{A_1 + A_2}$$

Die Flächenträgheitsmomente der beiden Teilquerschnitte A_1 und A_2 lauten nach S. 195 für die Biegung um die y-Achse:

$$I_{y,1} = \frac{1}{12} \cdot b_1 \cdot d_1^3$$

und

$$I_{y,2} = \frac{1}{12} \cdot b_2 \cdot d_2^3$$

Dabei sind b_1 und b_2 die Breiten der Rechtecke und d_1 und d_2 die Höhen.

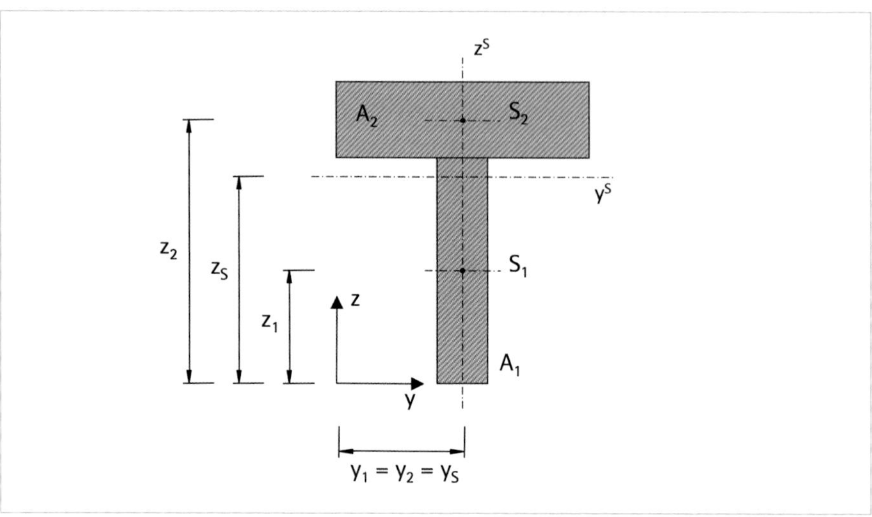

Nach dem Satz von Steiner bestimmt sich das Flächenträgheitsmoment aus der Summe der beiden Flächenträgheitsmomente und den sogenannten Steiner-Anteilen. Diese entsprechen der Summe aus dem Produkt der einzelnen Flächen und den Abständen der Flächenschwerpunkte untereinander im Quadrat.

Für das Beispiel ergibt sich das Flächenträgheitsmoment I_y des gesamten Querschnitts zu:

$$I_y = I_{y,1} + I_{y,2} + A_1 \cdot (z_S - z_1)^2 + A_2 \cdot (z_S - z_2)^2$$

Für Biegung um die z-Achse lauten die Flächenträgheitsmomente der Teilflächen:

$$I_{z,1} = \frac{1}{12} \cdot d_1 \cdot b_1^3$$

und

$$I_{z,2} = \frac{1}{12} \cdot d_2 \cdot b_2^3$$

Das Flächenträgheitsmoment I_z des Gesamtquerschnitts berechnet sich zu:

$$I_z = I_{z,1} + I_{z,2} + A_1 \cdot (y_S - y_1)^2 + A_2 \cdot (y_S - y_2)^2$$

Die Symmetrie des Querschnitts bezogen auf die z-Richtung hat zur Folge, dass die Schwerpunkte der Teilflächen und der Gesamtfläche auf der Symmetrieachse liegen und daraus folgt für dieses Beispiel, dass die Steiner-Anteile null werden.

$$I_z = I_{z,1} + I_{z,2} + A_1 \cdot \underbrace{(y_S - y_1)}_{0}^2 + A_2 \cdot \underbrace{(y_S - y_2)}_{0}^2 = I_{z,1} + I_{z,2}$$

Für einen Querschnitt mit beliebig vielen Teilquerschnitten, die schubsteif miteinander verbunden sind, berechnen sich die Flächenträgheitsmomente um die y- und z-Achse zu:

$$I_y = I_{y,1} + I_{y,2} + \ldots$$
$$+ I_{y,n} + A_1 \cdot (z_S - z_1)^2 + A_2 \cdot (z_S - z_2)^2 + \ldots + A_n \cdot (z_S - z_n)^2$$

$$I_y = \sum_{i=1}^{n} I_{y,n} + \sum_{i=1}^{n} A_n \cdot (z_S - z_n)^2$$

$$I_z = I_{z,1} + I_{z,2} + \ldots$$
$$+ I_{z,n} + A_1 \cdot (y_S - y_1)^2 + A_2 \cdot (y_S - y_2)^2 + \ldots + A_n \cdot (y_S - y_n)^2$$

$$I_z = \sum_{i=1}^{n} I_{z,n} + \sum_{i=1}^{n} A_n \cdot (y_S - y_n)^2$$

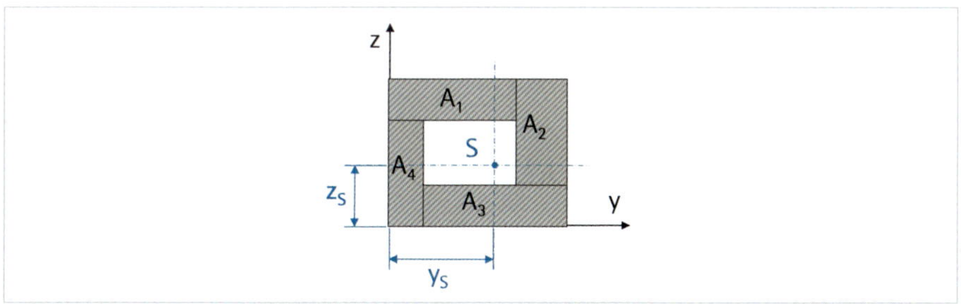

Das Flächenträgheitsmoment ist eine konstante Querschnittsgröße und wird in biegebeanspruchten Bauteilen benötigt, um:

- Schub- und Normalspannungen zu bestimmen,
- die Verformungen zu ermitteln,
- das Knickverhalten zu untersuchen.

11.3 Widerstandsmoment von zusammengesetzten Querschnitten

Für einen Rechteckquerschnitt berechnet sich das Widerstandsmoment nach S. 195 aus dem Flächenträgheitsmoment dividiert durch den Abstand e vom Flächenschwerpunkt. Das Widerstandsmoment ist für die Ränder des Querschnitts am größten.

Dieser Zusammenhang ist allgemein gültig und darf auf jeden beliebigen Querschnitt übertragen werden.

Für das Beispiel in Abschnitt 11.2 gelten folgenden Beziehungen:

Das Widerstandsmoment für Biegung um die y-Achse ist am oberen Rand des Gesamtquerschnitts

$$W_{y,oben} = \frac{I_y}{d_1 + d_2 - z_S} = \frac{I_y}{d - z_S}$$

für den unteren Rand lautet es:

$$W_{y,unten} = \frac{I_y}{z_S}$$

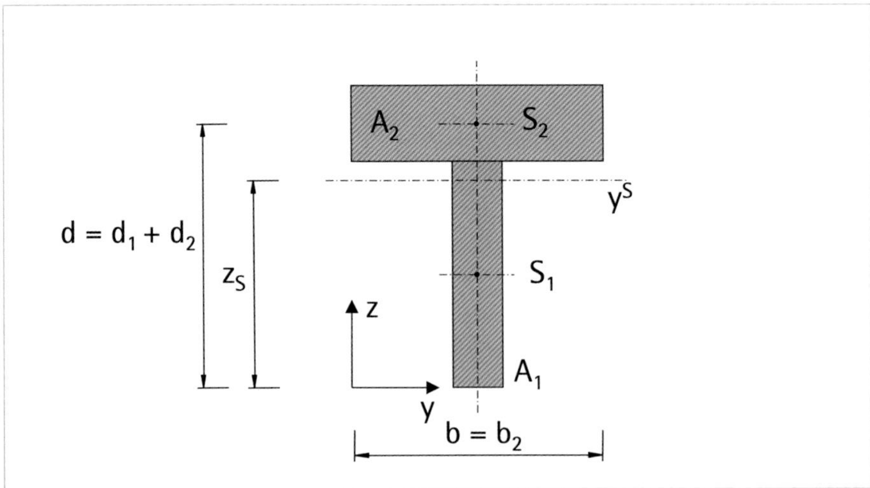

Für Biegung um die z-Achse ergibt sich das Widerstandsmoment am linken bzw. rechten Rand der Fläche A_2 aufgrund der Symmetrie des Querschnitts zu:

$$W_{z,links} = W_{z,rechts} = \frac{I_z}{y_S} = \frac{I_z}{\frac{1}{2} \cdot b_2}$$

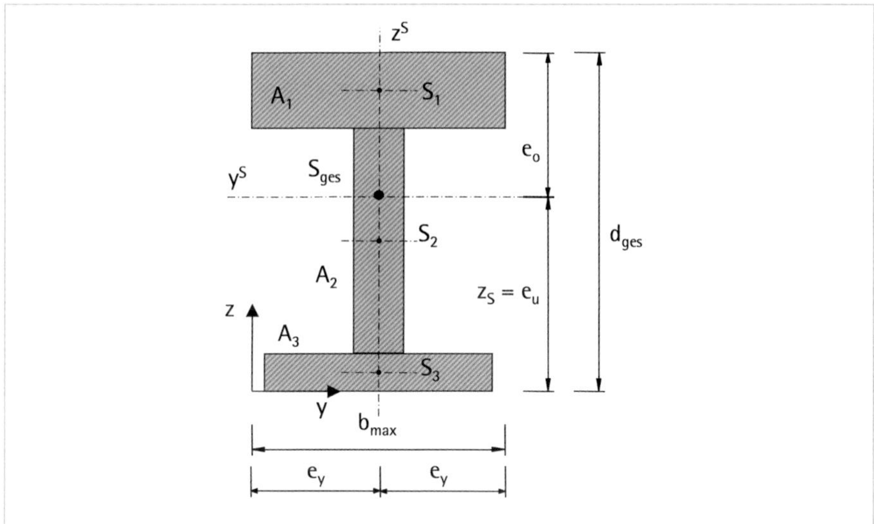

An einen beliebigen Querschnitt gilt allgemein für Biegung um die y-Achse am oberen Rand:

$$W_{y,oben} = \frac{I_y}{e_o}$$

mit e_o als dem Abstand vom Gesamtschwerpunkt zum oberen Rand des Querschnitts.

Für den unteren Rand ist das Widerstandsmoment:

$$W_{y,unten} = \frac{I_y}{e_u}$$

mit e_u als dem Abstand vom Gesamtschwerpunkt zum unteren Rand des Querschnitts.

Für die Biegung um die z-Achse ergibt sich das größte Widerstandsmoment mit dem größten Abstand $e_{y,max}$ vom Schwerpunkt der Gesamtfläche zu:

$$W_{z,max} = \frac{I_z}{e_{y,max}} = \frac{I_z}{\frac{1}{2} \cdot b_{max}}$$

Die Unterschiede in den Querschnittswerten werden an einem Beispiel dargestellt für die Biegung um die y-Achse. Aus Brettern mit einem Querschnitt von b · d = 12,0 · 2,4 cm sind verschiedene Kombinationen der Bretter zusammengestellt und die Querschnittswerte berechnet (Tabelle 10).

Der Unterschied in den Querschnittswerten zwischen stehenden Brettern und liegenden Brettern ergibt sich durch die Gesamthöhe. Drei liegende Bretter haben für das Beispiel eine Höhe von 7,2 cm während die Höhe der stehenden Bretter der Breite von 12 cm entspricht. Die Höhe geht in das Widerstandsmoment im Quadrat und in das Flächenträgheitsmoment in der dritten Potenz ein. Das Flächenträgheitsmoment und das Widerstandsmoment für die Biegung um die y-Achse sind bei stehenden Brettern unabhängig davon, wie die Bretter miteinander verbunden sind.

Zusammengesetzte Querschnitte			
Querschnitts-werte	Verbindung lose nebeneinander oder fest verbunden	lose aufeinander liegend	fest verbunden
	z, y	z, y	z, y
Querschnitts-fläche	$A = 86{,}4\ cm^2$	$A = 86{,}4\ cm^2$	$A = 86{,}4\ cm^2$
Schwerpunkt	$z_S = 6\ cm$	$z_S = 6\ cm$	$z_S = 6\ cm$
Flächenträgheits-moment	$I_y = 1\,036{,}8\ cm^4$	$I_y = 41{,}47\ cm^4$	$I_y = 373{,}25\ cm^4$
Widerstands-moment	$W_y = 172{,}8\ cm^3$	$W_y = 6{,}9\ cm^3$	$W_y = 103{,}68\ cm^3$

Tabelle 10 Einfluss der Verbindung bei zusammengesetzten Querschnitten (Beispiele aus drei Brettern mit b · d = 12,0 · 2,4 cm)

Nach S. 196 sind die Querschnittswerte höher, wenn der Querschnitt stehend angeordnet wird. Der Nachteil bei stehenden Querschnitten ist die große Nachgiebigkeit in z-Richtung. Um diese zu erhöhen, wird ein stehendes Brett mit einem liegenden verbunden. Die Verbindung ist sehr fest. Dieser Querschnitt wird durch ein weiteres Brett zu einem liegenden U verbunden. Sowohl das Flächenträgheitsmoment als auch das Widerstandsmoment sind im Vergleich zu zwei oder drei nebeneinanderliegenden Brettern größer (Tabelle 11).

Zusammengesetzte Querschnitte			
Querschnittswerte	Anordnung stehendes Brett	L-Querschnitt aus stehendem und liegendem Brett	liegendes U
	z, y	z, y	z, y
Querschnittsfläche	$A = 28{,}8\ cm^2$	$A = 57{,}6\ cm^2$	$A = 86{,}4\ cm^2$
Schwerpunkt	$z_S = 6\ cm$	$z_S = 9{,}6\ cm$	$z_S = 8{,}4\ cm$
Flächenträgheitsmoment	$I_y = 345{,}6\ cm^4$	$I_y = 1\,105{,}9\ cm^4$	$I_y = 1\,700{,}0\ cm^4$
Widerstandsmoment	$W_{y,o} = W_{y,u} = 57{,}6\ cm^3$	$W_{y,o} = 230{,}4\ cm^3$ $W_{y,u} = 115{,}2\ cm^3$	$W_{y,o} = 283{,}3\ cm^3$ $W_{y,u} = 202{,}4\ cm^3$

Tabelle 11 Einfluss der Anordnung bei zusammengesetzten Querschnitten (Beispiele aus Brettern mit $b \cdot d = 12{,}0 \cdot 2{,}4$ cm).

Für Hohlprofile wie Rund-, Quadrat- und Rechteckquerschnitte mit einer konstanten Wandstärke gibt es eine einfachere Vorgehensweise zur Bestimmung der Querschnittswerte. Diese Querschnitte besitzen zwei Symmetrieachsen und der Flächenschwerpunkt sitzt im Schnittpunkt der Symmetrieachsen. Querschnittsfläche und Flächenträgheitsmoment ergeben sich aus der Differenz der Gesamtfläche und dem Hohlraum (Tabelle 12).

Querschnitt	Fläche A	Flächenträgheitsmoment I_y	Widerstandsmoment W_y
d_1, y, z	$\frac{\pi}{4} \cdot d_1^2$	$\frac{\pi}{64} \cdot d_1^4$	$\frac{\pi}{32} \cdot d_1^3$
d_1, d_2, t, y, z	$\frac{\pi}{4} \cdot (d_1^2 - d_2^2)$	$\frac{\pi}{64} \cdot (d_1^4 - d_2^4)$	$\frac{\pi}{32} \cdot \frac{(d_1^4 - d_2^4)}{d_1}$
d_1, b_1, y, z	$d_1 \cdot b_1$	$\frac{1}{12} \cdot d_1^3 \cdot b_1$	$\frac{1}{6} \cdot d_1^2 \cdot b_1$
d_1, d_2, b_1, b_2, t, y, z	$d_1 \cdot b_1 - d_2 \cdot b_2$	$\frac{1}{12} \cdot (d_1^3 \cdot b_1 - d_2^3 \cdot b_2)$	$\frac{1}{6} \cdot (d_1^2 \cdot b_1 - d_2^2 \cdot b_2)$

Tabelle 12 Querschnittsflächen und Flächenträgheitsmomente von Vollquerschnitten und Hohlprofilen

11.4 Querschnittswerte für Stahlprofile

Das Walzen der Stahlprofile führt zu Querschnitten, die nur in bestimmten Geometrien hergestellt werden und Rundungen haben. So sind die Innenecken aller **offenen Profile,** wie H-, I-, L-, T- und U-Profile, ausgerundet. H-Profile werden auch als Doppel-T Profile bezeichnet. Die Abmessungen der handelsüblichen Stahlprofile sind genormt. Runde, quadratische und rechteckige Rohre werden als **geschlossene Profile** bezeichnet. Quadrat- und Rechteckrohre haben ausgerundete Ecken. Querschnitte mit anderen Abmessungen werden aus einzelnen Blechen zusammengeschweißt

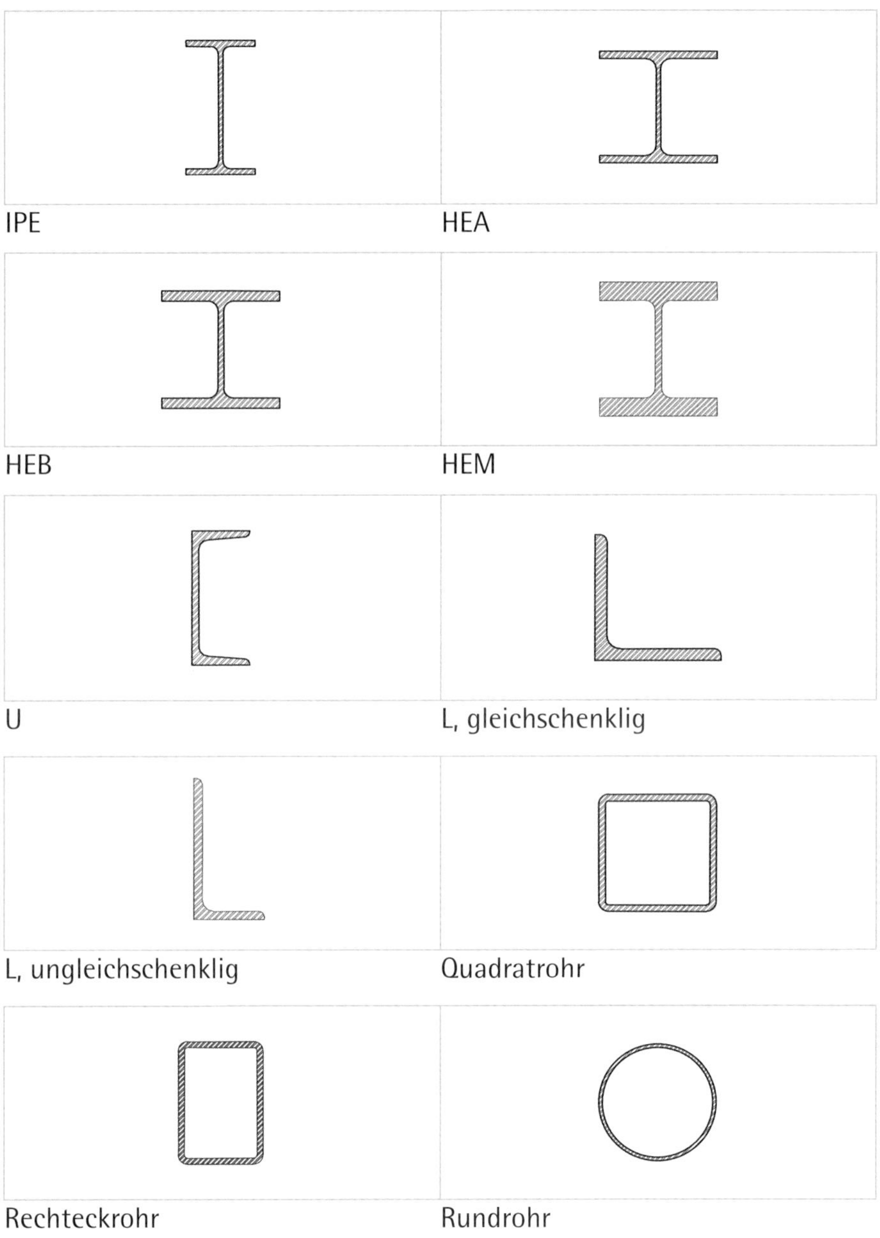

Die Querschnittswerte für gewalzte Profile finden sich in sogenannten Profiltabellen, die entweder in Normen stehen oder von den Profilherstellern zur Verfügung gestellt werden.

Bezeichnung						Fläche	Gewicht	Statische Querschnittswerte für die Biegeachse							
								y-y			z-z				
	h	b	t_S	t_G	r	A	G	I_y	W_y	i_y	I_z	W_z	i_z	S_y	s_y
HEB	mm					cm^2	kg/m	cm^4	cm^3	cm	cm^4	cm^3	cm	cm^3	cm
100	100	100	6	10	12	26,0	20,4	450	89,9	4,16	167	33,5	2,53	52,1	8,63
120	120	120	7	11	12	34,0	26,7	864	144,0	5,04	318	52,9	3,06	82,6	10,5
140	140	140	7	12	12	43,0	33,7	1 510	216,0	5,93	550	78,5	3,58	123	12,3
160	160	160	8	13	15	54,3	42,6	2 490	311,0	6,78	889	111,0	4,05	177	14,1
180	180	180	9	14	15	65,3	51,2	3 830	426,0	7,66	1 360	151,0	4,57	241	15,9
200	200	200	9	15	18	78,1	61,3	5 700	570,0	8,54	2 000	200,0	5,07	321	17,7
220	220	220	10	16	18	91,0	71,5	8 090	736,0	9,43	2 840	258,0	5,59	414	19,6
240	240	240	10	17	21	106,0	83,2	11 260	938,0	10,30	3 920	327,0	6,08	527	21,4
260	260	260	10	18	24	118,0	93,0	14 920	1 150,0	11,20	5 130	395,0	6,58	641	23,3
280	280	280	11	18	24	131,0	103,0	19 270	1 380,0	12,10	6 590	471,0	7,09	767	25,1

Tabelle 13 HEB-Profiltabelle

11.5 Spannungen in zusammengesetzten Querschnitten

Die Normalspannung darf in zusammengesetzten Querschnitten als konstant angenommen werden. Die Spannung entspricht wie für massive Rechteck- und Kreisquerschnitte der Normalkraft geteilt durch die Querschnittsfläche.

Normalspannung:

$$\sigma_N = \pm \frac{N_x}{A}$$

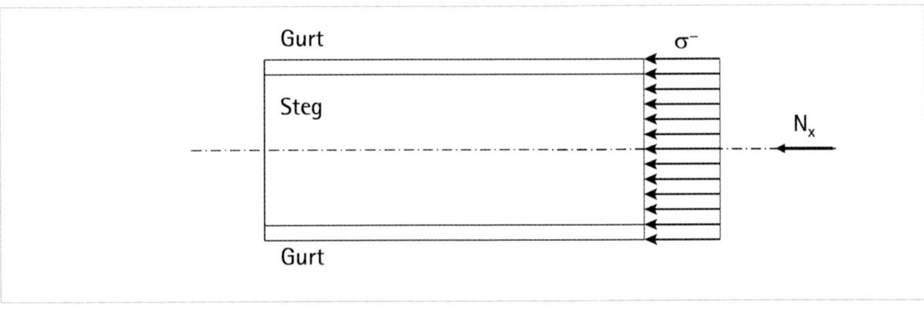

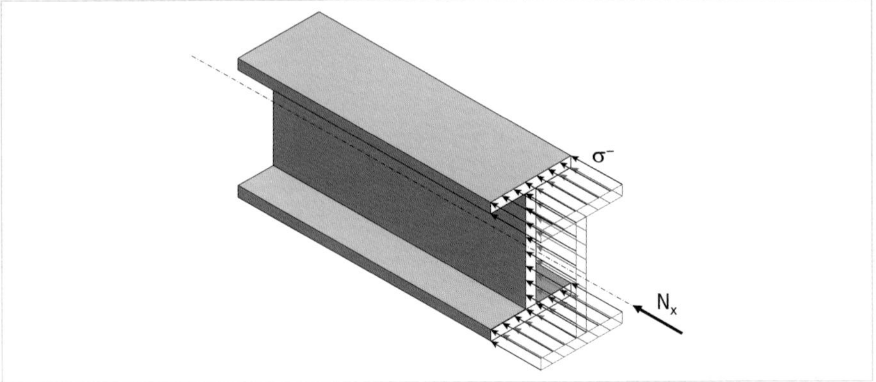

In biegebeanspruchten Bauteilen, die aus zusammengesetzten Querschnitten bestehen, haben die Biegespannungen im Aufriss denselben linearen Verlauf wie in rechteckigen Querschnitten. Die Verteilung der Spannungen über die Breite der Querschnitte führt dazu, dass die Spannungen in den Stegen gering sind und in den Gurten sehr hoch. Dies erklärt sich aus dem Zusammenhang, dass die Biegespannungen am oberen und unteren Rand maximal und im Schwerpunkt null sind.

Biegespannung:

$$\sigma_M(z) = \pm \frac{M_y}{I_y} \cdot z$$

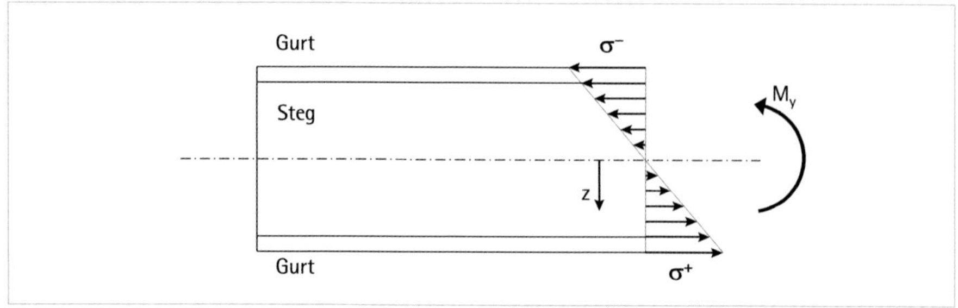

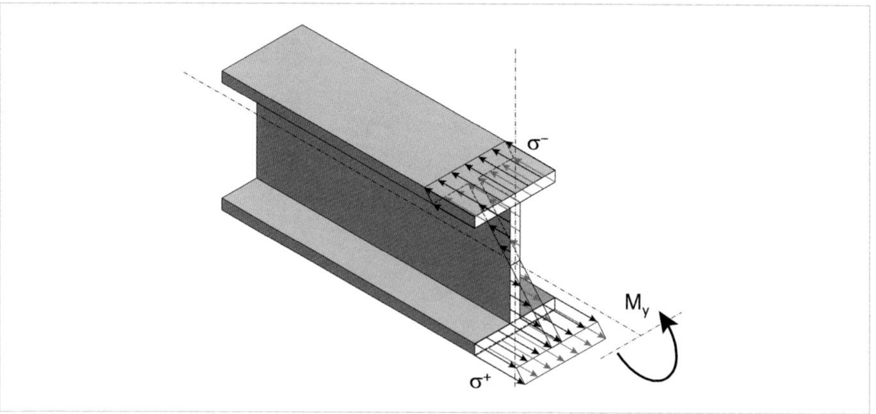

Normal- und Biegespannungen wirken in Richtung der Längsachse des Bauteils oder für das dargestellte Beispiel in x-Richtung. Damit dürfen die Normal- und Biegespannungen addiert werden. Bei der Addition ist das Vorzeichen der Spannungen zu beachten.

Die Spannungen über die Höhe des Bauteiles setzen sich dann zusammen aus:

$$\sigma(z) = \frac{\pm N_x}{A} \pm \frac{M_y}{I_y} \cdot z$$

Stahlquerschnitte mit Gurten und Stegen wie H-, I-, T- und U-Profile sind so ausgebildet, dass die Biegespannungen vorwiegend von den Gurten aufgenommen werden und die Stege nur gering beansprucht sind. Die Profile dürfen in den Stegen Durchbrüche haben, auch wenn ein hohes Biegemoment vorhanden ist. Die Durchbrüche sind symmetrisch zur Schwerachse anzuordnen. Aufgrund der hohen Spannungen in den

Gurten führen Aussparungen in den Gurten bei allen biegebeanspruchten Bauteilen zu einer Reduzierung der Tragfähigkeit und sind zu vermeiden.

Ein bekanntes Beispiel für Träger mit reduziertem Gewicht sind Wabenträger, bei denen das Profil in der Schwerachse trapezförmig aufgeschnitten und um einen halben Lochabstand verschoben wieder zusammengesetzt wird. Der Querschnitt wird höher und damit sind die Biegespannungen geringer. So sind größere Spannweiten oder höhere Belastungen möglich als beim Ausgangsträger.

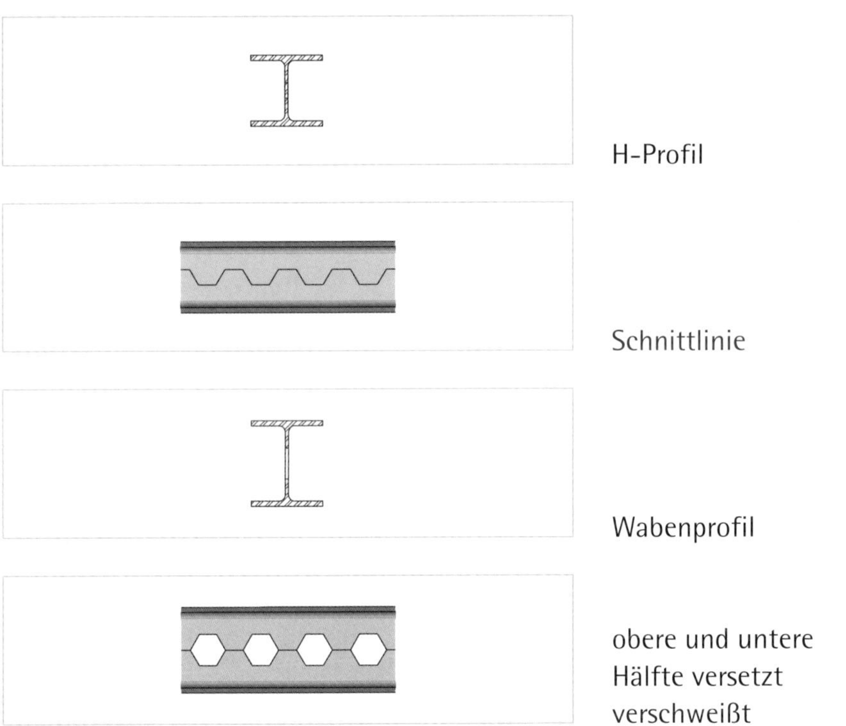

H-Profil

Schnittlinie

Wabenprofil

obere und untere
Hälfte versetzt
verschweißt

Die Schubspannungen in zusammengesetzten Profilen weisen Sprünge an den Stellen auf, an denen die einzelnen Querschnitte miteinander verbunden sind. Die Funktion zur Berechnung der Schubspannung an einem Rechteckquerschnitt ist allgemein gültig und lässt sich auf zusammengesetzte Querschnitte übertragen. Die Schubspannung ist im Flächenschwerpunkt maximal und nimmt zum oberen sowie unteren Rand ab. Der Verlauf ist parabelförmig.

Am Beispiel eines Doppel-T-Profils wird der Verlauf der Schubspannung über die Höhe des Profils hergeleitet. Allgemein gilt:

$$\tau_V(z) = \frac{V_z \cdot S(z)}{I_y \cdot b}$$

› S(z) ist das statische Moment an der Stelle z des Profils,
› b die Breite an der Stelle z,
› I_y das Flächenträgheitsmoment für Biegung um die y-Achse.

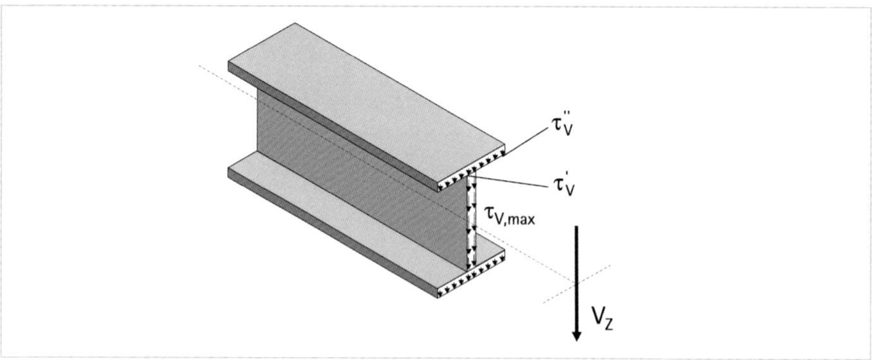

Das **statische Moment** für den Schwerpunkt der Gesamtfläche des Querschnitts ist für Stahlprofile in Tabellen angegeben und wird mit S_y bezeichnet. Die Breite entspricht der Stegdicke t_S. Damit ist die maximale Schubspannung in der Schwerachse bekannt:

$$\tau_{V,max} = \frac{V_z \cdot S_y}{I_y \cdot t_S}$$

Für den Übergang vom Steg zu den Gurten gibt es zwei statische Momente, das eine entspricht der Stegfläche multiplizierst mit dem Abstand des Flächenschwerpunktes der Stegfläche zum Gesamtflächenschwerpunkt. Das zweite statische Moment berechnet sich aus einer halben Gurtfläche multipliziert mit dem Abstand des Schwerpunktes dieser Fläche zum Gesamtflächenschwerpunkt. Dadurch ergeben sich die Spannungen τ' und τ''.

$$\tau_V' = \frac{V_z \cdot S'}{I_y \cdot t_S}$$

mit

$$S' = b \cdot t_G \cdot \frac{(h - t_G)}{2}$$

und

$$\tau_V'' = \frac{V_z \cdot S''}{I_y \cdot t_S}$$

mit

$$S'' = t_S \cdot \frac{\left(\frac{h}{2} - t_G\right)^2}{2}$$

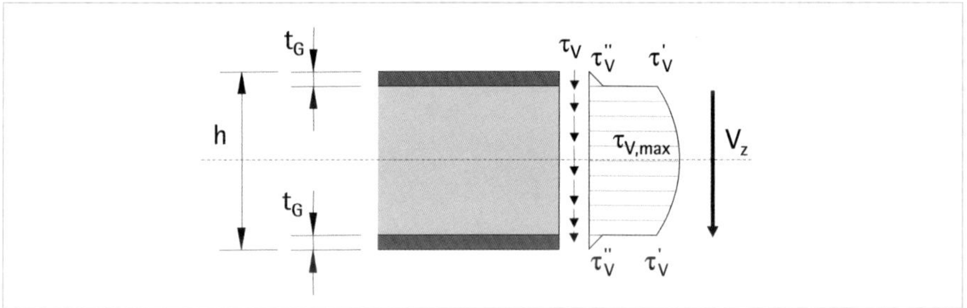

Im Allgemeinen wird eine Vereinfachung genutzt, um die Schubspannung zu bestimmen, indem die Spannung im Steg durch eine konstante Spannung ersetzt wird.

$$\tau_V = \frac{V_z}{A_{Steg}} = \frac{V_z}{(h - t_G) \cdot t_S}$$

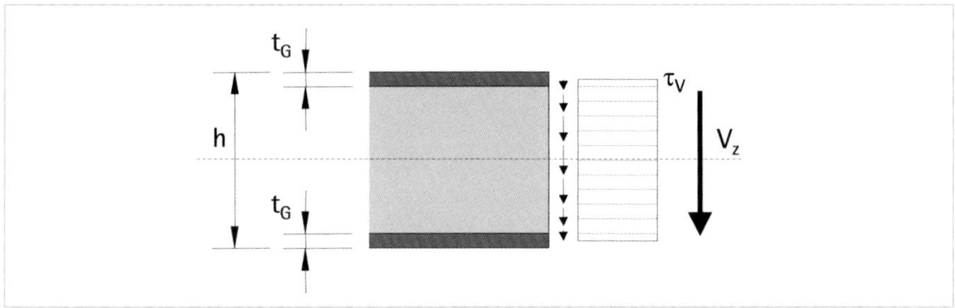

In einigen Tabellen zu den Querschnittswerten ist auch die Stegfläche A_{Steg} angegeben.

Die Herleitung der Schubspannung am Rechteckquerschnitt nutzt den Zusammenhang, dass die Schubspannungen sowohl in z-Richtung als auch in x-Richtung wirken. Dies gilt auch in den zusammengesetzten Querschnitten. Bei Verbundquerschnitten mit Elementen, die verschraubt, vernagelt oder mit Kopfbolzen verbunden werden, wie Stahlbetondecken mit Stahlträgern, müssen die Verbindungsmittel die Schubspannungen in den Fugen übertragen.

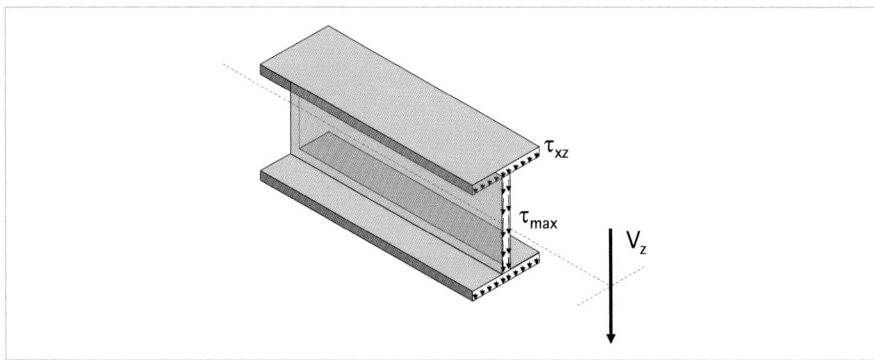

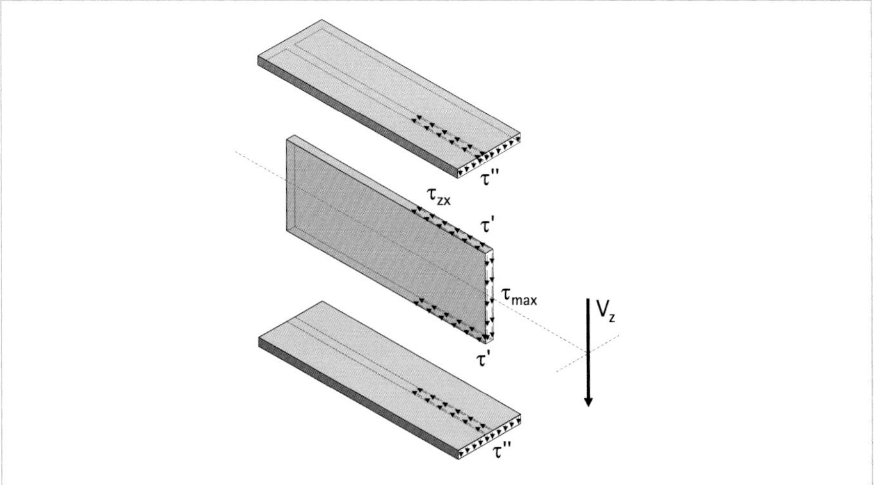

12 Nachweise der Tragfähigkeit

Die Tragfähigkeit von Bauteilen und Tragwerken wird entweder durch einen rechnerischen Nachweis oder durch einen Versuch sichergestellt. Die rechnerischen Nachweise der Tragfähigkeit werden auch als Auslegung, Dimensionierung oder Bemessung bezeichnet. Experimentelle Nachweise führen entweder zum Zerstören oder es wird eine Belastung aufgebracht, die zu keiner Zerstörung führt. Die Höhe der Last bis zum Versagen ist dann rechnerisch zu ermitteln.

Sowohl die rechnerischen als auch die experimentellen Nachweise beinhalten Unsicherheiten, Vereinfachungen und Ungenauigkeiten. Die Unschärfe im Erfassen der Belastungen und der statischen Systeme werden für die rechnerischen Nachweise in Teilsicherheitsfaktoren berücksichtigt.

Bei den Einwirkungen gibt es Unsicherheiten in der Höhe und der Verteilung der Belastung, denn Schnee und Wind sind zum Beispiel auf den Standort bezogen geregelt. Die lokalen Situationen durch benachbarte Bebauung oder eine besondere Topographie können nur in Windkanalversuchen erfasst werden. Aus diesem Grund werden Lasten in den rechnerischen Nachweisen mit einem Sicherheitsfaktor berücksichtigt.

Einwirkungsgruppe	Einwirkung	Sicherheitsfaktor γ_F
Ständige Last	Eigengewicht	1,35
Veränderliche Lasten	Nutzlast in Gebäuden	1,5
	Schnee	1,5
	Wind	1,5

Tabelle 14 Sicherheitsfaktoren γ_F für Einwirkungen

Bei mehr als einer veränderlichen Einwirkung, sogenannten Lastkombinationen, dürfen einzelne Lasten abgemindert werden. Für die Berücksichtigung mehrerer Lasten gibt es zusätzliche Kombinationsbeiwerte. Zum Beispiel gibt es für Dächer, die gleichzeitig Schnee und Wind ausgesetzt sind, zwei Kombinationen. Entweder ist die Schneelast in voller Größe anzusetzen und die Windlast auf 60% abzumindern oder die Schneelast darf auf 50% reduziert werden und der Wind ist in voller Größe zu berücksichtigen.

Ungenauigkeiten in den statischen Systemen sind Ausmittigkeiten in Anschlüssen, die zu zusätzlichen Schnittgrößen wie Torsion führen oder eine Lagerung, die keiner festen Lagerung oder Einspannung entspricht, sondern nachgiebig ist. Die Verbindungen der Bauteile untereinander sind in Wirklichkeit steifer als eine gelenkige Verbindung und weicher als ein biegesteifer Anschluss. Imperfektionen in den Bauteilen und der Geometrie des Tragwerks mindern die Tragfähigkeit zusätzlich; Risse in Stahlbeton und Mauerwerk machen die Bauteile nachgiebiger.

Im Allgemeinen führen nachgiebige Konstruktionen zu geringeren Spannungen und größeren Verformungen. Ist jedoch eine Stelle im Tragwerk sehr steif, kann es bei größeren Verformungen des gesamten Tragwerks an dieser Stelle zu einer Überbeanspruchung kommen, denn Steifigkeit zieht Spannungen an.

Mit den heutigen Möglichkeiten der numerischen Berechnung lassen sich die Ungenauigkeiten in den statischen Systemen mit einem entsprechenden Aufwand berücksichtigen. Deshalb gibt es nur in Ausnahmen einen Sicherheitsfaktor auf Unschärfen in den statischen Systemen. Für eine Vorbemessung, in denen diese Ungenauigkeiten unberücksichtigt bleiben, ist eine geringere Ausnutzung der Bauteile angemessen.

Die in Versuchen unter Laborbedingungen gewonnenen Festigkeitswerte der Baustoffe enthalten Ungenauigkeiten, die in der Streuung der Werkstoffeigenschaften liegen. An kleinen Proben werden daher höhere Festigkeiten gemessen als in Bauteilen, die in Bauwerken große Abmessungen haben. Die Werkstoffstreuung wird über einen werkstoffspezifischen Abminderungsfaktor erfasst.

Umweltbedingungen wie Feuchtigkeit, Salzwasser, Temperatur oder UV-Strahlung sowie die Größe, die Geschwindigkeit, die Dauer und die Häufigkeit der Belastung führen zu Ermüdung und Alterung. Die Festigkeit der Baustoffe wird dadurch über die Standzeit des Tragwerks reduziert. Die Abminderungsfaktoren dieser Einflüsse sind für die verschiedenen Baustoffe in den entsprechenden Normen angegeben.

Beispiele für Abminderungen γ_M durch die Werkstoffstreuung		
Beton	$\gamma_M = 1{,}5$	DIN EN 1992
Bewehrungsstahl	$\gamma_M = 1{,}15$	DIN EN 1992
Stahl	$\gamma_M = 1{,}1$	DIN EN 1993
Holz	$\gamma_M = 1{,}3$	DIN EN 1995
Mauerwerk	$\gamma_M = 1{,}5$ bis 3,0 abhängig vom Mauerwerk	DIN EN 1996

Tabelle 15 Sicherheitsfaktoren γ_M für Werkstoffe

Die Besonderheit im Holzbau ist eine Berücksichtigung der Dauer der Einwirkung und die Bewitterung der Bauteile. Die Festigkeiten für ständige Lasten werden stärker abgemindert als für kurzzeitige Einwirkungen wie Wind. Für die Bewitterung wird zwischen Bauteilen unterschieden, die sich dauerhaft in geschlossenen Räumen befinden, die im Außenbereich, aber witterungsgeschützt sind und die der Witterung ohne Schutz ausgesetzt sind. Für Bauteile, die der Witterung ausgesetzt sind, werden größere Abminderungsfaktoren angesetzt.

Das Vorgehen für einen rechnerischen Nachweis ist in Deutschland geregelt (DIN EN 1990 Grundlagen der Tragwerksplanung bzw. Eurocode EC 1). In den rechnerischen Nachweisen werden allgemein die an den statischen Systemen ermittelten Schnittgrößen und Spannungen den Kräften bzw. Momenten und Festigkeiten gegenübergestellt, die von den Werkstoffen und Querschnittsgeometrien der Bauteile sicher aufgenommen werden.

Die an den statischen Systemen und unter Einbeziehen der Sicherheitsfaktoren ermittelten Größen werden der Seite der Einwirkungen zugeordnet. Sie müssen kleiner sein als die Größen, die sich aus den Festigkeiten der Werkstoffe mit den zugehörigen Abminderungsfaktoren ergeben und als Werkstoffwiderstand bezeichnet werden.

Alle Größen ohne Sicherheitsfaktoren oder Abminderungen werden als **charakteristische Größen** bezeichnet. Belastungen mit Sicherheitsfaktoren und Schnittgrößen oder Spannungen, die mit diesen Lasten ermittelt wurden, werden **Bemessungsgrößen** genannt. Auch Festigkeiten der Baustoffe, in denen Abminderungsfaktoren berücksichtigt sind, heißen Bemessungswerte der Festigkeiten. Die Kennzeichnung der unterschiedlichen Größen erfolgt durch Indizes, in der Regel k für charakteristisch, E für Einwirkung, d (design) für Bemessungswert und R (resistance) für den Widerstand der Werkstoffe.

Lasten und Widerstände	Maßgebliche Größen nach DIN EN 1990	Formelzeichen
Statisches System mit Lasten		
Einwirkungen	charakteristische Größe der Einwirkung	F_k
	Bemessungswert der Einwirkung	$F_d = \gamma_F \cdot F_k$
Schnitt-größen	charakteristische Größe	N_k, V_k, M_k
	Bemessungswert	N_{Ed}, V_{Ed}, M_{Ed}
Spannungen	charakteristische Größe	σ_k, τ_k
	Bemessungswert	σ_{Ed}, τ_{Ed}
Baustoff- und Bauteilwiderstand		
Festigkeiten	charakteristische Größe	$f_{t,k}$, $f_{c,k}$, $f_{m,k}$, $f_{V,k}$
	Bemessungswert	$f_{t,d} = \eta \cdot f_{t,k}/\gamma_M$
		$f_{c,d} = \eta \cdot f_{c,k}/\gamma_M$
		$f_{V,d} = \eta \cdot f_{c,k}/\gamma_M$
		$f_{m,d} = \eta \cdot f_{m,k}/\gamma_M$
Schnitt-größen	Bemessungswert	$N_{Rd} = f_{c,d} \cdot A$ bzw. $f_{t,d} \cdot A$
		$V_{Rd} = f_{V,d} \cdot t \cdot I_y/S_y$
		$M_{Rd} = f_{m,d} \cdot W_{y,z}$
mit t für Zug (tension), c für Druck (compression), V für Querkraft (vertical) und m für Biegung (moment)		
Der Faktor η berücksichtigt Abminderungen durch Umweltbedingungen wie Feuchtigkeit, Salzwasser, Temperatur oder UV-Strahlung sowie die Größe, die Geschwindigkeit, die Dauer und die Häufigkeit der Belastung. Im Holzbau lautet dieser Faktor $k_{mod.}$ Für Stahl und Stahlbeton darf üblicherweise $\eta = 1$ angenommen werden.		

Tabelle 16 Bezeichnungen nach DIN EN 1990

Beton	C 20/25	C 30/37	C 35/45	
Druckfestigkeit $f_{c,k,cube}$	25 N/mm²	37 N/mm²	45 N/mm²	
Zugfestigkeit $f_{c,t}$	2,2 N/mm²	2,9 N/mm²	3,2 N/mm²	
Bewehrungsstahl	**B 500 A**	**B 500 B**		
Streckgrenze Zug $f_{y,k}$	500 N/mm²	500 N/mm²		
Duktilität	normal	hoch		
Stahl	**S 235**	**S 355**		
Streckgrenze $f_{y,k}$	235 N/mm²	355 N/mm²		
Zugfestigkeit $f_{u,k}$	360 N/mm²	490 N/mm²		
Schubfestigkeit $f_{V,k}$	136 N/mm²	205 N/mm²		
Holz	**C 24**	**C 30**	**GL 24 h**	**GL 28 h**
Biegung $f_{m,k}$	24 N/mm²	30 N/mm²	24 N/mm²	28 N/mm²
Zug parallel $f_{t,0,k}$	14 N/mm²	18 N/mm²	16,5 N/mm²	19,5 N/mm²
Zug rechtwinklig $f_{t,0,k}$	0,4 N/mm²	0,4 N/mm²	0,4 N/mm²	0,4 N/mm²

Tabelle 17 Bezeichnungen und charakteristische Festigkeiten von Baustoffen

Mauerwerk	Charakteristische Druckfestigkeit $f_{c,k}$ [N/mm²]			
Steindruck-festigkeitsklasse	Normalmörtel			
	II	IIa	III	IIIa
4	2,1	2,4	2,9	–
6	2,7	3,1	3,7	–
8	3,1	3,9	4,4	–
10	3,5	4,5	5,0	5,6
12	3,9	5,0	5,6	6,3
16	4,6	5,9	6,6	7,4
20	5,3	6,7	7,5	8,4
28	5,3	6,7	9,2	10,3
36	5,3	6,7	10,6	11,9
48	5,3	6,7	12,5	14,1
60	5,3	6,7	14,3	16,0

Tabelle 18 Charakteristische Druckfestigkeit von Ziegel- und KS-Mauerwerk

13 Verformungen

13.1	Verformungen infolge Normalkraft	236
13.2	Verformung infolge Biegung	238
13.3	Einfeldträger mit Auskragungen	252
13.4	Verformungen infolge von Schub und Torsion	255

Das Ermitteln der Auflagereaktionen, das Darstellen der Schrittgrößen über die Länge der Bauteile und das Bestimmen der Spannungen erfolgt am unverformten statischen System und wird als Theorie I. Ordnung bezeichnet. Die Verformungen sind im Allgemeinen sehr gering und deshalb ist es für viele Belastungen hinreichend genau, die Spannungen an unverformten statischen Systemen zu ermitteln. Bei großen Verformungen ist der Einfluss der Verformung auf die Schnittgrößen und Spannungen zu berücksichtigen und führt zur Theorie II. Ordnung.

Verformungen können zu Beeinträchtigung der Nutzung führen, indem es zu Schiefstellungen oder Durchbiegungen kommt. Die Folge sind unebene Decken, die eine Möblierung erschweren oder das Schwingen der Decken beim Begehen, das sich bei bestimmten Frequenzen für Menschen unangenehm anfühlt. Verformungen in Dachkonstruktionen können zur Ansammlung von Wasser und Überbeanspruchung der tragenden Bauteile führen. Aus diesen Gründen ist das Einhalten von Verformungen eine weitere Anforderung an tragende Bauteile. Abhängig von den Werkstoffen schreiben die Bemessungsnormen auch maximale Verformungen vor, die unter den angenommenen Einwirkungen einzuhalten sind. In Platten aus Stahlbeton oder Glas ist das Einhalten der Verformungen für die Dicke der Platten maßgebend. Die Überprüfung der Verformungen erfolgt mit dem Nachweis der **Gebrauchstauglichkeit.** Die Größe der Verformungen ist vom Werkstoff und von den Querschnittswerten der Bauteile abhängig. Werkstoffe mit großem Elastizitäts- und Schubmodul verformen sich weniger als Baustoffe mit geringeren Werkstoffkonstanten. Auch die Querschnittswerte beeinflussen die Verformungen.

Jedes Bauteil unterliegt aufgrund des Werkstoffverhaltens Verformungen: Normalkraft-beanspruchte Bauteile werden kürzer oder länger, die Querkraft führt zu einer Verrautung, biegebeanspruchte Bauteile krümmen sich und infolge Torsion kommt es zu einer Verwindung.

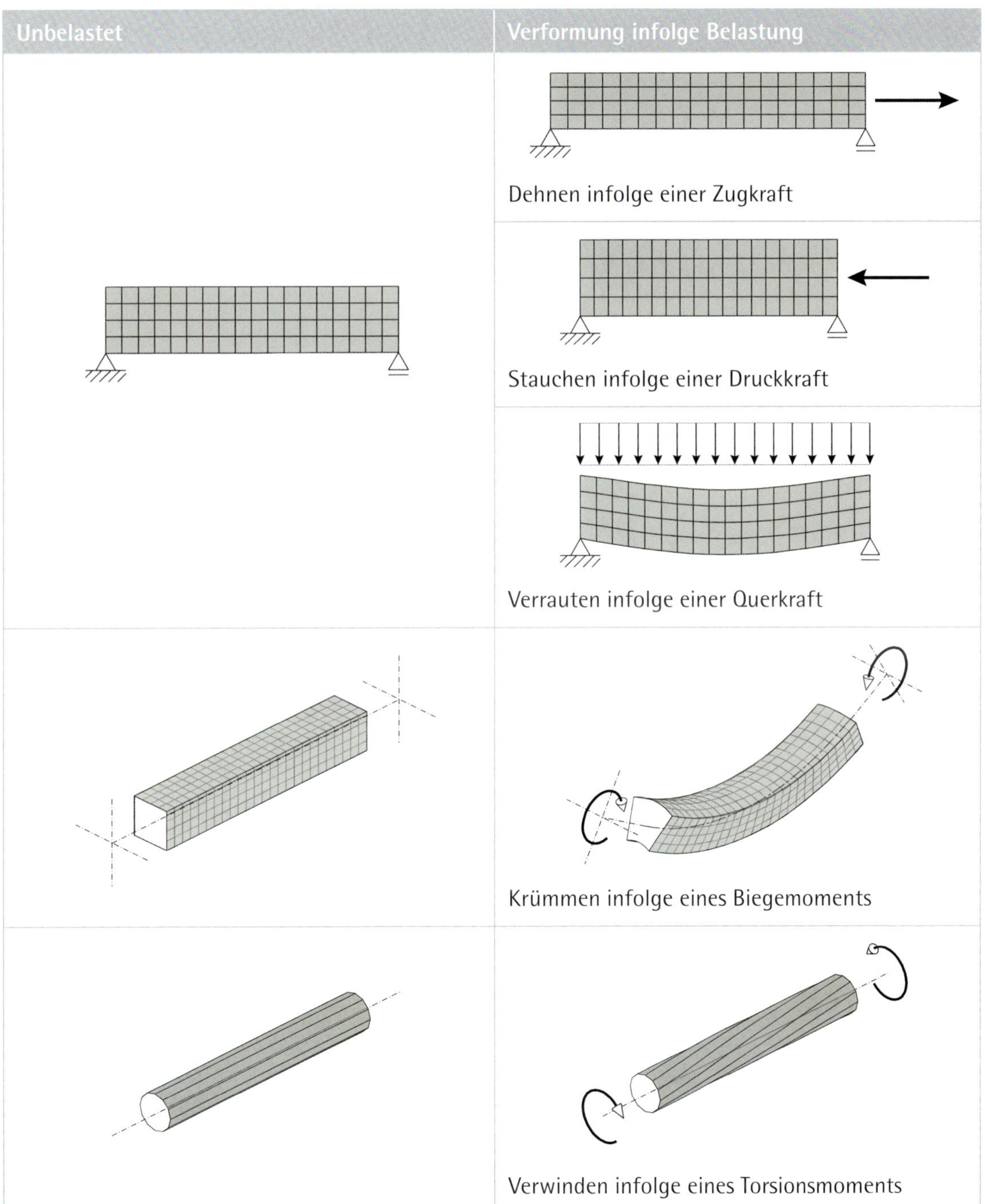

Tabelle 19 Lastbedingte Verformungen

13.1 Verformungen infolge Normalkraft

Jedes Bauteil, selbst ein dünnes Seil, ist dreidimensional und auch das Werkstoffverhalten ist räumlich. Wird das Seil gezogen, wird der Querschnitt geringer und das Seil länger. Vereinfachend werden bei der Bestimmung der Längenänderung eines auf Normalkraft beanspruchten Bauteils Einflüsse aus der Lagerung und dem räumlichen Verzerrungszustand vernachlässigt.

Äußere Kraft F und Längenänderung ΔL:

Äußere Größe, gemessen

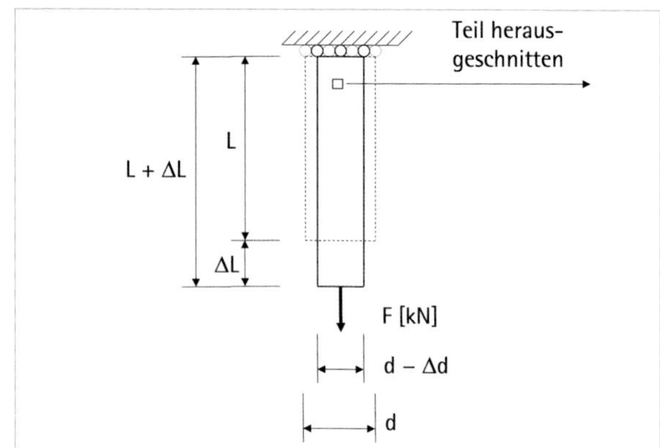

Beziehung zwischen der Längenänderung **du** und der Dehnung ε

$$\varepsilon = \frac{u - dx}{dx} = \frac{dx + du - dx}{dx} = \frac{du}{dx}$$

Spannung σ und Dehnung ε:

Innere Größen, berechnet

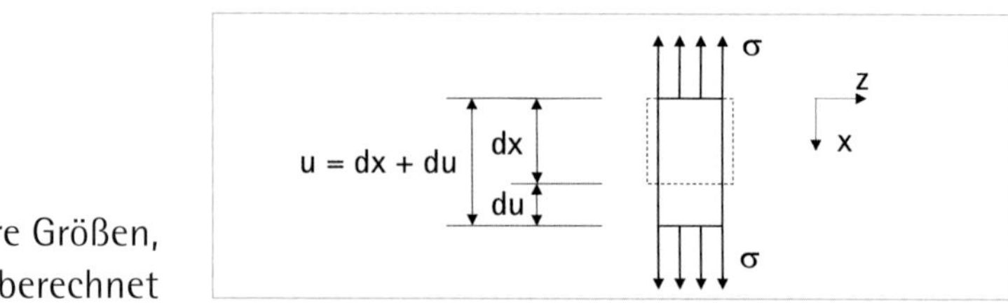

Um die Nutzung des Tragwerks zu gewährleisten, muss der Nachweis der Gebrauchstauglichkeit erbracht werden. Dazu müssen die Längenänderungen berechnet werden. Die berechneten Verformungen können am gebauten Tragwerk mit Belastungsversuchen überprüft werden.

Die Änderung der Querschnittsfläche wird bei der Bestimmung der Längenänderung ΔL vernachlässigt. Ohne Berücksichtigung des Eigengewichtes ist die Normalkraft über die Länge des Bauteils konstant. Sie berechnet sich für die äußere Kraft F über das Gleichgewicht am geschnittenen System.

Es gilt:

$$N = F$$

Ist die Querschnittsfläche gegeben, lässt sich die Normalkraft in die Zugspannung umrechnen mit:

$$\sigma_N = \frac{N}{A}$$

Das linear elastische Werkstoffgesetz lautet:

$$\sigma_N = E \cdot \varepsilon$$

Die Beziehung zwischen der Dehnung und der Längenänderung ΔL schreibt sich für eine konstante Dehnung über Länge des Bauteils und die ungedehnte Länge L_0 zu:

$$\varepsilon = \frac{\Delta L}{L_0}$$

Die vier Gleichungen ineinander eingesetzt, führen zunächst zu:

$$\sigma_N = E \cdot \frac{\Delta L}{L_0} = \frac{N}{A} = \frac{F}{A}$$

Aufgelöst nach der unbekannten Längenänderung folgt

$$\Delta L = \frac{F \cdot L_0}{E \cdot A}$$

Die Längenänderung ist proportional zur Länge des Bauteils. Das Produkt aus dem Elastizitätsmodul E und der Querschnittsfläche A im Nenner der Gleichung ist auch bekannt unter dem Begriff **Dehnsteifigkeit.** Eine große Dehnsteifigkeit führt zu einer geringen Längenänderung im Vergleich zu einer kleinen Dehnsteifigkeit.

Die Stauchung infolge einer Druckkraft berechnet sich entsprechend. Durch das negative Vorzeichen der Kraft hat auch die Stauchung ein negatives Vorzeichen.

13.2 Verformung infolge Biegung

Die Verformungen eines auf Biegung beanspruchten Bauteils lassen sich entsprechend mit dem Momentgleichgewicht, dem Spannungsverlauf über die Höhe des Trägers und dem Werkstoffgesetz herleiten.

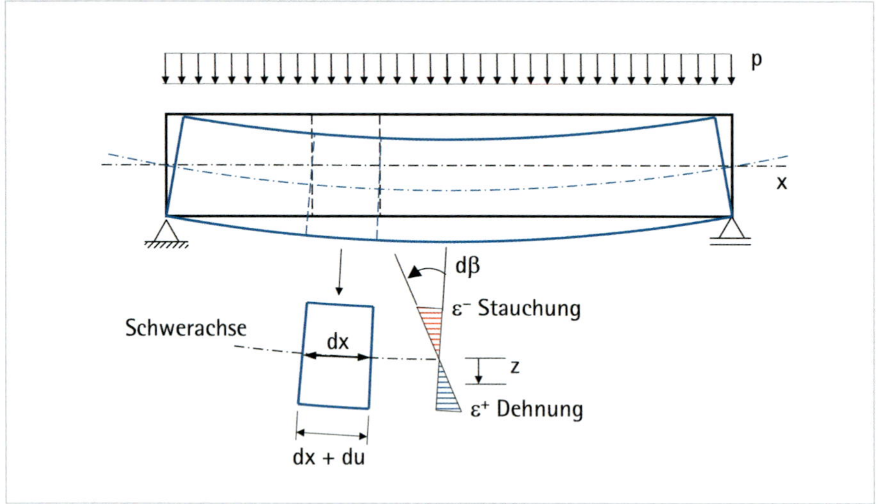

Bei Biegung verdreht sich der Querschnitt. Die Verdrehung dβ wird entgegen dem Uhrzeigersinn positiv definiert.

Für ein sehr kleines Element mit der Länge dx ist die Dehnung abhängig zur Verschiebung **du** gegeben mit:

$$\varepsilon_x = \frac{du}{dx}$$

Mit der Annahme, dass sich die Verdrehung über die Länge des Trägers ändert und die Änderung der Verdrehung sehr klein ist, gilt $\tan d\beta = d\beta$

$$\tan d\beta \approx d\beta = \frac{du}{z}$$

Nach du umgeformt und in die Gleichung für die Dehnung eingesetzt, entsteht die geometrische Beziehung, dass die Dehnung vom Schwerpunkt ausgehend zum oberen und unteren Rand linear zunimmt. Es gilt:

$$\varepsilon_x = \frac{d\beta}{dx} \cdot z$$

Mit dem linear elastischen Werkstoffgesetz, ergibt sich eine Abhängigkeit zwischen der Winkeländerung und den Biegespannungen:

$$\sigma_M = E \cdot \varepsilon = E \cdot \frac{d\beta}{dx} \cdot z$$

Für die Biegespannung gilt nach S. 194:

$$\sigma_M = \frac{M_y(x)}{I_y} \cdot z$$

Die rechten Seiten der beiden Gleichungen gleichgesetzt folgt:

$$E \cdot \frac{d\beta}{dx} \cdot z = \frac{M_y(x)}{I_y} \cdot z$$

Mit z gekürzt und nach der unbekannten Winkeländerung aufgelöst folgt:

$$\frac{d\beta}{dx} = \frac{M_y(x)}{E \cdot I_y}$$

Der Term bestehend aus dem Elastizitätsmodul E und dem Flächenträgheitsmoment I_y ist auch als **Biegesteifigkeit** bekannt, denn je größer das Produkt aus der Werkstoffkonstanten und dem Querschnittswert ist, umso geringer ist die Verdrehung.

Die Verformung des Trägers wird auf die Schwerachse bezogen und mit der Geometrie am verformten Träger sind weitere Zusammenhänge herzustellen. Ist die Verformung w(x) eine Funktion von x über die Trägerlänge, entspricht die Verdrehung β an der Stelle x der Steigung der Funktion w(x). Diese Verdrehung ist im Uhrzeigersinn und damit mathematisch negativ.

$$\frac{dw(x)}{dx} = -\beta(x)$$

Auch die Verdrehung ist eine Funktion von x. Die Ableitung der Steigung nach x ergibt:

$$\frac{d^2w(x)}{dx^2} = -\frac{d\beta(x)}{dx}$$

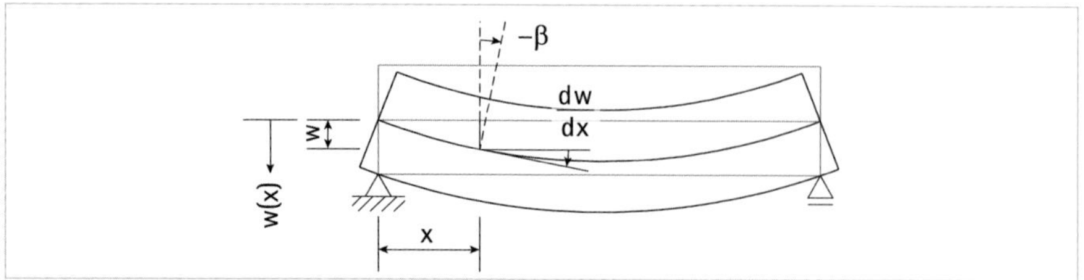

Die Winkeländerung ersetzt durch den Term:

$$\frac{M_y(x)}{E \cdot I_y}$$

führt zu:

$$\frac{d^2w(x)}{dx^2} = -\frac{M_Y(x)}{E \cdot I_y}$$

Die zweite Ableitung der Funktion w(x) für die Durchbiegung entspricht der Funktion des Biegemoments über die Spannweite dividiert durch die Biegesteifigkeit. Die Funktion w(x) beschreibt die **Biegelinie** der Schwerachse. Um diese zu erhalten, ist eine unbestimmte Integration der Gleichung erforderlich, in welcher die Durchbiegung in der 2. Ableitung in Abhängigkeit zum Momentenverlauf beschreiben ist.

13.2.1 Analogie nach Mohr

Aus der Herleitung der Verformung wird ein weiterer Zusammenhang deutlich. Die zweite Ableitung der Durchbiegung und die zweiten Ableitung des Biegemoments sind ähnlich aufgebaut.

Die Beziehung zwischen Belastung und Biegemoment lautet:

$$\frac{d^2M_y(x)}{dx^2} = p(x)$$

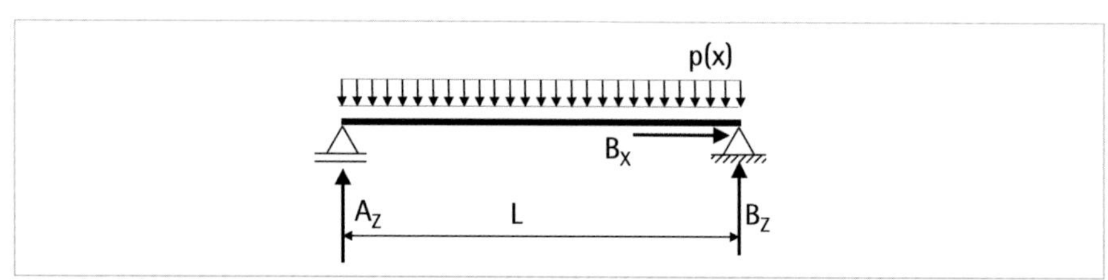

Die Beziehung zwischen der Verformung und dem Biegemoment lautet:

$$\frac{d^2w(x)}{dx^2} = -\frac{1}{E \cdot I_y} \cdot M(x)$$

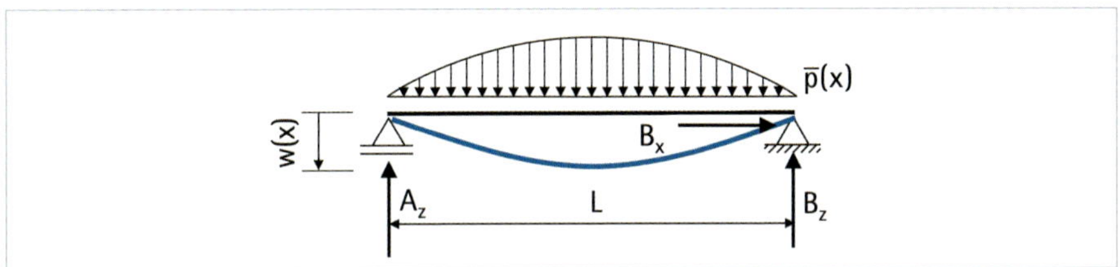

Mit

$$\bar{p}(x) = \frac{M(x)}{E \cdot I_y}$$

folgt

$$\frac{d^2w(x)}{dx^2} = -\bar{p}(x)$$

Dies entspricht bis auf das Vorzeichen der 2. Ableitung des Biegemoments.

Diese Ähnlichkeit lässt sich nutzen, um die Funktion der Biegelinie zu bestimmen und auf die unbestimmte Integration zu verzichten. Wird die Funktion des Biegemoments dividiert durch die Biegesteifigkeit als Belastung auf den Träger angesetzt, ergibt sich die Funktion der Durchbiegung. Diese Zuordnung ist in der Literatur als Analogie von Mohr bekannt und nach dem deutschen Ingenieur Otto Mohr (1835–1918) benannt, der sie erkannt hatte. Otto Mohr war unter anderem Professor am Polytechnikum in Stuttgart.

Die Analogie ist beschränkt auf statische Systeme, in denen die Randbedingungen für das Biegemoment und die Verformung dieselben sind.

13.2.2 Biegelinien von Einfeldträgern

Für die Bestimmung der Biegelinien wird vereinfachend von einer konstanten Biegesteifigkeit über die gesamte Länge der Träger ausgegangen.

Für einen Einfeldträger mit einer mittigen Einzellast bietet sich die Analogie von Mohr an, um die Funktion der Biegelinie zu bestimmen.

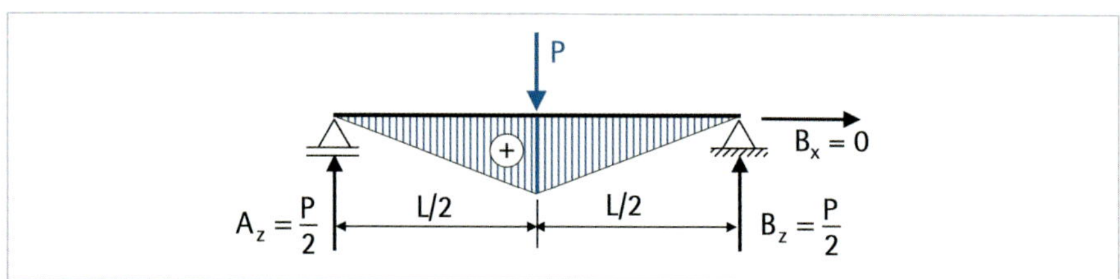

Das maximale Biegemoment ist bei

$$x = \frac{L}{2}$$

und lautet nach S. 164 mit

$$a = b = \frac{L}{2}$$

$$M_{y,max} = P \cdot \frac{L}{4}$$

Die Mohr-Analogie angewandt für

$$0 \le x \le \frac{L}{2}$$

führt nach S. 159 zu der Belastung

$$\bar{p}(x) = \frac{2 \cdot \bar{p}_0}{L} \cdot x$$

und

$$\bar{p}_0 = -\frac{1}{E \cdot I_y} \cdot P \cdot \frac{L}{4}$$

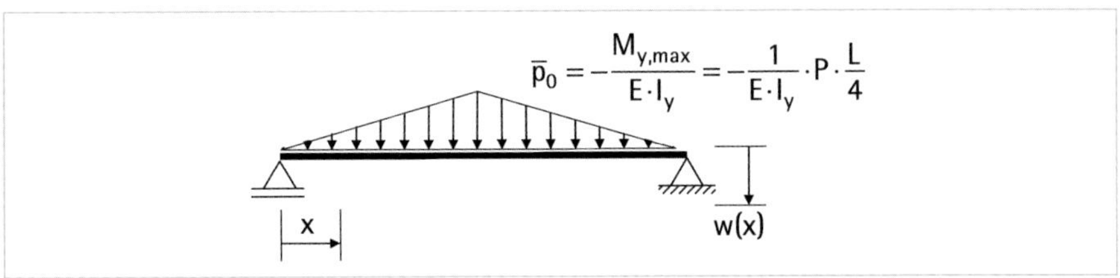

Der Verlauf des Biegemoments berechnet sich, indem an der Stelle x geschnitten und das Moment um x gebildet wird. Auf die Herleitung der Auflagerkraft A_z mit dem Momentengleichgewicht um B_z wird verzichtet. Für das Moment an der Stelle x folgt:

Auflagerkraft

$$A_z = \bar{p}_0 \cdot \frac{L}{4}$$

Resultierende Kraft

$$R_{\bar{p}_0} = \frac{1}{2} \cdot \frac{2\bar{p}_0}{L} \cdot x = \frac{\bar{p}_0}{L} \cdot x$$

$$\overline{M}_y(x) = \frac{\bar{p}_0}{L} \cdot x \cdot \left(\frac{L^2}{4} - \frac{x^2}{3} \right) = -w(x)$$

Diese Funktion entspricht der Funktion für die Verformung $-w(x)$.

Einsetzen von $\bar{p}_0$ und Kürzen mit L ergibt:

$$w(x) = \frac{P}{4 \cdot E \cdot I_y} \cdot x \cdot \left(\frac{L^2}{4} - \frac{x^2}{3} \right)$$

Setzt man die erste Ableitung gleich null, ergibt sich die Stelle der maximalen Durchbiegung:

$$\frac{dw(x)}{dx} = \frac{P}{4 \cdot E \cdot I_y} \cdot \left(\frac{L^2}{4} - x^2 \right) = 0$$

Daraus folgt

$$x = \frac{L}{2}$$

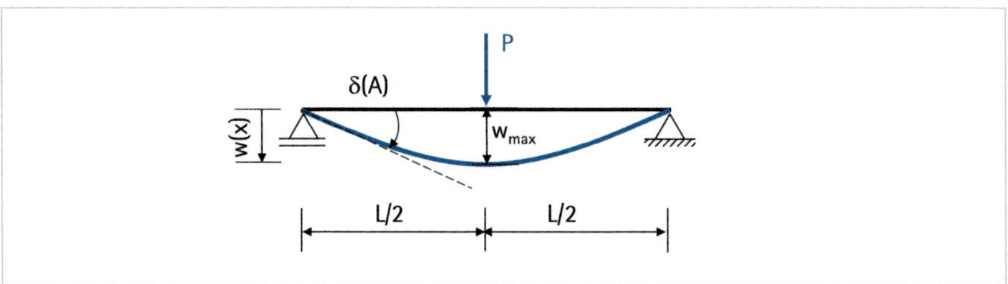

Die maximale Durchbiegung in Feldmitte lautet:

$$w\left(x = \frac{L}{2}\right) = \frac{P}{4 \cdot E \cdot I_y} \cdot \frac{L}{2} \cdot \left(\frac{L^2}{4} - \frac{L^2}{12}\right)$$

oder

$$w_{max} = \frac{P \cdot L^3}{48 \cdot E \cdot I_y}$$

Die Spannweite geht in der 3. Potenz in die Gleichung für die maximale Durchbiegung ein.

An den Auflagern entsteht eine Verdrehung, welche die Tangente an die Biegelinie im Auflager ist und damit der 1. Ableitung der Funktion für die Verformung entspricht. Für das Auflager A ergibt sich die Verdrehung δ(A) zu:

$$\delta(A) = \frac{P \cdot L^2}{16 \cdot E \cdot I_y}$$

Die Verdrehung von Einfeldträgern an den Auflagern tritt bei jeder Belastung auf, die zu einer Durchbiegung des Bauteils führt. Es ist im Einzelfall zu prüfen, ob die Verdrehung Auswirkungen auf die Nutzung oder die Beanspruchung von darunterliegenden Bauteilen hat.

Das Vorgehen, die Biegelinie über die Mohr-Analogie zu bestimmten, hat den Nachteil, dass bereits für eine konstante Streckenlast das Biegemoment eine Parabel 2. Ordnung ist und damit auch die anzusetzende Ersatzlast eine Funktion 2. Ordnung ist.

Der Verlauf des Biegemoments für einen Einfeldträger mit einer konstanten Streckenlast ist nach S. 158:

$$M_y(x) = \frac{p}{2} \cdot (L \cdot x - x^2)$$

Wird der Verlauf des Biegemoments in die Funktion für die Biegelinie eingesetzt, ergibt sich

$$\frac{d^2 w(x)}{dx^2} = -\frac{1}{E \cdot I_y} \cdot \frac{p}{2} \cdot (L \cdot x - x^2)$$

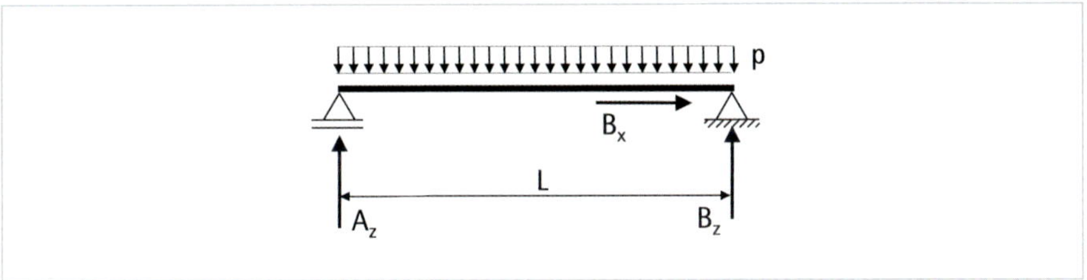

Die zweite Ableitung der Biegelinie w(x) des Trägers ist eine Funktion von x, wobei die Belastung und die Biegesteifigkeit konstante Größen über die Länge des Trägers sind.

Für die zweifache Integration sind zwei Randbedingungen erforderlich. Die beiden Randbedingungen sind, dass die Verformungen unmittelbar an den Auflagern null sind.

Nach Einsetzen der Integrationskonstanten lautet die Funktion für die Verformung:

$$w(x) = \frac{p}{2 \cdot E \cdot I_y} \cdot \left(\frac{1}{12} \cdot x^4 - \frac{L}{6} \cdot x^3 + \frac{L^3}{12} \cdot x \right)$$

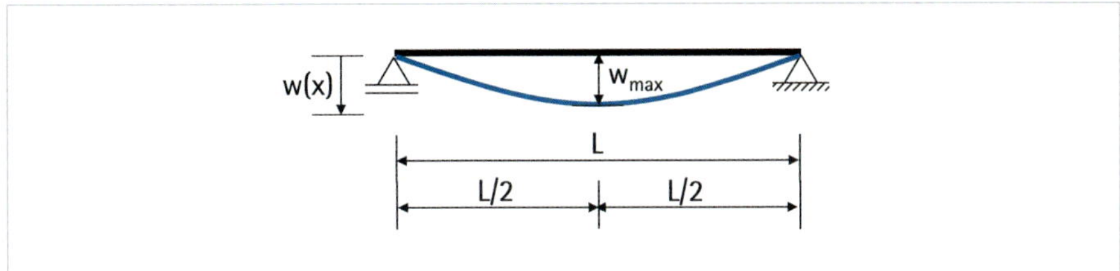

Das Maximum der Durchbiegung ergibt sich, wenn die erste Ableitung null ist und es folgt:

$$\frac{dw(x)}{dx} = \frac{p}{2 \cdot E \cdot I_y} \cdot \left(+\frac{1}{3} \cdot x^3 - \frac{L}{2} \cdot x^2 + \frac{L^3}{12} \right) = 0$$

Es gibt drei Lösungen für x, wobei eine der Lösungen lautet:

$$x = \frac{L}{2}$$

$$w\left(x = \frac{L}{2}\right) = \frac{p}{2 \cdot E \cdot I_y} \cdot \left(\frac{L^4}{192} - \frac{L^4}{48} + \frac{L^3}{12} \cdot \frac{L}{2} \right)$$

$$= \frac{p}{2 \cdot E \cdot I_y} \cdot \left(\frac{L^4}{192} - \frac{4L^4}{192} + \frac{8L^4}{192} \right)$$

$$w_{max} = \frac{5}{384} \cdot \frac{p \cdot L^4}{E \cdot I_y}$$

Die Verformung eines Einfeldträgers mit einer konstanten Biegesteifigkeit über die Spannweite und einer konstanten Streckenlast ist von der Spannweite in der vierten Potenz abhängig. Dies bedeutet, die zweifache Spannweite führt zur 16-fachen Durchbiegung.

Ergänzung (für Interessierte und Studierende mit Vorwissen)

Zur Vollständigkeit und zur Information ist im Folgenden die Biegelinie für den Einfeldträger unter einer konstanten Streckenlast hergeleitet. Es wird die Funktion für das Biegemoment in die Gleichung für die Durchbiegung eingesetzt. Die Gleichung der Biegelinie lautet mit den konstanten Größen vor der Klammer:

$$\frac{d^2w(x)}{dx^2} = -\frac{p}{2 \cdot E \cdot I_y} \cdot (L \cdot x - x^2)$$

Das Bestimmen der Funktion w(x) ist mit einer unbestimmten Integration möglich:

$$\frac{dw(x)}{dx} = -\frac{p}{2 \cdot E \cdot I_y} \int (L \cdot x - x^2) \cdot dx$$

$$= -\frac{p}{2 \cdot E \cdot I_y} \cdot \left(L \cdot \frac{x^2}{2} - \frac{x^3}{3} \right) + C_1$$

Ein weiteres Mal integriert, folgt:

$$w(x) = -\frac{p}{2 \cdot E \cdot I_y} \int \left(L \cdot \frac{x^2}{2} - \frac{x^3}{3} \right) \cdot dx + \int C_1 \cdot dx$$

$$= -\frac{p}{2 \cdot E \cdot I_y} \cdot \left(L \cdot \frac{x^3}{2 \cdot 3} - \frac{x^4}{3 \cdot 4} \right) + C_1 \cdot x + C_2$$

Bis auf die Integrationskonstanten C_1 und C_2 liegt jetzt die Funktion der Biegelinie in Abhängigkeit zur konstanten Streckenlast p vor.

Die Integrationskonstanten bestimmen sich mit den Bedingungen an den Auflagern, denn die Verformungen sind an diesen Stellen null.

$$w(x = 0) = 0$$

folgt

$$-\frac{p}{2 \cdot E \cdot I_y} \cdot \left(L \cdot \frac{0^3}{6} - \frac{0^4}{12} \right) + C_1 \cdot 0 + C_2 = 0$$

und

$$C_2 = 0$$

$$w(x = L) = 0$$

folgt

$$-\frac{p}{2 \cdot E \cdot I_y} \cdot \left(L \cdot \frac{L^3}{6} - \frac{L^4}{12} \right) + C_1 \cdot L + C_2 = 0$$

mit

$$C_2 = 0$$

ergibt sich

$$C_1 = \frac{p}{2 \cdot E \cdot I_y} \cdot \frac{L^3}{12} = \frac{p \cdot L^3}{24 \cdot E \cdot I_y}$$

Eingesetzt und zusammengefasst folgt:

$$w(x) = -\frac{p}{2 \cdot E \cdot I_y} \cdot \left(\frac{L}{6} x^3 - \frac{1}{12} x^4 \right) + \frac{p \cdot L^3}{24 \cdot E \cdot I_y} \cdot x$$

$$= \frac{p}{2 \cdot E \cdot I_y} \cdot \left(\frac{1}{12} x^4 - \frac{L}{6} x^3 + \frac{L^3}{12} \cdot x \right)$$

13.2.3 Biegelinien von Auskragungen

Für einen eingespannten Träger unterscheiden sich die Randbedingungen für die Auflagerreaktionen und die Verformungen. Das Biegemoment ist an der Einspannung maximal und die Verformung ist null. Am Ende der Auskragung ist das Biegemoment null und die Verformung maximal. Die Funktion der Biegelinie berechnet sich über das unbestimmte Integral und das Einsetzen der Randbedingungen.

Die Funktion des Biegemoments für eine Punktkraft am Ende der Auskragung lautet nach S. 166:

$$M_y(x) = -P \cdot (L - x)$$

Die zweite Ableitung der Biegelinie schreibt sich dann zu:

$$\frac{d^2 w(x)}{dx^2} = -\frac{1}{E \cdot I_y} \cdot P \cdot (x - L)$$

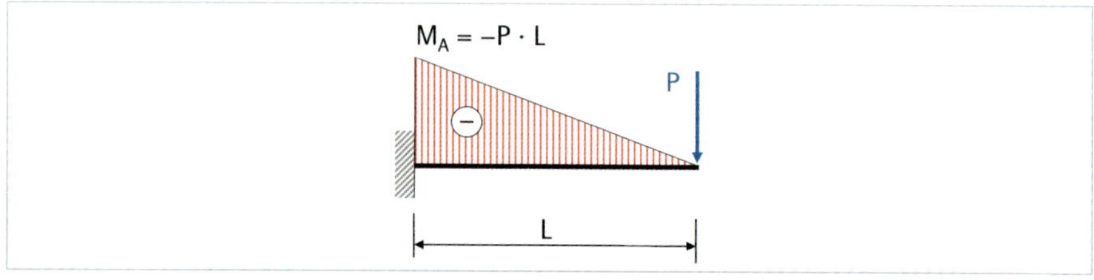

Es gibt keine Verschiebung und keine Verdrehung des Trägers in der Einspannung. Damit sind die Funktion selbst und die erste Ableitung unmittelbar an der Einspannung null. Diese Randbedingungen gelten für jede unendlich steife Einspannung.

Die Biegelinie ist eine Parabel 3. Ordnung und lautet:

$$w(x) = \frac{P \cdot x^2}{2 \cdot E \cdot I_y} \cdot \left(L - \frac{x}{3}\right)$$

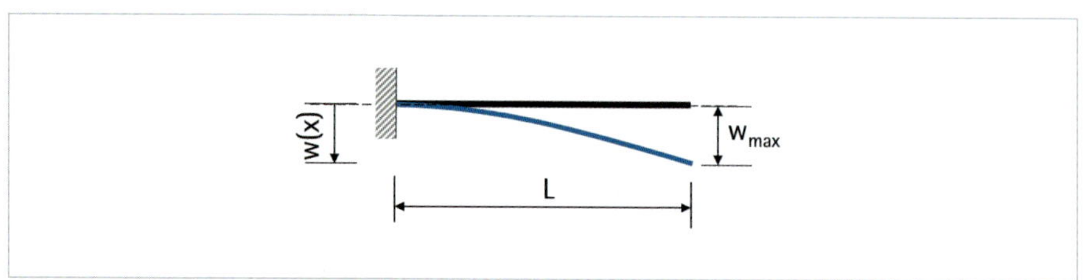

Die maximale Durchbiegung ergibt sich für x = L mit:

$$w_{max} = \frac{P \cdot x^2}{2 \cdot E \cdot I_y} \cdot \left(L - \frac{L}{3}\right) = \frac{P \cdot L^3}{3 \cdot E \cdot I_y}$$

Der Momentenverlauf für die konstante Streckenlast ist nach S. 168:

$$M_y(x) = -\frac{p}{2} \cdot (L - x)^2$$

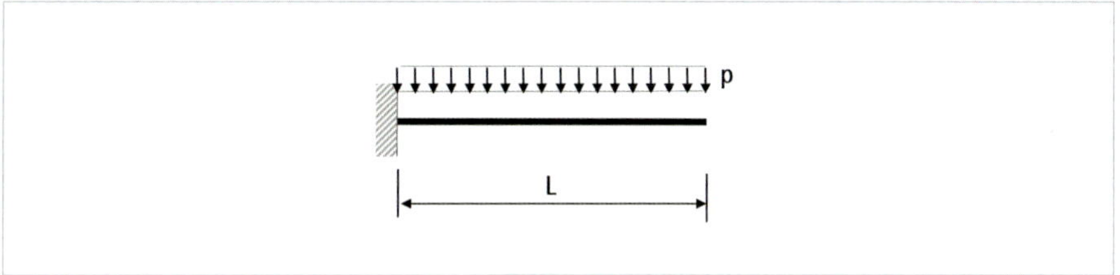

In die Funktion für die Biegelinie eingesetzt, ergibt:

$$\frac{d^2 w(x)}{dx^2} = \frac{1}{E \cdot I_y} \cdot \frac{p}{2} \cdot (L - x)^2$$

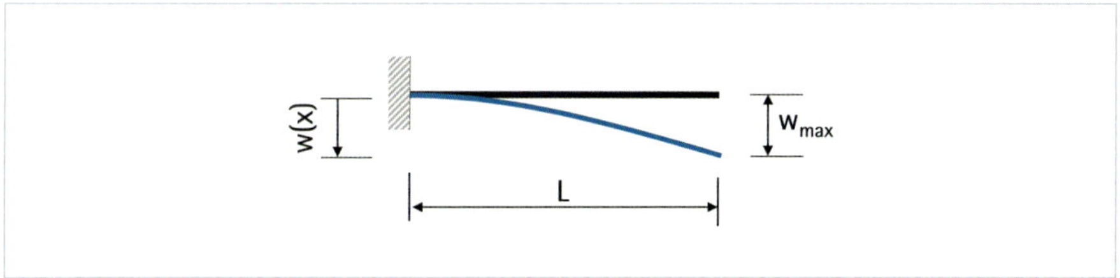

Nach der Integration und dem Einsetzen der Randbedingungen, dass es kein Verschieben und Verdrehen des Trägers in der Einspannung gibt, lautet die Biegelinie:

$$w(x) = \frac{p}{2 \cdot E \cdot I_y} \cdot \left(\frac{1}{12} \cdot x^4 - \frac{L}{3} \cdot x^3 + \frac{L^2}{2} \cdot x^2\right)$$

Die maximale Verformung am Ende des Trägers lautet mit x = L in die Gleichung eingesetzt:

$$w(x = L) = \frac{p}{2 \cdot E \cdot I_y} \cdot \left(\frac{1}{12} \cdot L^4 - \frac{L}{3} \cdot L^3 + \frac{L^2}{2} \cdot L^2\right)$$

oder

$$w_{max} = \frac{p \cdot L^4}{8 \cdot E \cdot I_y}$$

Die maximale Verformung am Ende der Auskragung entspricht dem 9,6-fachen Wert der Durchbiegung für einen Einfeldträger mit derselben Spannweite und Belastung bei gleicher Biegesteifigkeit.

Ergänzung (für Interessierte und Studierende mit Vorwissen)

Zur Information sind die Biegelinien an der Auskragung im Folgenden vollständig hergeleitet.

Für die Auskragung mit einer Punktlast am Trägerende lautet die 2. Ableitung der Biegelinie:

$$\frac{d^2w(x)}{dx^2} = -\frac{1}{E \cdot I_y} \cdot P \cdot (x - L)$$

$$\frac{dw(x)}{dx} = -\frac{1}{E \cdot I_y} \cdot P \cdot \int (x - L) = -\frac{1}{E \cdot I_y} \cdot P \cdot \left(\frac{x^2}{2} - L \cdot x\right) + C_1$$

$$w(x) = -\frac{1}{E \cdot I_y} \cdot P \cdot \int \left(\frac{x^2}{2} - L \cdot x\right) \cdot dx + \int C_1 \cdot dx$$

$$= -\frac{1}{E \cdot I_y} \cdot P \cdot \left(\frac{x^3}{6} - L \cdot \frac{x^2}{2}\right) + C_1 \cdot x + C_2$$

Die Randbedingungen zur Bestimmung der Integrationskonstanten sind:

Keine Verschiebung in der Einspannung:

$$w(x = 0) = 0$$

In die Gleichung eingesetzt folgt:

$$C_2 = 0$$

Keine Verdrehung in der Einspannung:

$$\frac{dw(x = 0)}{dx} = 0$$

In die Gleichung eingesetzt folgt:

$$C_1 = 0$$

Mit $C_1 = C_2 = 0$

lautet die Funktion der Biegelinie nach dem Umformen:

$$w(x) = \frac{P \cdot x^2}{2 \cdot E \cdot I_y} \cdot \left(L - \frac{x}{3}\right)$$

Die 2. Ableitung der Biegelinie ist für eine konstante Streckenlast auf der Auskragung:

$$\frac{d^2w(x)}{dx^2} = \frac{1}{E \cdot I_y} \cdot \frac{p}{2} \cdot (L - x)^2$$

$$\frac{dw(x)}{dx} = \frac{1}{E \cdot I_y} \cdot \frac{p}{2} \cdot \int (L - x)^2 \cdot dx$$

$$= \frac{1}{E \cdot I_y} \cdot \frac{p}{2} \cdot \left(L^2 \cdot x - L \cdot x^2 + \frac{x^3}{3} \right) + C_1$$

$$w(x) = \frac{1}{E \cdot I_y} \cdot \frac{p}{2} \cdot \int \left(L^2 \cdot x - L \cdot x^2 + \frac{x^3}{3} \right) \cdot dx + \int C_1 \cdot dx$$

$$w(x) = \frac{1}{E \cdot I_y} \cdot \frac{p}{2} \cdot \left(\frac{L^2}{2} \cdot x^2 - \frac{L}{3} \cdot x^3 + \frac{x^4}{12} \right) + C_1 \cdot x + C_2$$

Auch hier sind die Verschiebung und die Verdrehung in der Einspannung null. Die Integrationskonstanten bestimmen sich über die Randbedingungen zu $w(x = 0) = 0$:

$$\frac{1}{E \cdot I_y} \cdot \frac{p}{2} \cdot \left(\frac{L^2}{2} \cdot 0^2 - \frac{L}{3} \cdot 0^3 + \frac{x^4}{12} \right) + C_1 \cdot 0 + C_2 = 0 \;\Rightarrow\; C_1 = 0$$

An der Einspannung gibt es keine Verdrehung des Trägers. Dies bedeutet, die Tangente der Funktion für die Verformung hat keine Steigung oder ist in Richtung der Trägerlängsachse orientiert. Mathematisch gilt hierfür, dass die erste Ableitung der Funktion null ist. Es gilt:

$$\frac{dw(x = 0)}{dx} = \frac{1}{E \cdot I_y} \cdot \frac{p}{2} \cdot \left(L^2 \cdot 0 - L \cdot 0^2 + \frac{0^3}{3} \right) + C_1 = 0 \Rightarrow C_1 = 0$$

Einsetzen der Integrationskonstanten führt zu der Funktion für die Verformung:

$$w(x) = \frac{p}{2 \cdot E \cdot I_y} \cdot \left(\frac{x^4}{12} - \frac{L}{3} \cdot x^3 + \frac{L^2}{2} \cdot x^2 \right)$$

13.3 Einfeldträger mit Auskragungen

Einfeldträger weisen an den Auflagern eine Verdrehung auf und diese führt zu einer Verformung der Auskragungen. Die Nachgiebigkeit des Trägers zwischen Stützen entspricht keiner unendlich steifen Einspannung der Auskragungen. Die Bedingung der horizontalen Tangente für eine Einspannung wird verletzt. Die Verformung am Ende der Auskragung ist von der Belastung und vom Verhältnis der Spannweite zwischen den Auflagern und den Auskragungen abhängig.

Die Verformung wird positiv nach unten angenommen. Ist die Spannweite der Auskragung gering im Vergleich zum Feld, erhalten die Enden der Auskragung eine negative Verformung. Die Ursache ist die Verdrehung des Trägers über den Auflagern. Ist die Spannweite der Auskragung groß im Vergleich zum Feld, wölbt sich der Träger zwischen den Stützen nach oben. Zur Verformung der Auskragung durch die Belastung kommt der Anteil der Verdrehung über den Auflagern als zusätzliche Verformung hinzu und die Gesamtverformung wird insgesamt sehr groß.

Die Verformung lässt sich bei gegebener Belastung durch eine entsprechende Biegesteifigkeit des Trägers reduzieren. Eine höhere Biegesteifigkeit bedeutet einen höheren Querschnitt und einen größeren Aufwand an Baustoffen.

Dieser Zusammenhang ist an einem Einfeldträger mit einer konstanten Streckenlast, die über die gesamte Länge des Trägers angreift, dargestellt. Die Verformung ist am Ende der Auskragung für ein Verhältnis von $L : L_K = 1 : 1/4$ negativ bzw. die Auskragung verformt sich nach oben. Die Verformung am Kragarmende ist für das Verhältnis $L : L_K = 1 : 1/2$ etwas größer als im Feld. Für das Verhältnis $L : L_K = 1 : 1$ wölbt sich der Träger zwischen den Auflagern nach oben, obwohl die konstante Streckenlast der Verformung entgegenwirkt. Die Gesamtverformung am Ende der Auskragung ist sehr groß.

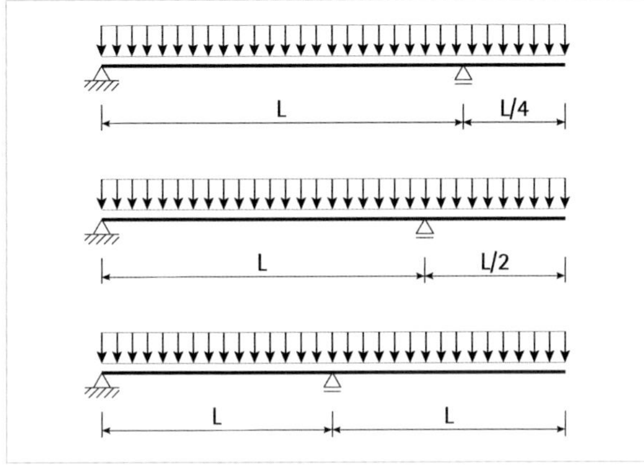

Statisches System mit Belastung

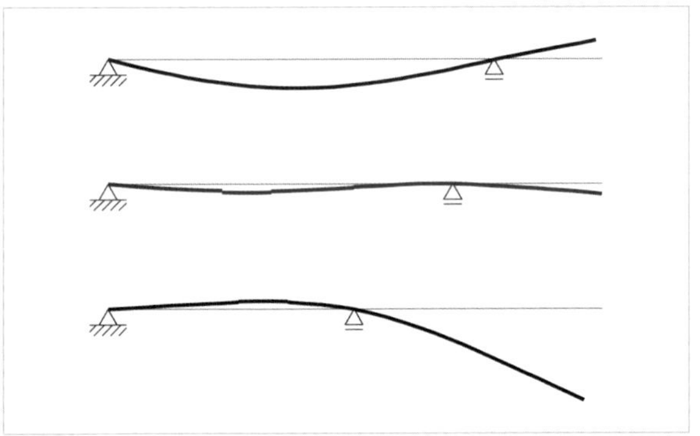

Biegelinien (Verformungsfigur)

Wie für die Schnittgrößen gibt es in Einfeldträgern mit Auskragungen, auf die eine veränderliche Belastung einwirkt, für die verschiedenen Stellungen der Nutzlast unterschiedliche Verformungen. Belastungen auf den Auskragungen führen zu einer Entlastung des Feldes und einer Krümmung nach oben. Die Auskragungen verformen sich negativ oder nach oben, wenn die Belastung nur zwischen den Auflagern angreift.

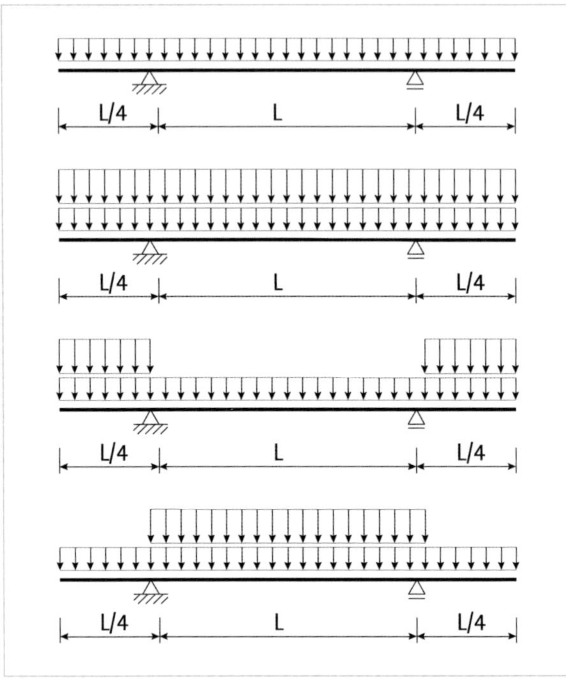

Statisches System mit Belastung

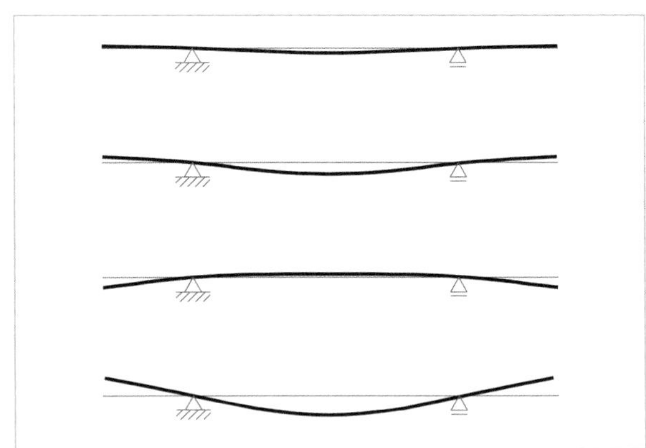

Biegelinien (Verformungsfigur)

Diese Verformungen sind zum Beispiel zu berücksichtigen, wenn an den Enden der Auskragungen Fassaden angebracht werden oder unter den Auskragungen nicht tragende Wände angeordnet werden.

13.4 Verformungen infolge von Schub und Torsion

Schubspannungen wirken an jeder Stelle in einem auf Querkraft beanspruchten Bauteil in die Längsrichtung und rechtwinklig dazu. Die Richtung der Schubspannungen an einem sehr kleinen Element aufgetragen, führen zu einem Verrauten des Elements. Die Verrautung führt zu einer zusätzlichen Verformung der Bauteile.

Das Werkstoffgesetz lautet für eine Schubbeanspruchung in der Ebene:

$$\tau_{xz} = \tau_{xz} = G \cdot \gamma_{xz}$$

mit dem Schubmodul G und der Schubverzerrung γ_{xz}

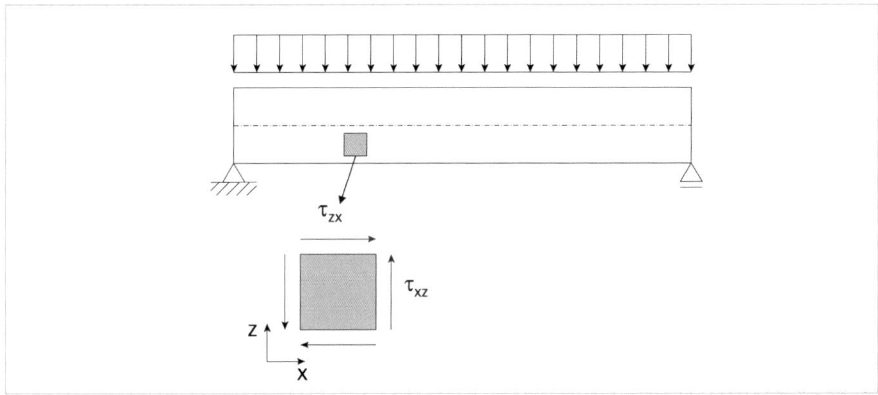

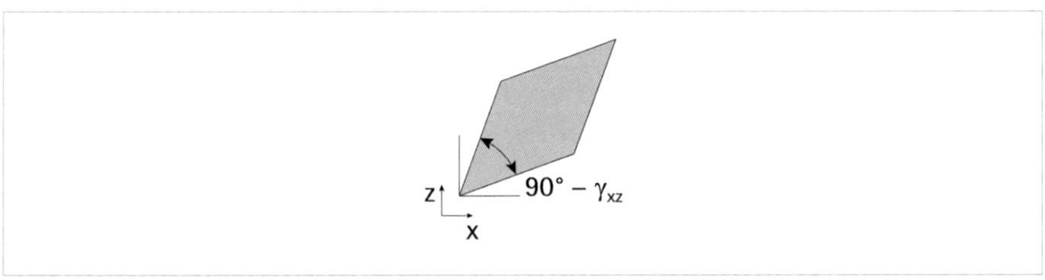

Für einen homogenen und isotropen Werkstoff gibt es zwischen dem Elastizitätsmodul E [N/mm²], dem Schubmodul G [N/mm²] und der Querdehnung ν[–] folgenden Zusammenhang:

$$G = \frac{E}{2 \cdot (1 + \nu)}$$

Die Herleitung der Beziehung zwischen der Schubverzerrung und der Querkraft $V_z(x)$ an einer beliebigen Stelle eines auf Querkraft beanspruchten Bauteiles erfolgt mit denselben Bedingungen wie für ein normalkraft- und biegebeanspruchtes Bauteil. Auf die Herleitung wird verzichtet. Allgemein gilt:

$$\gamma = \frac{V_z(x)}{G \cdot \alpha_0 \cdot A}$$

Das Produkt $G \cdot \alpha_0 \cdot A$ wird **Schubsteifigkeit** genannt.

Der Faktor α_0 ist abhängig von der Querschnittsgeometrie.

Für ein Rechteckquerschnitt gilt:

$$\alpha_0 = \frac{5}{6}$$

Für ein H-, I- oder U-Profil gilt:

$$\alpha_0 = \frac{A_{Steg}}{A} \left[\frac{\text{Stegfläche}}{\text{Gesamtfläche}}\right]$$

Die Verrautung erhöht in schubweichen Baustoffen die Verformung von querkraft- und biegebeanspruchten Bauteilen. Ein Beispiel hierfür sind Bauteile aus Brettschichtholz, denn die Leimfugen sind nachgiebiger als das Holz selbst.

Die Verformungen eines Bauteils infolge einer Torsion um die Längsachse sind vom Querschnitt abhängig. Ein massives Bauteil oder ein geschlossenes Hohlprofil verdrehen sich um die Längsachse. Der Querschnitt bleibt eben und die Verdrehung lässt sich in einen Zusammenhang mit dem Torsionsmoment setzen. Es werden sehr kleine Verschiebungen betrachtet.

Die äußere Verschiebung dr schreibt sich bezogen auf den Radius des Rundrohres zu:

$$dr = r \cdot d\delta$$

mit dem Radius r und der Verdrehung $d\delta$.

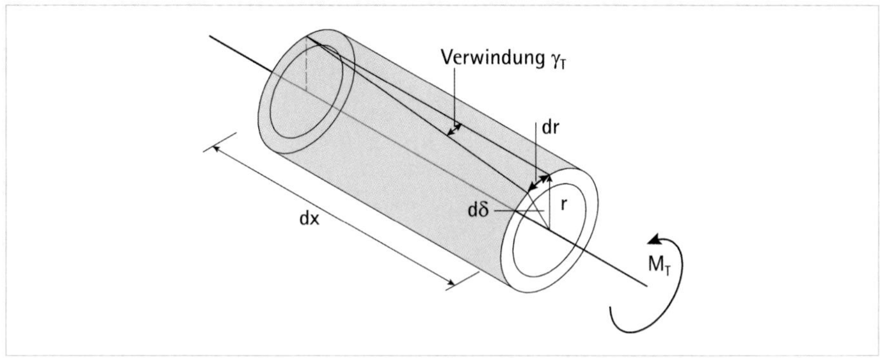

Die Verwindung γ_T bestimmt sich dann zu:

$$\gamma_T = \frac{dr}{dx} = r \cdot \frac{d\delta}{dx}$$

Mit dem Gleichgewicht, dem Werkstoffgesetz und der Beziehung zwischen äußeren Verschiebungen und inneren Verzerrungen, wird die Verwindung eine Funktion des Torsionsmoments und der Torsionssteifigkeit $G \cdot I_T$.

$$\gamma_T = \frac{M_T(x)}{G \cdot I_T}$$

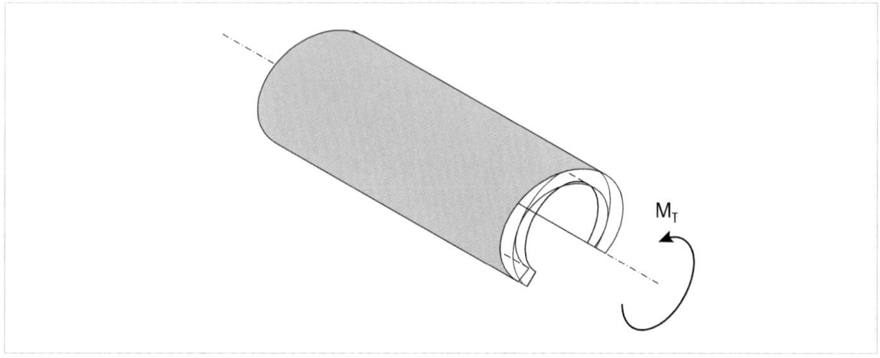

Die **Torsionssteifigkeit** setzt sich aus dem Schubmodul G [N/mm²] und dem Torsionsträgheitsmoment I_T [cm⁴] zusammen. Das Torsionsträgheitsmoment ist ein Querschnittswert und findet sich für Hohlprofile in Profiltabellen.

Offene Profile reagieren mit sehr großen Verwindungen auf eine Torsionsbeanspruchung. Die große Verwindung führt zusätzlich zu einer Verformung des Querschnitts in Längsrichtung. Offene Querschnitte wie H-, I- und U-Profile sind daher ungeeignet, hohe Torsionsmomente abzutragen.

14 Druckbeanspruchte Bauteile

14.1	Vereinfachte Bestimmung der Knicklast in der Ebene	261
14.2	Stabilitätsnachweis	265
14.3	Biegeknicken	267
14.4	Biegedrillknicken	274
14.5	Nachgiebige Lagerungen	275
14.6	Räumliche Stabilität	277
14.7	Stabilität von Stahlbetonbauteilen	281

Das Versagen eines auf Druck beanspruchten Bauteils ist abhängig von seiner Schlankheit. Gedrungene Bauteile, wie dicke Wände oder Stützen aus Mauerwerk und Beton, versagen durch auftretende Zugspannungen, die in Folge eines räumlichen Spannungszustands in den Bauteilen entstehen. Die Zugfestigkeiten dieser Baustoffe sind sehr viel geringer als ihre Druckfestigkeiten.

Schlanke Bauteile, wie Stützen aus Holz, Stahl oder Stahlbeton sowie dünne Wandscheiben aus Mauerwerk und Stahlbeton, weisen ein plötzliches Versagen durch seitliches Wegknicken auf. Knicken oder Beulen tritt bei geringeren Druckkräften auf als das Zerreißen eines Stabes durch eine Zugkraft. Das unangekündigte Wegknicken ist ein seitliches Ausweichen infolge von Ungenauigkeiten in der Lasteinleitung, eine geringfügige Vorverformung bei der Herstellung oder eine Inhomogenität in den Werkstoffen, wie Äste in Holzbauteilen. Diese Ungenauigkeiten werden als geometrische und werkstoffspezifische Imperfektionen bezeichnet. Das plötzliche Ausweichen ist ein Stabilitätsversagen. Es wird bei Stäben, Masten und Stützen **Biegeknicken** genannt. Kommt Verdrehung hinzu, bezeichnet man es als **Biegedrillknicken**. Bei dünnen Blechen, Platten, Scheiben und Schalen spricht man von **Beulen**.

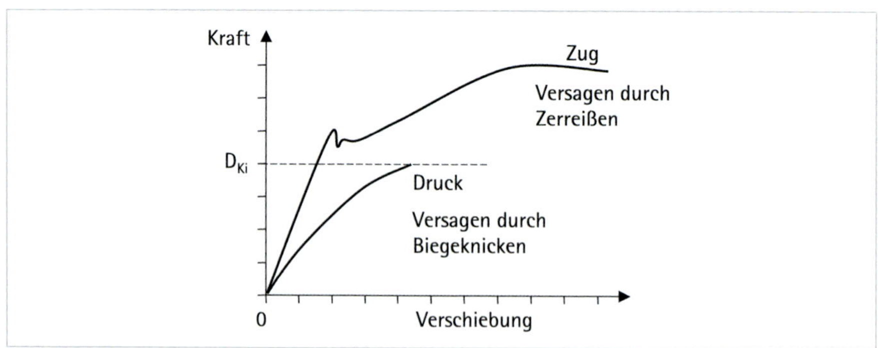

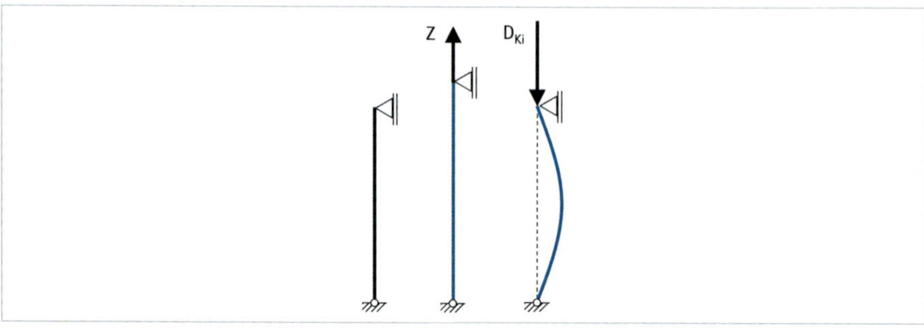

14.1 Vereinfachte Bestimmung der Knicklast in der Ebene

Das exakte Berechnen der Knicklast erfolgt für ein schlankes Bauteil mit einer Beschreibung des Gleichgewichts in der verformten bzw. ausgeknickten Geometrie. Die Theorie zum Biegeknicken geht auf den Mathematiker Leonhard Euler (1707–1783) zurück und deshalb wird die Last, bei welcher der Stab theoretisch knickt, auch **Euler-Knicklast** genannt. Zur Erklärung des Biegeknickens von schlanken Bauteilen, die in Richtung der Längsachse auf Druck beansprucht werden, ist eine einfache Analogie ausreichend.

Die Herleitung erfolgt an einem Stab, der am unteren Ende gelenkig gelagert ist, am oberen Ende rechtwinklig zu Stabachse gelenkig gehalten ist und in der x-z-Ebene liegt.

Die Geometrie des Stabes wird im verformten Zustand näherungsweise mit der Biegelinie für eine konstante Streckenlast angenommen. Die maximalen Verformungen in der Stabmitte sind für die Biegelinie und die Knickfigur gleich groß.

Wirkt auf den Stab eine konstante Streckenlast ein, ergeben sich das Biegemoment und die maximale Durchbiegung in der Feldmitte zu:

$$M_{max} = \frac{p \cdot L^2}{8}$$ (siehe S. 158)

$$w_{max} = \frac{5}{384} \cdot \frac{p \cdot L^4}{E \cdot I_y}$$ (siehe S. 246)

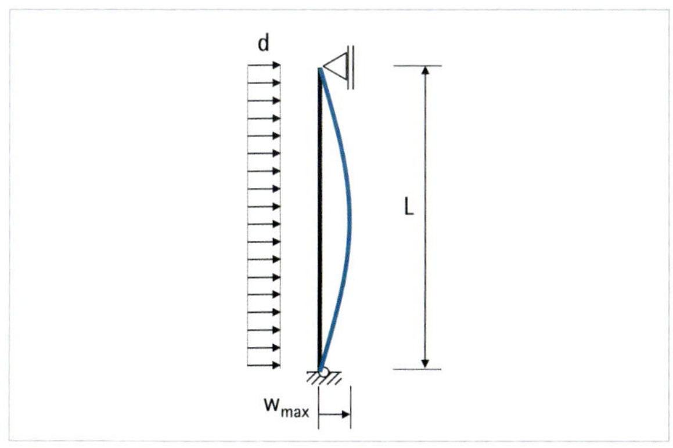

Biegelinie

Der druckbeanspruchte Stab wird im verformten Zustand bei L/2 geschnitten und das Momentengleichgewicht um den Schnittpunkt gebildet:

$$M\left(x = \frac{L}{2}\right) - D_{Ki} \cdot w_{max} = 0$$

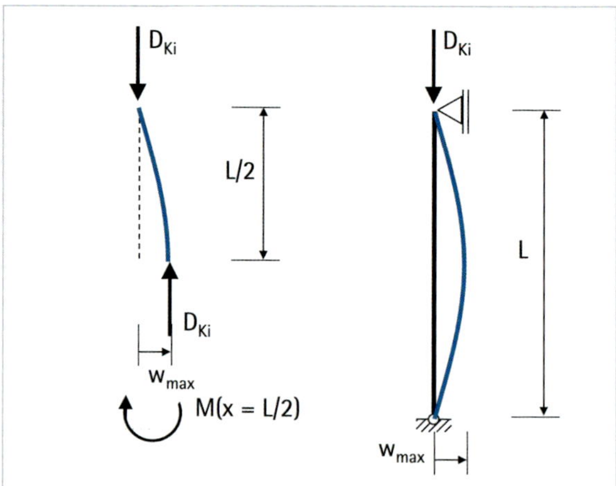

Knickfigur

Die Knicklast D_{Ki} berechnet sich mit den Annahmen, dass das Biegemoment aus der Streckenlast und das Biegemoment des Stabes im ausgeknickten Zustand gleich sind und dass die maximalen Verformungen in den beiden Systemen identisch sind.

Mit diesen Bedingungen lassen sich die Terme für das Biegemoment und die Verformung infolge der konstanten Streckenlast in die Gleichung für den Knickstab einsetzen. Es ergibt sich:

$$\frac{p \cdot L^2}{8} - D_{Ki} \cdot \frac{5}{384} \cdot \frac{p \cdot L^4}{E \cdot I_y} = 0$$

Mit p gekürzt und umgeformt nach der unbekannten Knicklast D_{Ki} folgt

$$D_{Ki} = \frac{48}{5} \cdot \frac{E \cdot I_y}{L^2} = \frac{9{,}6 \cdot E \cdot I_y}{L^2}$$

Die Knicklast D_{Ki} wird proportional mit der Biegesteifigkeit des Stabes größer und nimmt mit seiner Länge ab. Die Länge des Stabes geht im Quadrat in die Gleichung für die Knicklast ein.

Die Ermittlung der Knicklast beruht auf der Biegelinie des Stabes und diese ist abhängig von der Lagerung. Um die Lagerung des Stabes zu berücksichtigen, wird zur Bestimmung der Knicklast die Knicklänge s_k eingeführt. Diese leitet sich aus der Biegelinie des Stabes ab und wird auf die Stablänge L zwischen den Auflagern bezogen.

Wird die Biegelinie des Stabes in der Knicklast berücksichtigt, lautet nach der exakten Herleitung die Knicklast D_{Ki} für das Knicken senkrecht zur y-Achse oder in z-Richtung:

$$D_{Ki} = \frac{\pi^2 \cdot E \cdot I_y}{s_k^2}$$

mit der Knicklänge s_k. Diese bestimmt sich mit der Spannweite L zu:

$$s_k = \alpha \cdot L$$

Der Faktor α ist abhängig von der Lagerung des Stabes. Hat der Stab bedingt durch die Lagerung in der Biegelinie Wendepunkte, so ist der Abstand zwischen den Wendepunkten maßgebend für die Knicklänge.

Für einen Stab werden vier Lagerungen unterschieden, die auch als Euler-Knickfälle benannt sind:

› Einseitig eingespannt und ein freies Ende ⇒ Kragstütze
› Beidseitig gelenkig gelagert ⇒ Pendelstütze
› Einseitig eingespannt und ein verschiebliches Lager ⇒ einseitig eingespannte Stütze
› Beidseitig eingespannt ⇒ beidseitig eingespannte Stütze

Eulerfall 1	Eulerfall 2	Eulerfall 3	Eulerfall 4
Kragstütze	Pendelstütze	Einseitig eingespannte Stütze	Beidseitig eingespannte Stütze
D_{Ki}, D_{Ki}, $s_K = \alpha \cdot L$	D_{Ki}, $s_K = \alpha \cdot L$	D_{Ki}, $s_K = \alpha \cdot L$, WP	D_{Ki}, WP, $s_K = \alpha \cdot L$, WP
$\alpha = 2$	$\alpha = 1$	$\alpha \approx 0{,}7$	$\alpha = 0{,}5$

Tabelle 20 Die Euler'schen Knickfälle

Die Geometrie des Stabes im ausgeknickten Zustand wird auch als Knickfigur bezeichnet.

Ein druckbeanspruchtes Bauteil kann im Raum in jede Richtung ausknicken. Abhängig vom Aufbau des Tragwerks und von den Querschnittswerten der druckbeanspruchten Bauteile sind die Knicklänge und das Flächenträgheitsmoment für das Ausknicken senkrecht zur y- und senkrecht zur z-Achse unterschiedlich. Maßgebend ist dann immer die kleinere Knicklast.

Allgemein gilt für das Ausknicken senkrecht zur y-Achse:

$$D_{Ki,y} = \frac{\pi^2 \cdot E \cdot I_y}{s_{k,y}^2}$$

Allgemein gilt für das Ausknicken senkrecht zur z-Achse:

$$D_{Ki,z} = \frac{\pi^2 \cdot E \cdot I_z}{s_{k,z}^2}$$

Die dargestellten Knickfiguren gelten für unendlich steife Lagerungen. Besitzen die Lager eine Nachgiebigkeit, sind die Knicklängen unter Berücksichtigung der Nachgiebigkeit zu bestimmen.

14.2 Stabilitätsnachweis

Die Knicklast enthält keine Festigkeiten sondern nur die Biegesteifigkeit, die Länge und die Lagerung des druckbeanspruchten Bauteils. Ein kompakter Querschnitt mit einer kurzen Knicklänge bricht auseinander, bevor die Knicklast erreicht ist. Um zu erkennen, welches Versagen auftritt, ist es erforderlich, die Knicklast in eine Beziehung zu den Spannungen in den Bauteilen zu setzen.

Die Knicklast D_{ki} wird in die Knickspannung σ_{ki} umgerechnet, indem die Knicklast durch die Querschnittsfläche geteilt wird. Die Knickspannung lautet:

$$\sigma_{Ki} = \frac{D_{ki}}{A}$$

Die Gleichung für die Knicklast eingesetzt und Knicken senkrecht zur y- und z-Achse berücksichtigt, führt zu:

$$\sigma_{Ki} = \frac{\pi^2 \cdot E}{s_{k,y,z}^2} \cdot \frac{I_{y,z}}{A}$$

Der Verhältniswert

$$\frac{I_{y,z}}{A}$$

entspricht dem Flächenträgheitsmoment $I_{y,z}$ geteilt durch die Querschnittsfläche A und wird zum Trägheitsradius $i_{y,z}$ zusammengefasst, wobei es eine Besonderheit gibt, denn es gilt:

$$i_{y,z}^2 = \frac{I_{y,z}}{A}$$

oder

$$i_{y,z} = \sqrt{\frac{I_{y,z}}{A}}$$

Der Trägheitsradius ist die Wurzel aus dem Verhältniswert von Flächenträgheitsmoment zu Querschnittsfläche. Der Grund für diese Art des

Zusammenfassens erklärt sich mit der Gleichung für die Knickspannung. Wird der Trägheitsradius in die Gleichung eingesetzt, folgt

$$\sigma_{Ki} = \frac{\pi^2 \cdot E}{s_k^2} \cdot i_{y,z}^2$$

Die Knicklänge geteilt durch den Trägheitsradius wird als die Schlankheit λ bezeichnet. Die Schlankheit λ schreibt sich für Knicken senkrecht zur y-Achse:

$$\lambda_y = \frac{s_{k,y}}{i_y}$$

und für Knicken senkrecht zur z-Achse:

$$\lambda_z = \frac{s_{k,z}}{i_z}$$

Die Gleichung für die Knickspannung schreibt sich mit der Schlankheit zu:

$$\sigma_{Ki} = \frac{\pi^2 \cdot E}{\lambda_{y,z}^2}$$

und wird als **Euler-Hyperbel** bezeichnet. Die Knickspannung ist eine Funktion der Schlankheit und nimmt mit der Schlankheit ab, wie in dem Diagramm erkennbar ist.

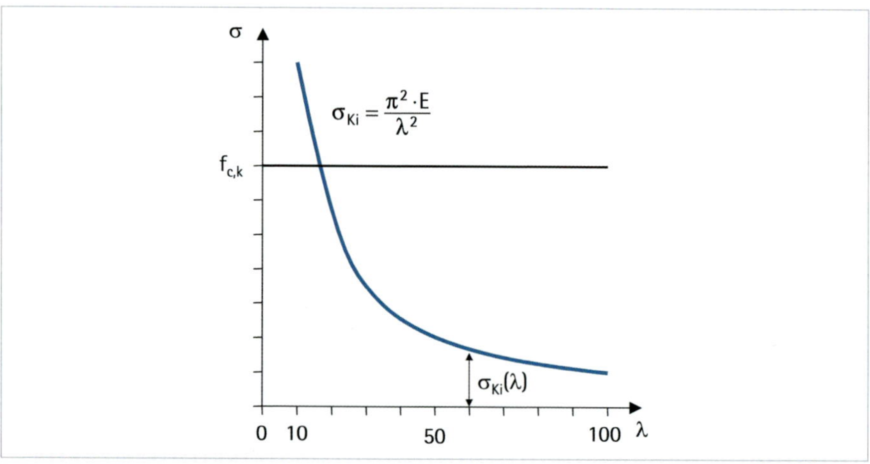

Für eine geringe Schlankheit oder ein gedrungenes Bauteil liegt die Knickspannung über der Druckfestigkeit $f_{c,k}$ des Baustoffs.

Das Ausknicken des Stabes berücksichtigend, wird eine **Knickzahl k** eingeführt. Die Knickzahl k ist das Verhältnis zwischen der Knickspannung für eine bestimmte Schlankheit und der Druckfestigkeit des Werkstoffs:

$$k = \frac{\sigma_{ki}(\lambda)}{f_{c,k}}$$

Aus dem Diagramm wird sichtbar, dass die Knickzahl kleiner oder gleich eins ist und mit zunehmender Schlankheit kleiner wird.

Der Stabilitätsnachweis für ein druckbeanspruchtes Bauteil lautet mit der Knickzahl k:

$$\sigma_{Ed} = \frac{-N_{Ed}}{k \cdot A} \leq f_{Rd}$$

Der Bemessungswert der Druckspannung σ_{Ed} muss kleiner oder gleich dem Bemessungswert der Druckfestigkeit des Baustoffes f_{Rd} sein. Die Druckspannung σ_{Ed} ergibt sich aus dem Bemessungswert der einwirkenden Druckkraft geteilt durch das Produkt aus Querschnittsfläche und Knickzahl k.

Die Knickzahlen werden über Versuche bestimmt, um Ungenauigkeiten in der Geometrie und im Werkstoff der Bauteile zu erfassen. Für Werkstoffe, deren Eigenschaften geregelt sind, finden sich die Knickzahlen in Abhängigkeit zur Schlankheit der Bauteile in den entsprechenden Werkstoff-Normen. Für ungeregelte Baustoffe machen die Hersteller der Werkstoffe Angaben zu den Knickzahlen oder das Knickverhalten wird im Versuch bestimmt.

14.3 Biegeknicken

Im Holz- und Metallbau wird das Ausknicken eines Stabes oder einer Stütze, die in der Schwerachse auf Druck beansprucht wird, Biegeknicken genannt. Das Knicken erfolgt in einer Ebene und die Ursache ist eine Verformung des Bauteils, die der Biegelinie ähnlich ist.

Der Nachweis gegen Biegeknicken eines auf eine zentrische Normalkraft beanspruchten Bauteils lautet:

$$\frac{|-N_{Ed}|}{N_{c,Rd}} \leq 1$$

Die Normalkraft N_{Ed} ist der Bemessungswert der auf das Bauteil einwirkenden Druckkraft.

Die Normalkraft $N_{c,Rd}$ ist der Bemessungswert, mit dem das Bauteil auf Druck beansprucht werden darf. Die vom Bauteil aufnehmbare Druckkraft lautet im Holzbau:

$$N_{c,Rd} = \frac{k_c \cdot A \cdot k_{mod} \cdot f_{c,0,k}}{\gamma_M}$$

› mit der Knickzahl k_c,
› der Querschnittsfläche A,
› der charakteristischen Druckfestigkeit parallel zur Faser $f_{c,0,k}$,
› der Abminderung durch die Nutzung und Lasteinwirkungsdauer sowie
› dem Abminderungsfaktor γ_M.

Im Stahlbau wird die Knickzahl mit χ bezeichnet und die vom Bauteil aufnehmbare Druckkraft ist:

$$N_{Rd} = \frac{\chi \cdot A \cdot f_{y,k}}{\gamma_M}$$

› mit der Knickzahl χ,
› der Querschnittsfläche A,
› der charakteristischen Streckgrenze $f_{y,k}$ und
› dem Abminderungsfaktor γ_M.

Die Knickzahlen sind für unterschiedliche Holzarten und Holzwerkstoffe sowie für unterschiedlich hergestellte Profile im Stahlbau als Funktion der Schlankheit gegeben und finden sich in Tabellen. Die Knickzahlen auf den Schlankheitsgrad bezogen haben die Bezeichnung $\bar{\lambda}_k$. Die Skalierung der Schlankheit des Bauteiles erfolgt auf die Bezugsschlankheit λ_a. Diese entspricht im Diagramm der Euler-Hyperbel dem Schnittpunkt der Hyperbel mit der Druckfestigkeit des Baustoffes $f_{c,k}$ und dieser schreibt sich als:

$$f_{c,k} = \frac{\pi^2 \cdot E}{\lambda_a^2}$$

Nach λ_a umgeformt folgt:

$$\lambda_a = \pi \cdot \sqrt{\frac{E}{f_{c,k}}}$$

Im Holzbau entspricht $f_{c,k}$ der charakteristischen Druckfestigkeit parallel zur Faser $f_{c,0,k}$.

Im Stahlbau wird die Streckgrenze des Stahls verwendet. Die Bezugsschlankheit λ_a berechnet sich für einen S 235 mit dem Elastizitätsmodul E = 210 000 N/mm² und der Streckgrenze $f_{y,k}$ = 235 N/mm zu:

$$\lambda_a = \pi \cdot \sqrt{\frac{E}{f_{y,k}}} = \pi \cdot \sqrt{\frac{210\,000}{235}} = 93{,}9$$

Der Schlankheitsgrad $\bar{\lambda}_k$ ist das Verhältnis der Schlankheit, die sich aus den Knicklängen des Stabes, den Trägheitsradien des Querschnitts und der Bezugsschlankheit λ_a berechnet.

Es gilt für das Knicken senkrecht zur y-Achse:

$$\bar{\lambda}_{k,y} = \frac{\lambda_y}{\lambda_a}$$

mit

$$\lambda_y = \frac{s_{k,y}}{i_y}$$

und für das Knicken senkrecht zur z-Achse:

$$\bar{\lambda}_{k,z} = \frac{\lambda_z}{\lambda_a}$$

mit

$$\lambda_y = \frac{s_{k,z}}{i_z}$$

mit den Knicklängen $s_{k,y}$ und $s_{k,z}$ sowie den Trägheitsradien i_y und i_z.

Zur Überprüfung der Querschnitte ist es ausreichend, wenn für Werkstoffe die Knickzahlen im Bezug zur Schlankheit angegeben werden. Die Knickzahlen für Nadelholz der Festigkeitsklasse C 24 und für Brettsichtholz der Festigkeitsklasse GL 24 h sind in Tabelle 21 bis zu einer Schlankheit λ = 150 zusammengestellt. Zwischenwerte dürfen interpoliert werden.

Schlankheit λ	Knickzahl k_c		Schlankheit λ	Knickzahl k_c	
	C 24	GL 24 h		C 24	GL 24 h
0	1,000	1,000	80	0,446	0,548
10	1,000	1,000	90	0,365	0,446
20	0,991	0,998	100	0,303	0,368
30	0,947	0,978	110	0,254	0,307
40	0,885	0,949	120	0,216	0,260
50	0,794	0,898	130	0,186	0,223
60	0,673	0,806	140	0,162	0,193
70	0,550	0,675	150	0,142	0,169

Tabelle 21 Knickzahlen für Nadelholz der Festigkeitsklasse C24 und Brettschichtholz der Festigkeitsklasse GL 24 h

Herstellung und Geometrie der Profile haben im Stahlbau einen Einfluss auf das Ausknicken. Berücksichtigt werden diese Einflüsse in den Knicklinien, die sich von der Euler-Hyperbel unterscheiden. Die Knicklinien berücksichtigen angenommene Vorverformungen, die ein Stahlprofil durch die Fertigung aufweisen kann. Hohlprofile weisen eine höhere Genauigkeit bei der Herstellung auf als offene und geschweißte Profile.

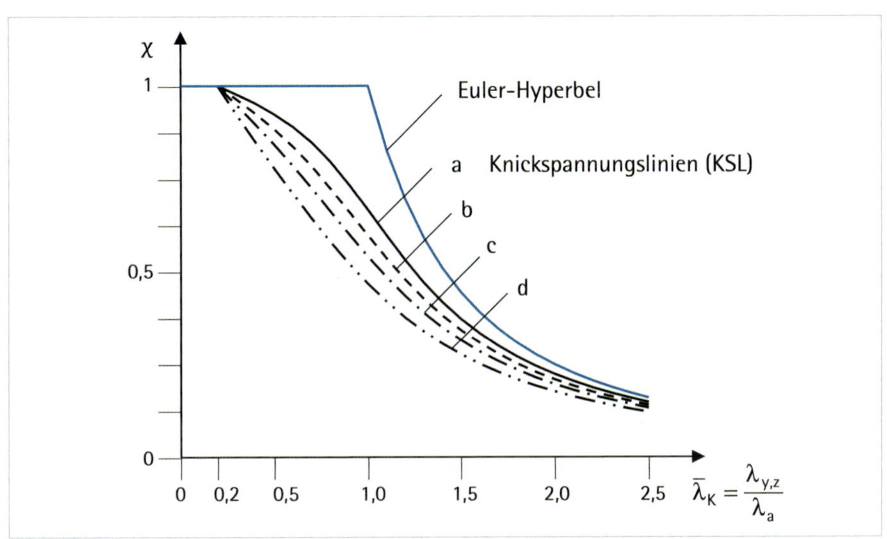

Knicklinien typischer Stahlprofile

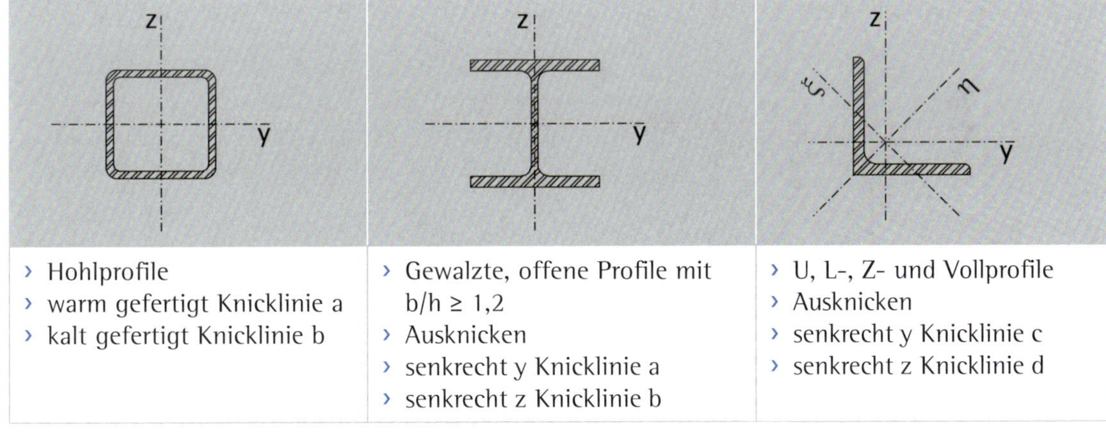

› Hohlprofile › warm gefertigt Knicklinie a › kalt gefertigt Knicklinie b	› Gewalzte, offene Profile mit b/h ≥ 1,2 › Ausknicken › senkrecht y Knicklinie a › senkrecht z Knicklinie b	› U, L-, Z- und Vollprofile › Ausknicken › senkrecht y Knicklinie c › senkrecht z Knicklinie d

L-Profile besitzen als eine Besonderheit Hauptachsen, die eine andere Orientierung haben als die y- und z-Achse parallel zu den Schenkeln der Winkel. Für einen gleichschenkligen Winkel sind die Hauptachsen um 45° gedreht zum y-z-Koordinatensystem. Die Trägheitsmomente I_ξ und I_η sind auf die Hauptachsen bezogen. I_ξ ist kleiner und I_η ist größer als die Trägheitsmomente I_y und I_z. Ein L-Profil knickt bei einer Druckbeanspruchung senkrecht zur ξ-Achse bzw. in Richtung der η-Achse aus.

Die Druckkraft, die ein Profil aufnehmen kann bevor es ausknickt, hängt bei gegebener Knicklänge maßgeblich vom Trägheitsradius ab. Ein kleiner Trägheitsradius führt zu einer hohen Schlankheit und kleinen Knickzahl, folglich ist die Knicklast gering. In Tabelle 22 wird für einen beidseitig gelenkig gelagerten Stab – Pendelstab – die betragsmäßig größte Druckkraft ermittelt, die der Stab abhängig von der Querschnittsgeometrie aufnehmen kann. Die Querschnittsfläche der Profile ist annähernd konstant. Das Rundrohr mit einer etwas geringen Querschnittsfläche als die massive Stahlstange trägt die 5,8-fache Last:

Profil	∅ 52 mm	L 110 · 10 mm	HEA 100	120 · 5 mm	152,4 · 4,5 mm
A (cm^2)	21,2	21,2	21,2	20,9	20,9
i_{min} (cm)	1,3	2,16	2,51	4,70	5,23
λ_{max}	230	139	120	64	57
χ	0,135	0,314	0,392	0,852	0,885
$D_{E,d}$ (kN)	**44,52**	**100,9**	**116,3**	**249,0**	**259,0**

Tabelle 22 Druckkraft $D_{E,d}$ für unterschiedliche Stahlprofile mit ähnlichen Querschnittsflächen

Schlank-heitsgrad $\bar{\lambda}_K$	Knickzahl χ für die Knicklinien			
	a	b	c	d
0,200	1,000	1,000	1,000	1,000
0,300	0,977	0,964	0,949	0,923
0,400	0,953	0,926	0,897	0,850
0,500	0,924	0,884	0,843	0,779
0,600	0,890	0,837	0,785	0,710
0,700	0,848	0,784	0,725	0,643
0,800	0,796	0,724	0,662	0,580
0,900	0,734	0,661	0,600	0,521
1,000	0,666	0,597	0,540	0,467
1,100	0,596	0,535	0,484	0,419
1,200	0,530	0,478	0,434	0,376
1,300	0,470	0,427	0,389	0,339
1,400	0,418	0,382	0,349	0,306
1,500	0,372	0,342	0,315	0,277
1,600	0,333	0,308	0,284	0,251
1,700	0,299	0,278	0,258	0,229
1,800	0,270	0,252	0,235	0,209
1,900	0,245	0,229	0,214	0,192
2,000	0,223	0,209	0,196	0,177
2,100	0,204	0,192	0,180	0,163
2,200	0,187	0,176	0,166	0,151
2,300	0,172	0,163	0,154	0,140
2,400	0,159	0,151	0,143	0,130
2,500	0,147	0,140	0,132	0,121

Tabelle 23 Knickzahlen der Stahlprofile von S. 271 in Abhängigkeit vom Schlankheitsgrad

14.4 Biegedrillknicken

Die Biegespannungen in H-, I- und U-Profilen werden vereinfachend in eine resultierende Kraft im Schwerpunkt der Gurte umgerechnet. Der auf Druck beanspruchte Gurt verhält sich wie ein Druckstab, der bei einer zu hohen Druckkraft seitlich ausweicht, vgl. S. 118 oben.

Diese Art des Versagens wird als Biegedrillknicken bezeichnet.

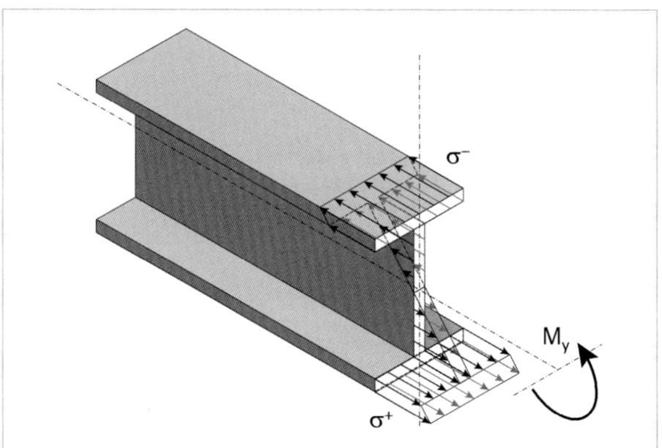

Biegespannungen

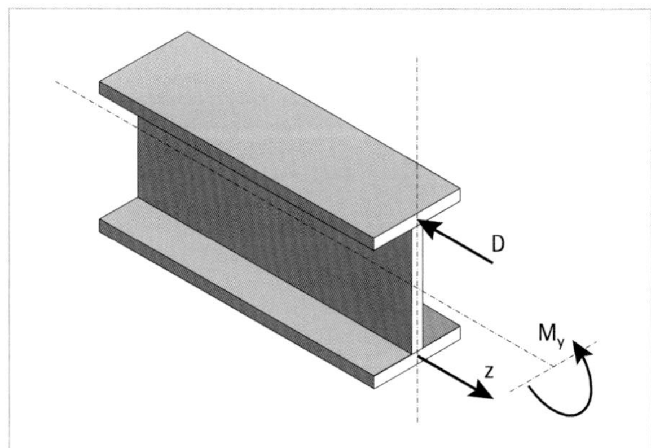

Resultierende Druck- und Zugkräfte

Um dieses seitliche Ausweichen zu verhindern, gibt es mehreren Möglichkeiten. Die druckbeanspruchten Gurte werden durch Dach-, Decken- und Wandabschlüsse wie Holzschalungen, Trapezblech oder Stahlbetonplatten gehalten. Fehlt eine aussteifende Scheibe, werden Kippverbände eingeführt, die als Fachwerkträger ausgebildet sind.

Mit den heutigen Berechnungsmöglichkeiten lässt sich auch ein rechnerischer Nachweis gegen das Biegedrillknicken führen. Es lassen sich Knickzahlen ermitteln, die das Ausweichen des druckbeanspruchten Gurtes berücksichtigen.

Für Bauteile, die auf Biegung mit Druck beansprucht werden, sind das Biegeknicken und Biegedrillknicken zu untersuchen. Maßgebend ist der ungünstigere Fall.

14.5 Nachgiebige Lagerungen

Die Knicklängen leiten sich aus den Biegelinien der Bauteile ab. In Tragwerken haben deshalb die Verformungen aller Bauteile einen Einfluss auf die Knicklängen. Anschlüsse und Auflager mit mechanischen Verbindungsmitteln wie Nägeln und Schrauben weisen eine Nachgiebigkeit auf, die für einzelne Bauteile zu größeren Knicklängen führen.

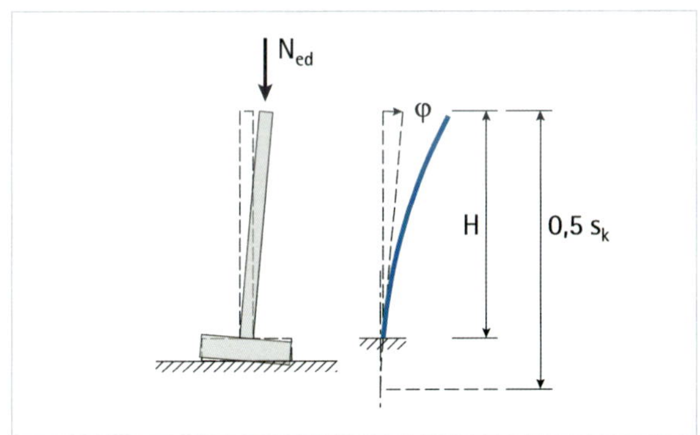

Knicklänge bei nachgiebigem Baugrund

Eingespannte Stützen oder Bauteile mit biegesteifen Anschlüssen, wie Stiele und Riegel in Rahmen, besitzen Knicklängen, die sich durch die Nachgiebigkeit der angeschlossenen Bauteile von den vier Euler-Knickfällen unterscheiden.

Im Beispiel oben (Abbildung ›Knicklänge bei nachgiebigem Baugrund‹) führt die Nachgiebigkeit des Baugrundes zur Verdrehung φ des Fundaments einer eingespannten Stütze. Die Tangente an die Längsachse der Stütze erhält dieselbe Verdrehung. Damit gibt es am Fußpunkt der Stütze keine vertikale Tangente. Die Bedingung für den Euler-Knickfall 1 ist verletzt. Die Knicklänge wird durch die Verdrehung größer als die zweifache

Höhe H der Stütze. Für das Beispiel ist $\varphi = 5°$ angenommen und die Knicklänge beträgt ungefähr $s_k = 2{,}4 \cdot H$ durch die Fundamentverdrehung.

Für das Ausknicken in Rahmenebene werden die Knicklängen in Rahmen mit biegesteifen Ecken für die Rahmenstiele größer, wenn die Verdrehung der Rahmenecken durch die Nachgiebigkeit der Riegel berücksichtigt wird. Die Knicklängen sind dann vom Verhältnis der Biegesteifigkeit Riegel/Stiel abhängig. In dem dargestellten Beispiel wird durch die Biegeverformung des Riegels die Knicklänge zu $s_k = 2{,}8 \cdot H$.

$EI_{Stiel} \ll EI_{Riegel}$

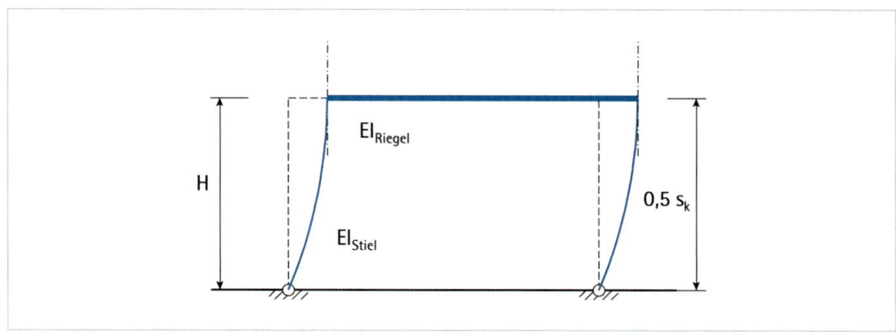

$EI_{Stiel} = EI_{Riegel}$

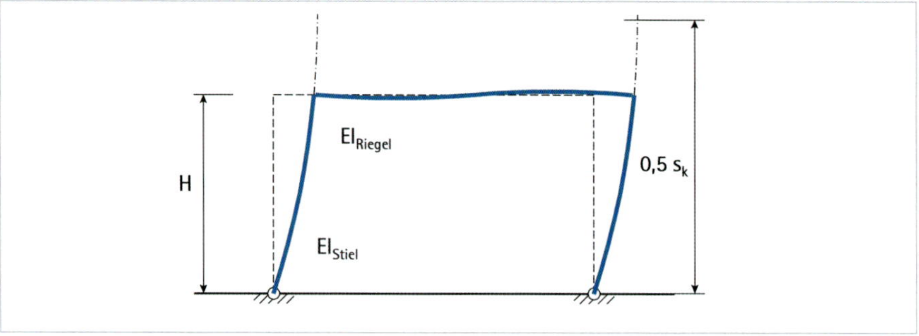

14.6 Räumliche Stabilität

Das Knicken der Stäbe ist von der Lagerung in die y- und z-Richtung sowie von der Biegesteifigkeit in die y- und z-Richtung abhängig. Es ist für die x-y- und x-z-Ebene zu untersuchen, in welche Richtung der Stab knickt.

Dieser Zusammenhang wird in der nachfolgenden Abbildung am Beispiel eines Pfostens dargestellt, der die Last der darüberlegenden Decke zu tragen hat. Der Wandpfosten ist am oberen und unteren Ende gelenkig gelagert. Durch die Fassadenkonstruktion und aussteifende Wände ist der Pfosten in der x-z-Ebene in den Drittelspunkten durch die Fassadenriegel zusätzlich gehalten.

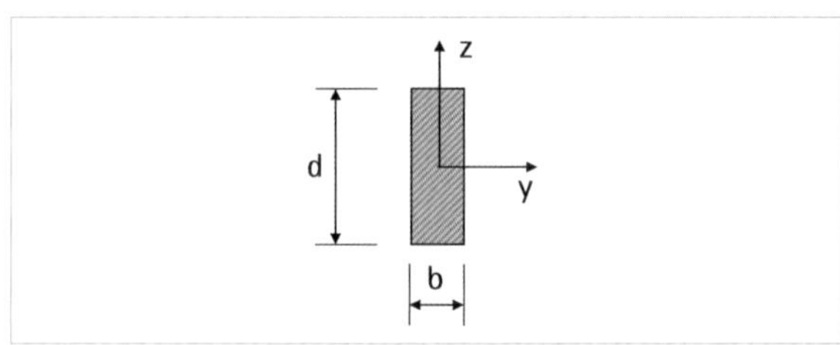

Querschnitt des Stabes im Grundriss

Biegung um die y-Achse:

$$I_y = b \cdot \frac{d^3}{12}$$

Biegung um die z-Achse:

$$I_z = d \cdot \frac{b^3}{12}$$

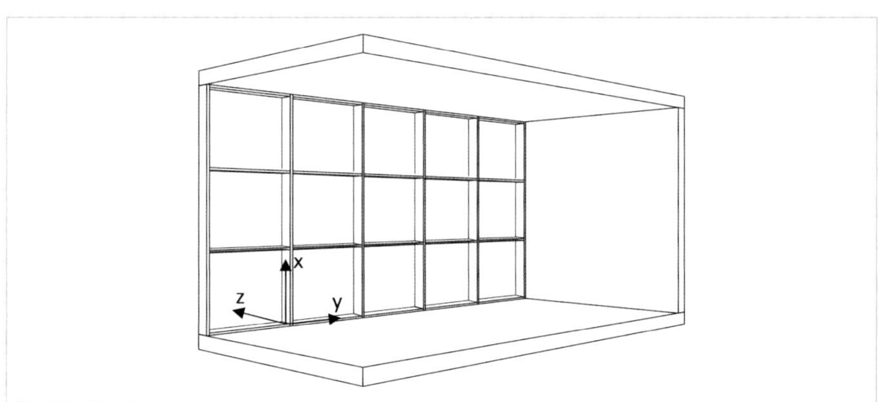

Ausknicken in z-Richtung und senkrecht zur y-Achse

Eulerfall 2

Knicklänge s_k

$$s_{k,y} = L$$

Trägheitsradius i_y

$$i_y = \sqrt{\frac{I_y}{A}} = \sqrt{\frac{b \cdot d^3}{12 \cdot b \cdot d}}$$

$$i_y = \frac{d}{\sqrt{12}}$$

Schlankheit

$$\lambda_y = \frac{s_{k,y}}{i_y}$$

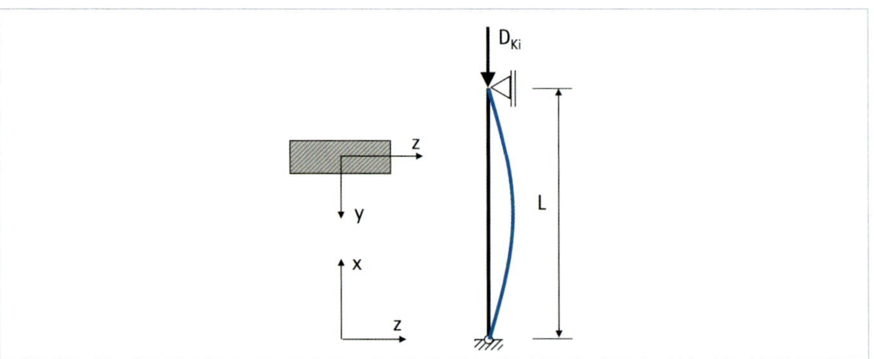

Ausknicken in y-Richtung und senkrecht zur z-Achse

Knicklänge s_z

$$s_{k,z} = \frac{1}{3} \cdot L$$

Trägheitsradius i_z

$$i_z = \sqrt{\frac{I_z}{A}} = \sqrt{\frac{d \cdot b^3}{12 \cdot b \cdot d}}$$

$$i_z = \frac{b}{\sqrt{12}}$$

Schlankheit

$$\lambda_z = \frac{s_{k,z}}{i_z}$$

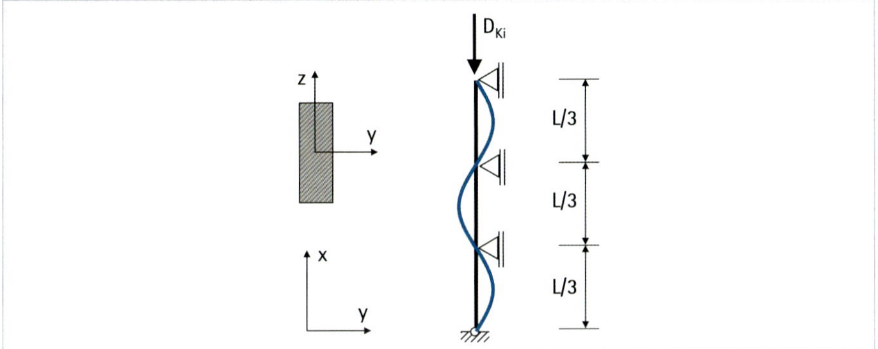

Maßgebend für den Stabilitätsnachweis ist die größere Knickzahl.

Unterschiedliche Knicklängen entstehen, wenn die druckbeanspruchten Bauteile durch Verbände gehalten werden. Für das Biegeknicken senkrecht zur y-Achse entspricht in dem dargestellten Beispiel die Knicklänge der Höhe der Stützen, wenn die Stützen am Fußpunkt gelenkig gelagert sind und die Verbindung der Stützen mit den horizontalen Trägern gelenkig ist. Durch den Verband reduziert sich die Knicklänge der Stützen für das Ausknicken senkrecht zur z-Achse bzw. in y-Richtung auf die halbe Länge der Stützen.

Ausknicken senkrecht zur y-Achse

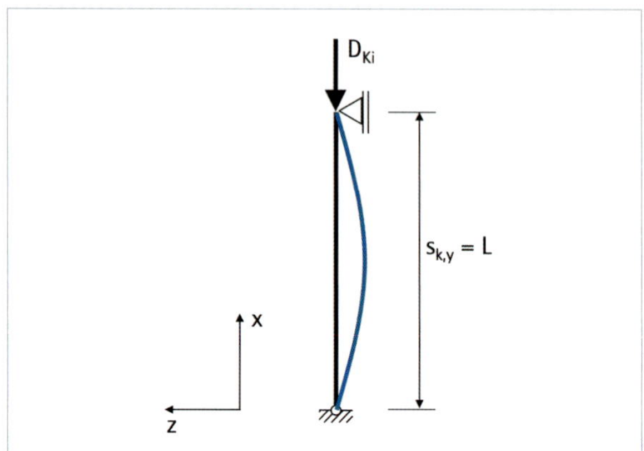

Ausknicken senkrecht zur z-Achse

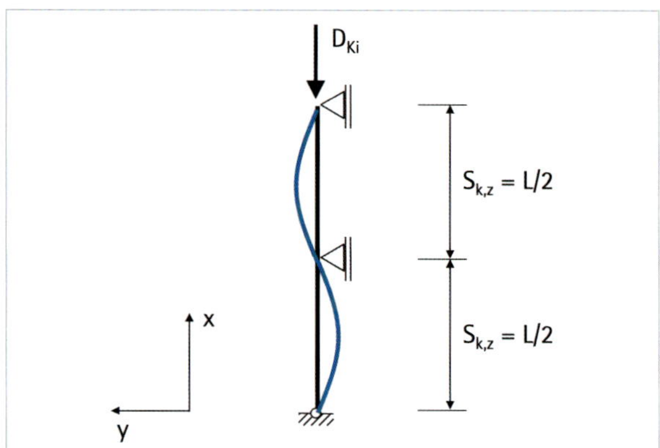

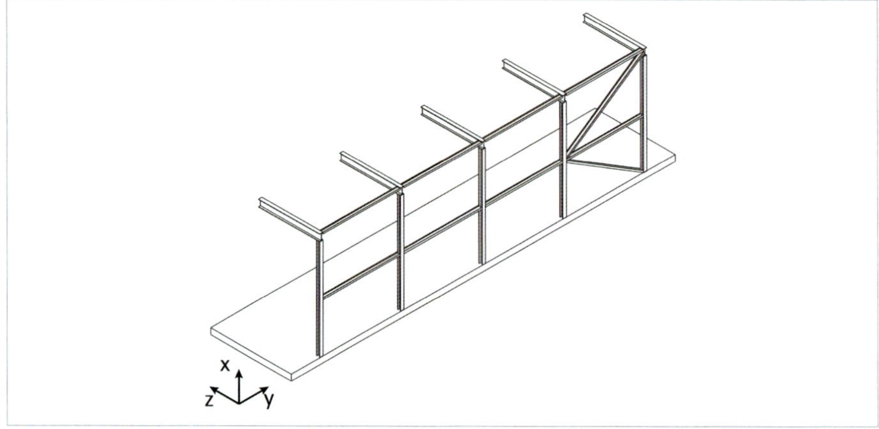

14.7 Stabilität von Stahlbetonbauteilen

Das Knicken von Stahlbetonbauteilen wie Wänden und Stützen, die aus den einwirkenden Lasten auf Druck beansprucht werden, ist wie bei Holz- und Stahlstützen von der Schlankheit der Bauteile und den Werkstoffeigenschaften abhängig. Eine hohe und dünne Wand knickt unter einer Streckenlast, die am oberen Ende der Wand angreift, genauso aus wie eine Stütze.

Die Wand ist entweder am Fußpunkt eingespannt oder am Fußpunkt und oberen Rand gehalten. Werden zusätzlich die seitlichen Ränder durch angeschlossene Querwände gehalten, ist das Knicken vom Abstand der Querwände abhängig. Ist der Abstand der Querwände kleiner als die zweifache Höhe der Wand wird das Knicken behindert.

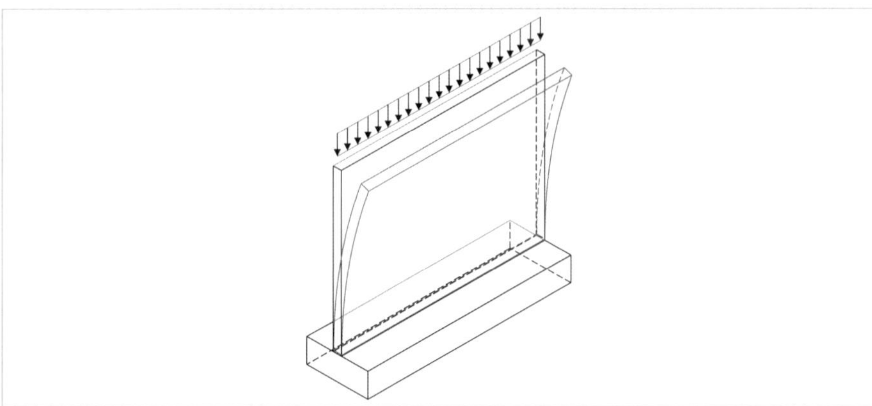

Die Unterscheidung zwischen einer Wand und einer Stütze ist mit dem Verhältnis von Breite und Höhe des Bauteils gegeben.

Definition:

Stütze

$$\frac{b}{d_{cd}} \leq 5$$

Wand

$$\frac{b}{d_{cd}} > 5$$

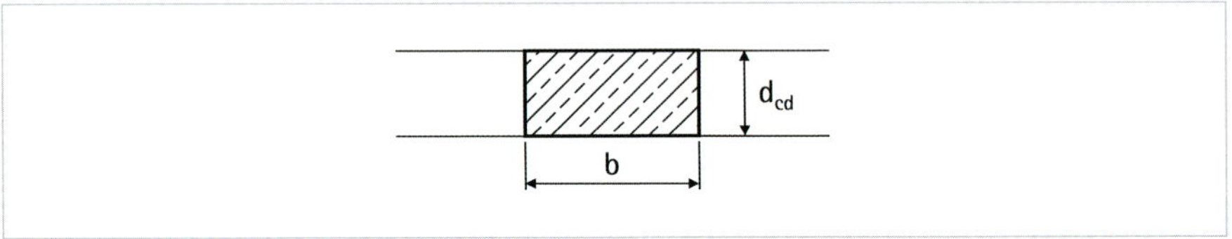

Stahlbeton ist ein Verbundwerkstoff und dieser Verbund macht einen Stabilitätsnachweis für druckbeanspruchte Bauteile aufwendig. Ab einer Schlankheit λ, die größer als $\lambda \geq 25$ ist, sind die Schnittgrößen aus der Verformung des Bauteils und das Kriechen des Betons zu berücksichtigen. Die Verformung der Stütze führt zu einem Biegemoment und dieses erfordert eine Bewehrung in der Stütze. Ohne Bewehrung wird der Beton reißen und die Stütze oder Wand umkippen. Die Bewehrung muss die Zugspannungen, die durch das Biegemoment entstehen, aufnehmen. Die Größe des Biegemoments ist von der Auslenkung der Stütze abhängig. Die Auslenkung wird mit e bezeichnet und **Ausmitte** oder Ausmittigkeit genannt. Die Ausmitte ergibt sich durch eine angenommen Schiefstellung der Stützen und Wände bei der Herstellung und einwirkende Biegemomente infolge von Wind.

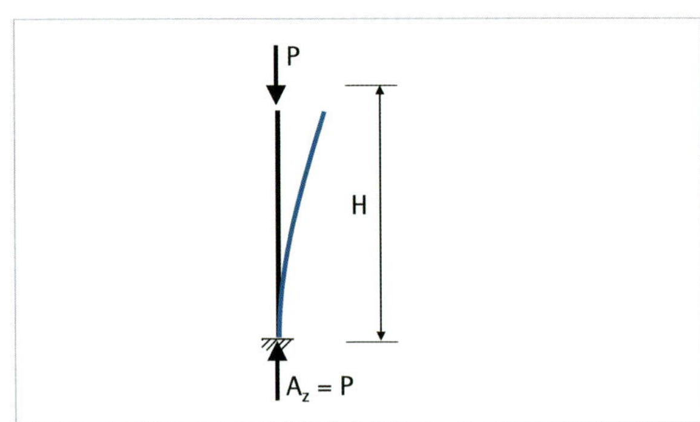

Gleichgewicht an der unverformten Stütze

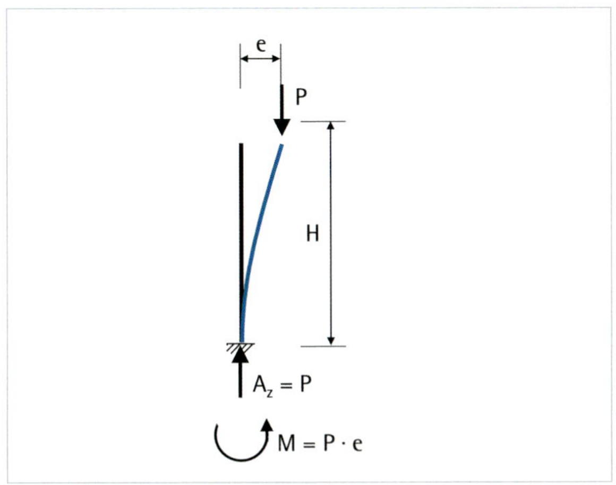

Gleichgewicht an der verformten Stütze

Entstehen im Stahlbeton aufgrund einer Biegebeanspruchung Zugspannungen, reißt der Beton an diesen Stellen. Obwohl die Risse sehr klein sind, reduziert sich durch die Risse die Biegesteifigkeit des Bauteils. Die Verbindungen von Decken und Wänden oder Trägern und Stützen werden nachgiebiger und diese Nachgiebigkeit wird in den Knicklängen berücksichtigt. Die Werte für α sind größer im Vergleich zu den idealen Knickfiguren aus Tabelle 20.

Das Ausknicken von druckbeanspruchten Stützen aus Stahlbeton entspricht einer Biegebeanspruchung, wie Kapitel 14.1 hergeleitet. Stahlbetonstützen sind deshalb zu bewehren. Eine ausmittige Lasteinleitung oder Wind auf die Stützen erhöhen den erforderlichen Bewehrungsanteil.

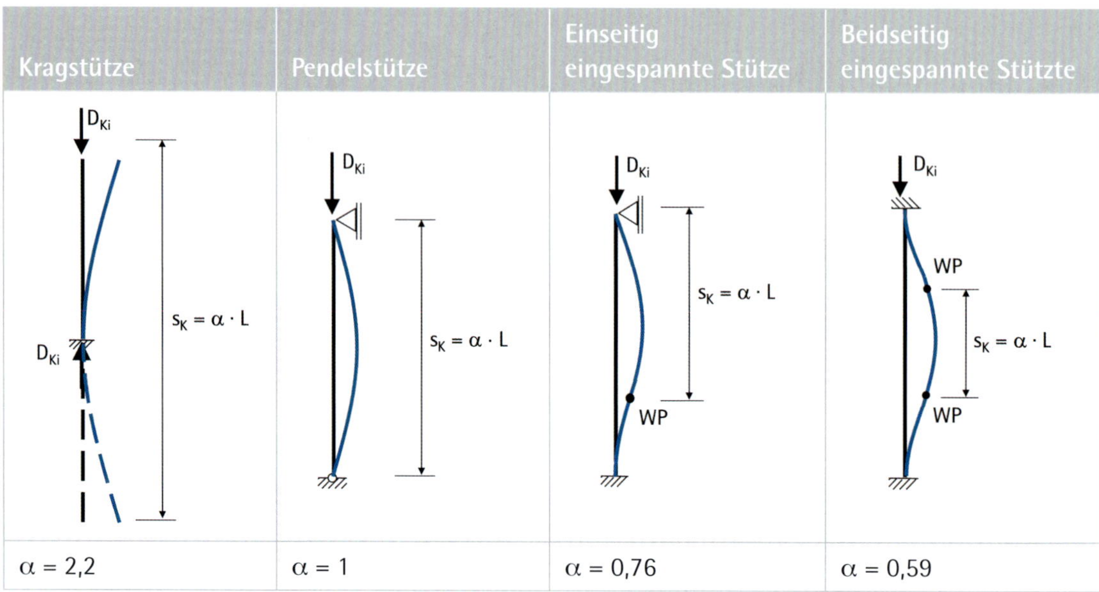

Kragstütze	Pendelstütze	Einseitig eingespannte Stütze	Beidseitig eingespannte Stützte
D_{Ki}, D_{Ki}, $s_K = \alpha \cdot L$	D_{Ki}, $s_K = \alpha \cdot L$	D_{Ki}, $s_K = \alpha \cdot L$, WP	D_{Ki}, WP, $s_K = \alpha \cdot L$, WP
$\alpha = 2{,}2$	$\alpha = 1$	$\alpha = 0{,}76$	$\alpha = 0{,}59$

Tabelle 24 Knicklängen von Stahlbetonstützen

Zur Festlegung eines Querschnitts gibt es ein einfaches Näherungsverfahren. Die Bedingung für eine ausrechende Stabilität ist mit der bereits bekannten Beziehung gegeben:

$$\frac{|-N_{Ed}|}{N_{Rd}} \leq 1$$

Die Normalkraft N_{Ed} ist der Bemessungswert der auf das Bauteil einwirkenden Druckkraft.

Die Normalkraft N_{Rd} ist die aufnehmbare Druckkraft, mit dem das Bauteil auf Druck beansprucht werden darf.

Für die Schlankheiten der Stützen

$$\lambda_{y,z} \leq \lambda_{min}$$

und eine Druckkraft, die in der Schwerachse der Stütze angreift, berechnet sich die aufnehmbare Druckkraft N_{Rd} vereinfachend zu:

$$N_{Rd} \approx A \cdot f_{cd} + A_s \cdot f_{yd} = A \cdot \frac{\alpha \cdot f_{ck}}{\gamma_{M,Beton}} + A_s \cdot \frac{f_{yk}}{\gamma_{M,Bewehrungsstahl}}$$

mit

› der Querschnittsfläche A
› der charakteristischen Druckfestigkeit für Beton f_{ck}
› dem Abminderungsfaktor für die Betondruckfestigkeit $\alpha = 0{,}85$
› dem Teilsicherheitsbeiwert für Beton $\gamma_{M,\,Beton} = 1{,}5$
› der Querschnittsfläche des Bewehrungsstahls A_s
› der Streckgrenze für Bewehrungsstahl $f_{y,k}$
› dem Teilsicherheitsbeiwert für Bewehrungsstahl $\gamma_{M,\,Bewehrungsstahl} = 1{,}15$

Die Querschnittsfläche des Bewehrungsstahls A_s muss an jeder Stelle kleiner als 8 % des Betonquerschnitts sein. Dies gilt auch im Bereich der Übergreifung von Bewehrungsstäben.

Die Schlankheit für Ausknicken senkrecht zur y- und z-Achse bestimmt sich zu:

$$\lambda_y = \frac{s_{k,y}}{i_y}$$

und

$$\lambda_z = \frac{s_{k,z}}{i_z}$$

Der Grenzwert der Schlankheit λ_{lim} ermittelt sich wie folgt:

$$\lambda_{lim} = \begin{cases} 25 & \text{für } |n_{Ed}| \geq 0{,}41 \\ \dfrac{16}{\sqrt{|n_{Ed}|}} & \text{für } |n_{Ed}| < 0{,}41 \end{cases} \quad \text{mit } n_{Ed} = \frac{N_{Ed}}{A \cdot f_{cd}}$$

Für Schlankheiten $\lambda_{y,z} > 70$ sind komplexere Nachweise zu führen, wie das Berücksichtigen zusätzlicher ausmittiger Lasteinleitung, die geringere Biegesteifigkeit durch den gerissenen Beton und die Bestimmung der Biegemomente im verformten Zustand.

15 Gelenk- oder Gerberträger

15.1 Gelenkträger mit zwei Feldern 289
15.2 Gelenkträger mit drei Feldern 292
15.3 Ausbildung der Gelenke 297

Träger, die auf mehr als zwei Auflagern aufliegen, können so ausgebildet werden, dass die Auflagerkräfte und Schnittgrößen mit den drei Gleichgewichtsbedingungen ermittelt werden können und keine zusätzlichen Bedingungen erforderlich sind. Es werden Montagestöße, sogenannte Gerber-Gelenke, eingeführt, die sich günstig auf den Verlauf des Biegemoments auswirken. Die Anordnung der Gelenke führt zu einer Entlastung der Träger zwischen den Auflagern. Der Vorteil ist eine geringere Abmessung im Vergleich zu Einfeldträgern.

Zwei Einfeldträger mit einem Montagestoß über dem Auflager B

Statisch bestimmt

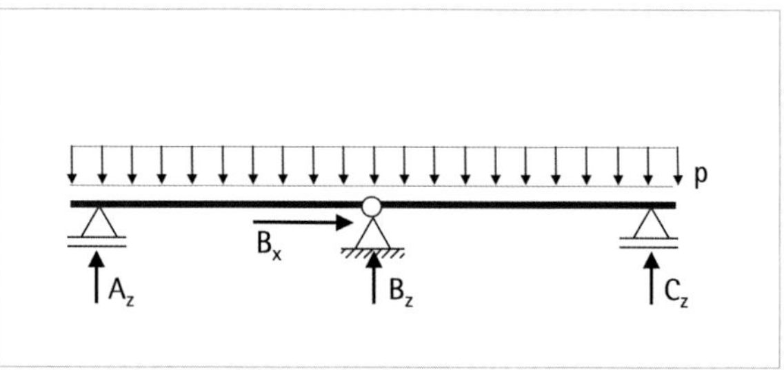

Gelenk- oder Gerberträger

Statisch bestimmt, durch ein Gelenk im Feld des Trägers.

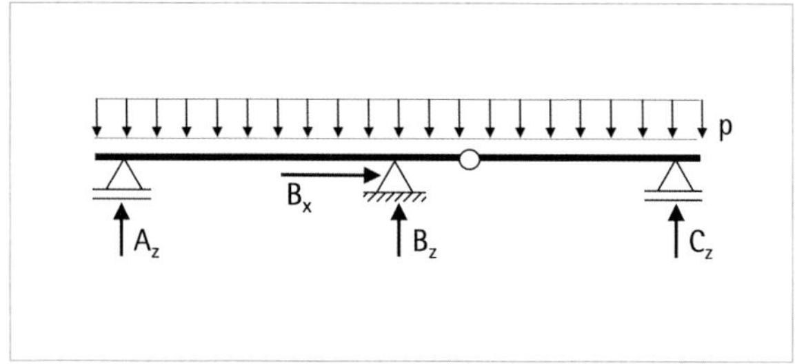

Zwei-Feld-Träger oder Durchlaufträger

Statisch unbestimmt, denn es gibt die vier Auflagerkräfte A_z, B_z, B_x und C_z

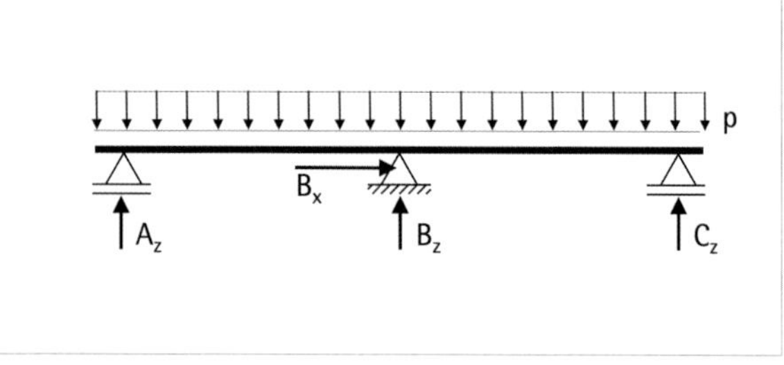

Es war der bayrischen Ingenieur Heinrich Gerber (1832–1912), der Mitte des 19. Jahrhunderts die Möglichkeit erkannte, durch eine sinnvolle Anordnung der Gelenke Träger zu bauen, die im Vergleich zu Einfeldträgern größere Spannweiten erlauben oder höhere Lasten aufnehmen. Angewendet wurde diese Konstruktionsweise dann in Eisenbahnbrücken.

15.1 Gelenkträger mit zwei Feldern

Am Beispiel eines Gelenkträgers mit drei Stützen wird das Vorgehen zur Berechnung der Auflagerkräfte und zur Darstellung des Verlaufes der Schnittgrößen hergeleitet. Die Spannweiten sind für die beiden Felder dieselben. Auf den Träger wirkt über die gesamte Spannweite eine konstante Streckenlast.

Das Gelenk hat den Abstand e nach rechts vom Auflager B.

Im Gelenk ist das Biegemoment null.

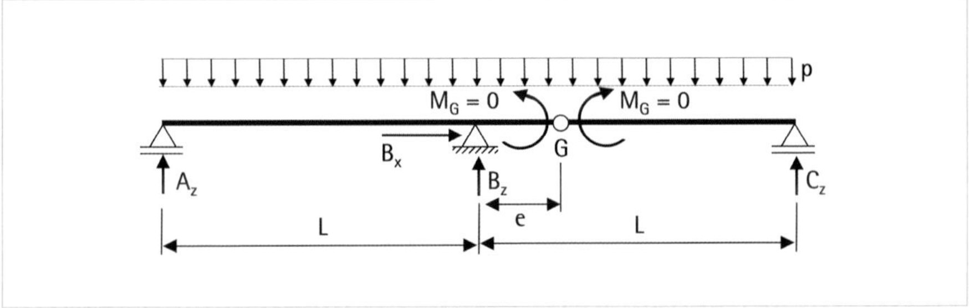

Aufschneiden des gesamten Trägers am Gelenk

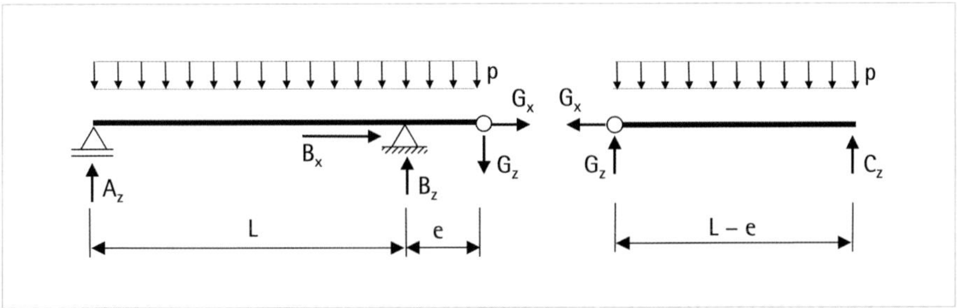

Der gesamte Träger wird am Gelenk aufgeschnitten und es werden an jedem Trägerteil die frei geschnittenen Gelenkkräfte G_Z und G_X angesetzt. Die Gelenkkräfte wirken am linken und rechten Trägerteil entgegengesetzt und müssen gleich groß sein. Dies gilt immer, wenn am Gelenk keine Punktlasten wirken.

Der linke Trägerteil ist für das Beispiel ein Einfeldträger mit einer Auskragung. Der rechte Trägerteil ist ein Einfeldträger und wird als Einhängeträger bezeichnet. Am linken Trägerteil gibt es durch die unbekannten

Gelenkkräfte die fünf unbekannten Größen A_z, B_z, B_x, G_z und G_x. Es besteht mit den bekannten drei Gleichgewichtsbedingungen keine Möglichkeit, diese Kräfte zu bestimmen.

Am rechten Trägerteil gibt es die drei unbekannten Kräfte C_z, G_x und G_z und das Vorgehen zur Berechnung der Auflagerkraft C_z und der Gelenkkräfte ist analog zu einem Einfeldträger. Auch der Verlauf der Querkraft und des Biegemoments entsprechen den Verläufen an einem Einfeldträger. Damit sind die Auflagerkraft C_z, die Gelenkkräfte G_z und G_x, die Querkräfte an den Auflagern und das maximale Biegemoment bekannt:

$$\sum F_x \overset{!}{=} 0 \qquad G_x = 0$$

$$\sum M_G \overset{!}{=} 0 \qquad C_z = \frac{p}{2} \cdot (L - e) = -V_C$$

$$\sum F_z \overset{!}{=} 0 \qquad G_z = \frac{p}{2} \cdot (L - e) = V_G$$

Das maximale Biegemoment ist in Trägermitte und lautet:

$$M_2 = p \cdot \frac{(L - e)^2}{8} = M_{max}$$

Auf den linken Trägerteil wirken die aus dem rechten Träger ermittelten Gelenkkräfte als Belastung und es bleiben die drei unbekannten Auflagerkräfte A_z, B_z und B_x übrig.

$$\sum F_x \overset{!}{=} 0 \qquad G_x + B_x = 0 \Rightarrow 0 + B_x = 0 \text{ und } B_x = 0$$

$$\sum M_A \overset{!}{=} 0 \qquad B_z \cdot L - G_z \cdot (L + e) - p \cdot (L + e) \cdot \frac{(L + e)}{2} = 0$$

G_z eingesetzt und nach B_z aufgelöst folgt

$$B_z = \frac{p}{2L} \cdot (L - e)(L - e) \cdot (L + e) + \frac{p}{2L} \cdot (L + e)^2 = p \cdot (L + e)$$

$$\sum F_z \overset{!}{=} 0 \qquad A_z = p \cdot (L + e) - B_z + G_z = \frac{p}{2} \cdot (L - e)$$

Das minimale Stützmoment über dem Auflager B berechnet sich zu

$$M_B = -G_z \cdot e - p \cdot \frac{e^2}{2} = -\frac{p}{2} \cdot (L - e) \cdot e - p \cdot \frac{e^2}{2} = -\frac{p}{2} \cdot e \cdot L$$

Die Stelle des maximalen Biegemoments ist nach S. 173 für die linke Trägerhälfte bei

$$x = \frac{A_z}{p} = \frac{1}{2}(L - e)$$

und das maximale Biegemoment berechnet sich mit

$$A_z = p \cdot \frac{(L - e)}{2}$$

und

$$x = \frac{(L - e)}{2}$$

zu

$$M_{max} = A_z \cdot x - p \cdot \frac{x^2}{2} = \frac{p}{8} \cdot (L - e)^2$$

Die Gelenkkraft G_z entspricht am Gelenk für beide Trägerteile der Querkraft an dieser Stelle.

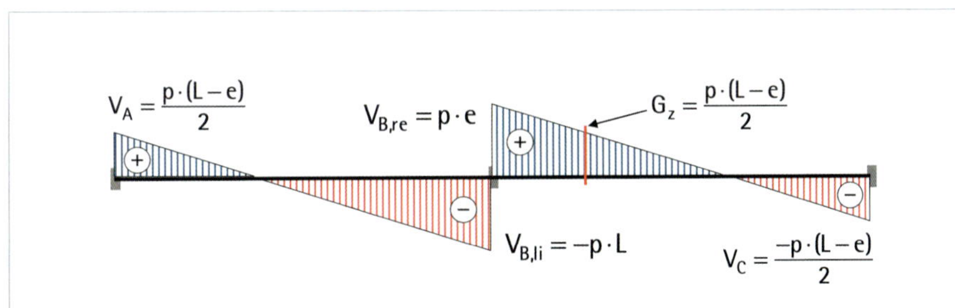

Verlauf der Querkraft

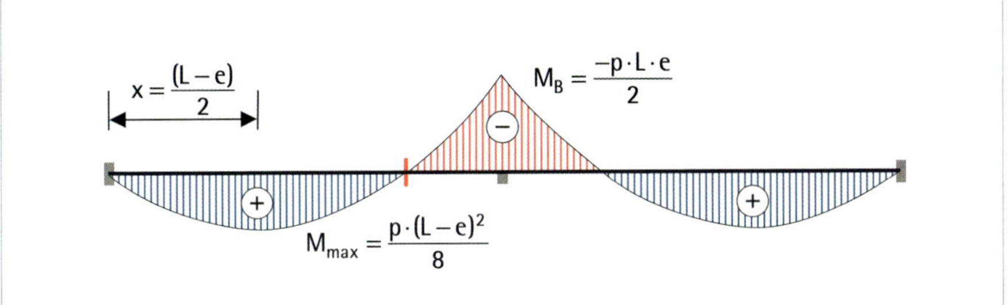

Verlauf des Biegemoments

Über den Abstand e besteht die Möglichkeit, die maximalen Biegemomente in den Feldern und das minimale Biegemoment über dem Auflager B dem Betrag nach gleich groß zu erhalten. Die Bedingung lautet $M_{max} = |-M_B|$ und führt mit Einsetzen der Funktionen zu

$$\frac{p}{8} \cdot (L-e)^2 = \left|-\frac{p}{2} \cdot e \cdot L\right| = \frac{p}{2} \cdot e \cdot L$$

Umformen nach e ergibt

$$e^2 - 6 \cdot L \cdot e + L^2 = 0$$

oder

$$e = 3 \cdot L \pm \sqrt{8}L$$

Der kleine Wert ist maßgebend, mit

$$e \approx 0{,}1716 \cdot L$$

15.2 Gelenkträger mit drei Feldern

Für einen Träger mit drei Feldern sind zwei Gelenke erforderlich, um die Auflagerkräfte mit den drei Gleichgewichtsbedingungen zu ermitteln. Für die Anordnung der Gelenke gibt es zwei Möglichkeiten, entweder im mittleren Feld oder in den beiden Außenfeldern. Durch zwei Gelenke im mittleren Feld entsteht ein Einhängeträger, der jeweils rechts und links auf der Auskragung der Träger in den Endfeldern aufliegt. Das Anordnen der Gelenke in den Endfeldern führt zu Einfeldträgern, die auf einem mittleren Träger mit beidseitiger Auskragung aufliegen.

Bei der Anordnung der Gelenke ist eine kinematische Gelenkkette zu vermeiden. Diese entsteht, wenn in zwei benachbarten Feldern Gelenke angeordnet werden.

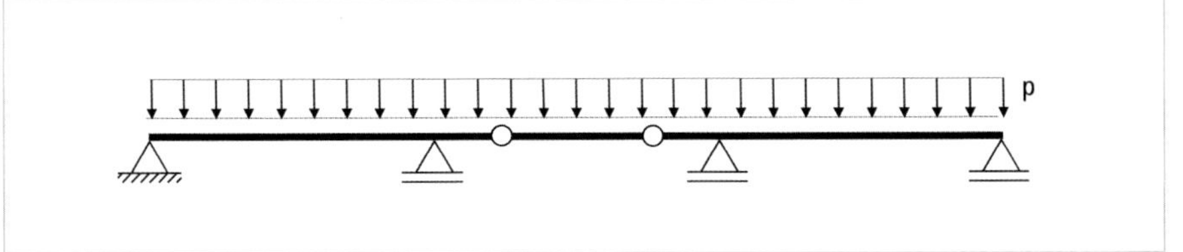

Gelenke im mittleren Feld

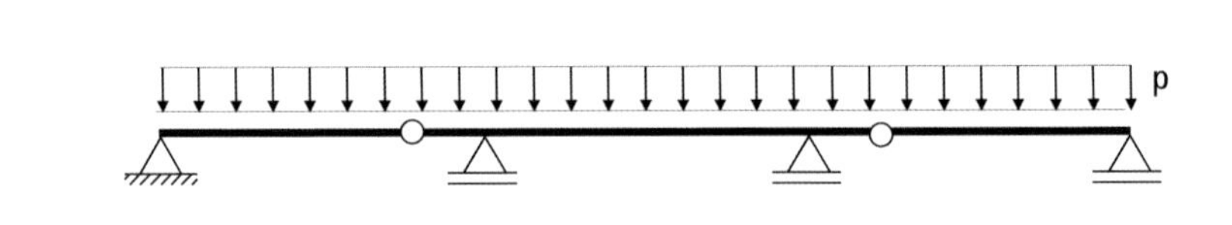

Gelenke in den Endfeldern

Zur Berechnung der Auflagerkräfte in x-Richtung wird der Trägerteil gewählt, welcher nur Auflagerkräfte in z-Richtung hat. Fehlen äußere Einwirkungen in x-Richtung, ist die Gelenkkraft in diesem Trägerteil in x-Richtung null. Gleichgewicht an Gelenken führt zu der Bedingung, dass auch die Auflagerkraft in x-Richtung null ist.

Für die Bestimmung der Auflagerkräfte in z-Richtung, werden zunächst die Auflager- und Gelenkkräfte der Einhängeträger berechnet. Die Gelenkkräfte werden als zusätzliche Lasten auf die Enden der Auskragungen der anderen Trägerteile angesetzt.

Am Bespiel eines Trägers mit einem Einhängeträger im mittleren Feld wird das Vorgehen beschrieben. Die Endfelder haben die Spannweite L_1 und das mittlere Feld die Spannweite L_2. Der Abstand e der Gelenke vom Auflager B und C ist gleich.

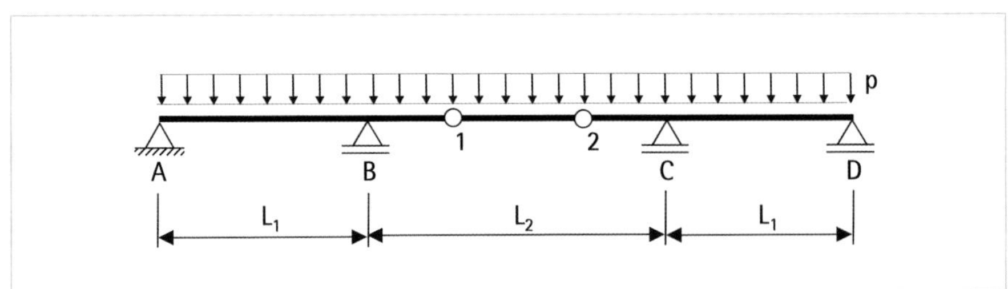

Statisches System

Aufteilung in die einzelnen Trägerteile mit Auflagerkräften und Gelenkkräften

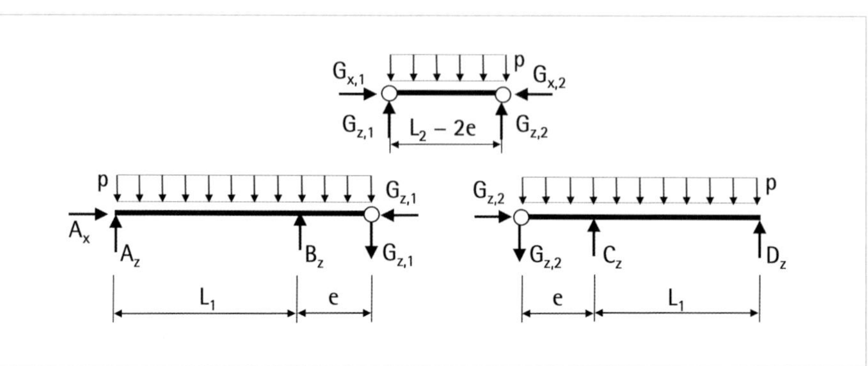

Am rechten Trägerteil wirkt außer der Gelenkkraft $G_{x,2}$ keine weitere Kraft in x-Richtung. Folglich ist $G_{x,2} = 0$. Wenn $G_{x,2}$ null ist, wird am Einhängeträger auch $G_{x,1}$ zu null. Gleichgewicht in x-Richtung am linken Träger führt zu $A_x = 0$.

Aus Gründen der Symmetrie ist

$$G_{z,1} = G_{z,2}$$

Momentengleichgewicht am Einhängeträger um das Gelenk 2 führt zu

$$G_{z,1} = \frac{p}{2} \cdot (L_2 - 2e)$$

Für das linke Trägerteil wird die Auflagerkraft A_z über das Momentengleichgewicht bestimmt.

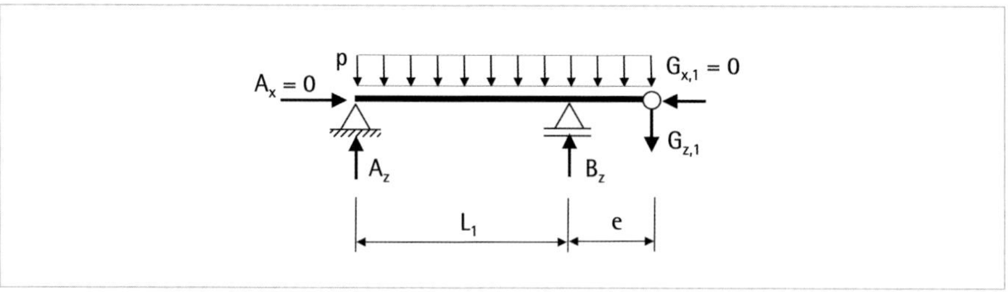

$$\sum M_B \overset{!}{=} 0 \qquad A_z \cdot L_1 + G_{z,1} \cdot e - p \cdot (L_1 + e) \cdot \frac{(L_1 - e)}{2} = 0$$

Nach A_z umgeformt:

$$A_z = p \cdot \frac{L_1^2 - e^2}{2L_1} - G_{z,1} \cdot \frac{e}{L_1}$$

$$\sum M_A \overset{!}{=} 0 \qquad B_z \cdot L_1 - G_{z,1} \cdot (L_1 + e) - p \cdot (L_1 + e) \cdot \frac{(L_1 + e)}{2} = 0$$

Nach B_z umgeformt:

$$B_z = p \cdot \frac{(L - e)^2}{2L_1} + G_{z,1} \cdot \frac{L_1 + e}{L_1}$$

Mit den Auflagerkräften lassen sich die Verläufe der Querkraft und des Biegemoments über den gesamten Träger darstellen. Die Querkraft in den Gelenken entspricht der Gelenkkraft.

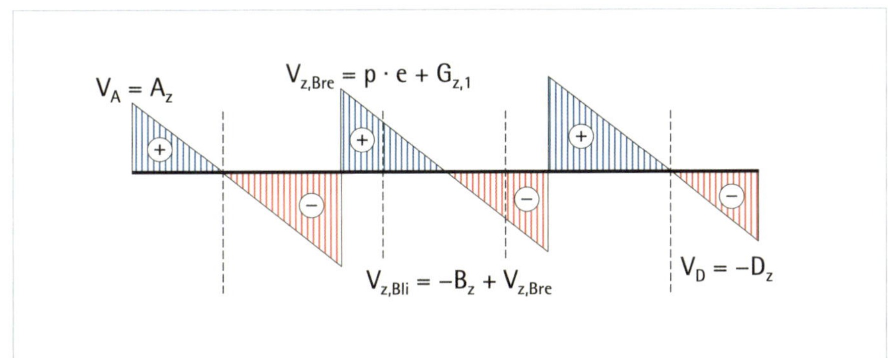

Verlauf der Querkraft

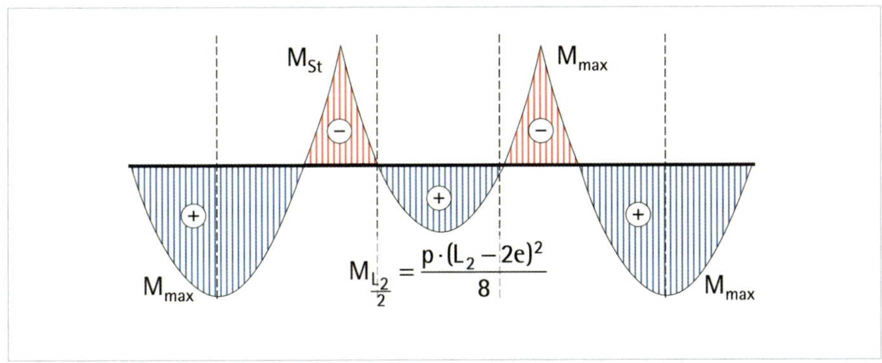

Verlauf des Biegemoments

Für Träger mit gleichen Spannweiten zwischen den Auflagern, lassen sich wiederum die Abstände e so bestimmen, dass das maximale Biegemoment in den Endfeldern im Betrag gleich ist wie die Stützmomente über den Auflagern B und C.

$$e \approx 0{,}22\,L$$
$$A_z = D_z \approx 0{,}414 \cdot p \cdot L$$
$$B_z = C_z \approx 1{,}086 \cdot p \cdot L$$

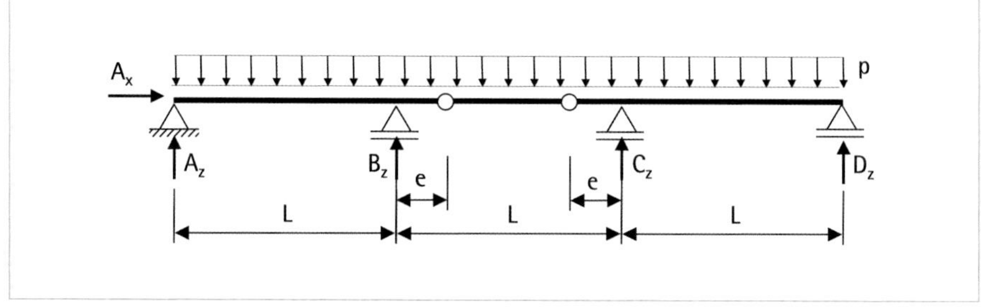

$$e \approx 0{,}1716\,L$$
$$A_z = D_z \approx 0{,}414 \cdot p \cdot L$$
$$B_z = C_z \approx 1{,}086 \cdot p \cdot L$$

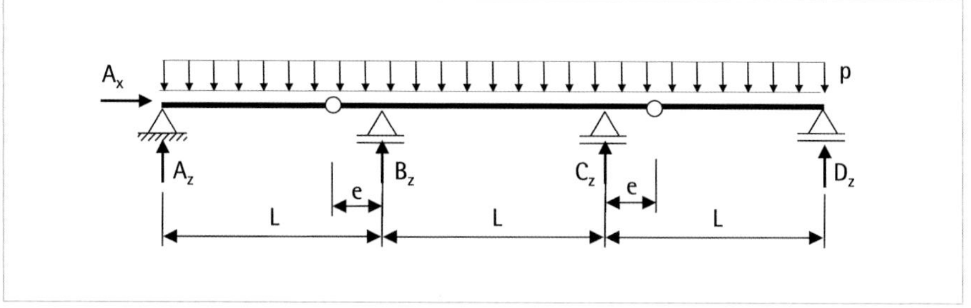

Das beschriebene Vorgehen lässt sich auf Träger mit vier und mehr Feldern übertragen und gilt auch für beliebige Belastungen in Größe, Verteilung und Angriffspunkt. Die Wahl der Gelenke darf auch nach anderen Gesichtspunkten, wie Anforderungen aus der Nutzung oder Gestaltung gewählt werden.

15.3 Ausbildung der Gelenke

Die Gelenke sind abhängig vom Werkstoff unterschiedlich auszubilden und hier beispielhaft für die Werkstoffe Stahlbeton, Stahl und Holz dargestellt.

Beim Stahlbeton wird der Einhängeträger ausgeklinkt und auf die Auskragung der anderen Trägerteile aufgelegt.

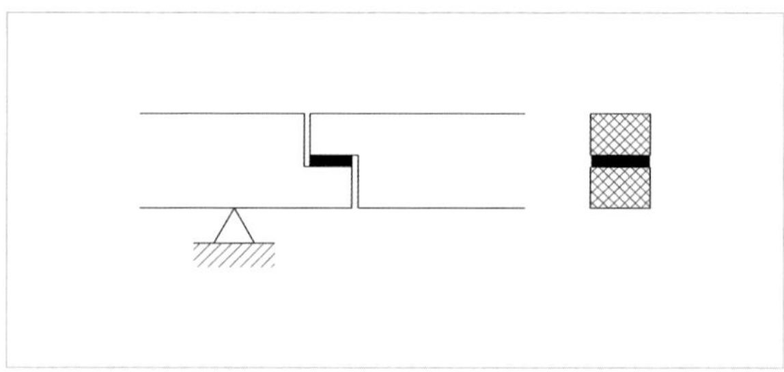

Stahlbeton

Gelenk mit einem Elastomer Lager

Bei Stahlträgern werden an die Auskragung Laschen geschweißt. Der Einhängeträger wird über die Laschen mit einer großen Schraube in der Schwerlinie angeschlossen.

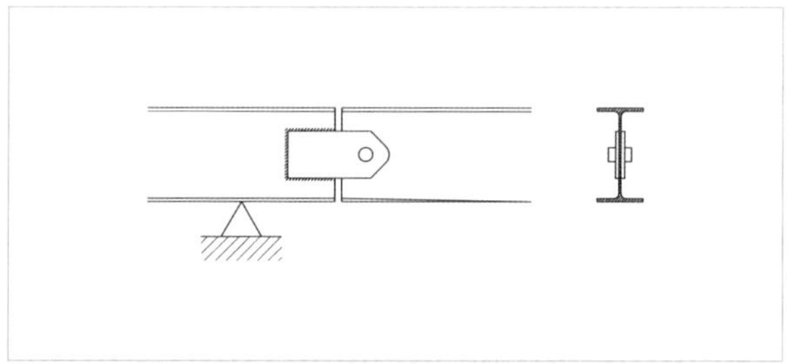

Stahl

Im Holzbau wird der Einhängeträger über eine vertikale Schraube nach oben an die Auskragung gehängt. Es wird das Aufreißen des Holzes in der Schwerachse vermieden.

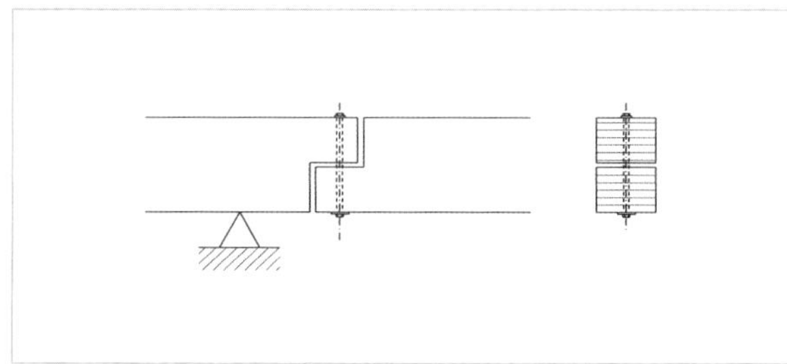

Holz

16 Statisch unbestimmt gelagerte Träger

16.1 Einfeldträger, einseitig eingespannt 301
16.2 Mehrfeldträger 306
16.3 Zwangseinwirkungen 313

Träger und einachsig gespannte Platten, die in der Ebene mit mehr als drei Auflagerbedingungen gehalten werden, erfordern zur Bestimmung der Lagerreaktionen zusätzliche Bedingungen. Die Anzahl dieser Bedingungen ist für ein ebenes statisches System die Differenz zwischen den vorhandenen Lagerreaktionen und den drei Gleichgewichtsbedingungen. Wird zum Beispiel ein Einfeldträger an den Auflagern zusätzlich eingespannt, sind zusätzliche Lagerreaktionen vorhanden.

Einseitig eingespannter Einfeldträger

› vier Auflagerreaktionen A_x, A_z, M_A und B_z
› drei Gleichgewichtsbedingungen
› einfach statisch unbestimmt
⇒ eine zusätzliche Bedingung

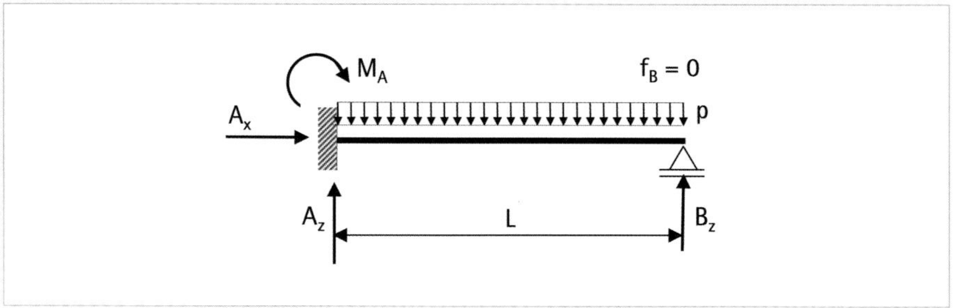

Beidseitig eingespannter Einfeldträger

› fünf Auflagerreaktionen A_x, A_z, M_A, B_z und M_B
› drei Gleichgewichtsbedingungen
› zweifach statisch unbestimmt
⇒ zwei zusätzliche Bedingungen

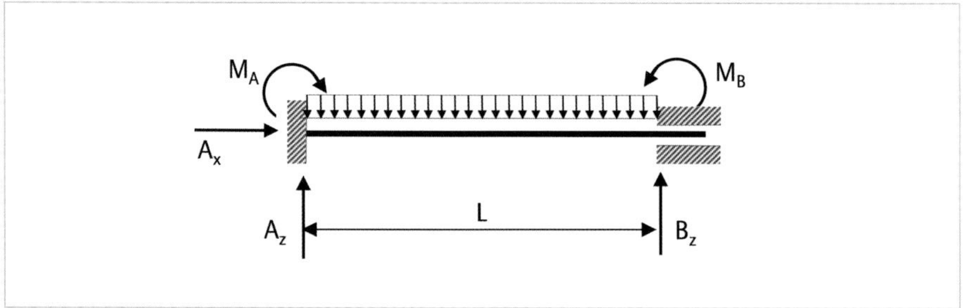

16.1 Einfeldträger, einseitig eingespannt

An einem einseitig eingespannten Einfeldträger, der auf der anderen Seite verschieblich gelagert ist, wird das Vorgehen zur Bestimmung der Auflagerreaktionen erläutert. Es werden zusätzliche Bedingungen durch die Verformung des Trägers aufgestellt. Der Träger wird in zwei statische Systeme aufgeteilt. Das erste statische System ist eine Auskragung mit derselben Spannweite und Belastung. Aufgrund des fehlenden Auflagers bei B verformt sich der Träger nach unten (vgl. S. 250) und hat am Ende der Auskragung die Durchbiegung $+w_p$. Im zweiten statischen System wird am Ende der Auskragung die Kraft B angesetzt, die den Träger um $-w_B$ nach oben drückt, (vgl. S. 249). Die Summe der beiden Verschiebungen am Ende des Kragarms muss null sein, damit die Lagerbedingung für das vorhandene Auflager B erfüllt wird.

Verformung durch die Belastung p für die konstante Streckenlast

$$w_p = \frac{p \cdot L^4}{8 \cdot E \cdot I_y}$$

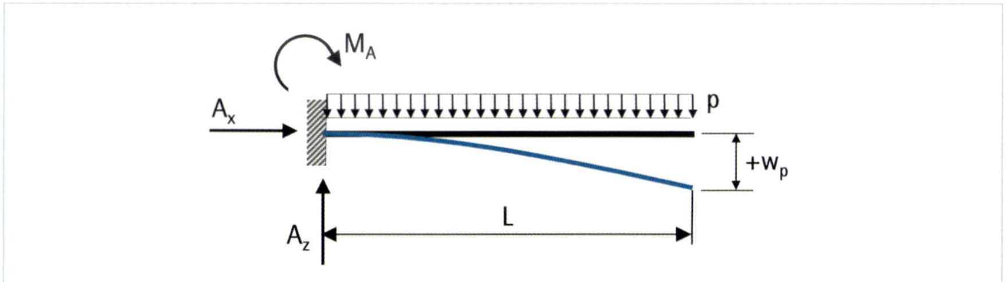

Verformung durch die Kraft B für die Punktlast

$$w_B = -\frac{B \cdot L^3}{3 \cdot E \cdot I_y}$$

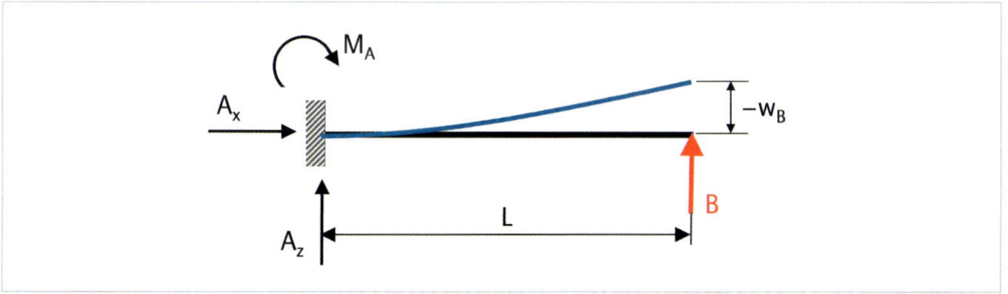

Die Bedingung für die Lagerkraft B_z am Ausgangsystem schreibt sich zu:

$$w_p + w_B = 0$$

Die Terme eingesetzt folgt:

$$\frac{p \cdot L^4}{8 \cdot E \cdot I_y} - \frac{B \cdot L^3}{3 \cdot E \cdot I_y} = 0$$

Die Gleichung nach der unbekannten Kraft B umgeformt und gekürzt, ergibt:

$$B = \frac{3}{8} \cdot p \cdot L = B_z$$

Die berechnete Kraft B entspricht der Auflagerkraft B_z. Folglich sind nur noch die Auflagereaktionen bei A unbekannt und werden mit den drei Gleichgewichtsbedingungen ermittelt.

Gleichgewicht in x-Richtung:

$$A_x = 0$$

Gleichgewicht in z-Richtung:

$$A_z + B_z - p \cdot L = 0$$

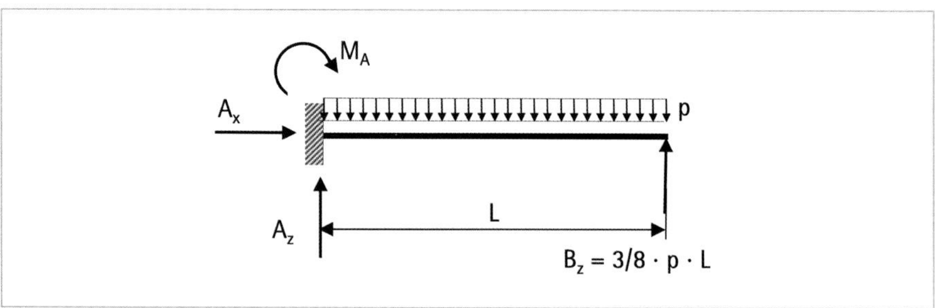

B_z eingesetzt und nach A_z aufgelöst:

$$A_z = p \cdot L - \frac{3}{8} \cdot p \cdot L = \frac{5}{8} \cdot p \cdot L$$

Momentengleichgewicht um A lautet:

$$M_A + p \cdot L \cdot \frac{L}{2} - B_z \cdot L = 0$$

B_z eingesetzt und nach M_A aufgelöst:

$$M_A = -p \cdot \frac{L^2}{2} + \frac{3}{8} p \cdot L^2 = -\frac{1}{8} p \cdot L^2$$

Das negative Vorzeichen des Einspannmoments M_A heißt die Drehrichtung des Moments ist entgegen dem Uhrzeigersinn. Durch das Auflager B reduziert sich das Einspannmoment bei A auf ein Viertel des Einspannmoments einer Auskragung ohne Lagerung bei B.

$$V_A = A_z = \frac{5}{8} \cdot p \cdot L$$

$$V_B = -B_z = -\frac{3}{8} \cdot p \cdot L$$

Der Nulldurchgang der Querkraft ist die Stelle des maximalen Biegemoments. Die Stelle x berechnet nach S. 173 mit

$$x = \frac{3}{8} \cdot L$$

und

$$M_{max} = B_z \cdot x - p \cdot \frac{x^2}{2}$$

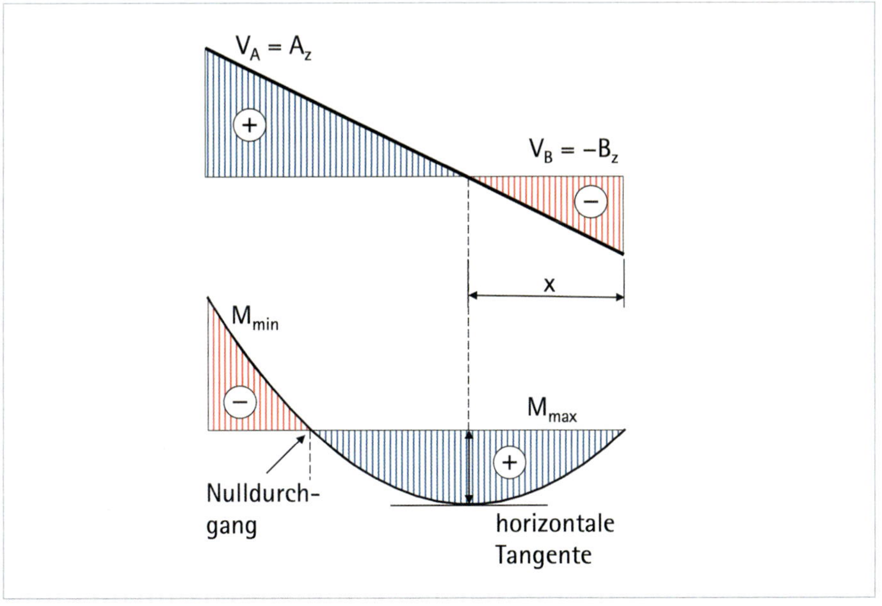

B_z eingesetzt folgt

$$M_{max} = \frac{9}{128} \cdot p \cdot L^2 \approx 0{,}07 \cdot p \cdot L^2$$

$$M_{min} = -\frac{1}{8} \cdot p \cdot L^2 = -0{,}125 \cdot p \cdot L^2$$

Der Verlauf der Durchbiegung leitet sich aus dem Verlauf des Biegemoments ab. Der Nulldurchgang des Biegemoments ist in der Biegelinie ein Wendepunkt. Am Auflager A hat die Biegelinie eine Tangente in Stablängsachse.

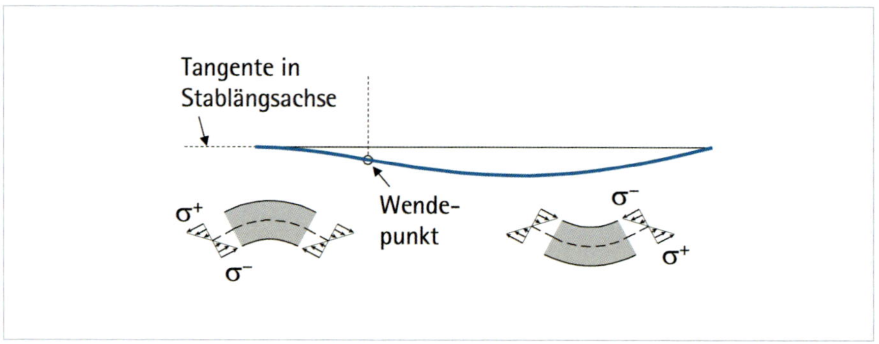

Ein negatives Biegemoment bedeutet, dass auf der Oberseite des Trägers Zugspannungen auftreten und auf der Unterseite Druckspannungen wirken. Der Träger krümmt sich nach oben. Am Momenten Nullpunkt ändert sich die Krümmung der Biegelinie. Der Träger krümmt sich nach unten, am oberen Rand des Trägers wirken Druckspannungen und am unteren Zugspannungen.

Das Bestimmen der Einspannmomente des Trägers, der an beiden Auflagern eingespannt ist, erfordert Methoden der Baustatik wie das Kraft- oder Verschiebungsgrößen-Verfahren. Diese Verfahren führen zu Gleichungssystemen und die Anzahl der überzähligen Auflagerreaktionen entspricht der Anzahl an Gleichungen. Die Verfahren werden zur analytischen und numerischen Berechnung von Tragsystemen eingesetzt. Ihre Anwendung gehört zu den Aufgaben der Bauingenieure.

Für den beidseitig eingespannten Träger sind deshalb der Verlauf der Schnittgrößen und die Biegelinie ohne Herleitung mit den Extremwerten zusammengestellt.

Der Träger ist symmetrisch bezüglich der Mittelachse:

$$V_A = A_z = \frac{1}{2} \cdot p \cdot L$$

$$V_B = -B_z = -\frac{1}{2} \cdot p \cdot L$$

Einspannmoment:

$$M_{min} = -\frac{1}{12} \cdot p \cdot L^2 = -0{,}083 \cdot p \cdot L^2$$

Maximales Moment in Trägermitte:

$$M_{max} = \frac{1}{24} \cdot p \cdot L^2 \approx 0{,}042 \cdot p \cdot L^2$$

Der Nulldurchgang des Biegemoments ist ein Wendepunkt in der Biegelinie.

An den Auflagern hat der Träger durch die Einspannung eine Tangente in Richtung der Trägerlängsachse.

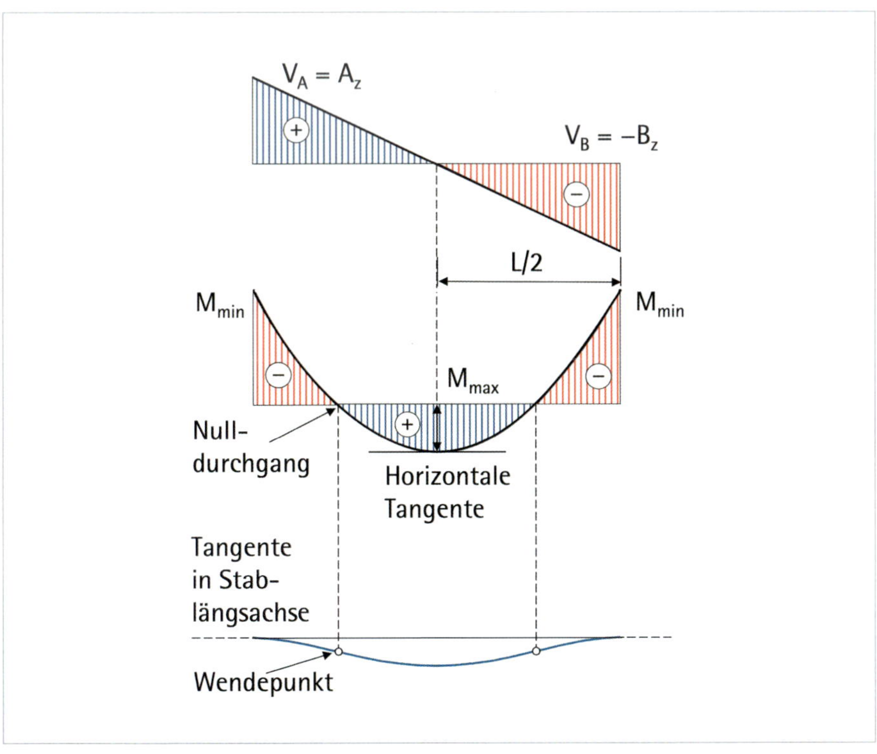

16.2 Mehrfeldträger

Träger, die auf mehr als zwei Stützen aufliegen und keine Gelenke aufweisen, werden als Durchlauf- oder Mehrfeldträger bezeichnet. Eine weitere Bezeichnung enthält die Anzahl der Felder, die überspannt werden. Die Spannweiten der Felder können konstant oder unterschiedlich sein. Für jedes zusätzliche Auflager ist eine weitere Bedingung erforderlich, um die Auflagerkräfte zu ermitteln. Die Bestimmung der Auflagerreaktionen und Schnittgrößen erfolgt heute mit Tabellenwerten oder mit numerischen Berechnungen.

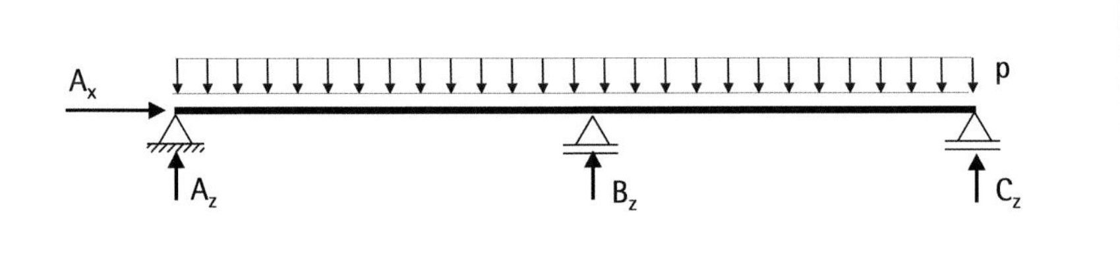

Zwei-Feld-Träger – einfach statisch unbestimmt

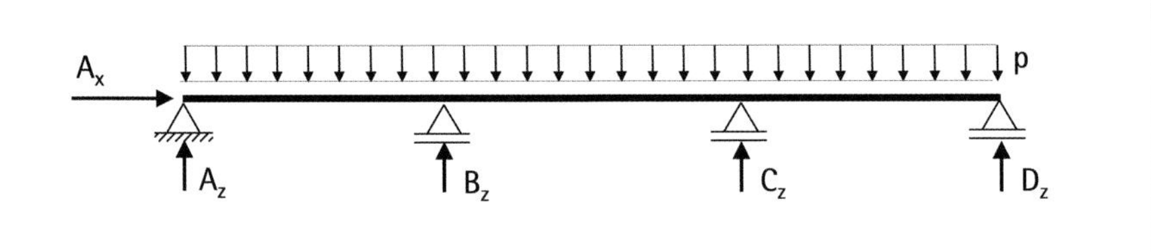

Drei-Feld-Träger – zweifach statisch unbestimmt

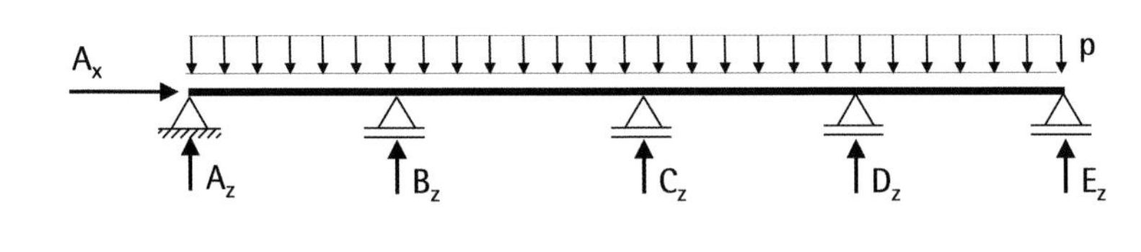

Vier-Feld-Träger – dreifach statisch unbestimmt

Für einen Zwei-Feld-Träger mit konstanter Biegesteifigkeit, auf den über die gesamte Länge eine konstante Streckenlast einwirkt, lässt sich die überzählige Auflagerkraft mit demselben Vorgehen berechnen wie für den einseitig eingespannten Träger.

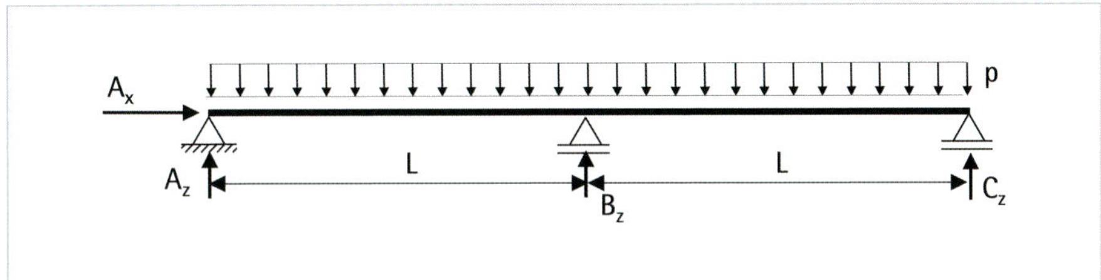

Gesamtsystem

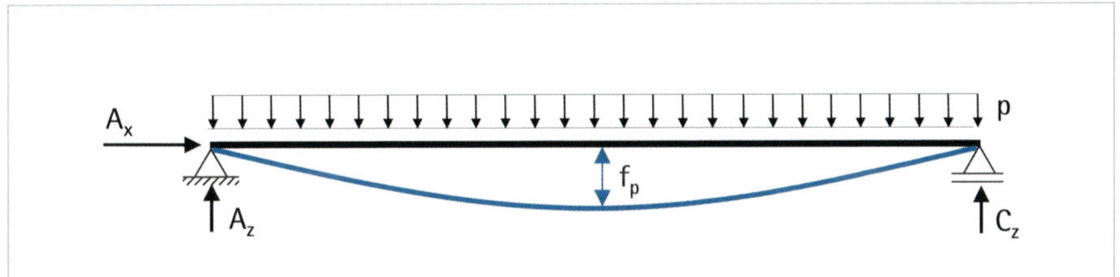

Ersatzsystem 1 – Belastung über die gesamte Länge – ohne Auflager B

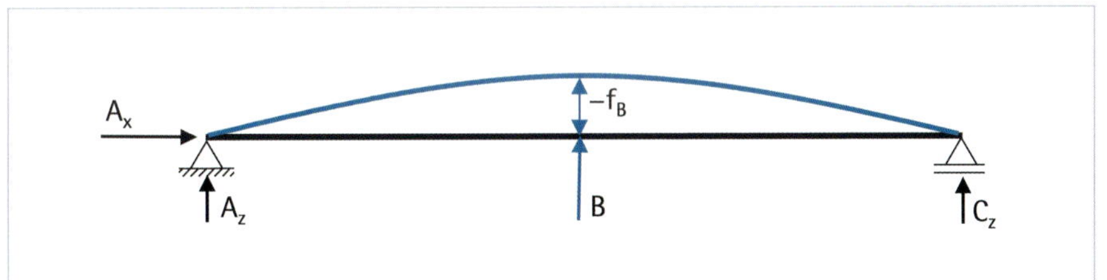

Ersatzsystem 2 – Kraft B an der Stelle des Auflagers B

Die Bedingung für die Lagerkraft B_Z am Ausgangsystem schreibt sich zu:

$$w_p + w_B = 0$$

Die Terme für die Verformungen stehen auf S. 246 und 244 und schreiben sich mit $2 \cdot L$ zu

$$\frac{5}{384}\frac{p \cdot (2L)^4}{E \cdot I_y} - \frac{1}{48}\frac{B \cdot (2L)^3}{E \cdot I_y} = 0$$

Nach der unbekannten Kraft B umformuliert und diese Kraft der Auflagerkraft B_z gleichgesetzt, ergibt:

$$B = \frac{5}{4} \cdot p \cdot L = B_z$$

Das Berechnen der Auflagerkräfte A_z und C_z erfolgt mit den Gleichgewichtsbedingungen.

$$\sum M_C \overset{!}{=} 0 \qquad A_z \cdot 2 \cdot L - p \cdot 2 \cdot L^2 + B_z \cdot L = 0$$

Mit L gekürzt und B_z eingesetzt:

$$A_z = p \cdot L - \frac{5}{8} \cdot p \cdot L = \frac{3}{8} \cdot p \cdot L$$

Die Symmetrie genutzt folgt:

$$C_z = \frac{3}{8} \cdot p \cdot L$$

Der Verlauf der Querkraft und des Biegemoments über die Länge des Trägers ermittelt sich mit denselben Schritten wie für Einfeldträger mit Auskragung. An bestimmten Schnitten werden an den freigeschnittenen Trägerstücken die Gleichgewichtsbedingungen aufgestellt, um die Schnittgrößen zu bestimmen. Die Biegelinie leitet sich aus dem Momentenverlauf ab. Über den Auflagern ist die vertikale Verformung null und an den Endauflagern kommt es zu einer Verdrehung des Trägers. Der Nulldurchgang des Biegemoments ist ein Wendepunkt in der Biegelinie. Über dem Auflager B treten im Träger Zugspannungen am oberen und Druckspannungen am unteren Rand auf. Im Bereich des positiven Momentes wirken Druckspannungen am oberen und Zugspannungen am unteren Rand.

$$V_A = A_z = \frac{3}{8} \cdot p \cdot L$$

$$V_C = -C_z = -\frac{3}{8} \cdot p \cdot L$$

$$V_{B,li} = -\frac{5}{8} \cdot p \cdot L$$

$$V_{B,re} = \frac{5}{8} \cdot p \cdot L$$

$$B_z = | V_{B,li} | + V_{B,re}$$

$$x = \frac{3}{8} \cdot L$$

$$M_1 = \frac{9}{128} \cdot p \cdot L^2$$

$$M_B = -\frac{1}{8} \cdot p \cdot L^2$$

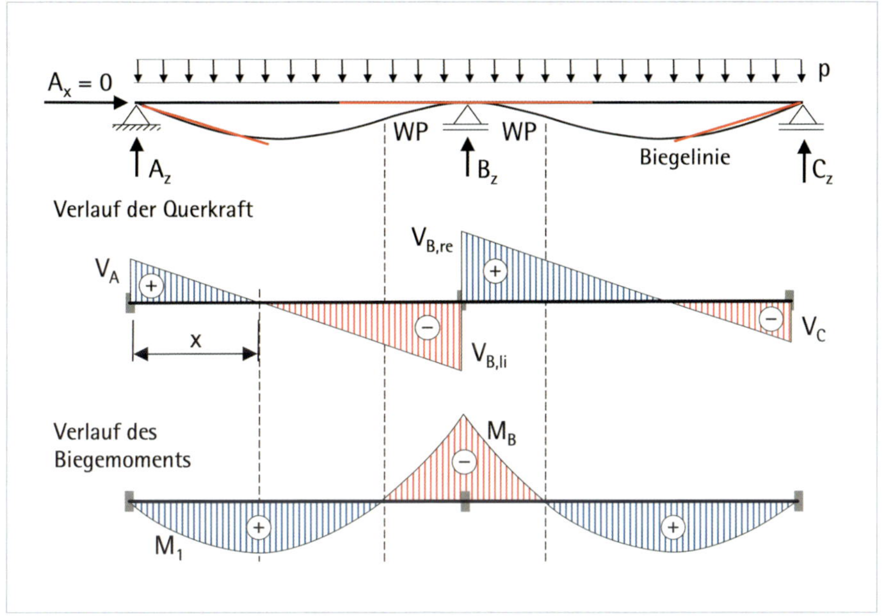

Der Einfluss unterschiedlicher Spannweiten auf die Auflagerkräfte ist an einem Drei-Feld-Träger dargestellt. Die Träger haben die gleiche Gesamtlänge, dieselbe Biegesteifigkeit über die Länge und es wirkt die Belastung p als konstante Streckenlast über die gesamte Länge auf jeden Träger. In der Variante 1 ist das mittlere Feld um den Faktor 3,3 größer als die beiden Randfelder. In Variante 2 ist die Spannweite in den drei Feldern gleich und in Variante 3 sind die Randfelder um den Faktor 2,2 größer als das mittlere Feld.

Variante 1:

$$L_1 = \frac{1}{3} \cdot L_2 = L_3$$

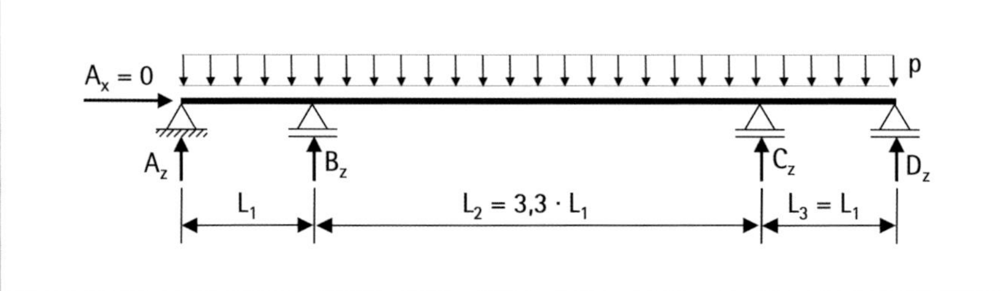

Variante 2:

$$L_1 = L_2 = L_3$$

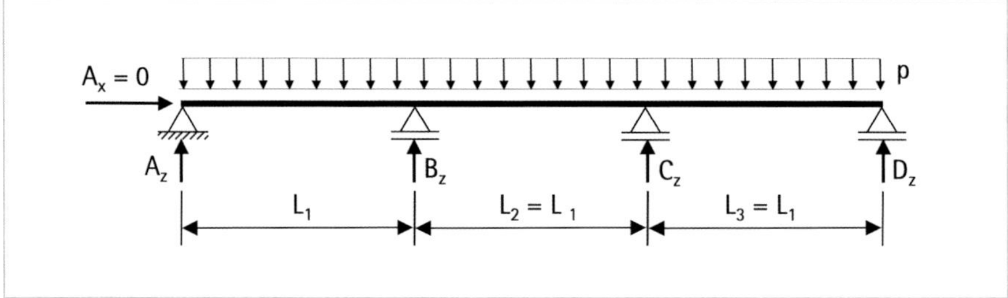

Variante 3:

$$L_1 = \frac{6{,}5}{3} \cdot L_2 = L_3$$

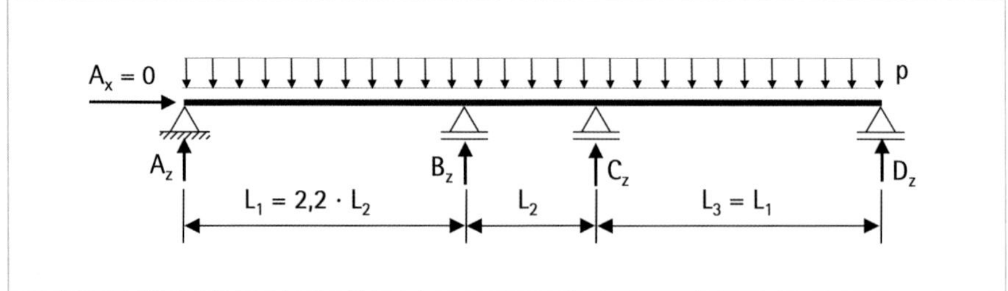

Für die angenommene Belastung ist der Verlauf des Biegemoments (blau), die Biegelinie (rot) und die Auflagerkräfte (schwarz) gegenübergestellt. Die Darstellung hat für jeden der drei Varianten denselben Maßstab.

Variante 1:

- Größtes Biegemoment im mittleren Feld
- Größte Durchbiegung im mittleren Feld

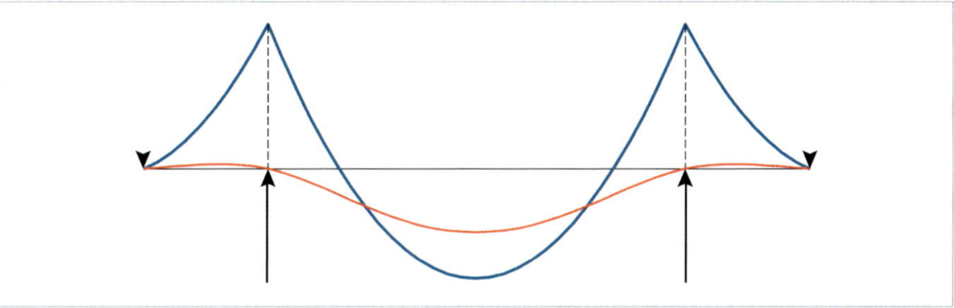

Variante 2:

- Kleinste Biegemomente
- Kleinste Durchbiegungen

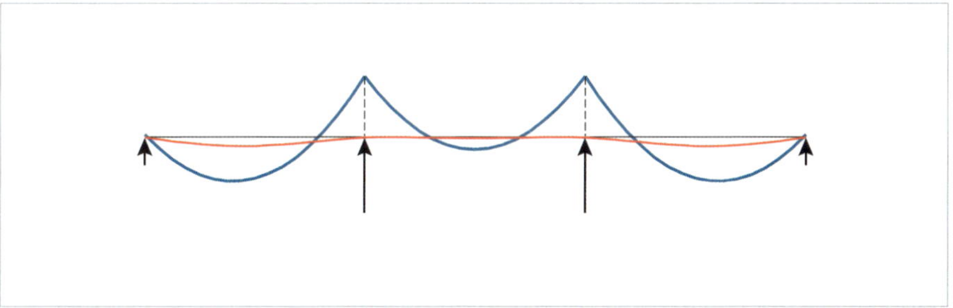

Variante 3:

- Größtes Biegemoment in den Randfeldern
- Größte Durchbiegung in den Randfeldern

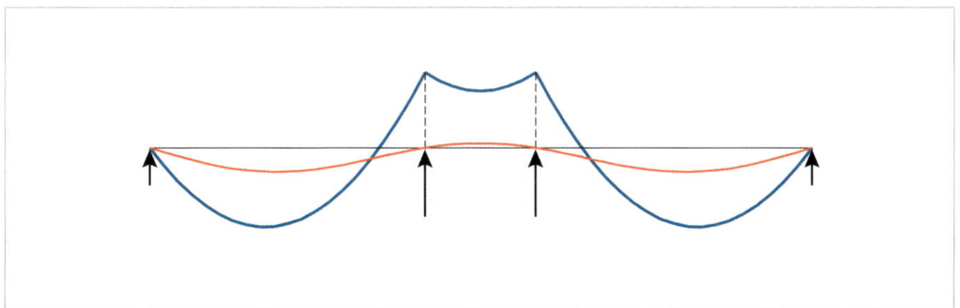

Unterscheiden sich die Spannweiten der Felder um mehr als 20 %, ergeben sich größere Biegemomente und größere Verformungen. Um im Vergleich zur Variante 2 wirtschaftlich zu bleiben, müssen Querschnitte daher eine hohe Biegesteifigkeit aufweisen.

Veränderliche Lasten, wie Nutzlasten, führen bei feldweiser Belastung zu Schnittgrößen, die im Betrag größer sind als eine konstante Belastung über die gesamte Trägerlänge. Die Ursache ist wie für die Einfeldträger mit Auskragung die Verdrehung der Träger über den inneren Auflagern. Fehlt die Belastung rechts und links des Auflagers eines belasteten Feldes, verdreht sich der Träger in den benachbarten Feldern und es kommt im belasteten Feld zu größeren Biegemomenten und Verformungen.

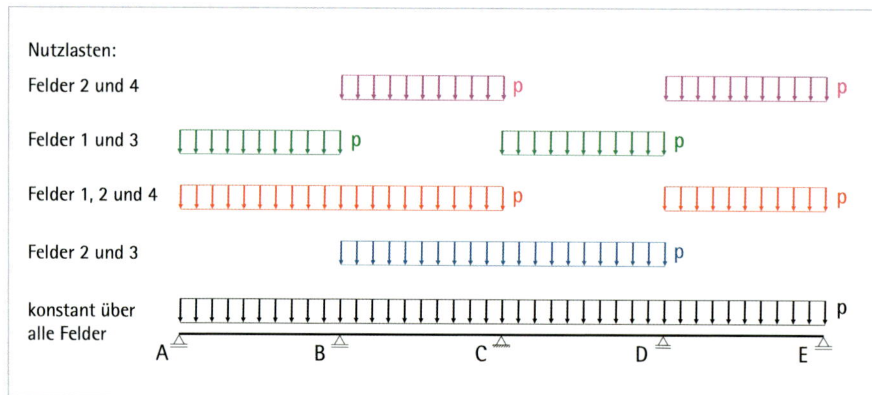

Lastfälle

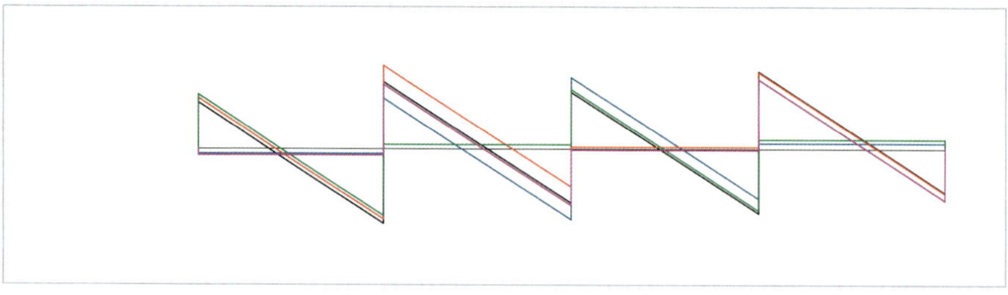

Verlauf der Querkraft für die fünf Lastfälle

In unbelasteten Feldern ist das Biegemoment linear veränderlich.

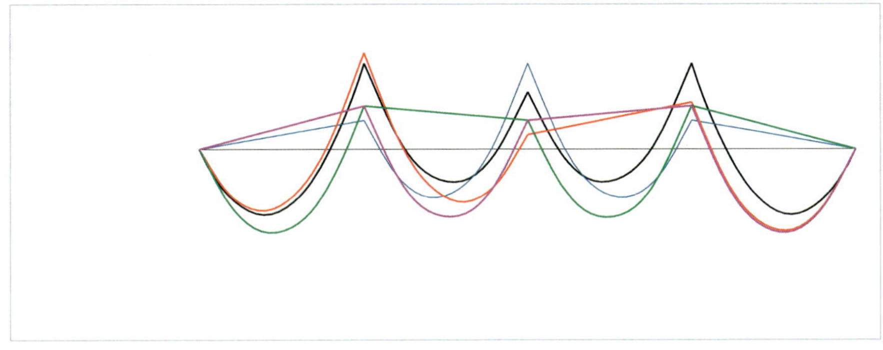

Verlauf des Biegemoments für die fünf Lastfälle

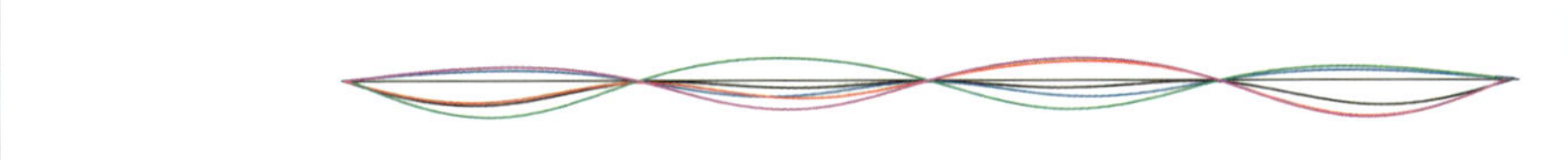

Biegelinien

16.3 Zwangseinwirkungen

Zwangseinwirkungen wie zum Beispiel Temperatur oder Auflagerverschiebungen führen bei statisch unbestimmt gelagerten Tragwerken zu Schnittgrößen, Spannungen und Verformungen. Der Vorteil von Tragwerken, die aus statisch bestimmt gelagerten Bauteilen aufgebaut sind, ist, dass es keine Änderungen der Schnittgrößen und Spannungen infolge von Temperaturschwankungen und Auflagerverschiebungen gibt. Tragwerke, die statisch unbestimmt gelagert oder aufgebaut sind, weisen im Vergleich zu statisch bestimmten Tragsystemen geringere Schnittgrößen und Verformungen unter Punkt- und Streckenlast auf. Temperaturänderungen und Auflagerverschiebungen führen jedoch zu zusätzlichen Schnittgrößen, Spannungen und Verformungen. Eine Folge davon können zum Beispiel Risse in Stahlbetonträgern oder Wänden sein. Ein Temperaturunterschied zwischen dem oberen und unteren Rand führt zu einer Krümmung des Trägers. Die warme Seite dehnt sich stärker als die kältere. Dieses Verhalten gilt auch für Glasscheiben.

In statisch bestimmt gelagerten Einfeldträgern entstehen weder Auflagerkräfte noch Schnittgrößen. Die Träger verformen sich unbehindert.

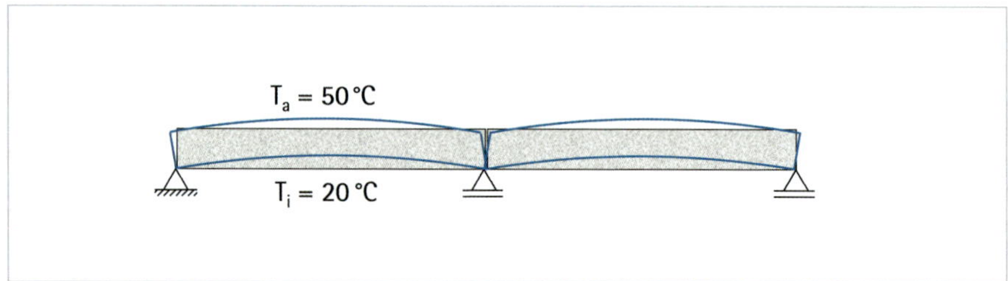

In einem Zwei-Feld-Träger ergeben sich durch die Temperaturdifferenz zwischen der Ober- und Unterseite des Trägers Auflagerkräfte, Schnittgrößen, Verformungen und Spannungen.

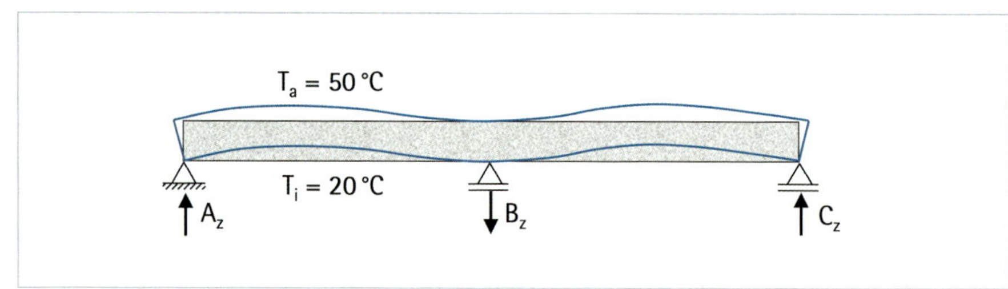

Verlauf der Querkraft infolge der einwirkenden Temperaturdifferenz

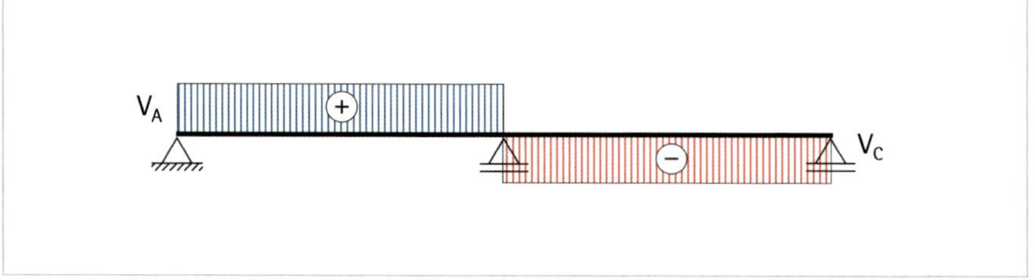

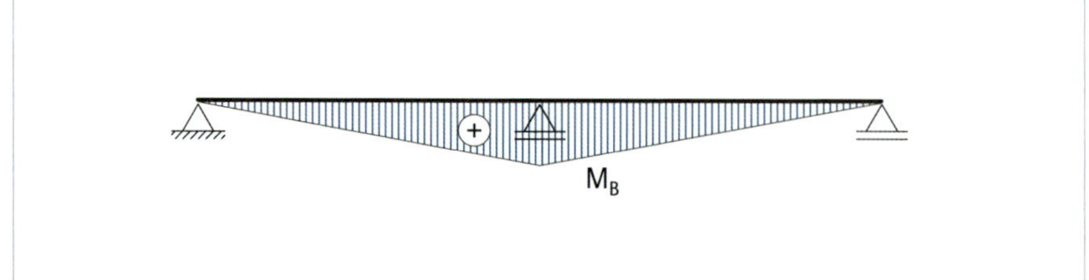

Verlauf des Biegemoments

Eine Verschiebung der Auflager führt in Einfeldträgern zu einer Verdrehung. Es treten keine Auflagerkräfte und Schrittgrößen auf.

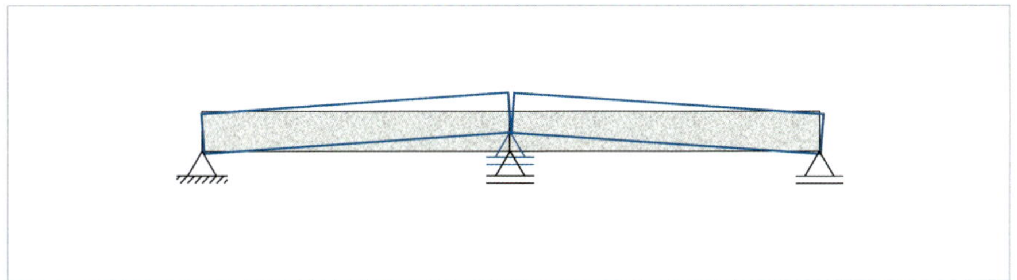

In einem Zwei-Feld-Träger entstehen durch dieselbe Auflagerverschiebung Auflagerkräfte und Schnittgrößen.

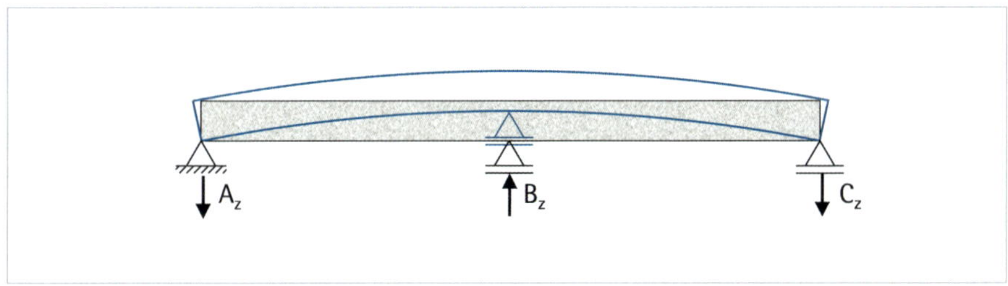

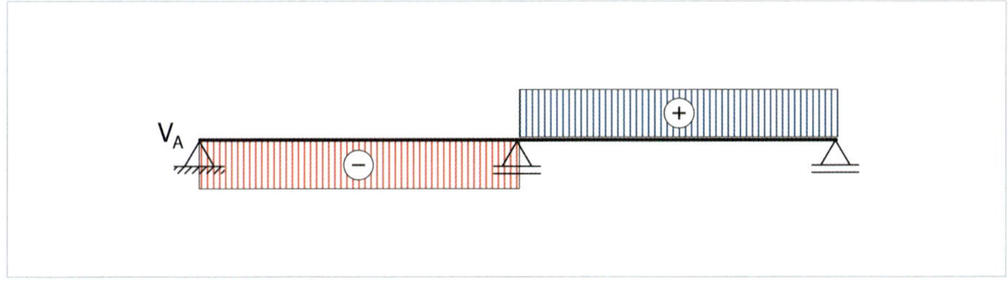

Verlauf der Querkraft infolge der Auflagerverschiebung

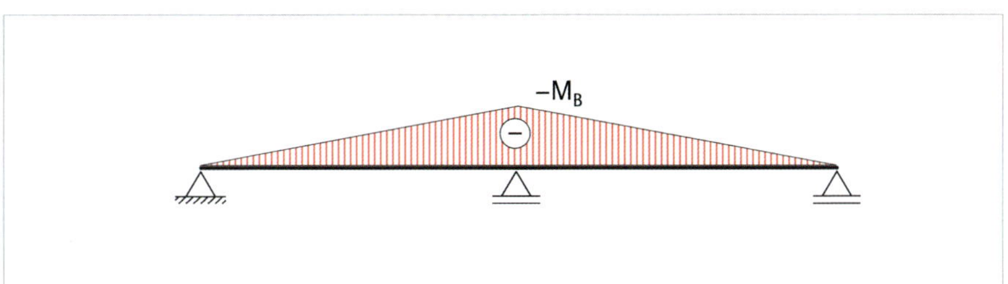

Verlauf des Biegemoments

17 Geneigte Träger

17.1 Auflagerkräfte und Schnittgrößen 320
17.2 Statisch unbestimmte geneigte Träger 330

Geneigte Träger sind zum Beispiel Treppenwangen und Dachsparren in Pult- und Satteldächern. Treppenwangen spannen von Geschoßdecke zu Geschoßdecke oder liegen auf Podesten auf. In Pult- und Satteldächern liegen die Sparren auf Pfetten auf. Die Sparren werden ausgeklinkt, um die Lasten aus Eigengewicht und Schnee rechtwinklig auf die Pfetten abzutragen. Die statischen Systeme der geneigten Träger sind Einfeldträger, Einfeldträger mit Auskragungen und Mehrfeldträger.

Das feste Auflager ist für Dachsparren an der unteren Pfette, auch Trauf- oder Fußpfette genannt, die auf einer Wand oder Decke aufliegt. Das feste Auflager übernimmt die Abtragung der horizontalen Windlasten auf die Dachflächen. Bei Zwei- oder Drei-Feld-Trägern kann das feste Auflager auch die Fußpfette sein, wenn diese auf der Decke oder Wand aufliegt. Liegt die Fußpfette auf einem Kniestock oder Drempel auf, ist dieser entweder biegesteif mit der Decke zu verbinden oder das mittlere Auflager muss unverschieblich sein. In diesem Fall muss die Mittelpfette so gelagert sein, dass die horizontalen Windlasten über Streben oder Wandscheiben in die darunterliegenden Bauteile abgetragen werden.

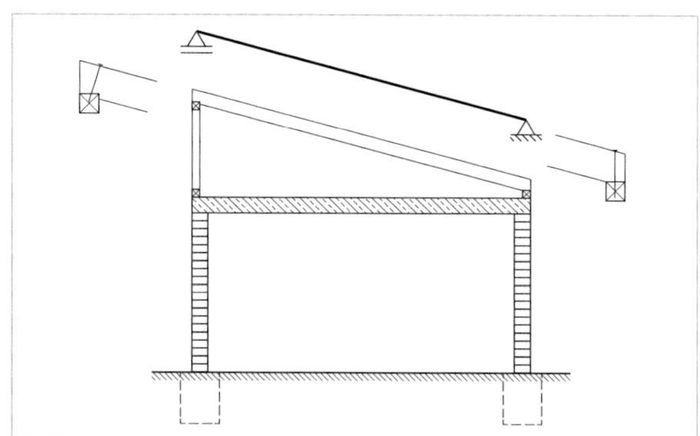

Pultdach – Statisches System der Sparren: Einfeldträger

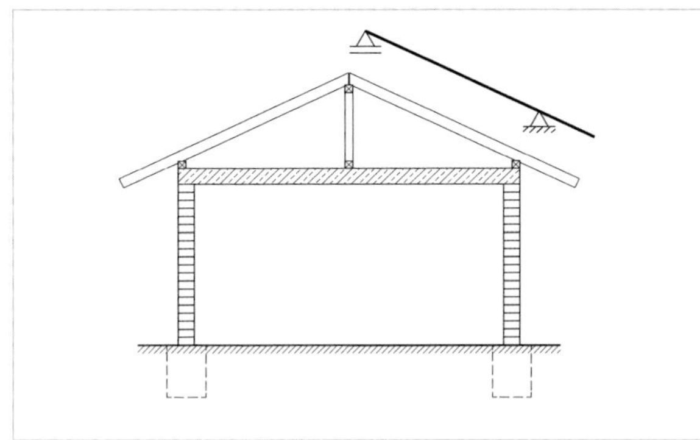

Satteldach –
Statisches System der Sparren:

Einfeldträger mit einseitiger Auskragung

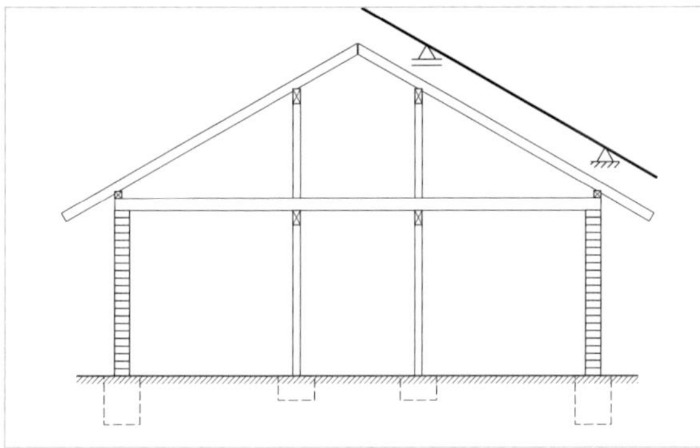

Statisches System Sparren:

Einfeldträger mit beidseitiger Auskragung

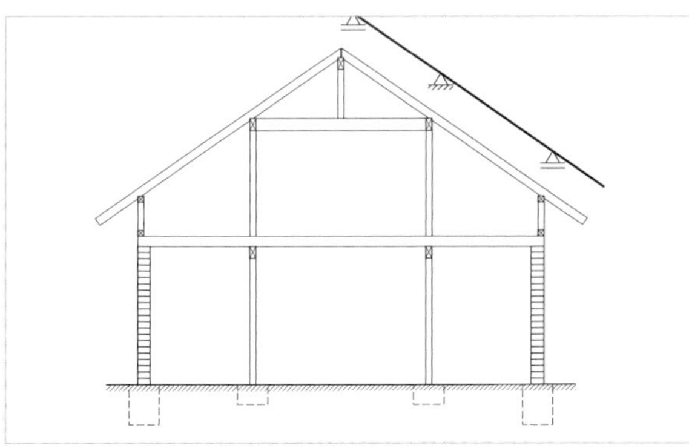

Statisches System Sparren:

Zwei-Feldträger mit einseitiger Auskragung

17.1 Auflagerkräfte und Schnittgrößen

Zur Bestimmung der Auflagerkräfte und Schnittgrößen ist das Vorgehen genauso wie an Trägern, die keine Neigung haben. Für weitere Betrachtungen liegen die Träger in der x-z-Ebene, die x-Richtung ist horizontal und die z-Richtung vertikal.

Die Belastungen auf geneigte Träger sind auf den Seiten 59 bis 63 hergeleitet und für die üblichen Einwirkungen auf Dachflächen hier noch einmal zusammengestellt.

Die Schneelast wirkt auf die horizontale Projektion, das Eigengewicht über die gesamte Trägerlänge und die Windlast senkrecht zur Trägerlängsachse.

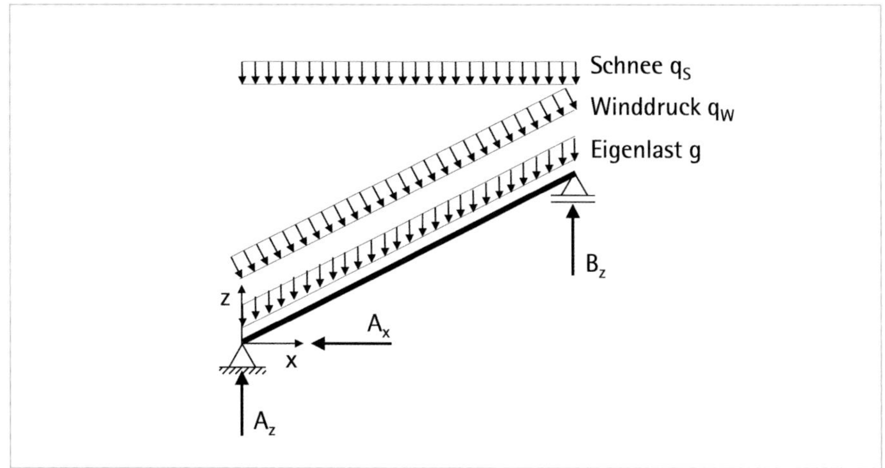

Für eine konstante Streckenlast p über die Spannweite L, die in z-Richtung wirkt, bestimmen sich die Auflagerkräfte mit den drei Gleichgewichtsbedingungen. Die Bedingung für die Lagerung ist, dass es ein Lager in x-Richtung gibt und zwei Auflager in z-Richtung. Die Last p setzt sich zum Beispiel aus der Schneelast und dem auf die horizontale Projektion bezogenen Eigengewicht zusammen. Der Träger hat die Neigung α bezogen auf die x-Richtung bzw. Horizontale.

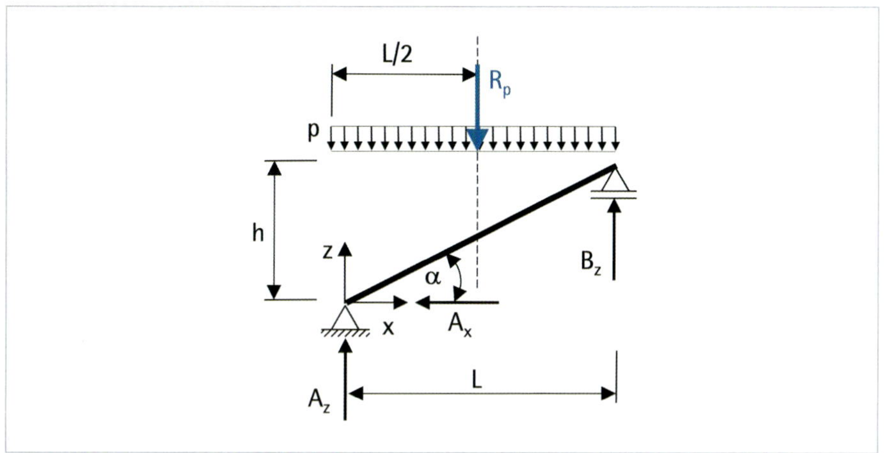

Die resultierende Kraft R_p bestimmt sich zu:

$$R_p = p \cdot L$$

und der Angriffspunkt ist bei L/2

$$\sum F_x \overset{!}{=} 0 \quad \Rightarrow A_x = 0$$

$$\sum M_A \overset{!}{=} 0 \quad \Rightarrow B_z \cdot L - p \cdot L \cdot \frac{L}{2} = 0 \Rightarrow B_z = p \cdot \frac{L}{2}$$

$$\sum F_z \overset{!}{=} 0 \quad \Rightarrow A_z + B_z - p \cdot L = 0 \Rightarrow A_z = p \cdot \frac{L}{2}$$

Zur Bestimmung der Schnittgrößen wird zunächst unmittelbar an den Auflagern geschnitten. Die Auflagerkräfte wirken in z-Richtung und bilden mit den Normalkräften und Querkräften unmittelbar an den Auflagern ein Kräftegleichgewicht. Die Normalkraft wirkt in Richtung der geneigten Stablängsachse und die Querkraft rechtwinklig dazu.

Das Kräftegleichgewicht führt im Auflager A zu den Schnittgrößen:

Querkraft

$$V_A = A_z \cdot \cos\alpha$$

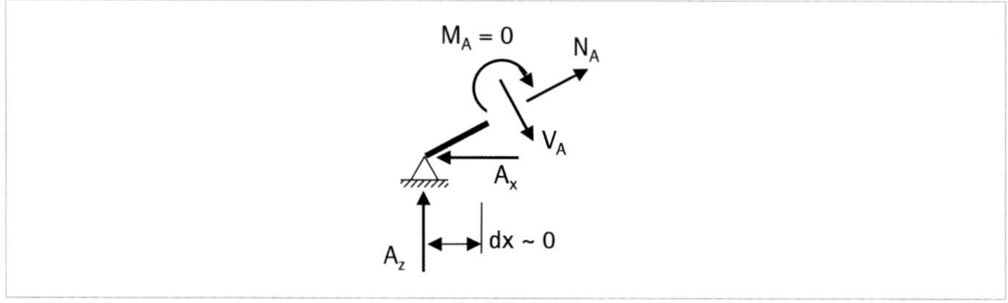

Normalkraft

$$N_A = -A_z \cdot \sin\alpha$$

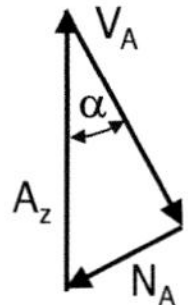

Durch die Neigung entsteht in dem Träger eine Normalkraft.

Das Kräftegleichgewicht führt im Auflager B zu den Schnittgrößen:

Querkraft

$$V_B = -B_z \cdot \cos\alpha$$

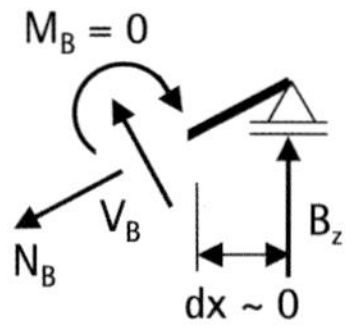

Normalkraft

$$N_B = B_z \cdot \sin\alpha$$

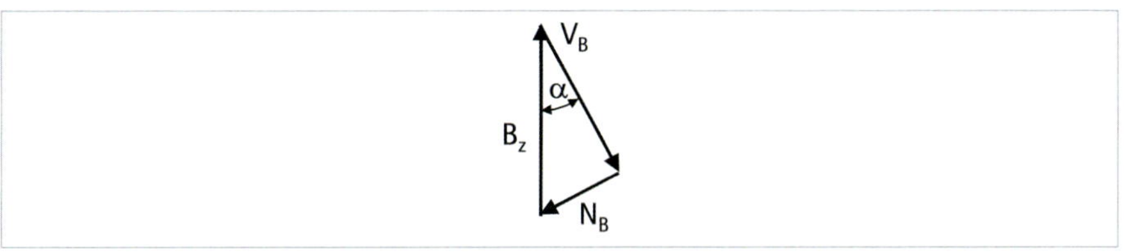

Auch in geneigten Trägern ist die Querkraft bei einer konstanten Streckenlast linear veränderlich. Querkraft und Normalkraft bilden an den Auflagern in der vektoriellen Addition die Auflagerkraft und dieser Zusammenhang gilt für jede Schnittstelle im Träger. Folglich ist der Verlauf der Normalkraft auch linear veränderlich. Die Darstellung der Normalkraft und der Querkraft erfolgt in Richtung der geneigten Stabachse.

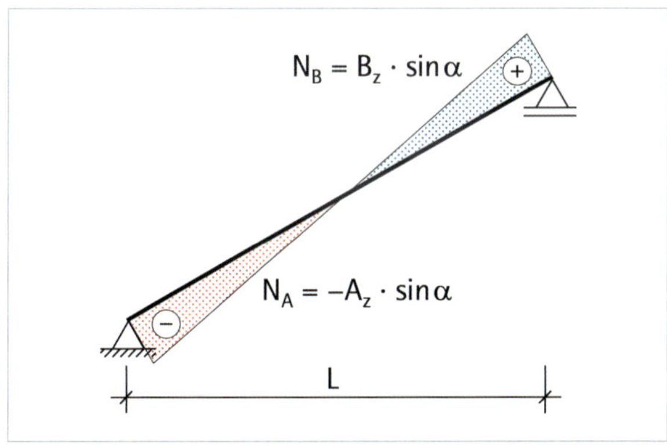

Verlauf der Normalkraft

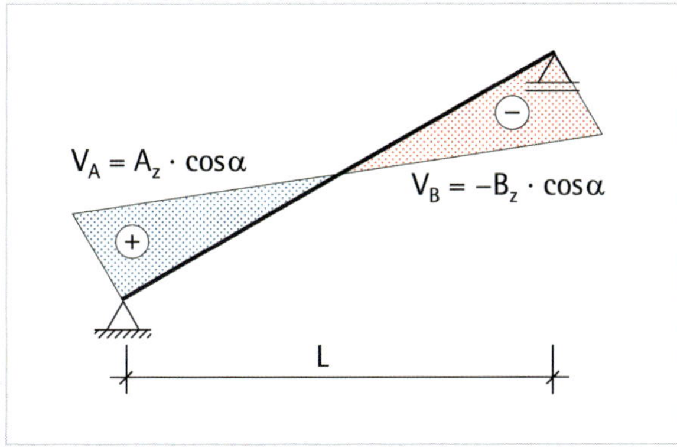

Verlauf der Querkraft

Ein Moment ist mit Kraft mal Hebelarm definiert. Der Hebelarm steht rechtwinklig auf der Wirkungslinie der Kraft und geht durch den Drehpunkt. Für einen geneigten Träger, der nur in z-Richtung belastet wird, ermittelt sich der Verlauf des Biegemoments durch einen Schnitt an einer beliebigen Stelle x.

Es wird um die Schnittstelle x das Momentengleichgewicht gebildet. Daraus folgt mit

$$R_p = p \cdot x$$

und dem Angriffspunkt bei x/2:

$$\sum M_x \overset{!}{=} 0 \Rightarrow M(x) = A_z \cdot x - p \cdot x \cdot \frac{x}{2} = \frac{p}{2} \cdot (L \cdot x - x^2)$$

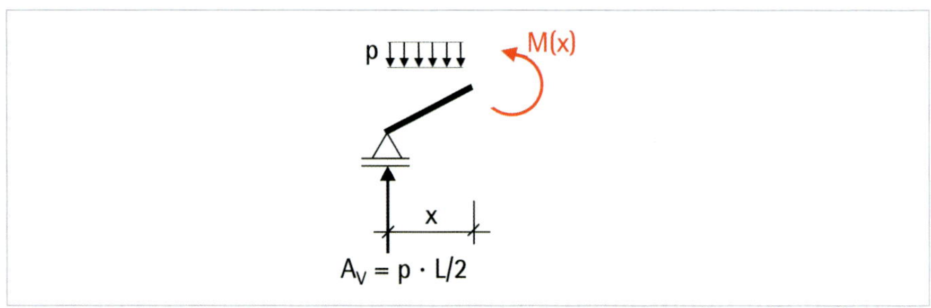

Der Verlauf des Biegemoments entspricht dem eines Trägers ohne Neigung. Folglich ist das maximale Moment in Feldmitte. Die Darstellung des Biegemoments wird auf die geneigte Stabachse bezogen.

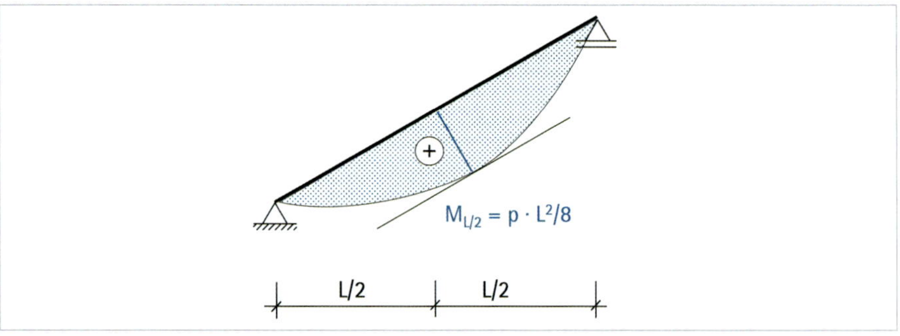

Es findet sich in der Literatur auch die Darstellung, das Biegemoment auf die x-Achse zu beziehen.

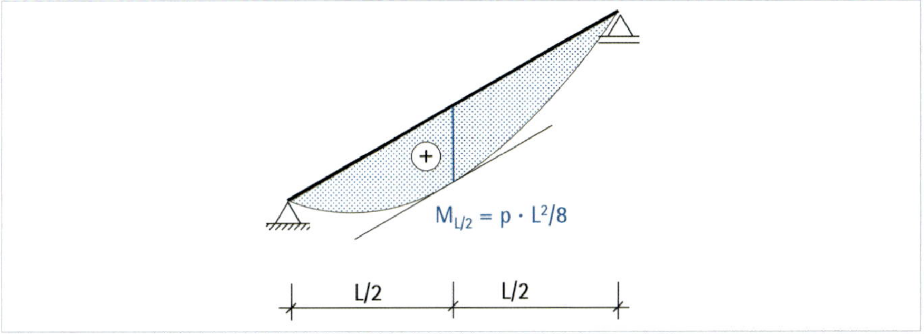

Eine Windlast wirkt rechtwinklig auf die Trägerlängsachse und diese hat die Länge s. Die resultierende Windlast R_{qW} hat eine andere Richtung als die Auflagerkräfte an den Auflagern A und B. Für das Kräftegleichgewicht wird die resultierende Windlast in eine x- und z-Komponente zerlegt.

Für die z-Richtung gilt

$$R_{qW,z} = q_W \cdot s \cdot \cos\alpha$$

und für die x-Richtung gilt:

$$R_{qW,x} = q_W \cdot s \cdot \sin\alpha$$

Weiterhin gilt:

$$\cos\alpha = \frac{L}{s} \text{ und } \sin\alpha = \frac{h}{s}$$

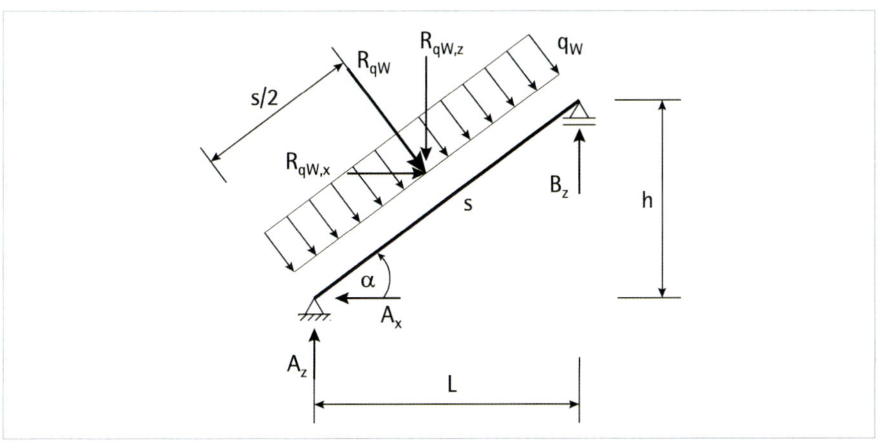

Die Auflagerkräfte berechnen sich mit den Gleichgewichtsbedingungen in x- und z-Richtung, wobei in der Herleitung auf Zwischenschritte in der Berechnung verzichtet wird.

$$\sum F_x \overset{!}{=} 0 \quad \Rightarrow A_x - R_{qW,x} = 0$$
$$\Rightarrow A_x = R_{qW,x} = q_W \cdot s \cdot \sin\alpha = q_W \cdot h$$

Die Komponente der Windbelastung in x-Richtung führt zur Auflagerkraft A_x.

Die Auflagerkraft B_z wird mit dem Momentengleichgewicht um das Auflager A ermittelt. Hierfür wird das Momentengleichgewicht aus den resultierenden Kräften der Windlastkomponenten in x- und z-Richtung und der unbekannten Auflagerkraft B_z gebildet.

$$\sum M_A \overset{!}{=} 0 \quad \Rightarrow B_z \cdot L - R_{qW,z} \cdot \frac{L}{2} - R_{qW,x} \cdot \frac{h}{2} = 0$$
$$\Rightarrow B_z = q_W \cdot \left(\frac{L}{2} + \frac{h^2}{2L}\right) = q_W \cdot \frac{s^2}{2L}$$

Die Auflagerkraft B_z kann auch mit der rechtwinklig auf die Trägerachse wirkenden Windlast bestimmt werden. Der Hebelarm der resultieren Kraft aus der Windlast beträgt in diesem Fall s/2.

$$\sum M_A \overset{!}{=} 0 \Rightarrow B_z \cdot L - R_{qW} \cdot s \cdot \frac{s}{2} = 0 \Rightarrow B_z = q_W \cdot \frac{s^2}{2L}$$

Die Auflagerkraft A_z ermittelt sich mit dem vertikalen Gleichgewicht zu:

$$\sum F_z \overset{!}{=} 0 \Rightarrow A_z + B_z - R_{qW,z} = 0 \Rightarrow A_z = q_W \cdot \left(L - \frac{s^2}{2L}\right)$$

Für den Verlauf der Normalkraft und der Querkraft werden Schnitte unmittelbar an den Auflagern gemacht und das Kräftegleichgewicht zwischen den Auflagerkräften und den inneren Schnittgrößen gebildet.

Am Auflager A ergeben sich die Schnittgrößen:

Querkraft

$$V_A = A_z \cdot \cos\alpha + A_x \cdot \sin\alpha$$

A_x und A_z eingesetzt, führt zu

$$V_A = q_W \cdot \frac{s}{2}$$

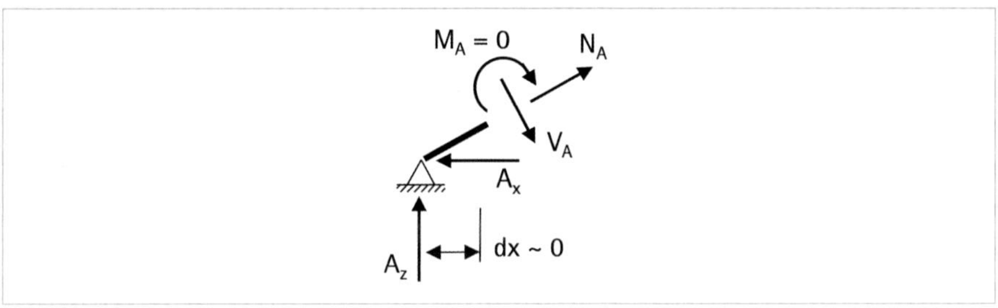

Normalkraft

$$N_A = -A_z \cdot \sin\alpha + A_x \cdot \cos\alpha$$

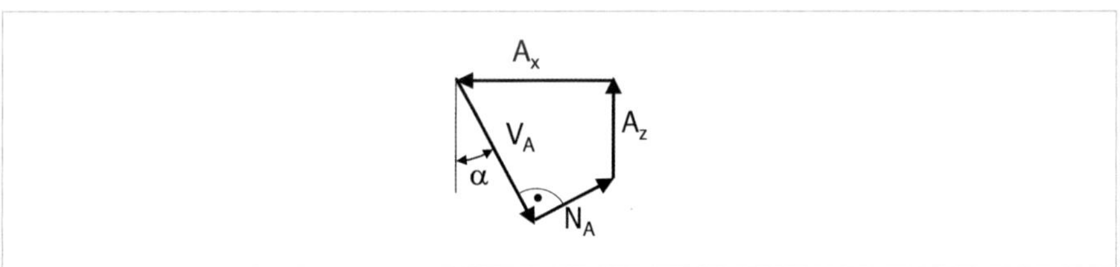

Die Schnittgrößen am Auflager B lauten:

Querkraft

$$V_B = -B_z \cdot \cos\alpha = -q_W \cdot \frac{s}{2} = -V_A$$

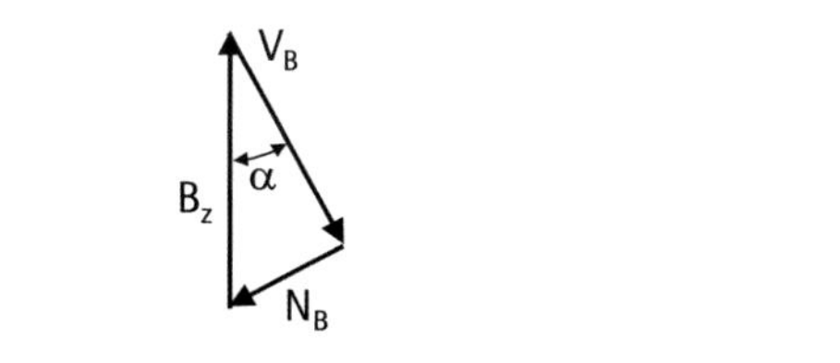

Normalkraft

$$N_B = B_z \cdot \sin\alpha$$

$$N_B = q_W \cdot \frac{s \cdot h}{2L} = N_A$$

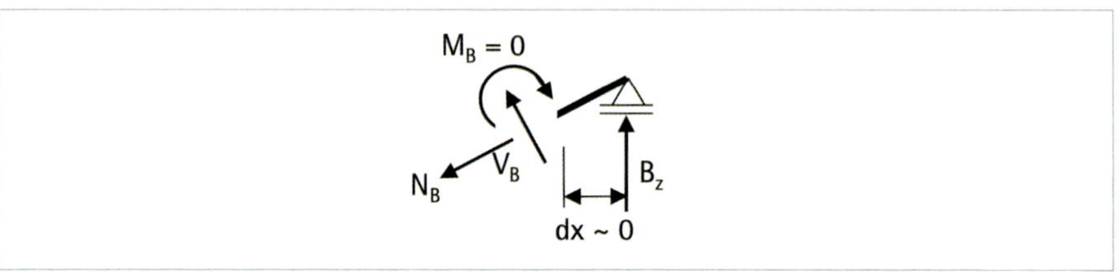

Die Querkraft lässt sich einfacher bestimmen, wenn die Windlast wie für das Biegemoment auf die Trägerlänge s bezogen wird. Der Nulldurchgang der Querkraft ist bei s/2 und damit ist dies auch die Stelle des maximalen Moments. Dieses entspricht dem Biegemoment eines Einfeldträgers mit der Spannweite s.

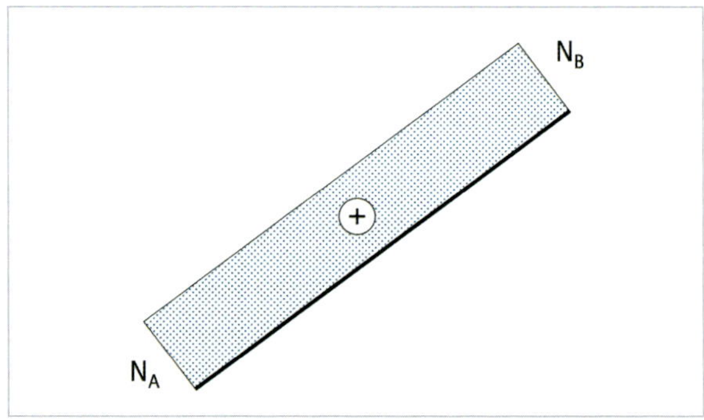

Normalkraft

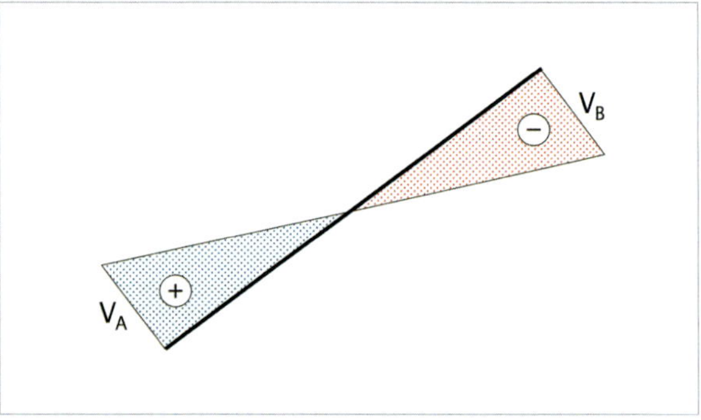

Querkraft

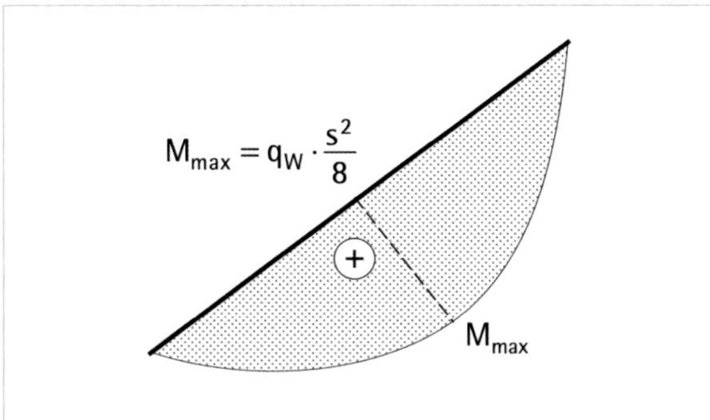

Biegemoment

Ist die x-Richtung horizontal und die z-Richtung vertikal, lassen sich Auflagerreaktionen und Schnittgrößen an geneigten Trägern folgendermaßen zusammenfassen.

› Für eine horizontale und zwei vertikale Lagerungen der Träger sind bei Belastungen, die auf die horizontale Projektion bezogen werden, die Auflagerkräfte analog zu den horizontalen Trägern zu ermitteln.
› Die Normalkraft und die Querkraft in den Trägern ergeben sich durch das Zerlegen der Auflagerkräfte in Komponenten, die in Trägerlängsachse und rechtwinklig dazu wirken.
› Für eine Belastung, die wie Wind, rechtwinklig zur Trägerachse angreift, bezieht sich der Verlauf der Querkraft und des Biegemoments auf die geneigte Trägerlängsachse. Im Momentengleichgewicht sind alle Kräfte unabhängig von der Richtung zu berücksichtigen, die zu einer Verdrehung führen.
› Die Normalkraft entsteht durch das Abtragen der horizontalen Komponenten aus der geneigten angreifenden Belastung auf den Träger und wird mit dem Kräftepolygon an den Auflagern bestimmt.

17.2 Statisch unbestimmte geneigte Träger

Die für einen Einfeldträger hergeleiteten Zusammenhänge lassen sich auf Mehrfeldträger übertragen, wie am Beispiel eines Zwei-Feld-Trägers gezeigt wird. Eine konstante Streckenlast wirkt über den gesamten Träger ein und ist auf die horizontale Projektion bezogen. Die vertikalen Auflagerkräfte entsprechen denen am horizontalen Träger, wie auch der Verlauf des Biegemoments sowie die maximalen und minimalen Biegemomente. Der Verlauf der Normalkraft und der Querkraft ergibt sich aus dem Zerlegen der Auflagerkräfte in und rechtwinklig zur Trägerachse. Die Darstellung der Schrittgrößen ist für den geneigten Zwei-Feld-Träger qualitativ ohne Angabe von Extremwerten.

Die Auflagerkräfte bestimmen sich nach S. 308 zu:

$$B_x = 0$$

$$A_z = C_z = \frac{3}{8} \cdot p \cdot L$$

$$B_z = \frac{5}{4} \cdot p \cdot L$$

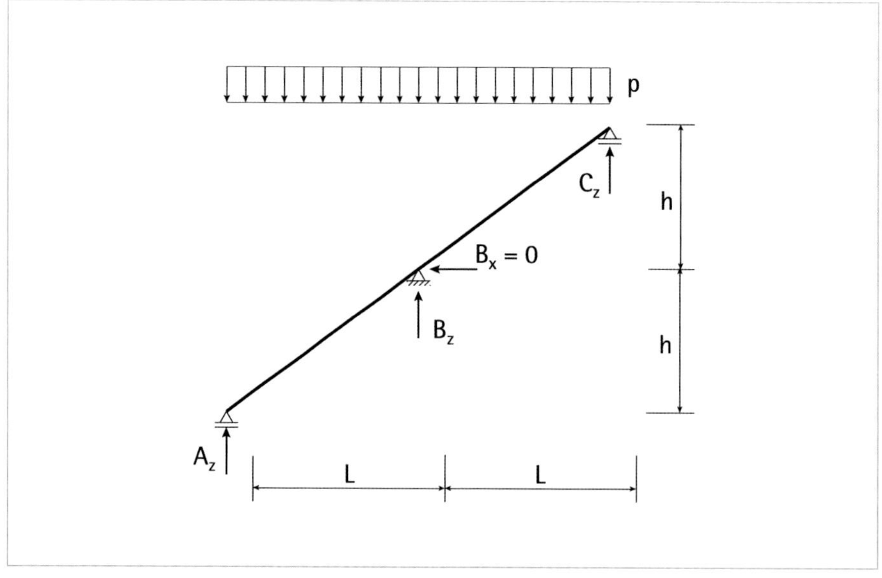

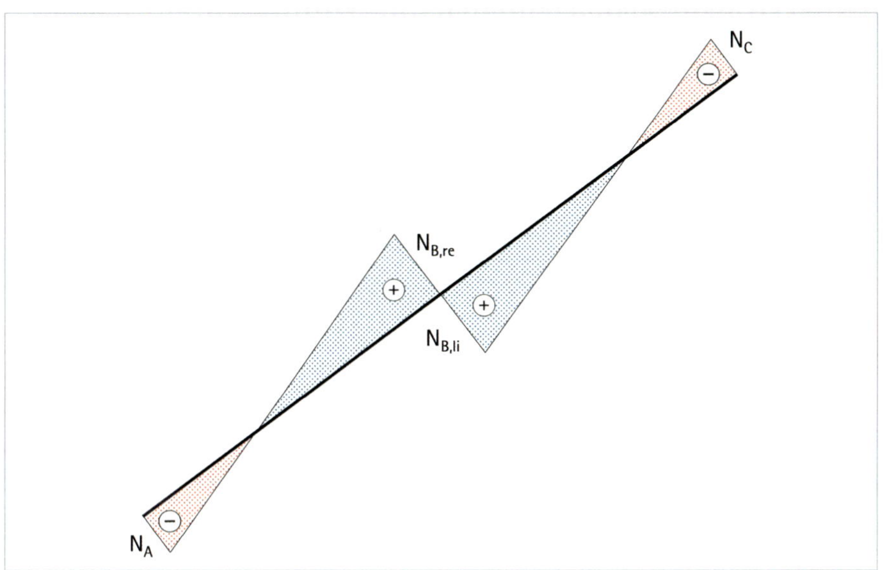

Normalkraft

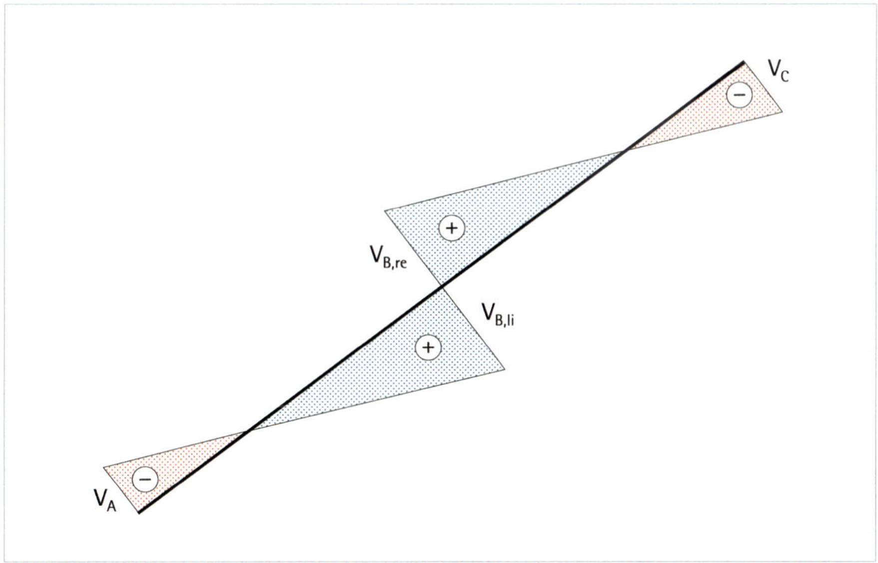

Querkraft

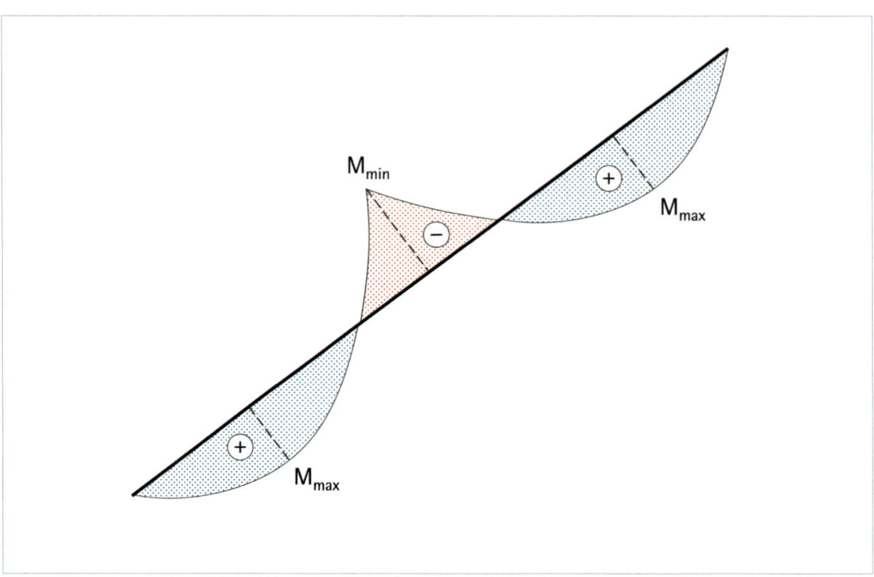

Biegemoment

Wirken Belastungen, die eine horizontale Komponente aufweisen, wie Wind, auf einen geneigten Mehrfeldträger ein, sind die Auflagerkräfte und die Schnittgrößen abhängig davon, welches Auflager horizontal unverschieblich ist.

Auflager A ist unverschieblich, es gilt:

$$A_x = 2 \cdot q_W \cdot h$$

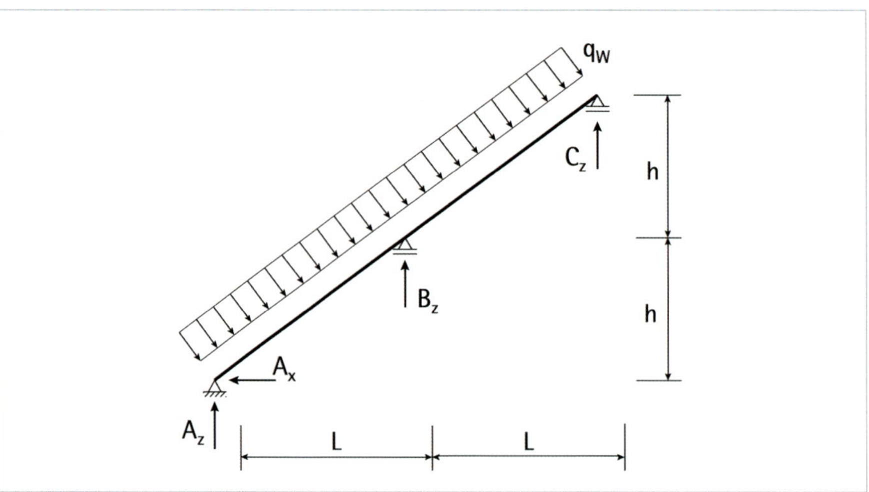

Auflager B ist unverschieblich, es gilt:

$$B_x = 2 \cdot q_W \cdot h$$

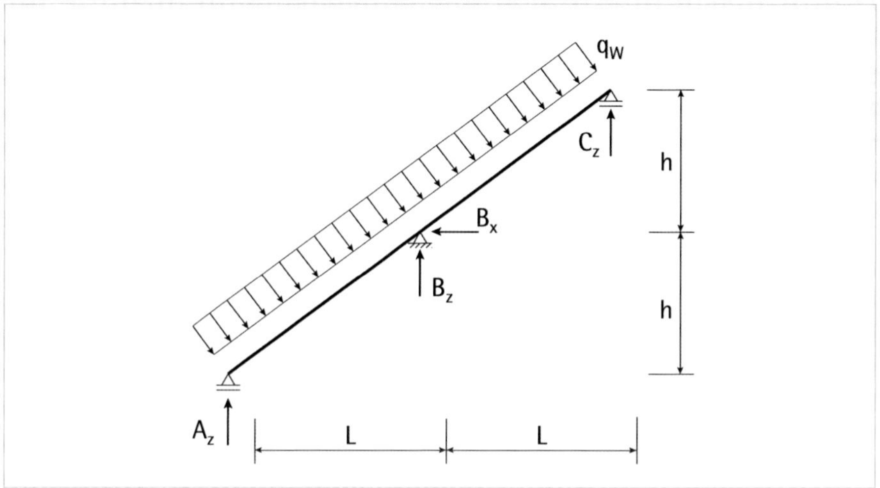

Die vertikalen Auflagerkräfte erhalten einen Anteil aus der horizontalen Auflagerkraft. Dieser Anteil ist vom Abstand des jeweiligen Drehpunkts abhängig und führt zu anderen Auflagerkräften. Die Gegenüberstellung erfolgt für dieselbe Belastung, Geometrie und Biegesteifigkeit der Träger. Die Biegesteifigkeit ist konstant über die gesamte Trägerlänge. Eine Erklärung für die unterschiedlichen Beanspruchungen der Träger ist die Verschieblichkeit der anderen beiden Auflager.

Wird das Auflager A unverschieblich gehalten, verschieben sich Auflager B und C aufgrund der horizontalen Windbelastung horizontal. Die Verschiebung des Auflagers B reduziert das negative Stützmoment und führt zu einer sehr großen Zugkraft im Feld zwischen A und B.

Wird das Auflager B unverschieblich gehalten, entsteht ein dem Betrag nach größeres Biegemoment am Auflager B und die Feldmomente werden geringer. Auch die Normalkraft ist geringer. Umgesetzt ist diese Lagerung in allen Dachstühlen, die als Pfettendach ausgebildet sind und deren Sparren aus Zwei- oder Drei-Feld-Trägern bestehen.

Auflager A ist unverschieblich gehalten

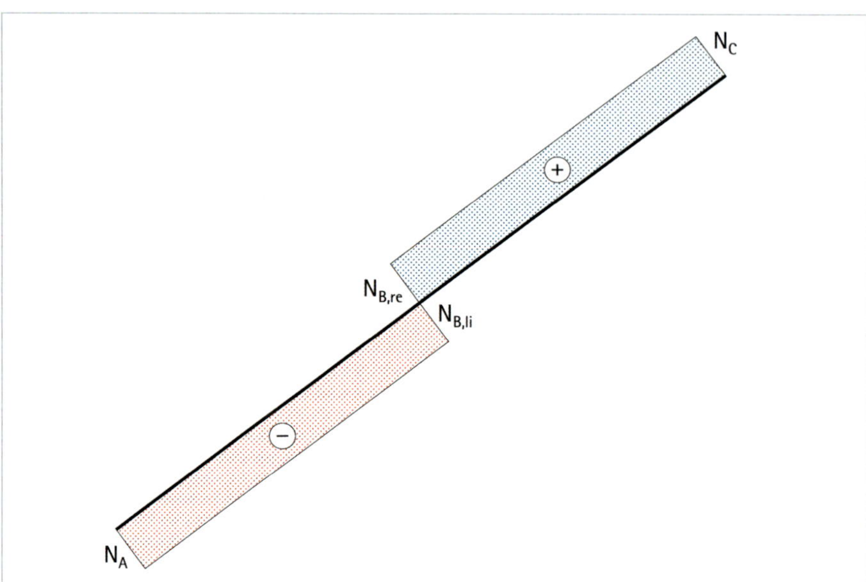

Normalkraft

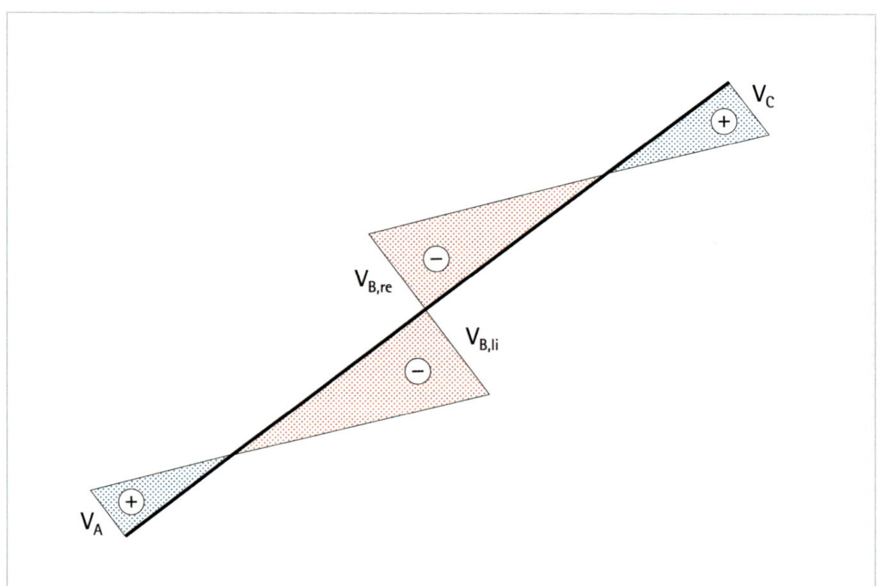

Querkraft

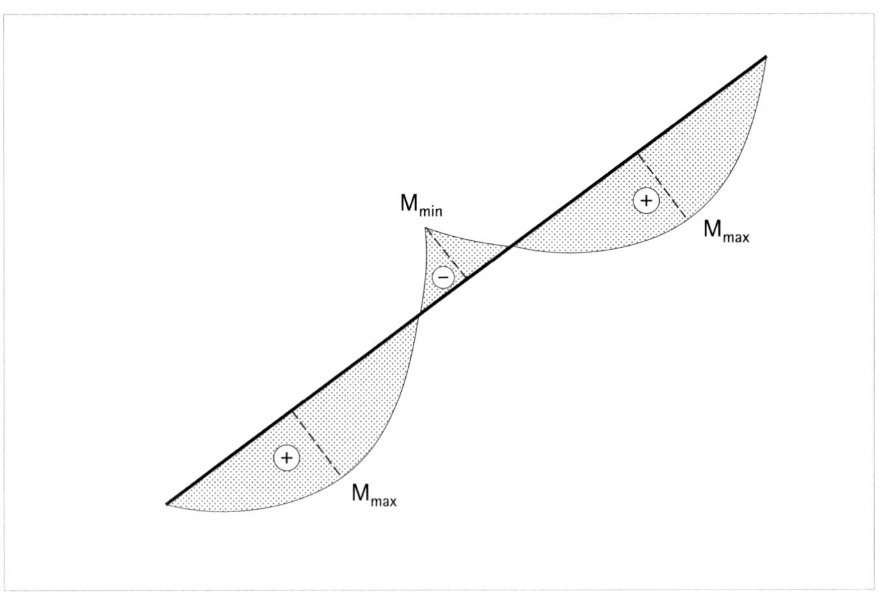

Biegemoment

Auflager B ist unverschieblich gehalten

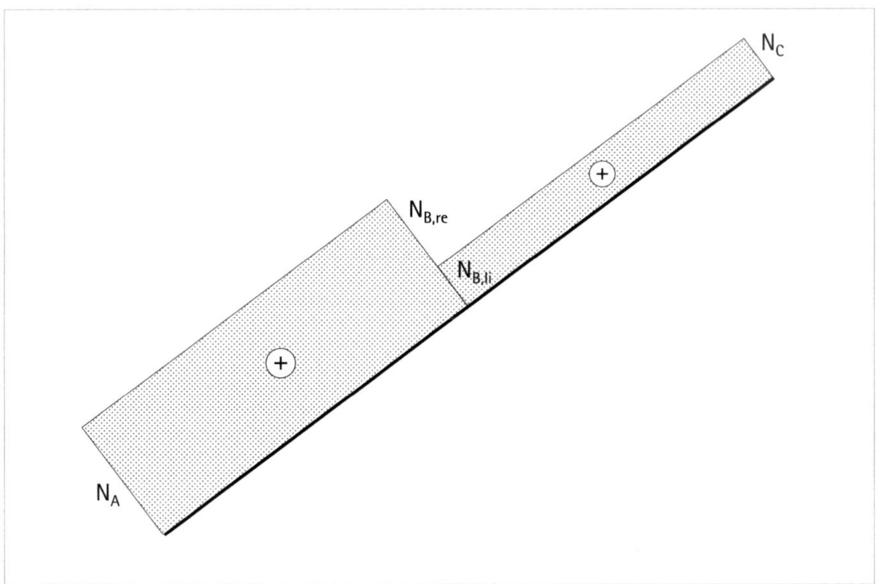

Normalkraft

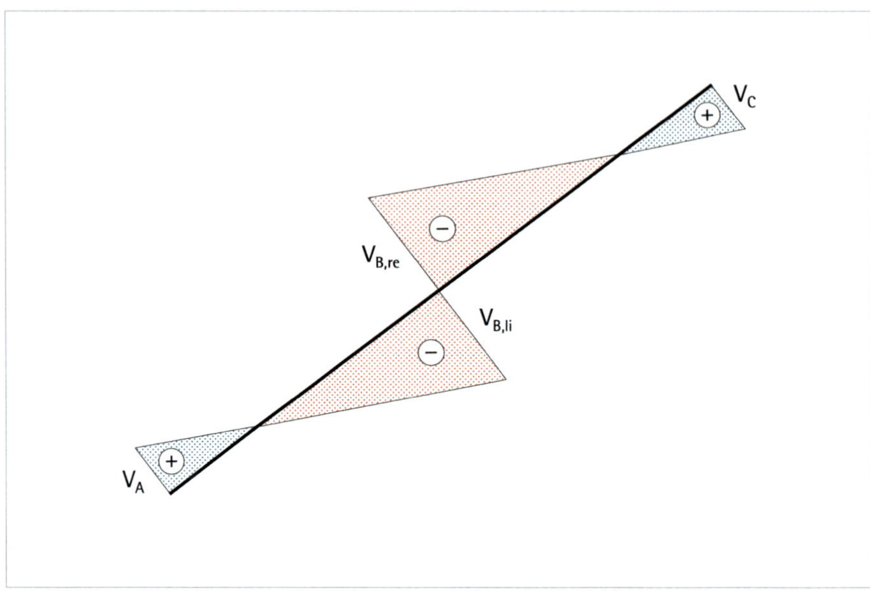

Querkraft

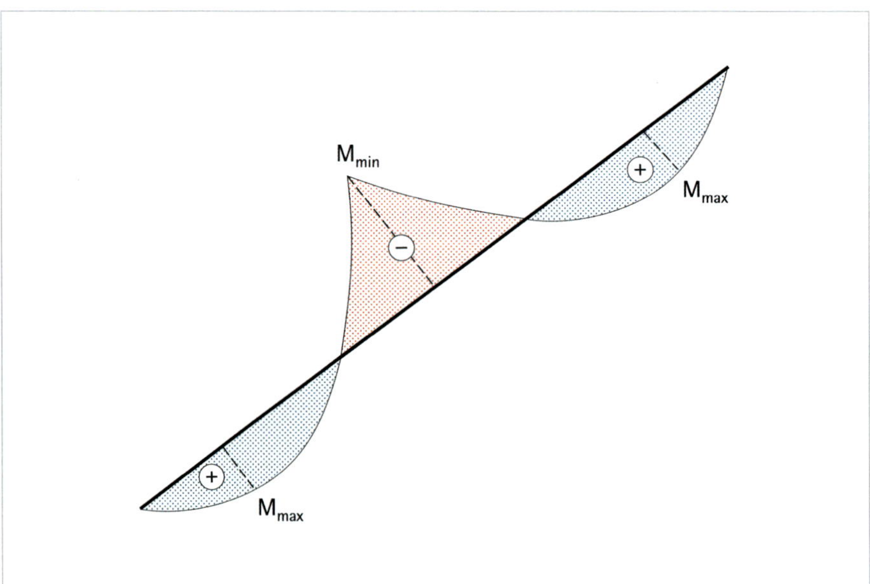

Biegemoment

18 Geknickte Träger

Typische Beispiele für geknickte Träger sind Treppenwangen mit Podesten. Fehlt an den Knicken der Wangen ein Auflager, ist dort eine Biegesteifigkeit erforderlich. Treppen, die zwischen den Decken frei spannen, sind deshalb aus Stahl oder Stahlbeton hergestellt. Die Treppenwangen sind Einfeldträger und Einfeldträger mit Auskragungen.

Treppenwange mit Zwischenpodest

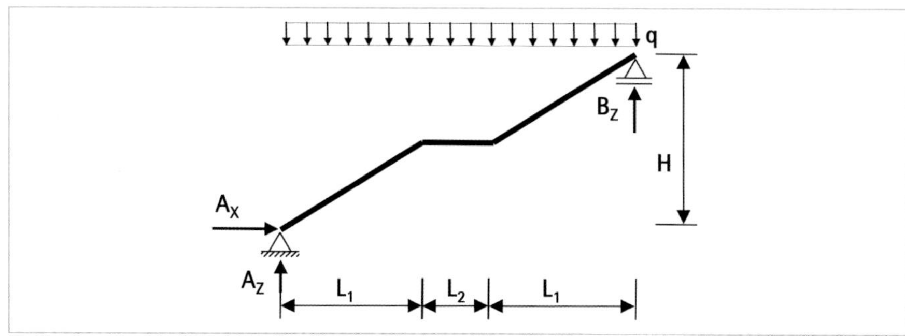

Treppenwange mit Endpodesten

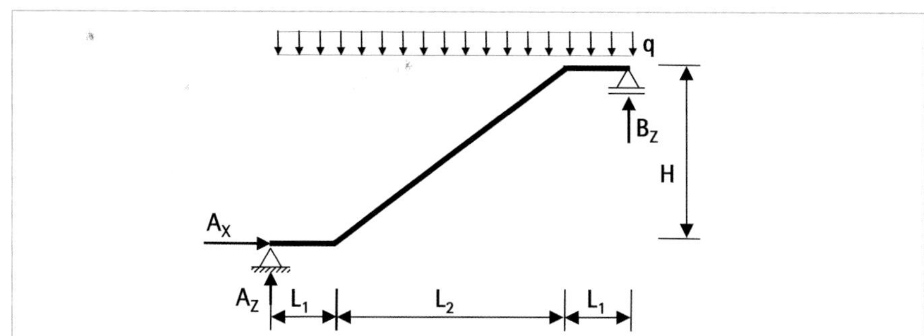

Am Beispiel einer Treppenwange mit zwei auskragenden Podesten wird aufgezeigt, welche Auswirkungen Knicke auf die Schnittgrößen und damit die Dimensionierung der Treppenwange haben. Das Eigengewicht vernachlässigend, wird eine konstante Nutzlast über die gesamte Länge der Treppe angenommen.

Auflagerkräfte:

$$\sum F_x \overset{!}{=} 0 \Rightarrow A_x = 0$$

$$\sum M_A \overset{!}{=} 0 \Rightarrow B_z \cdot L - R \cdot \frac{L}{2} = 0$$

$$B_z = q \cdot \frac{(L + 2 \cdot L_K)}{2} = A_z$$

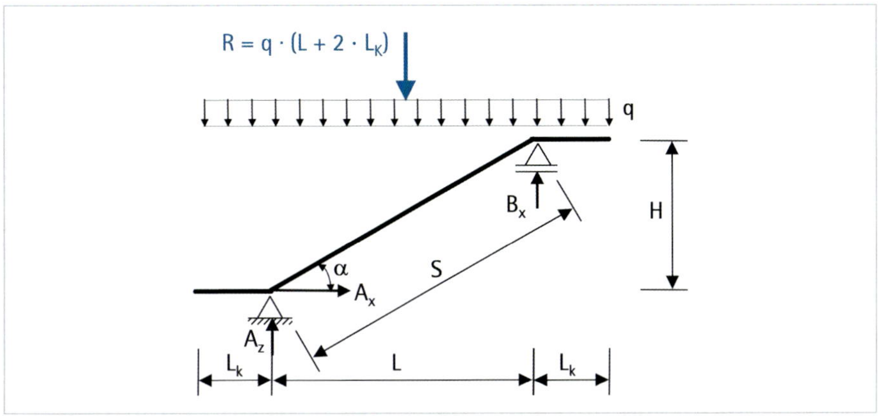

Die Schnittgrößen in den Auskragungen ermitteln sich bis zu den Auflagern in Analogie zu einem horizontalen Einfeldträger mit Auskragung, vgl. S. 183.

Es wird unmittelbar rechts vom Auflager A geschnitten:

Die vertikale Resultierende $A_{z,re}$ setzt sich aus der Differenz der Auflagerkraft und der Belastung auf der Auskragung zusammen. Es gilt:

$$A_{z,re} = A_z - q \cdot L_K = q \cdot \frac{L}{2}$$

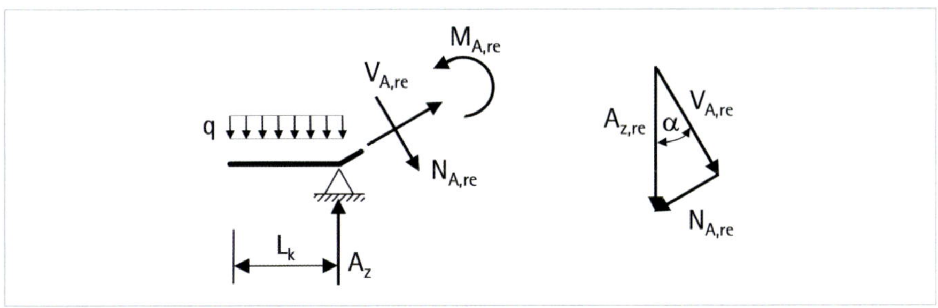

Die Kraft $A_{z,re}$ zerlegt sich in die Querkraft und Normalkraft (vgl. S. 322) zu

$$N_A = -q \cdot \frac{L}{2} \cdot \sin\alpha$$

und

$$V_A = q \cdot \frac{L}{2} \cdot \cos\alpha$$

Das Biegemoment über dem Auflager A lautet:

$$M_A = -q \cdot \frac{L_k^2}{2}$$

Unmittelbar links vom Auflager B geschnitten, ergibt sich die vertikale Resultierende $B_{z,li}$ aus der Differenz der Auflagerkraft und der Belastung auf der Auskragung. Es gilt:

$$B_{z,li} = B_z - q \cdot L_K = q \cdot \frac{L}{2}$$

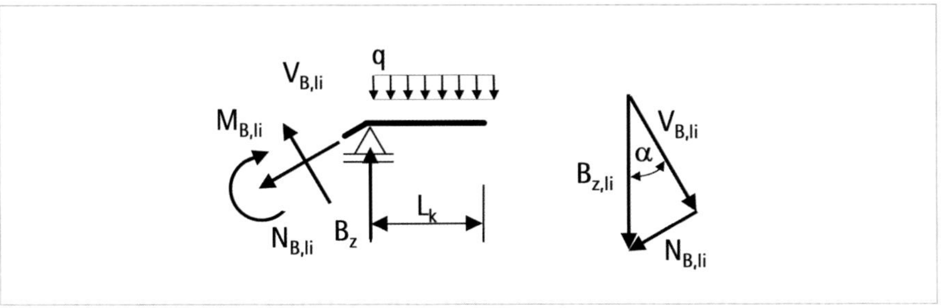

Die Kraft $B_{z,li}$ zerlegt sich in die Querkraft und Normalkraft (vgl. S. 322 und 323) zu

$$N_B = q \cdot \frac{L}{2} \cdot \sin\alpha$$

und

$$V_B = -q \cdot \frac{L}{2} \cdot \cos\alpha$$

Das Biegemoment über dem Auflager A lautet:

$$M_B = -q \cdot \frac{L_k^2}{2}$$

Mit diesen Informationen lässt sich der Verlauf der Schnittgrößen über die Trägerlänge bestimmen. Die Schrittgrößen werden senkrecht zur Längsachse dargestellt. Für die Querkraft sind die Richtung und die Größe links und rechts der Auflager unterschiedlich. Das Biegemoment erhält im Verlauf einen Knick an den Auflagern und folgt der Schwerachse des Trägers.

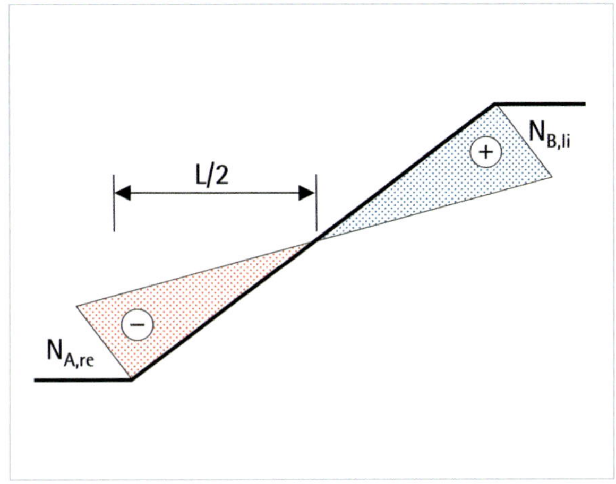

Verlauf der Normalkraft

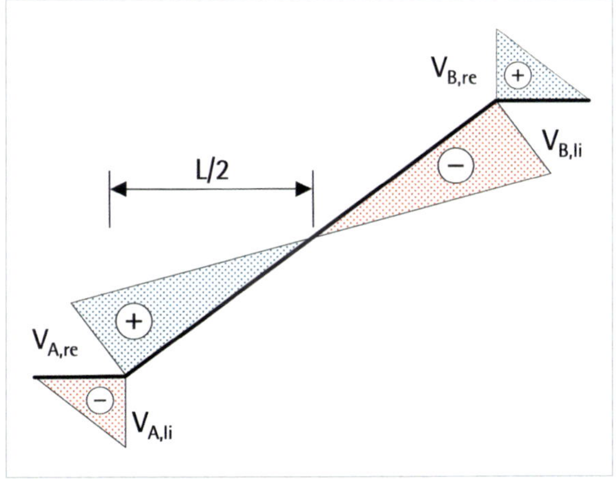

Verlauf der Querkraft

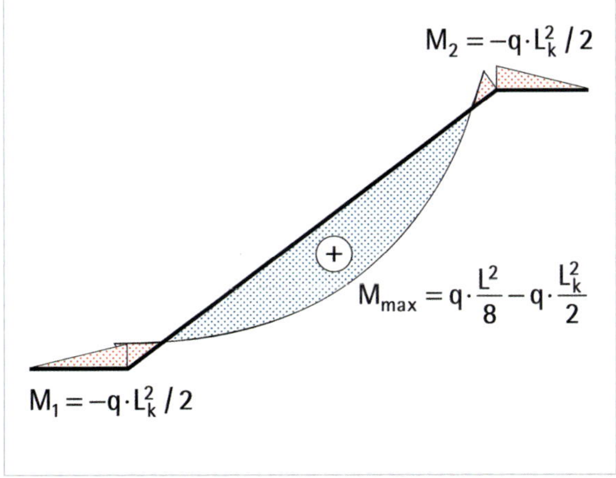

Verlauf des Biegemoments

19 Drei-Gelenk-Tragwerke

19.1 Sparrendach 345
19.2 Drei-Gelenk-Rahmen 350

Drei-Gelenk-Tragwerke wie das Sparrendach oder der Drei-Gelenk-Rahmen unterscheiden sich von den geneigten und geknickten Trägern aufgrund der Lagerbedingungen. Diese Tragwerke besitzen zwei feste Auflager und tragen sowohl vertikale als auch horizontale Belastungen ab. Es gibt vier Lagerreaktionen, an jedem Fußpunkt eine Kraft in x- und in z-Richtung, wenn die x-Richtung horizontal und die z-Richtung vertikal verlaufen. Damit ist für drei Gleichgewichtsbedingungen in der Ebene eine überzählige Auflagerkraft vorhanden. Diese lässt sich wie in Gelenk- und Gerberträgern bestimmen, indem ein Gelenk eingeführt wird, welches im First oder in einer Rahmenecke angeordnet ist.

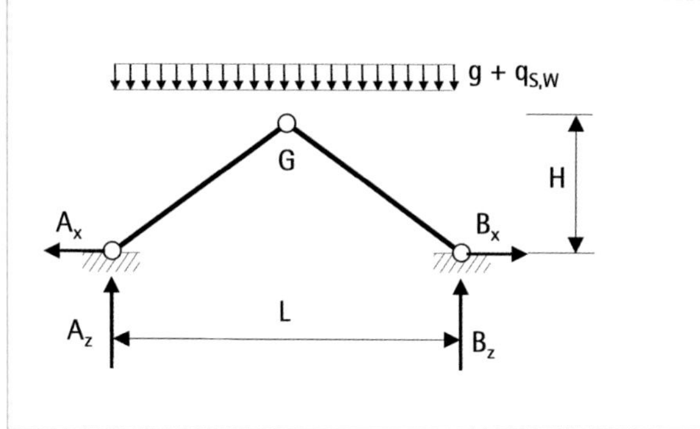

Sparrendach

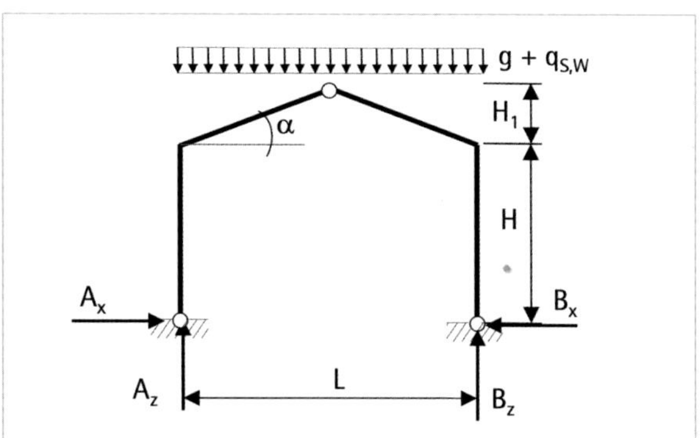

Drei-Gelenk-Rahmen

19.1 Sparrendach

Sparrendächer spannen von Auflager A zu Auflager B und der Abstand wird mit 2 L angenommen. Es fehlt eine Unterstützung der Dachsparren im First. Der Raum unter den Dachsparren ist stützenfrei. Die Sparren sind im First gelenkig miteinander verbunden.

Die Sparren stützen sich gegen Bauteile ab, auf denen sie aufliegen oder werden über ein Zugband zusammengehalten. Stützen sich die Sparren gegen eine Wand oder Aufkantung einer Stahlbetondecke ab, entstehen an beiden Auflagern Kräfte in z- und x-Richtung bzw. in horizontaler und vertikaler Richtung. Die horizontalen Kräfte wirken an den Auflagern entgegengesetzt gerichtet und sind gleich groß. Es besteht die Möglichkeit, die Auflager mit einem Zugband zu verbinden und die horizontalen Auflagerkräfte gleichen sich gegenseitig aus. Die Lagerung des gesamten Daches bestehend aus Sparren mit Zugband ist dann wie für einen Einfeldträger statisch bestimmt. Das Zugband besteht aus Holz, Stahl oder der Bewehrung in einer Stahlbetonplatte.

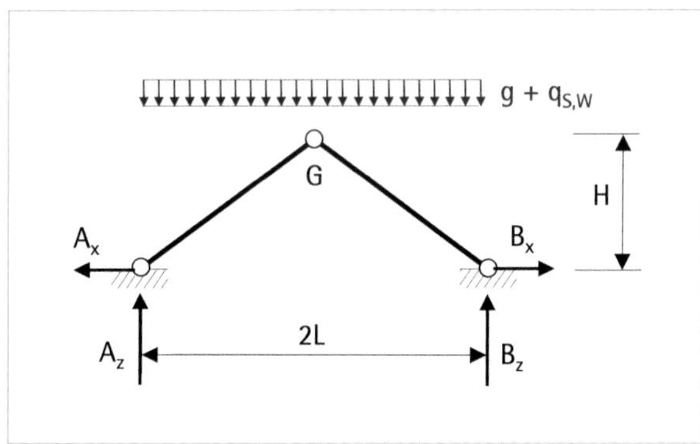

Sparrendach mit unverschieblichen Auflagern

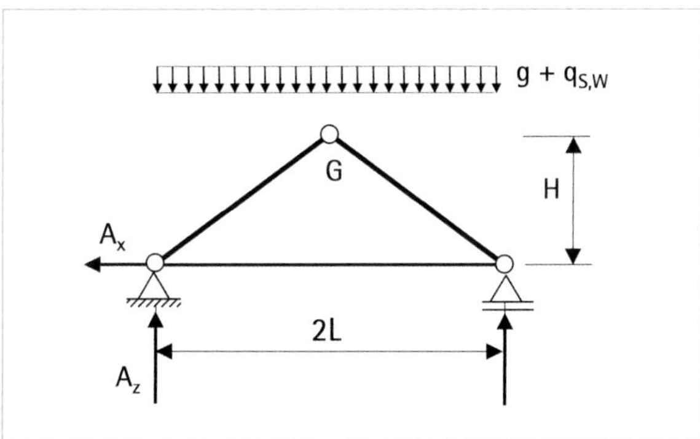

Sparrendach mit Zugband

Der Vorteil des Zugbands ist, dass die horizontalen Auflagerkräfte zu keiner Beanspruchung in den Wänden führen, auf denen die Sparren aufliegen. Damit dieses statische System funktionsfähig ist, sind in einem Dachstuhl immer die beiden gegenüberliegenden Sparren mit einem Zugband aus Holz oder Stahl zu verbinden. Dachgauben und Deckendurchbrüche sind beschränkt auf den Sparrenabstand, wenn das statische Gefüge des Dachstuhls keine Störung erfahren soll.

Die horizontalen Auflagerkräfte müssen aus den Sparren in darunterliegende Bauteile abgetragen werden. Diese erfolgt mit einem Versatz oder einer von unten an den Sparren angeschraubten Knagge.

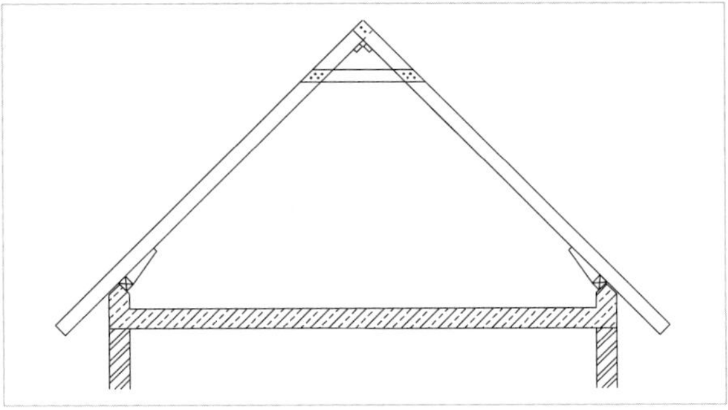

Unverschiebliche Lagerung mit Knaggen auf einer Stahlbetonaufkantung

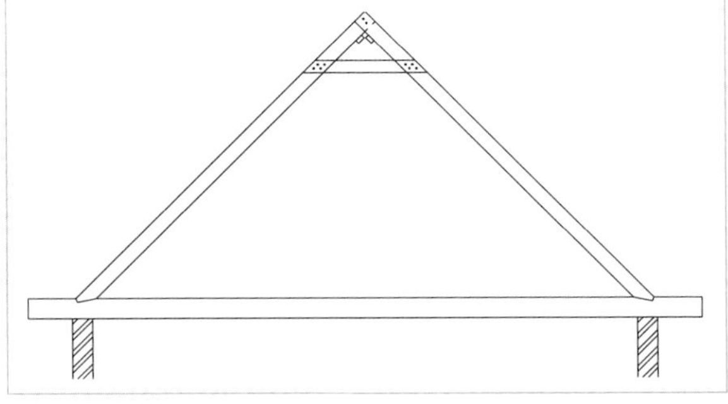

Zugband aus Holz und Verbindung mit den Sparren über einen Versatz.

Für eine konstante Streckenlast in z-Richtung bestimmen sich die Lagerkräfte an einem Sparrendach mit unverschieblichen Auflagern mit den Gleichgewichtsbedingungen am gesamten System und am im Gelenk geschnittenen Teilsystem. Momentengleichgewicht um das Auflager B führt am gesamten System mit der Spannweile 2L zu:

$$B_z = (g + q_{S,W}) \cdot L = A_z$$

Gleichgewicht in z-Richtung ist mit $A_z = B_z$ erfüllt.

Zur Bestimmung der horizontalen Auflagerkräfte wird im Gelenk geschnitten. Für die linke Seite werden alle Einwirkungen und Kräfte dargestellt.

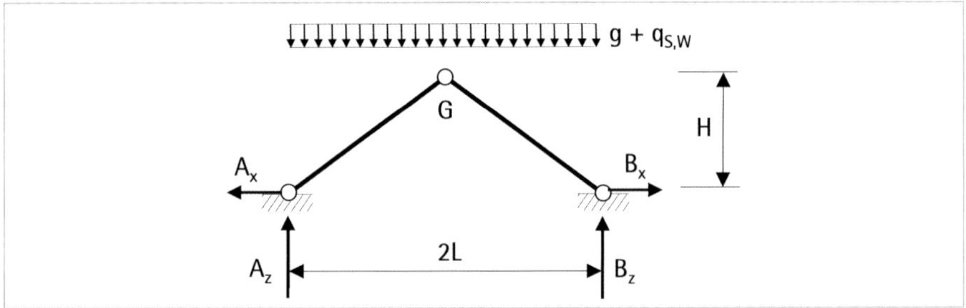

Das Momentengleichgewicht um das Gelenk ergibt ohne die ausführliche Herleitung für A_x:

$$A_x = \frac{(g + q_{S,W}) \cdot L^2}{2 \cdot H}$$

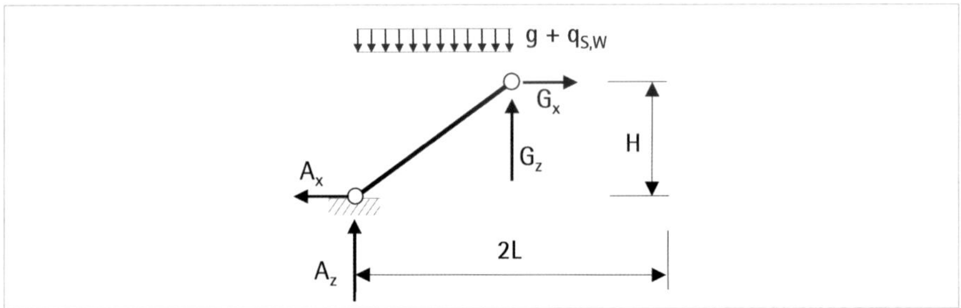

Das horizontale Gleichgewicht am gesamten System ist erfüllt, wenn B_X denselben Wert wie A_X hat und entgegengesetzt gerichtet zu A_X wirkt. Aus dem vertikalen Gleichgewicht am linken Teilsystem ergibt sich, dass die vertikale Komponente im Gelenk $G_Z = 0$ ist. In der Gleichung für A_X steht die Höhe H des Sparrendachs im Nenner. Die horizontalen Kräfte werden mit einer geringeren Höhe größer. Aus diesem Grund werden Sparrendächer mit Neigungen der Sparren gebaut, die gegenüber der x-Richtung bzw. Horizontalen größer als 45° sind.

Der Verlauf der Normal- und Querkraft ermittelt sich für das linke Teilsystem, indem am Auflager A und im Gelenk G das Kräftegleichgewicht zwischen der Auflagerkraft, der Querkraft normal auf die Stablängsachse und der Normalkraft in Stablängsachse erfüllt wird. Der Verlauf der Querkraft und der Normalkraft ist zwischen dem Auflager A und dem Gelenk G linear veränderlich. Die Querkraft am Auflager A entspricht der Querkraft am Gelenk. Damit ist das maximale Moment in der Mitte des Trägers.

Die Normalkräfte am Auflager A und im Gelenk sind:

$$N_A = -A_z \cdot \sin\alpha - A_x \cdot \cos\alpha$$

$$N_G = -G_x \cdot \cos\alpha$$

Die Normalkraft nimmt zum Auflager A zu.

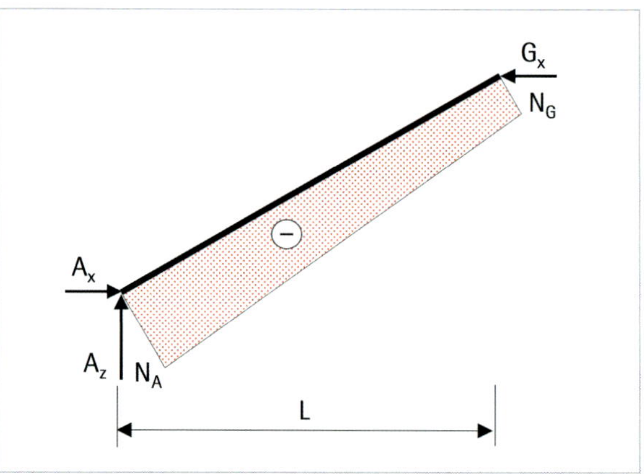

Verlauf der Normalkraft

Die Querkräfte am Auflager A und im Gelenk sind:

$$V_A = A_z \cdot \cos\alpha - A_x \cdot \sin\alpha$$

$$V_A = (g + q_{S,W}) \cdot L \cdot \cos\alpha - \frac{(g + q_{S,W}) \cdot L^2}{2 \cdot H} \cdot \sin\alpha$$

$$= \frac{(g + q_{S,W}) \cdot L}{2} \cdot \cos\alpha$$

$$V_G = -G_x \cdot \sin\alpha = -\frac{(g + q_{S,W}) \cdot L^2}{2 \cdot H} \cdot \sin\alpha$$

$$= -\frac{(g + q_{S,W}) \cdot L}{2} \cdot \cos\alpha$$

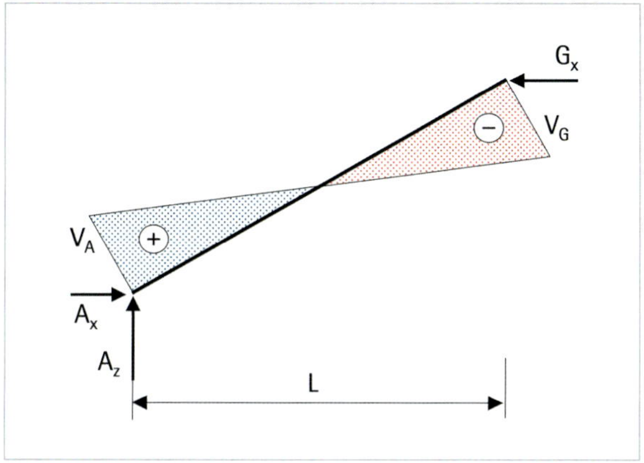

Verlauf der Querkraft

Das maximale Biegemoment ermittelt sich, indem bei L/4 geschnitten wird. Das Momentengleichgewicht um diesen Schnittpunkt ergibt ohne die ausführliche Herleitung denselben Wert für einen Einfeldträger.

$$M_{\frac{L}{2}} = \frac{(g + q_{S,W}) \cdot L^2}{8} = M_{max}$$

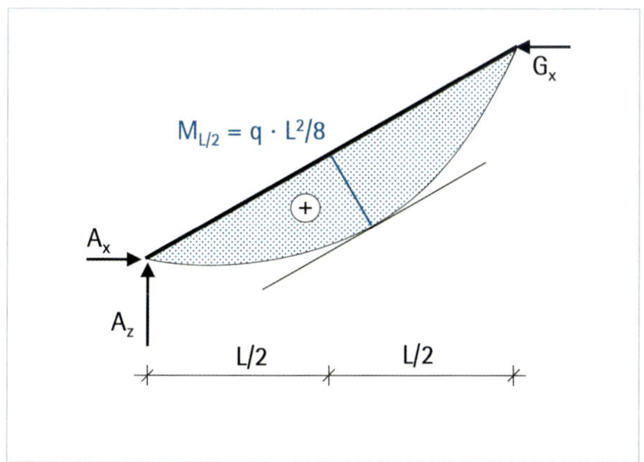

Verlauf des Biegemoments

Der Unterschied zu einem Sparren, der wie bei einem Pfettendach am oberen Auflager vertikal gehalten ist, ist die hohe Druckkraft im Sparren durch die horizontale Auflagerkraft im Sparrendach.

19.2 Drei-Gelenk-Rahmen

Rahmentragwerke bestehen aus Riegeln und Stielen, sind als Drei-Gelenk-Rahmen statisch bestimmt, als Zwei-Gelenk-Rahmen und eingespannte Rahmen statisch unbestimmt. Zur Berechnung der Auflagerkräfte sind für den Zwei-Gelenk-Rahmen und den eingespannten Rahmen wie für Mehrfeldträger weitere Bedingungen erforderlich und diese werden über die Verformung des Rahmens ermittelt.

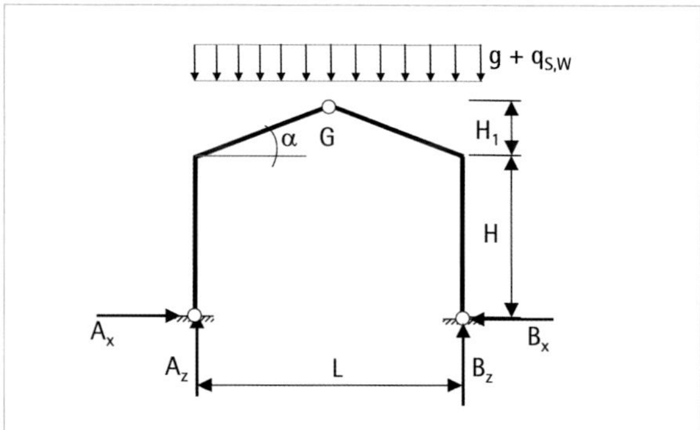

Drei-Gelenk-Rahmen

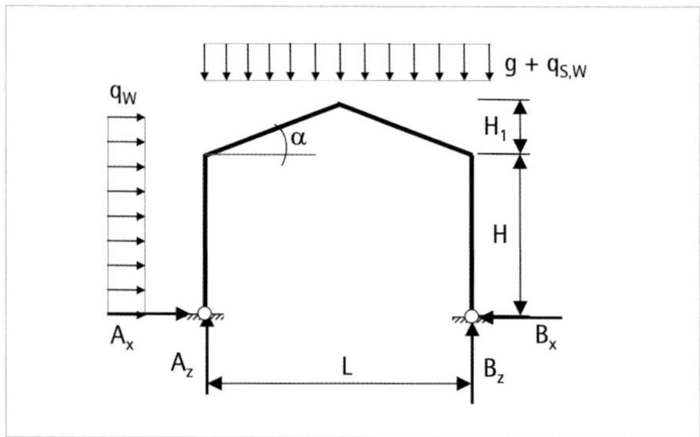

Zwei-Gelenk-Rahmen

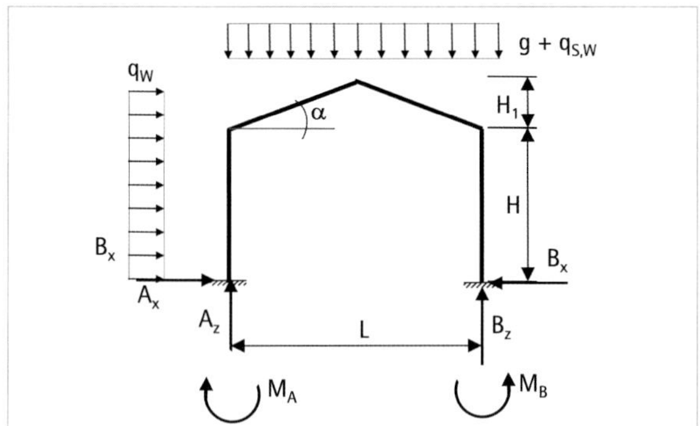

Eingespannter Rahmen

Rahmen tragen vertikale Lasten wie das Eigengewicht, Schnee und Wind ab und übernehmen die Lastabtragung von horizontalen Windlasten. Vertikale Belastungen führen in einem Rahmen zu horizontalen Auflagerkräften, die von der Spannweite und der Höhe des Rahmens abhängig sind. Für den Zwei-Gelenk-Rahmen und den eingespannten Rahmen haben die Biegesteifigkeit der Stiele und des Riegels einen Einfluss auf die Auflagerkräfte.

Die horizontalen Auflagerkräfte an den Auflagern sind in den Baugrund abzutragen und führen zu großen Fundamenten. Alternativ können sie wie bei einem Sparrendach über ein Zugband ins Gleichgewicht gesetzt werden. Dieses Zugband ist für jeden Rahmen erforderlich und kann eine Stahlbetonplatte sein, in der die Bewehrung die Zugkräfte ins Gleichgewicht setzt.

Für einen Drei-Gelenk-Rahmen ermitteln sich die Auflagerkräfte nach demselben Vorgehen wie für ein Sparrendach. Über das Momentengleichgewicht um ein Auflager lässt sich die vertikale Kraft am anderen Auflager bestimmen. Aus dem vertikalen Gleichgewicht folgt die andere Auflagerkraft.

Die horizontalen Auflagerkräfte ergeben sich, indem das System im Gelenk geschnitten wird und am linken oder rechten Teilsystem die Gleichgewichtsbedingungen aufgestellt werden.

$$\sum M_B = 0 \Rightarrow A_z = \frac{(g + q_{S,w}) \cdot L}{2}$$

$$\sum F_z = 0 \Rightarrow B_z = \frac{(g + q_{S,w}) \cdot L}{2}$$

Das vertikale Gleichgewicht führt am linken Teilsystem zu

$$G_z = 0$$

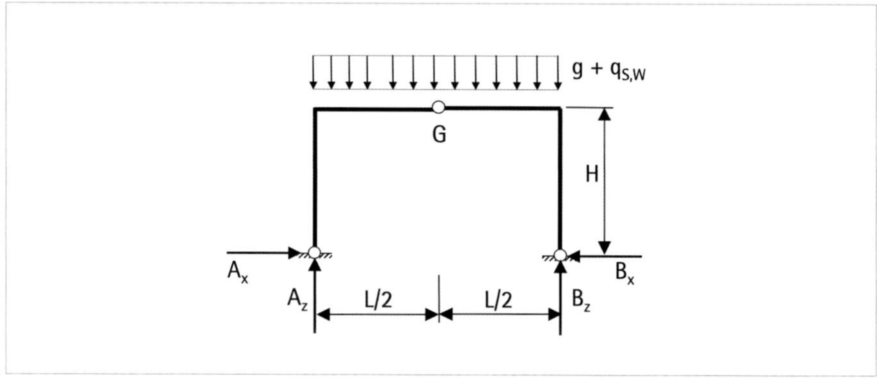

Momentengleichgewicht um G ergibt

$$A_X \cdot H - A_Z \cdot \frac{L}{2} + (g + q_{S,W}) \cdot \frac{L}{2} \cdot \frac{L}{4} = 0$$

A_Z eingesetzt und nach A_X ungeformt folgt

$$A_X = \frac{(g + q_{S,W}) \cdot L^2}{8 \cdot H}$$

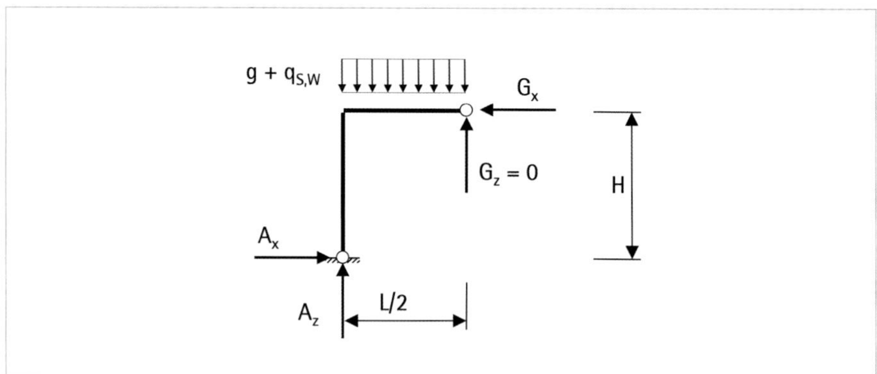

Horizontales Gleichgewicht am Gesamtsystem führt zu

$$B_X = A_X$$

An der Gleichung für die horizontale Auflagerkraft wird erkennbar, dass diese mit der Höhe des Rahmens abnimmt.

Der Verlauf der Schnittgrößen über den Rahmen bestimmt sich wie für Träger mithilfe des Schnittprinzips. Die Schnitte sind unmittelbar an den Auflagern, im Stiel unterhalb der Rahmenecke, im Riegel an den Rahmenecken und vor dem Gelenk zu führen. Für die Definition der Vorzeichen wird angenommen, dass das Moment positiv definiert ist, wenn die Bauteile auf der Innenseite der Rahmen infolge Biegung auf Zug beansprucht werden.

Horizontales Gleichgewicht ergibt die Querkraft V_{St} zu

$$V_{St} = -A_x$$

Vertikales Gleichgewicht führt zu der Druckkraft N_{St} mit

$$N_{St} = -A_z = -(g + q_{S,W}) \cdot \frac{L}{2}$$

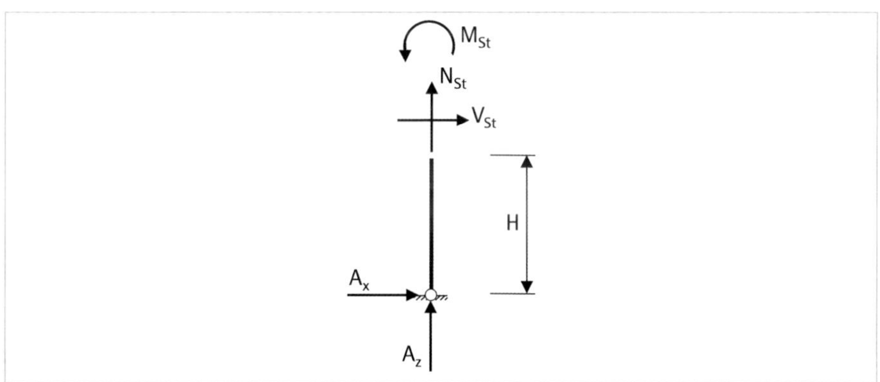

Momentengleichgewicht um den Schnittpunkt folgt für das Biegemoment in der Rahmenecke:

$$M_{St} = -A_x \cdot H$$

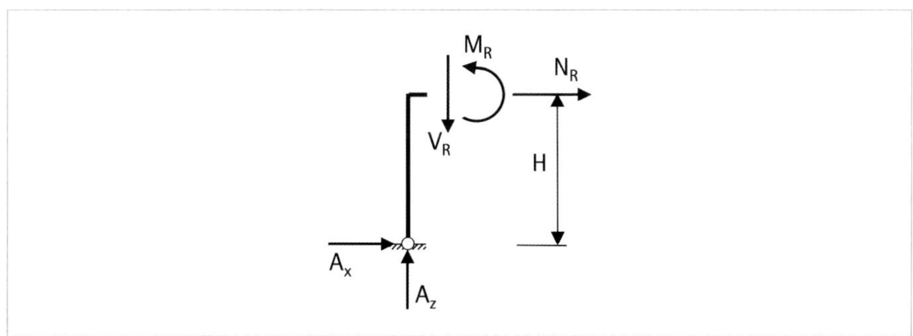

Horizontales Gleichgewicht ergibt die Normkraft N_R zu:

$$N_R = -A_x = V_{St}$$

Vertikales Gleichgewicht führt zu der Querkraft V_R mit

$$V_R = A_z = -N_{St}$$

Momentengleichgewicht um den Schnittpunkt folgt für das Biegemoment in der Rahmenecke:

$$M_R = -A_x \cdot H = M_{St} = -\frac{(g + q_{S,W}) \cdot L^2}{8}$$

Der Verlauf der Normalkraft ist über die Stiele und im Riegel konstant, die Querkraft ist in den Stielen konstant und im Riegel linear veränderlich. Das Biegemoment ist in den Stielen linear veränderlich und im Riegel eine Parabel mit einer horizontalen Tangente im Gelenk. Das Biegemoment im Rahmeneck entspricht in der Größe dem Biegemoment eines Einfeldträgers mit derselben Spannweite und Belastung. Die Abmessungen der Stiele und des Riegels sind aufgrund desselben Biegemoments in den Rahmenecken identisch.

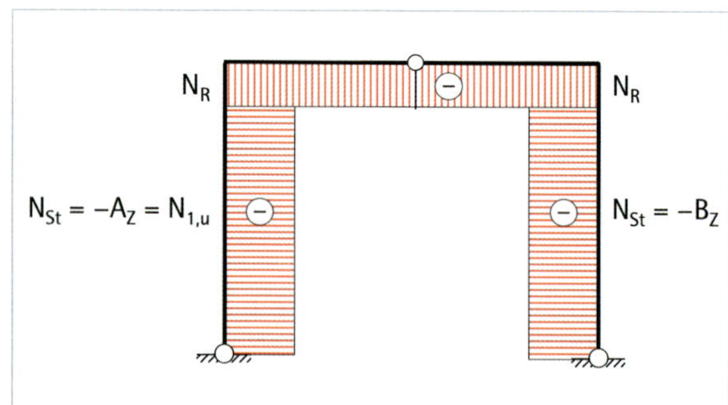

Verlauf der Normalkraft

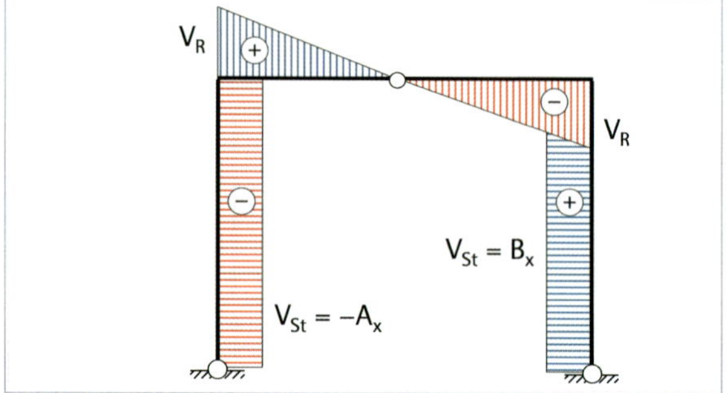

Verlauf der Querkraft

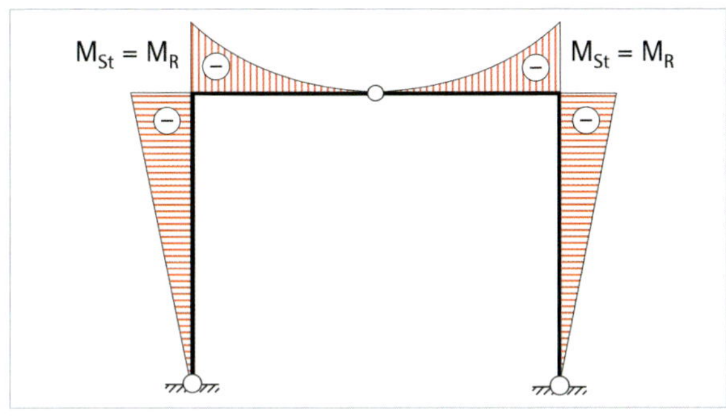

Verlauf des Biegemoments

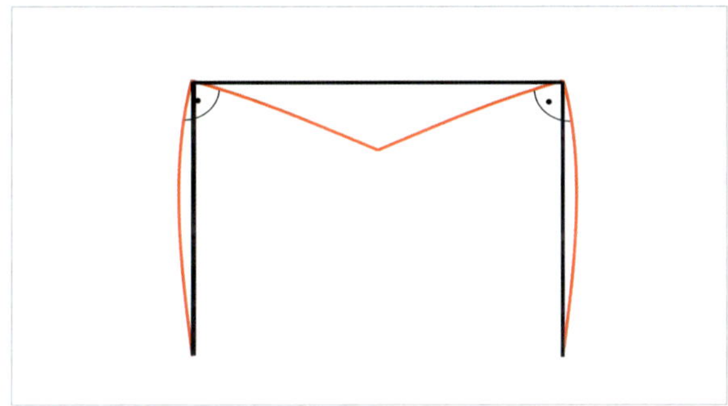

Verformungsfigur

Durch das Gelenk und die Nachgiebigkeit der Rahmenstiele ist die vertikale Verformung des Rahmens am Gelenk sehr groß. Die Verformung wird geringer, wenn der Riegel vom Gelenk zu den Rahmenecken eine Neigung hat und zu den Rahmenecken fällt. Durch die Neigung wird das Biegemoment in den Rahmenecken kleiner und damit reduzieren sich die Verformungen.

Das Vorgehen zur Bestimmung der Auflagerkräfte und Schnittgrößen ist für eine horizontale Windlast, die als konstante Streckenlast auf einen Rahmenstiel wirkt, dargestellt. Die Richtung der Auflagerkräfte in x-Richtung bzw. horizontal ist entgegen der Windbelastung angenommen. Die Auflagerkraft A_z ist als Zugkraft positiv nach unten wirkend angesetzt. Die horizontale Auflagerkraft bestimmt sich, indem im Gelenk geschnitten wird und am linken oder rechten Teilsystem alle Einwirkungen, Lager- und Gelenkkräfte in den Gleichgewichtsbedingungen berücksichtigt werden.

$$\sum M_B = 0 \Rightarrow A_z = \frac{q_W \cdot H^2}{2 \cdot L}$$

$$\sum F_z = 0 \Rightarrow B_z = \frac{q_W \cdot H^2}{2 \cdot L}$$

$$\sum F_x = 0 \Rightarrow A_x - B_x = 0$$

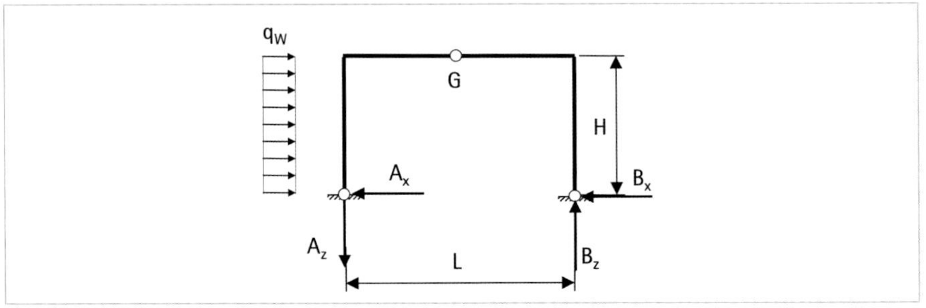

$$\sum M_G = 0 \Rightarrow A_x = \frac{3}{4} q_W \cdot H$$

$$\sum F_z = 0 \Rightarrow G_z = \frac{q_W \cdot H^2}{2 \cdot L}$$

$$\sum F_x = 0 \Rightarrow G_x = \frac{1}{4} \cdot q_W \cdot H = B_x$$

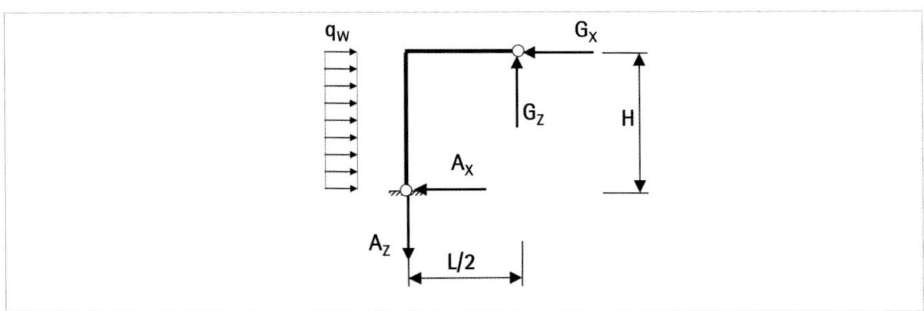

Auf die Herleitung der Gleichungen wird verzichtet, denn das Vorgehen darf als bekannt vorausgesetzt werden. An den Auflagern entsprechen die Querkräfte im Betrag den horizontalen Auflagerkräften und die Normalkräfte in den Stielen den vertikalen Auflagerkräften. Die Schnittgrößen im Riegel ergeben sich durch Schnitte in den Stielen, an der Rahmenecke und am Gelenk. Der Stiel, auf welchen die Windlast einwirkt hat einen linear veränderlichen Querkraftverlauf und das Biegemoment ist eine Parabel 2. Ordnung. Das maximale Biegemoment in dem Stiel, auf welchen die Windlast einwirkt, ist im Nulldurchgang der Querkraft. Der Nulldurchgang ermittelt sich entsprechend dem Vorgehen auf S. 173 für das maximale Biegemoment an einem Einfeldträger mit Auskragung. Der Unterschied ist die Orientierung der Stablängsachse. Das maximale Biegemoment bestimmt sich im Stiel, indem an der Stelle $x = 3/4\ H$ geschnitten und das Momentengleichgewicht um den Schnittpunkt aufgestellt wird.

Verlauf der Normalkraft:

$$N_{St,1} = A_z = \frac{q_W \cdot H^2}{2 \cdot L}$$

$$N_{St,2} = -B_z = -\frac{q_W \cdot H^2}{2 \cdot L}$$

$$N_R = -G_x = -\frac{1}{4} \cdot q_W \cdot H$$

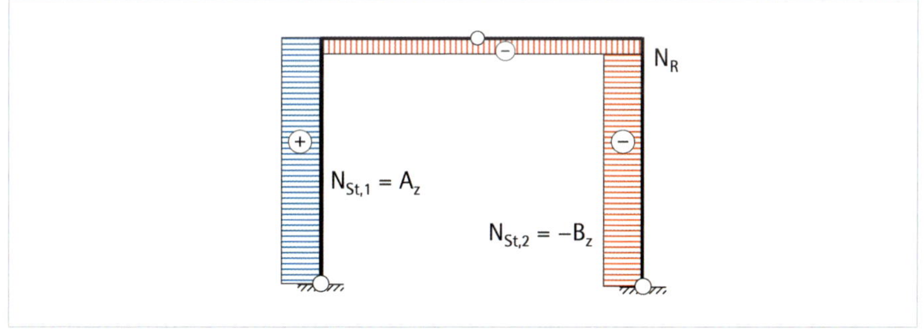

Verlauf der Querkraft:

$$V_A = A_x = -\frac{3}{4} \cdot q_W \cdot H$$

$$V_{St,1} = -G_x = -\frac{1}{4} \cdot q_W \cdot H$$

$$V_R = -A_z = -\frac{q_W \cdot H^2}{2 \cdot L}$$

$$V_B = B_z = \frac{1}{4} q_W \cdot H$$

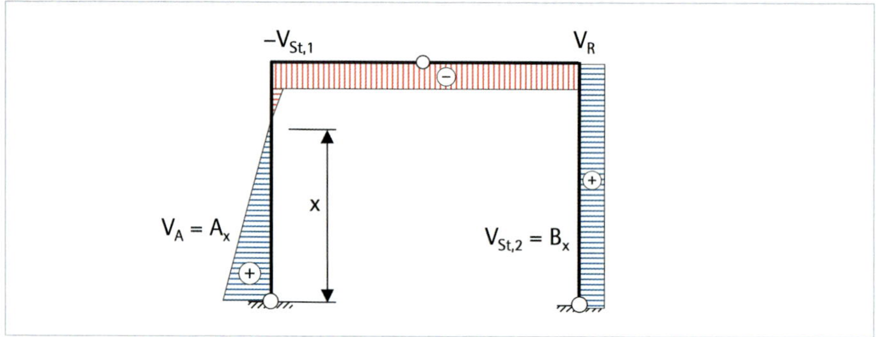

Verlauf der Biegemomente:

$$M_{St,1} = M_1 = \frac{1}{4} \cdot q_W \cdot H^2$$

$$M_{St,2} = M_2 = -\frac{1}{4} \cdot q_W \cdot H^2$$

Mit

$$x = \frac{3}{4} \cdot H \Rightarrow M_{max} = \frac{9}{32} \cdot q_W \cdot H^2$$

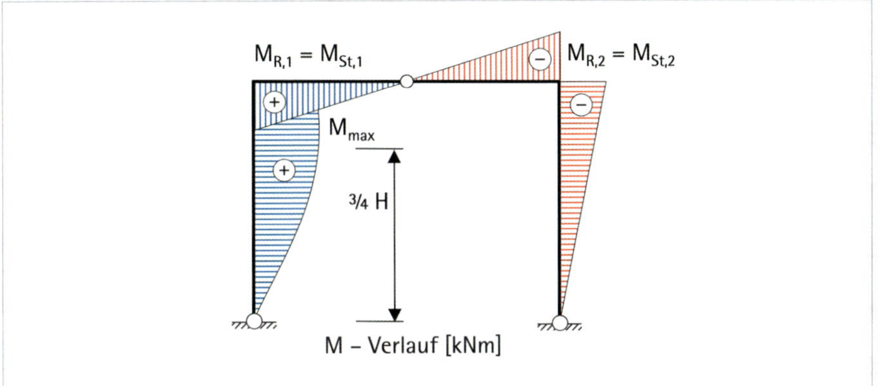

Verformungsfigur:

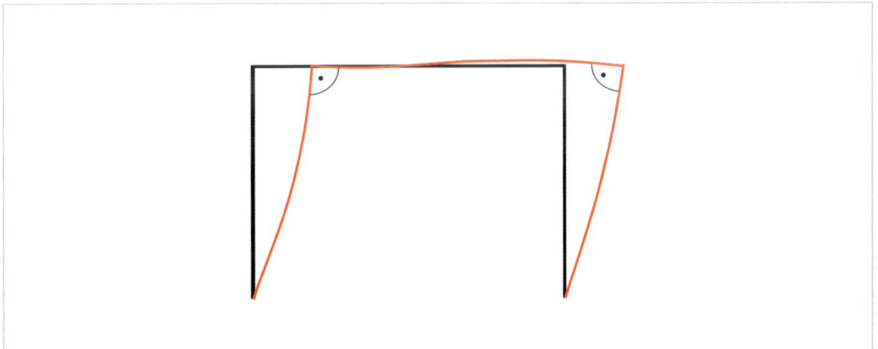

20 Baustoffe ohne Zugfestigkeit

20.1	Mauerwerk	362
20.2	Kippen von Mauerwerkswänden	366
20.3	Knicken von Mauerwerk	372
20.4	Vereinfachter Knicknachweis	376

20.1 Mauerwerk

Pfeiler und Wände aus Mauerwerk haben die Aufgabe, Lasten aus den Decken und dem Dach eines Gebäudes aufzunehmen und in den Baugrund abzutragen. Die Unterscheidung zwischen Pfeiler und Wand ist mit der Querschnittsfläche A festgelegt.

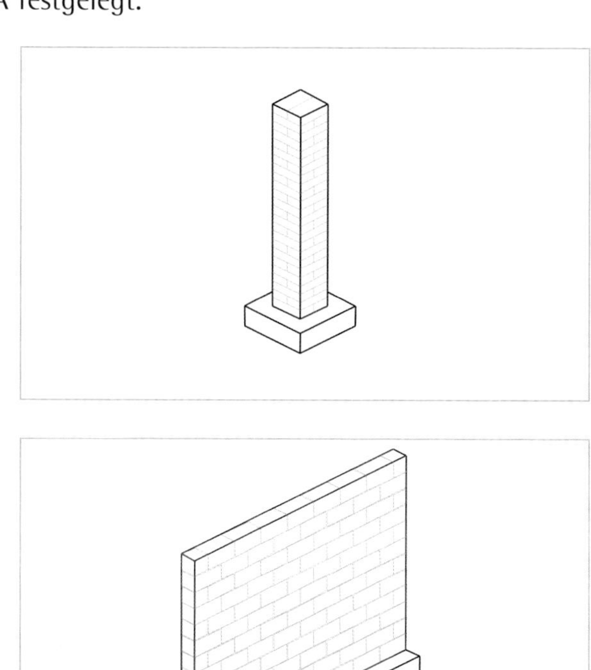

Mauerwerkspfeiler
$400\ cm^2 \leq A \leq 1\,000\ cm^2$

Mauerwerkswand
$A > 1\,000\ cm^2$

Pfeiler und Wände aus Mauerwerk sind tragend, wenn sie Lasten

› aus Dachkonstruktionen und Decken aufnehmen und abtragen sowie
› Windlasten aufnehmen, wenn die Wandscheiben zur Aussteifung genutzt werden.

In Außenwänden entstehen durch die Windbelastung, die normal auf die Wand und parallel zur Mittelfläche wirkt, zusätzliche Biegemomente in den Wandscheiben.

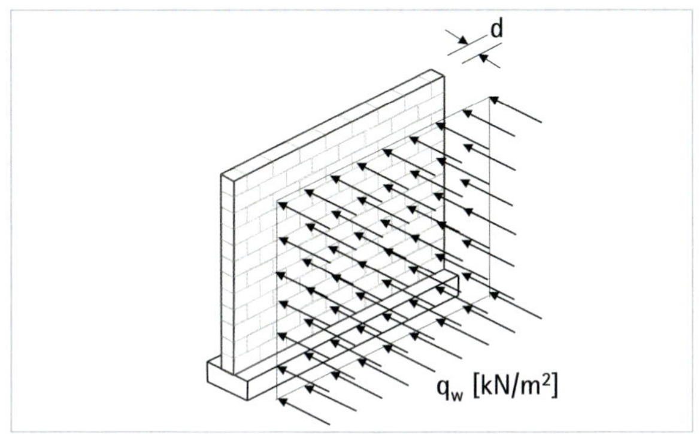

Windlast normal auf die Wand

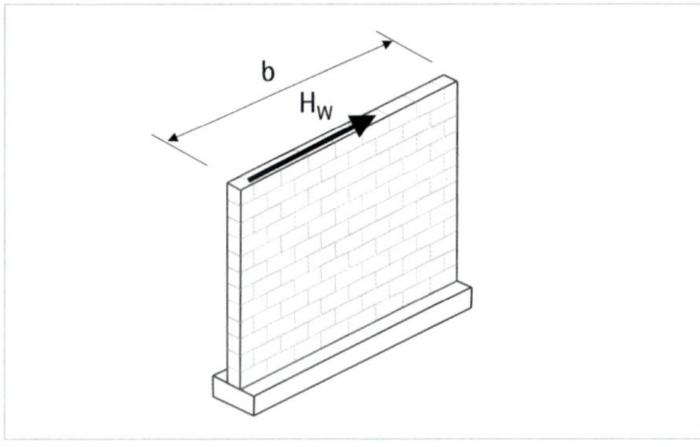

Windlast in der Wandebene als Auflagerkraft aus einer Deckenscheibe, vgl. Kapitel 5.2.2

Unbewehrtes Mauerwerk kann nur sehr geringe Zugspannungen aufnehmen. Eine Zug- oder Biegezugspannung führt zu Rissen und einer Reduzierung der Tragfähigkeit und der Dauerhaftigkeit. Aus diesem Grund sind Decken aus Ziegelsteinen entweder als Gewölbe zu bauen oder es ist wie in Trägern und Platten aus Stahlbeton eine Bewehrung erforderlich. In Gewölben wirken vorwiegend Druckspannungen, die vom Mauerwerk aufgenommen und weitergeleitet werden. Risse im Mauerwerk entstehen abhängig von auftretenden Zugspannungen σ_z immer normal zu diesen und verlaufen entweder entlang der Mörtelfugen oder durch die Steine.

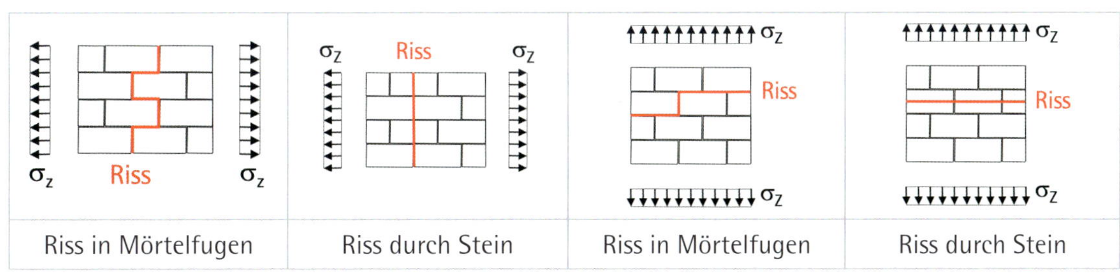

Riss in Mörtelfugen	Riss durch Stein	Riss in Mörtelfugen	Riss durch Stein

Für Druckbeanspruchte und tragende Bauteile aus Mauerwerk gibt es zwei unterschiedliche Arten des Versagens. Das Bauteil kann bei einer hohen Normalkraft knicken. Auf einen Pfeiler wird eine Punktlast in der Schwerachse des Pfeilers angenommen und auf eine Wand eine Streckenlast in der Mittelfläche. Eine Schiefstellung, unterschiedliche Dicken der Mörtelfugen und Eigenschaften des Mauerwerks führen zu einem Biegemoment und die Wand knickt bei einer bestimmten Last weg.

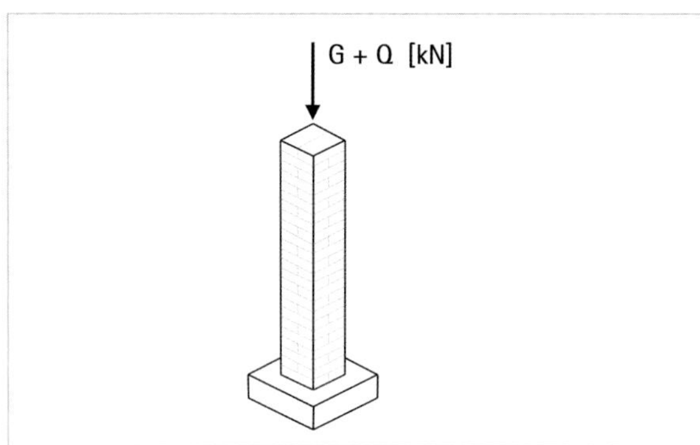

Punktlast auf einen Pfeiler

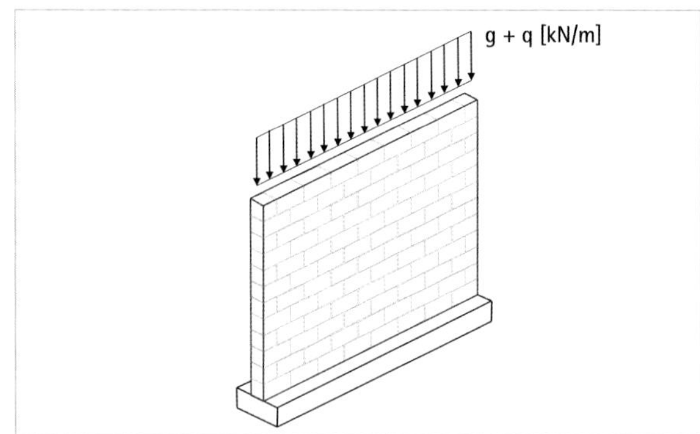

Streckenlast auf eine Wand

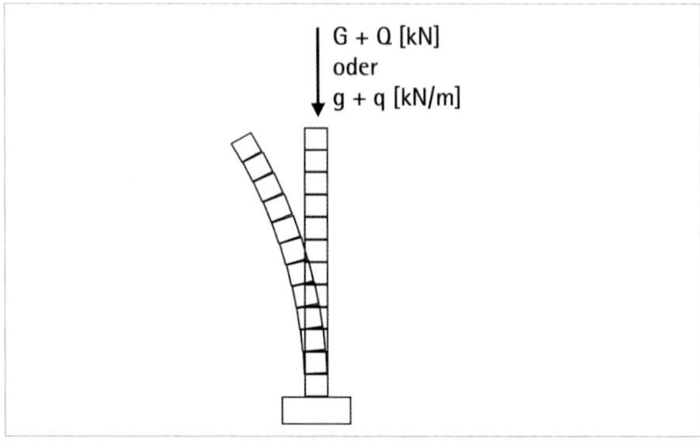

Knicken des Pfeilers oder der Wand

Wirkt ein Biegemoment infolge Wind auf eine Wand oder einen Pfeiler aus Mauerwerk, führt dieses Biegemoment zum Kippen.

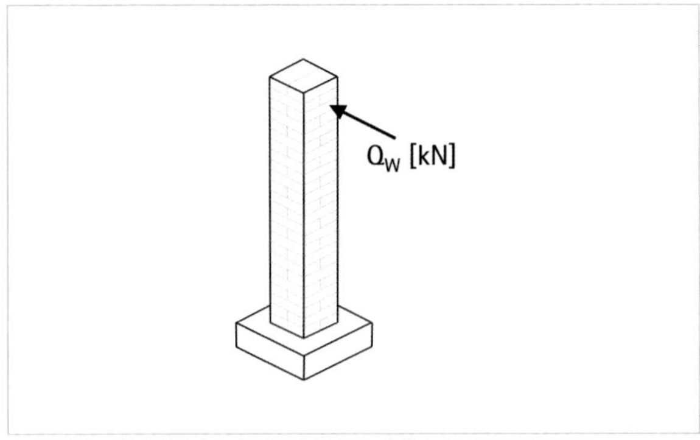

Windlast auf Pfeiler

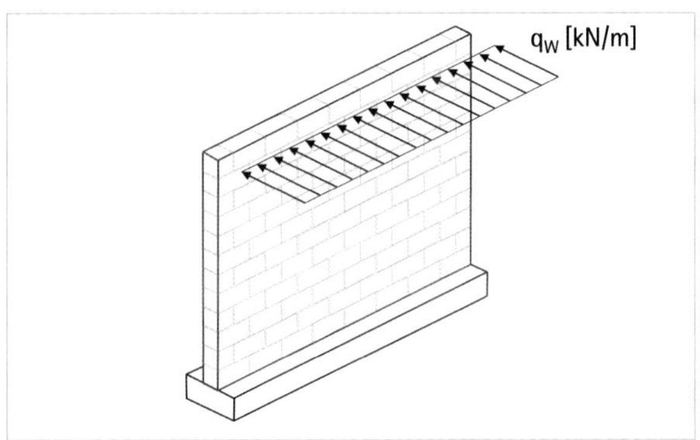

Windlast auf Wand

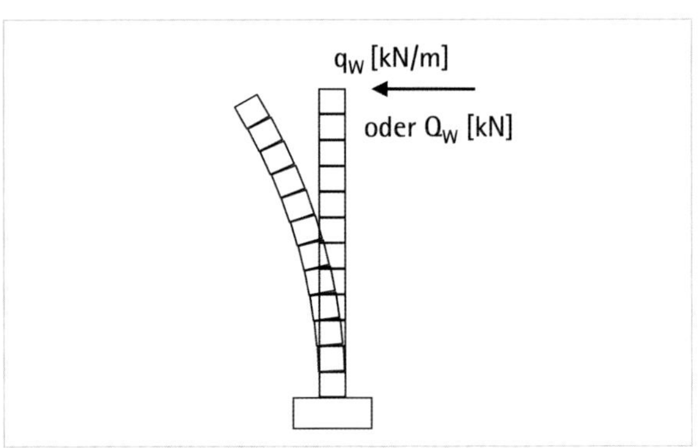

Kippen des Pfeilers oder der Wand

20.2 Kippen von Mauerwerkswänden

Das Eigengewicht von Mauerwerk ist je nach Baustoff, aus dem die Ziegel hergestellt werden, sehr unterschiedlich. Es gibt leichte und schwere Ziegel. Ein Pfeiler oder eine Wand aus leichten Steinen kippt bei einer geringeren Windbelastung im Vergleich zu einem Pfeiler oder einer Wand aus schweren Ziegeln. Die resultierenden Spannungen im Mauerwerk setzen sich aus den Druckspannungen infolge der Normalkraft und aus dem Eigengewicht und den Biegespannungen aus dem Biegemoment durch die Windbelastung zusammen. Die Normal- und Biegespannungen aus den Schnittgrößen dürfen unter Berücksichtigung des Vorzeichens addiert werden. Die Zugspannungen aus dem Biegemoment wirken entgegen den Druckspannungen aus der Normalkraft. Ist die Zugspannung kleiner als die Druckspannung, entstehen im Mauerwerk keine Risse. Die Normalkraft, die sich aus dem Eigengewicht des Mauerwerks und den Dach- bzw. Deckenlasten zusammensetzt, wird genutzt, um im Mauerwerk Biegemomente zu übertragen. Tragende Außenwände benötigen eine hohe Auflast, um die Biegemomente infolge von Wind oder Erddruck aufnehmen zu können.

Horizontale Kräfte erzeugen Biegespannungen, die bei Mauerwerk durch ausreichend hohe Auflasten ›überdrückt‹ werden müssen.

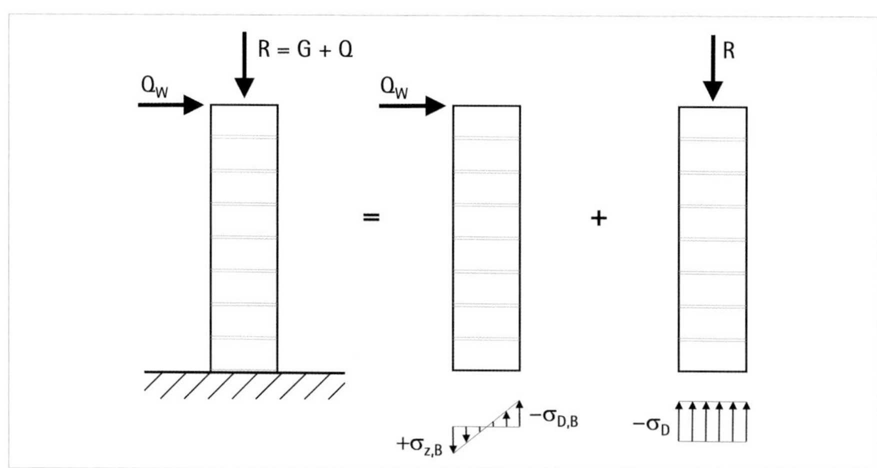

Das Verhältnis von Normal- zu Biegespannung führt zu folgenden unterschiedlichen Fällen:

1. die Zugspannung ist kleiner als die Druckspannung,
2. die Zugspannung ist gleich der Druckspannung,
3. die Zugspannung ist größer als die Druckspannung.

Ist die Zugspannung größer als die Druckspannung, reißt die Wand oder der Pfeiler. Reicht die Tiefe des Risses maximal bis zur Schwerachse, bleiben der Pfeiler oder die Wand noch stehen. Haben der Pfeiler oder die Wand die Dicke t und die Breite b, besteht eine Abhängigkeit zum Verhältnis des Biegemoments zur Normalkraft und dem Entstehen von Rissen. Dieses Verhältnis wird mit der Ausmitte e erfasst und schreibt sich zu:

$$e = \frac{M}{|R|}$$

Fall 1: Zugspannung infolge Biegung kleiner als Druckspannung aus der Normalkraft

$$e < \frac{t}{6}$$

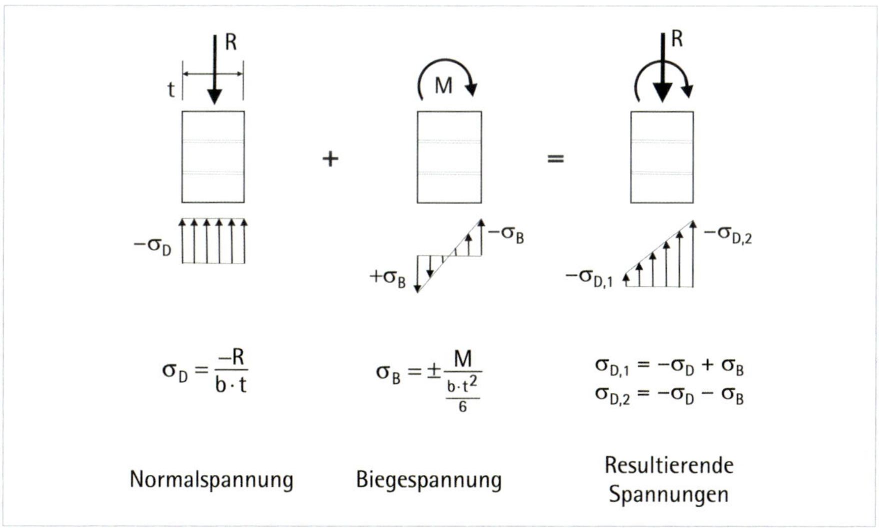

Wird das Biegemoment geschrieben als das Produkt aus Normalkraft und Ausmitte, lauten die resultierenden Spannungen:

$$\sigma_{D,1,2} = -\frac{R}{b \cdot t} \pm \frac{6 \cdot M}{b \cdot t^2} = -\frac{R}{b \cdot t} \pm \frac{6 \cdot R \cdot e}{b \cdot t^2} \Rightarrow$$

$$\sigma_{D,1,2} = -\frac{R}{b \cdot t}\left(1 \pm \frac{6 \cdot e}{t}\right)$$

Fall 2: Zugspannung infolge Biegung ist gleich der Druckspannung aus der Normalkraft

$$e = \frac{t}{6}$$

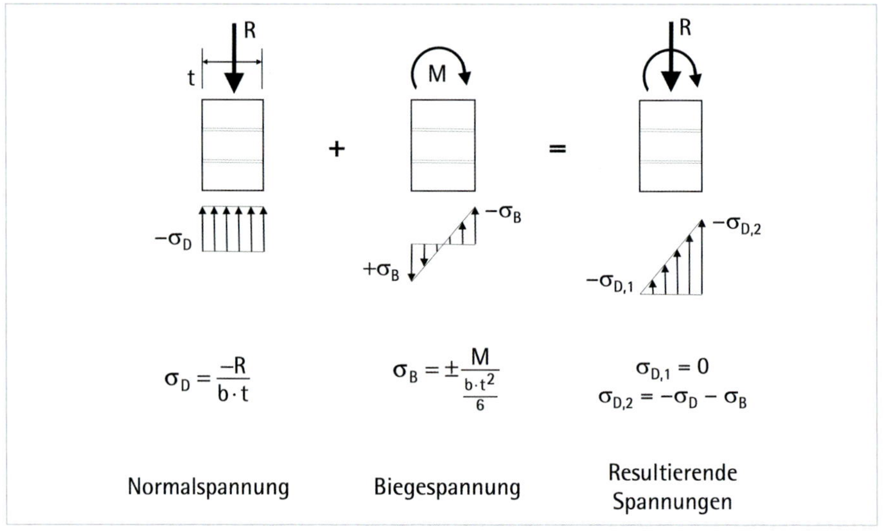

Damit die resultierenden Spannung auf der zugbeanspruchten Seite null wird, muss gelten:

$$\sigma_{D,1} = -\frac{R}{b \cdot t}\left(1 - \frac{6 \cdot e}{t}\right) = 0 \Rightarrow 1 - \frac{6 \cdot e}{t} = 0 \text{ und } e = \frac{t}{6}$$

Die Spannung auf der druckbeanspruchten Seite ist mit:

$$e = \frac{t}{6}$$

$$\sigma_{D,2} = -\frac{R}{b \cdot t}\left(1 + \frac{6 \cdot e}{t}\right) = -\frac{2 \cdot R}{b \cdot t}$$

Fall 3: Zugspannung infolge Biegung ist größer als Druckspannung aus der Normalkraft

$$\frac{t}{6} < e < \frac{t}{3}$$

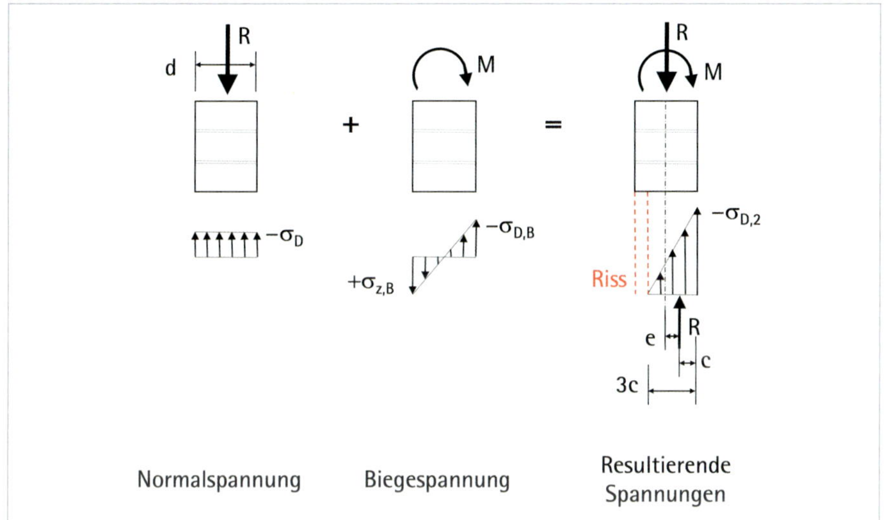

Ist die Zugspannung aus dem Biegemoment größer als die Druckspannung aus der Normalkraft, entsteht ein Riss. Dieser Riss wird auch klaffende Fuge genannt. Es kommt zu einer Umlagerung der Druckspannungen. Die Druckspannung wird über die Länge 3c vom rechten Rand bis zum Riss zu null abgebaut. Die resultierende Kraft aus der Spannungsverteilung muss der Normalkraft entsprechen. Der Angriffspunkt hat den Abstand c vom rechten Rand und von der Schwerachse der Wand den Abstand e.

Aus der Spannungsverteilung ermittelt sich die resultierende Kraft zu:

$$R = \frac{1}{2} \cdot b \cdot 3c \cdot -\sigma_{D,2}$$

Aufgelöst nach der Spannung folgt

$$\sigma_{D,2} = -\frac{2 \cdot R}{3 \cdot b \cdot c}$$

mit

$$c = \frac{t}{2} - e$$

und

$$e = \frac{M}{|R|}$$

Riss bis zur Schwerachse

Zugelassen sind Risse bis zur Schwerachse und daraus ergibt sich die maximale Ausmitte:

$$e = \frac{t}{3}$$

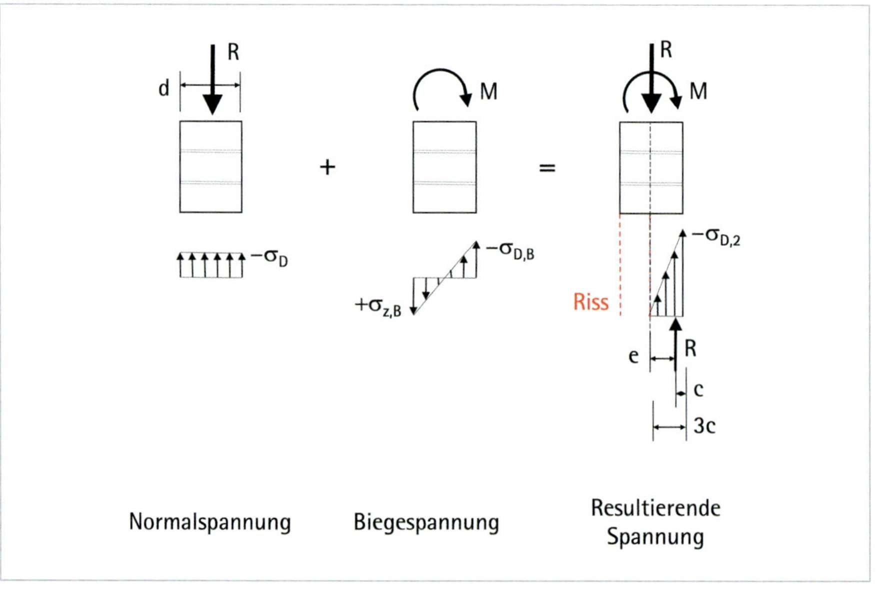

Die Spannungsverteilung reicht über die halbe Wanddicke. Es gilt dann:

$$3c = \frac{t}{2} \quad \text{oder} \quad c = \frac{t}{6}$$

und damit ergibt sich:

$$e = \frac{t}{3}$$

Für die Spannung am rechten Rand gilt dann:

$$\sigma_{D,2} = -\frac{4 \cdot R}{b \cdot t}$$

Die minimale Druckspannung am rechten Rand ist viermal so groß wie die Druckspannung aus der Normalkraft ohne Biegemoment.

Außer durch Windbelastung entsteht in den Pfeilern und Wänden ein Biegemoment durch die Einleitung der Auflagerkräfte aus den Decken und dem Dach außerhalb der Schwerachse. Ist der Abstand e kleiner als 1/6 der Dicke t, entstehen keine Risse, liegt der Abstand zwischen 1/6 t und 1/3 t entstehen Risse, e > t/3 ist unzulässig.

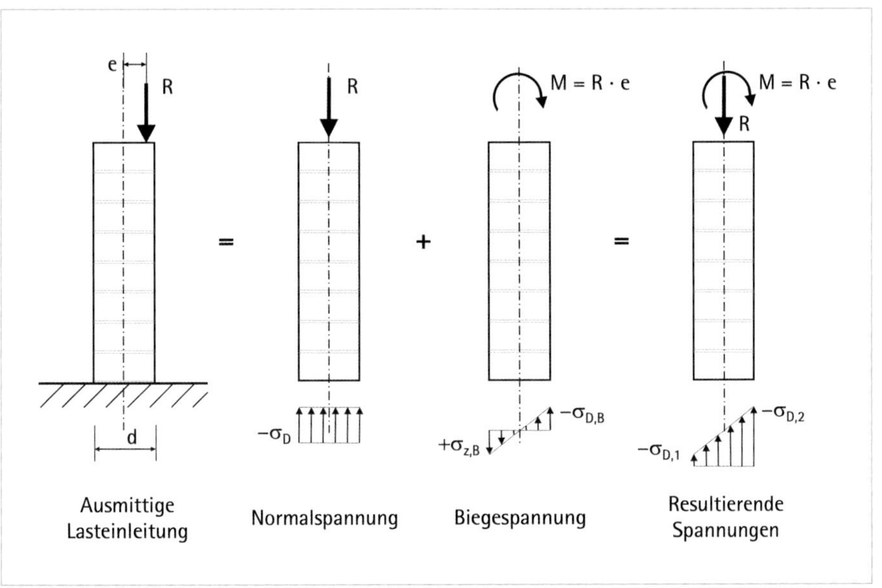

Ein Biegemoment entsteht auch bei horizontalen Schlitzen in den Wänden. Im Bereich des Schlitzes ist die Wand dünner und die Schwerachse hat eine andere Position. Durch den Versatz in der Schwerachse entsteht ein Biegemoment. Risse entstehen, wenn die Ausmitte e größer ist als $t_1/6$.

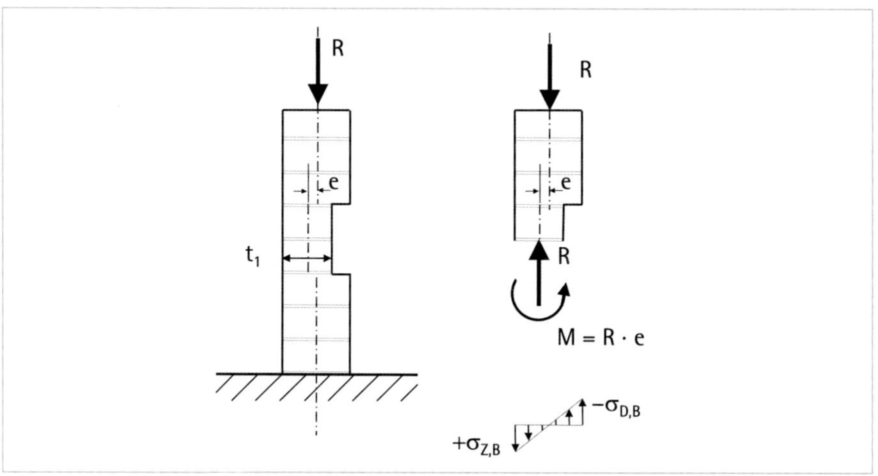

20.3 Knicken von Mauerwerk

Das Knicken von Pfeilern und Wänden, die mit einer Normalkraft beansprucht sind, ist abhängig von der Knicklänge. Parameter, die einen Einfluss auf die Knicklänge haben, sind die Wanddicke t, die Lagerung der Wand und die Biegesteifigkeit der Decken, zwischen denen die Wand angeordnet ist.

Wände sind flächige Bauteile und es wird zwischen einer zwei-, drei- und vierseitigen Lagerung der Wand unterschieden. Eine zweiseitige Lagerung entspricht dem Halten der Wand durch Geschoßdecken. Eine dreiseitige Lagerung bedeutet, die Wand ist auf einer Seite zusätzlich durch eine Querwand gehalten. Die vierseitige Lagerung ergibt sich, wenn die Wand über die Geschoßdecken und an beiden Seiten durch eine Querwand gehalten ist.

Für einen zweiseitig gehaltenen Pfeiler oder eine zweiseitig gehaltene Wand wird der Abstand als Rohbaumaß zwischen den Geschoßdecken, der Bodenplatte und der Geschoßdecke oder dem Fundament und der

Geschoßdecke mit der Höhe h_s bezeichnet. Allgemein entspricht die Knicklänge s_k dieser Höhe mit:

$$s_k = h_s$$

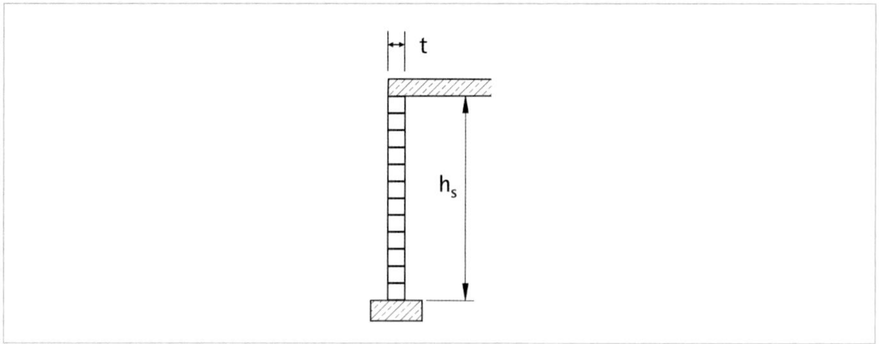

Bestehen die Decken und die Bodenplatten bzw. Fundamente aus Stahlbeton, besteht eine Zuordnung der Knicklänge zur Dicke der Mauerwerksbauteile. Für schlanke Pfeiler und Wände wird angenommen, dass diese in die Stahlbetondecken eingespannt sind. Ein dickes Bauteil ist steifer und deshalb wird ab einer bestimmten Wanddicke von einer gelenkigen Lagerung ausgegangen. Ein beidseitig eingespanntes Bauteil hat den Faktor $\alpha = 0{,}5$ für die Knicklänge, siehe S. 264. Der Faktor $\alpha = 0{,}75$ gilt für Pfeiler und Wände, deren Dicke kleiner oder gleich 17,5 cm ist. Sie ergibt sich durch eine Verdrehung der Deckenplatten.

Allgemein gilt für die Knicklänge:

$$s_k = a \cdot h_s$$

für

$$t \leq 17{,}5\ \text{cm} \quad \Rightarrow \quad \alpha = 0{,}75$$

$$17{,}5\ \text{cm} < t \leq 25\ \text{cm} \quad \Rightarrow \quad \alpha = 0{,}90$$

$$25\ \text{cm} < t \quad \Rightarrow \quad \alpha = 1{,}0$$

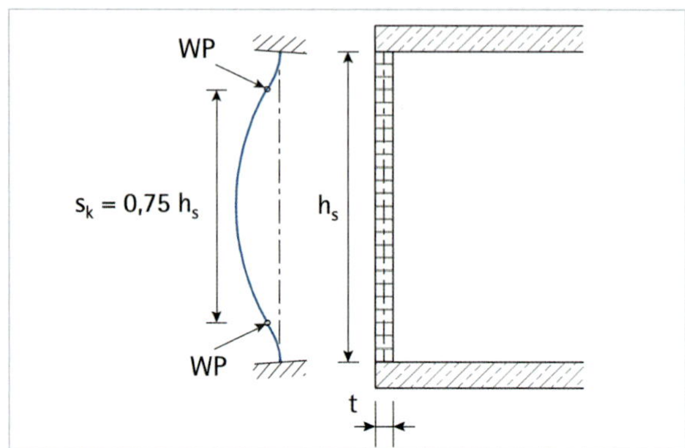

Teilweise Einspannung

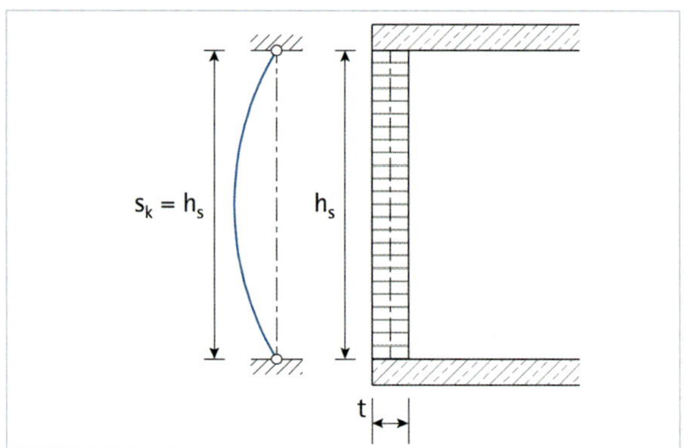

Gelenkige Lagerung

Die Knicklänge von dreiseitig und vierseitig gehaltenen Wänden ist von der Breite der Wand abhängig. Mit zunehmendem Abstand der Querwände wird die Knicklänge größer und entspricht ab einem bestimmten Abstand der Knicklänge einer zweiseitig gehaltenen Wand. Eine weitere Bedingung für die seitliche Lagerung der Wände ist, dass eine kraftschlüssige Verbindung zwischen den Wänden gegeben sein muss. Die Wände sind entweder im Verband zu mauern oder es werden Mauerwerksanker in die Mörtelfugen gelegt, die eine Kraftübertragung zwischen den Wänden zulassen. Die Längs- und Querwand können dann in getrennten Arbeitsgängen hergestellt werden.

Damit die Querwände zur Reduzierung der Knicklänge zu verwenden sind, müssen die Wände eine bestimmte Breite im Grundriss haben. Diese ist $b = b' \geq 0,2 \cdot h_S$. Die Dicke der Querwand muss mindestens 1/3 der Dicke der Längswand und dicker als 11,5 cm sein.

Eine dreiseitig gehaltene Wand hat die Breite b'.

Es gilt

$$b' \leq 15 \cdot t$$

mit der Wanddicke t.

Die Knicklänge ermittelt sich zu:

$$s_k = \frac{1}{1 + \left(\frac{\alpha \cdot h_s}{3 \cdot b'}\right)^2} \cdot \alpha \cdot h_s \geq 0{,}3 \cdot h_s$$

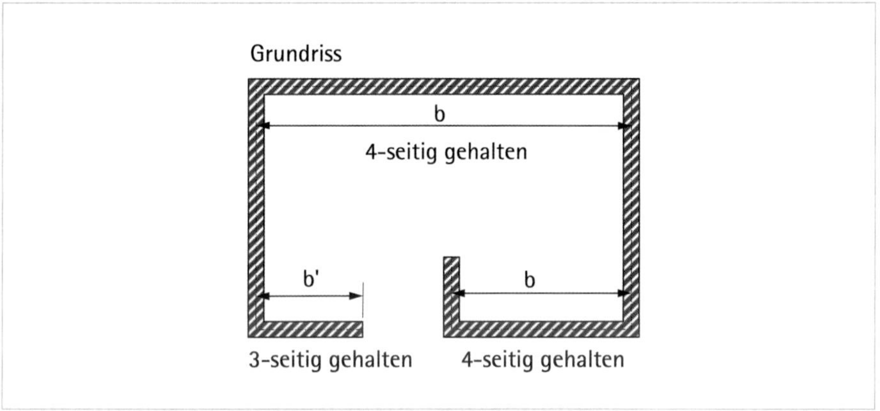

Eine vierseitig gehaltene Wand hat die Breite b und es gilt mit der Wanddicke t:

$$b \leq 30 \cdot t$$

Ist die Breite b größer als die Höhe der Wand mit $b \geq h_s$, lautet die Knicklänge:

$$s_k = \frac{1}{1 + \left(\frac{\alpha \cdot h_s}{b}\right)^2} \cdot \alpha \cdot h_s \geq 0{,}3 \cdot h_s$$

Ist die Breite b kleiner als die Höhe der Wand mit $b < h_s$ gilt:

$$s_k = 0{,}5 \cdot h_s$$

Die Knicklängen gelten für ein Mauerwerk, in dem das Überbindemaß der Steine größer ist als das 0,4-fache der Steinhöhe.

Die Funktionen für die Knicklängen wurden mit Versuchen entwickelt und deshalb wird auf eine nachvollziehbare Herleitung verzichtet.

20.4 Vereinfachter Knicknachweis

Die Norm DIN EN 1996, in welcher die Tragfähigkeit von Mauerwerk geregelt ist, enthält einen einfachen Nachweis für tragende Mauerwerkswände. Die Anwendung des Nachweises enthält einige Einschränkungen. Zu diesen gehören:

› Die Gebäudehöhe H über Gelände ist mit $H \leq 20$ m begrenzt, (bei geneigten Dächern das Mittel von First- und Traufhöhe).
› Die Spannweite L der aufliegenden Decken ist maximal $L \leq 6{,}0$ m. Bei zweiachsig gespannten Decken ist für L die kürzere der beiden Spannweiten einzusetzen.
› Die Decken liegen mit der Auflagerbreite a auf den Wänden auf.
› Die Wände sind in Deckenhöhe durch die Decken oder Ringbalken gegen seitliches Verschieben gehalten.
› Die Nutzlast muss kleiner als $q_k = 5{,}0\ kN/m^2$ sein.
› Für die Wandhöhe h_s von tragenden Innenwänden ist $h_s \leq 2{,}75$ m für Wanddicken zwischen 11,5 cm und 24 cm.
› Für Wanddicken ≥ 24 cm gibt es keine Einschränkung in der Höhe.
› Tragende Außenwände mit mindestens 17,5 cm und bis zu 24 cm Dicke sind bis zu einer Wandhöhe $h_s = 2{,}75$ m zulässig.
› Wanddicken ≥ 24 cm ermöglichen Wandhöhen von $h_s \leq 12 \cdot t$.

Sind die Anforderungen erfüllt, gilt:

$$\frac{N_{Ed}}{N_{Rd}} < 1$$

N_{Ed} ist der Bemessungswert der Normalkraft aus den einwirkenden Druckkräften auf das Mauerwerk.

N_{Rd} ist der Bemessungswert der aufnehmbaren Normalkraft des Mauerwerks. Dieser Bemessungswert bestimmt sich zu:

$$N_{Rd} = \phi \cdot A \cdot f_d$$

Der Faktor ϕ ist ein Abmindungsfaktor und berücksichtigt das Knicken der Pfeiler und der Wände sowie das Verdrehen der aufliegenden Decken an den Endauflagern.

Für die Querschnittsfläche A gilt:

$$A = b \cdot d$$

Wobei für Wände, die breiter sind als 1,0 m, mit b = 1,0 m gerechnet werden darf.

Der Bemessungswert der Druckfestigkeit des Mauerwerks setzt sich zusammen aus:

$$f_d = \zeta \cdot \frac{f_{ck}}{\gamma_M}$$

Mit dem Faktor ζ wird die Dauer der Einwirkungen berücksichtigt, ständige Lasten haben den Wert $\zeta = 0{,}85$, für kurzzeitige Einwirkungen gilt $\zeta = 1$.

Die charakteristische Druckfestigkeit f_{ck} des Mauerwerks ist abhängig von der Steinfestigkeit und der Mörtelgruppe. Werte hierfür finden sich entweder in der zugehörigen Norm und sind zum Beispiel auf S. 232 in Auszügen angegeben.

Für den Faktor ϕ gibt es die beiden Werte ϕ_1 und ϕ_2. Der kleinere der beiden Werte ist für die Bestimmung der Wanddicke maßgebend.

Der Faktor ϕ_1 berücksichtigt die Deckenverdrehung von Endauflagern. Die Durchbiegung der Decke führt zu einer Verformung der Pfeiler und Wände.

Es gilt für

$$f_{ck} < 1{,}8 \frac{N}{mm^2}$$

$$\phi_1 = 1{,}6 - \frac{L}{5} \leq 0{,}9 \cdot \frac{a}{t}$$

und für

$$f_{ck} \geq 1{,}8 \frac{N}{mm^2}$$

$$\phi_1 = 1{,}6 - \frac{L}{6} \leq 0{,}9 \cdot \frac{a}{t}$$

mit der Spannweite L der Decke, der Wanddicke t und der Auflagerbreite a der Decke auf der Wand.

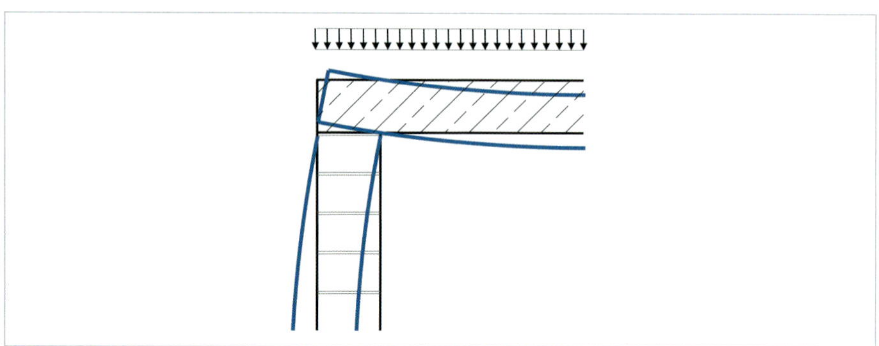

Wird die Verdrehung der Wand durch konstruktive Maßnahmen, wie Zentrierleisten, verhindert, ist

$$\phi_1 = 0{,}9 \cdot \frac{a}{t}$$

Für die oberste Geschoßdecke gilt grundsätzlich:

$$\phi_1 = \frac{1}{3}$$

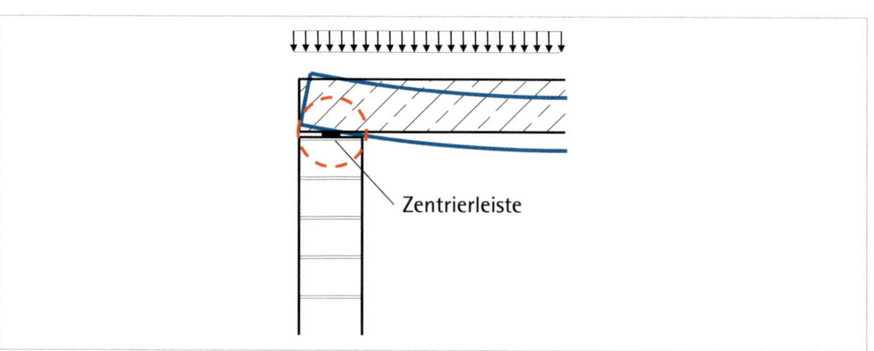

Der Faktor ϕ_2 berücksichtigt das Knicken der Wand. Für die Schlankheit λ der Wand muss ein Grenzwert eingehalten werden. Die Schlankheit eines Bauteils aus Mauerwerk unterscheidet sich von der Schlankheit einer Stahl-, Holz- oder Stahlbetonstütze. Sowohl in dem Grenzwert der Schlankheit als auch dem Faktor ϕ_2, welcher der Knickzahl im Holz- und Stahlbau entspricht, ist der Trägheitsradius für einen Rechteckquerschnitt enthalten.

Der Grenzwert der Schlankheit lautet:

$$\lambda_{max} = \frac{s_k}{t} \leq 27$$

Der Abminderungsfaktor ϕ_2 ermittelt sich zu:

$$\phi_2 = 0{,}85 \cdot \frac{a}{t} - 0{,}0011 \cdot \left(\frac{s_k}{t}\right)^2$$

Die Knicklänge s_k ist von der Lagerung der Wand abhängig, vgl. Kapitel 17.2.

Die Funktion für den Faktor ϕ_2 ist aus Versuchen abgeleitet. Auf eine Herleitung wird verzichtet.

In Herstellerinformationen zu den verschiedenen Mauerziegeln finden sich Angaben zum Bemessungswert der aufnehmbaren Druckkraft in Abhängigkeit zur Steinfestigkeit, Mörtelgruppe, Spannweite und Auflagerbreite der Decke sowie Wanddicke und -höhe.

21 Platten und Scheiben

21.1	Platten mit einachsiger Lastabtragung	384
21.2	Platten mit zweiachsiger Lastabtragung und linearer Lagerung	386
21.3	Platten mit zweiachsiger Lastabtragung und punktförmiger Lagerung	392
21.4	Stahlbetonplatten	394
21.5	Glasscheiben	396

Platten und Scheiben sind flächige Bauteile, in denen die Dicke im Verhältnis zur Höhe und Breite gering ist, vgl. S. 83 und 84. Aus einem Träger wird beispielsweise eine Scheibe, wenn die Höhe das zweifache und mehr der Spannweite beträgt.

Der wesentliche Unterschied zu den linienförmigen Bauteilen wie Trägern und Stützen ist die Lastabtragung und die Lagerung. Abhängig von der Lagerung wird zwischen einer einachsigen und zweiachsigen Lastabtragung unterschieden. Die Lagerung ist linienförmig oder punktförmig. Platten tragen im Allgemeinen Lasten normal zur Mittelfläche ab, wie zum Beispiel Eigengewicht und Nutzlasten auf Deckenplatten. Die Platten tragen auch Lasten ab, die in der Mittelfläche angreifen, wie Windlasten. Scheiben erhalten Normalkräfte aus Dach- und Deckenlasten und tragen in den Außenwänden Wind über Biegung ab.

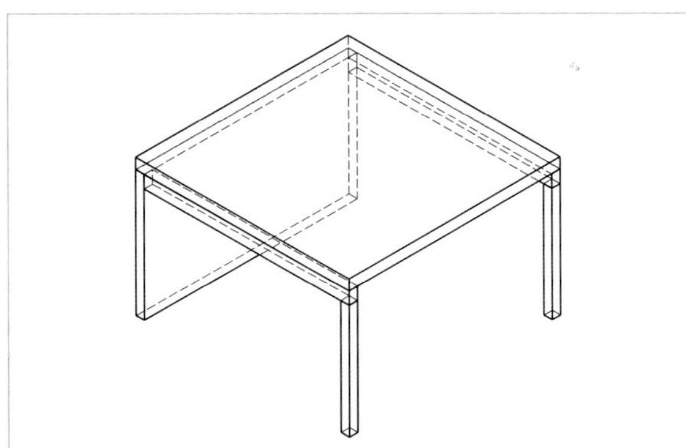

Linienförmig gelagerte Platte

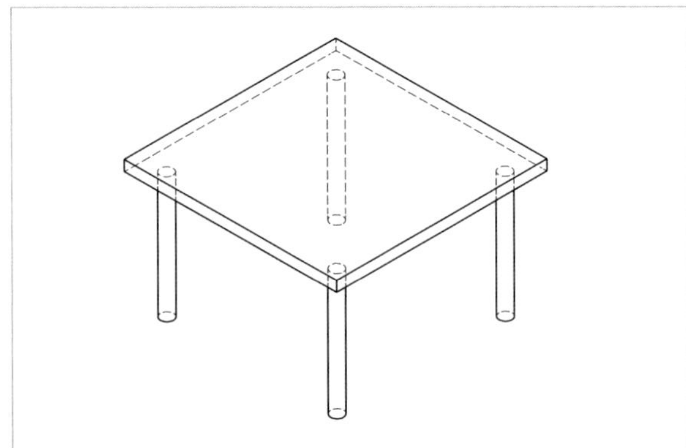

Punktförmig gelagerte Platte

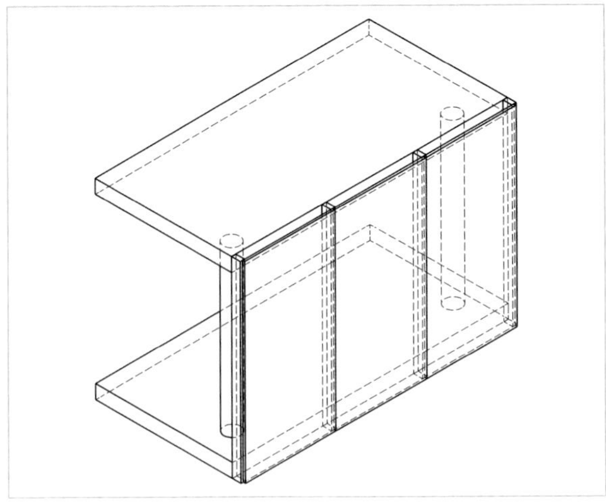

Linienförmig gelagerte Scheibe

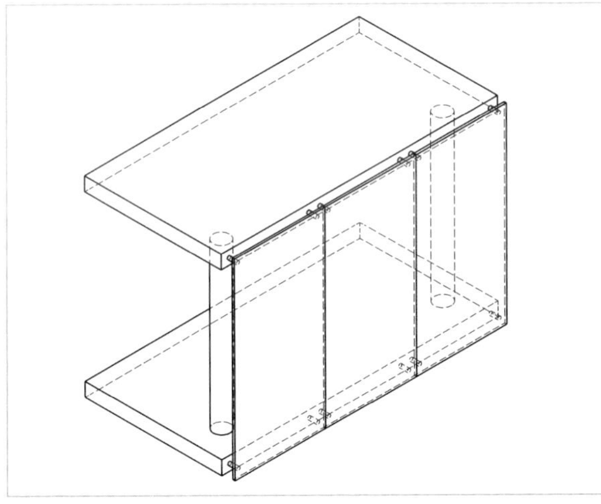

Punktförmig gelagerte Scheibe

21.1 Platten mit einachsiger Lastabtragung

Eine einachsige Lastabtragung bedeutet, dass die Platten und Scheiben an gegenüberliegenden Seiten kontinuierlich gelagert werden. Die Platten und Scheiben entsprechen im statischen System Einfeldträgern, Einfeldträgern mit Auskragung und Durchlaufträgern. Die Tragrichtung und die Spannweite sind immer senkrecht zu den Auflagern anzusetzen.

Beispiele für Platten mit einer einachsigen Lastabtragung und Einfeldträgern als statisches System:

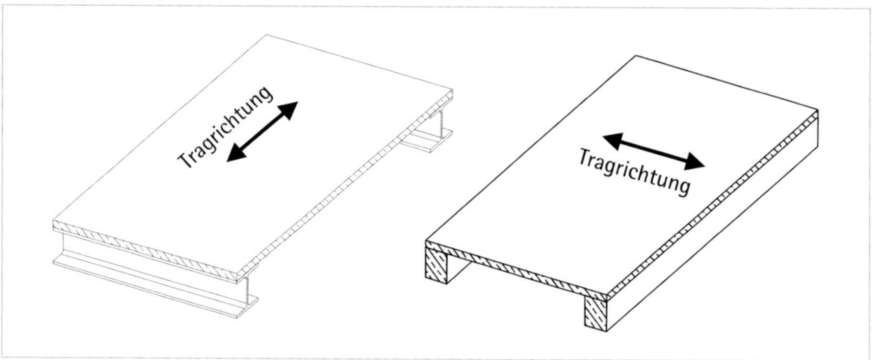

Die Auflager für horizontale Platten bilden Träger, Unterzüge und Wände. Vertikale Platten wie Glasscheiben werden von Stützen und Fassadenpfosten gehalten oder spannen zwischen Geschoßdecken.

Einachsige Platten aus Stahlbeton oder Holzwerkstoffen werden als durchlaufenden Platten eingesetzt. Bei Platten, die mehrere Auflager haben, erhalten die Bauteile, die unter den inneren Auflagern angeordnet sind, aufgrund der Durchlaufwirkung geringfügig höhere Lasten im Vergleich zu Einfeldplatten. Die Auflagerkräfte sind abhängig von der Anzahl der Felder und einer feldweisen Belastung.

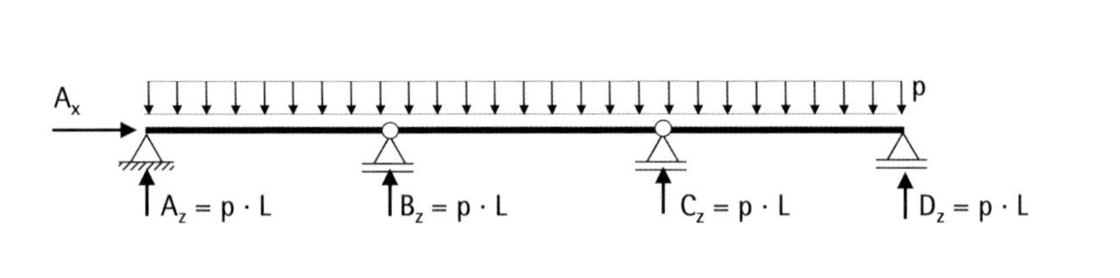

Einfeldplatte

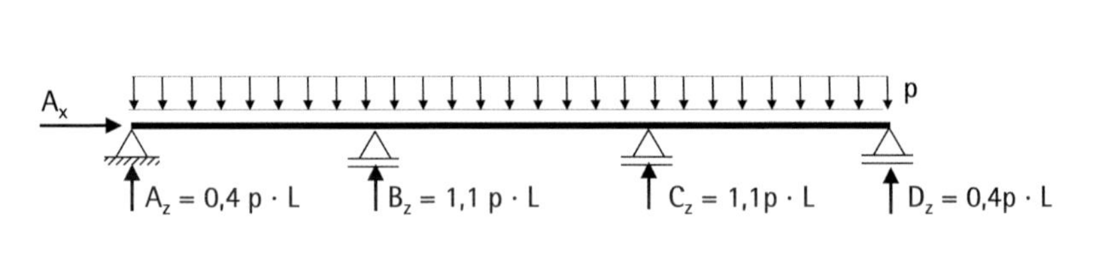

Drei-Feld-Platte

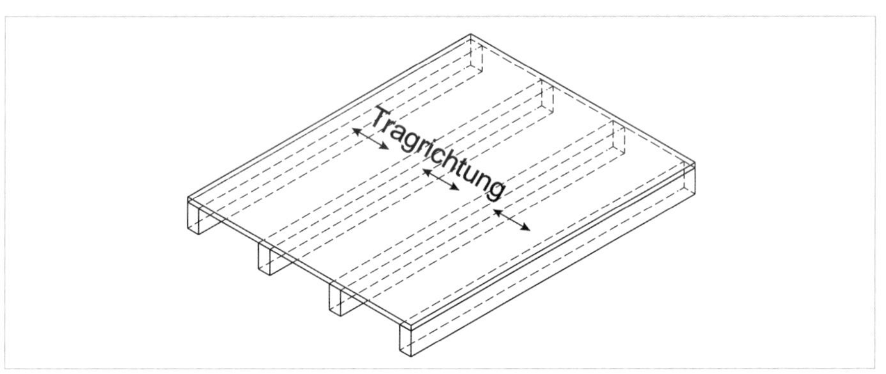

Durchlaufplatte über drei Felder

Eine zweiachsige Lastabtragung ist für Platten und Scheiben möglich, wenn diese linear oder punktförmig gelagert werden. Die linienförmige Lagerung erfolgt entlang der Ränder. Abhängig vom Baustoff besteht die Möglichkeit, die Platte über die Auflager auskragen zu lassen. Platten aus Stahlbeton und Holzwerkstoffen werden auskragend hergestellt. Die lineare Lagerung von Glasscheiben ist nur entlang der Ränder kontinuierlich möglich.

21.2 Platten mit zweiachsiger Lastabtragung und linearer Lagerung

Eine zweiachsige Lastabtragung bedeutet, die Platten und Scheiben werden an drei oder vier Seiten kontinuierlich gelagert. Die Tragrichtungen und die Spannweiten sind abhängig vom Seitenverhältnis und der Anzahl und Anordnung der Seiten, die aufgelagert sind. Diese Platten gehören zu den ebenen Flächentragwerken. Sie werden als Einfeld- und Mehrfeldplatten gebaut und können in eine Richtung auskragen. Eine dreiseitge Lagerung bedeutet, eine Seite der Platte besitzt kein Auflager. Diese Seite wird als freier Rand bezeichnet und trägt keine Lasten ab.

Wird in einer rechteckigen Platte eine lange Seite ohne Auflager ausgebildet, erfolgt die Lastabtragung in zwei Richtungen. Ist eine kurze Seite der freie Rand, ist die Lastabtragung abhängig vom Verhältnis der Seitenlängen. Eine lange und schmale Platte trägt in diesem Fall vorwiegend einachsig ab. Diese langen, schmalen Platten und Scheiben entsprechen im statischen System Einfeldträgern, Einfeldträgern mit Auskragung und Durchlaufträgern.

Dreiseitig gelagerte Platte:

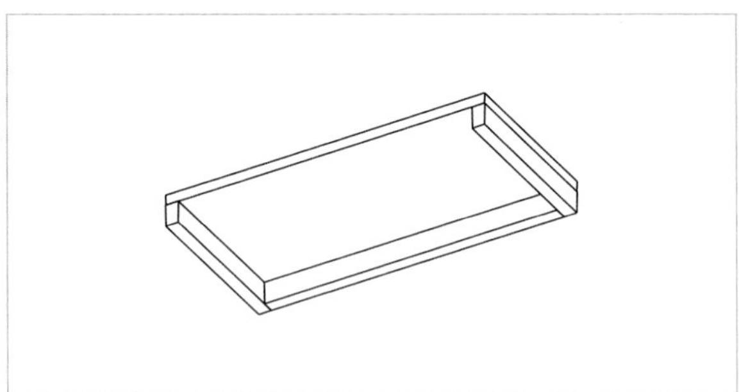

Lange Seite als freier Rand

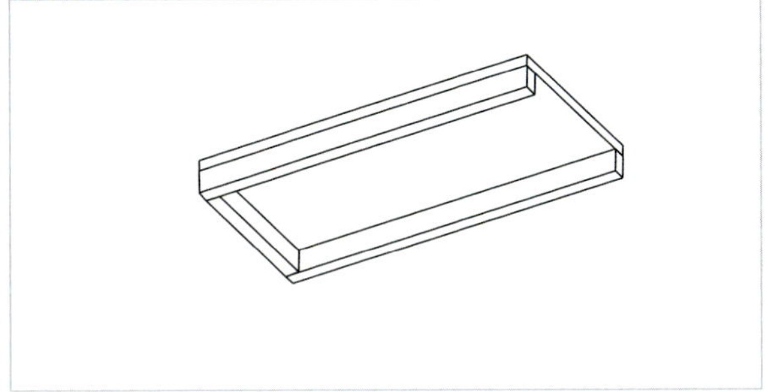

Kurze Seite als freier Rand

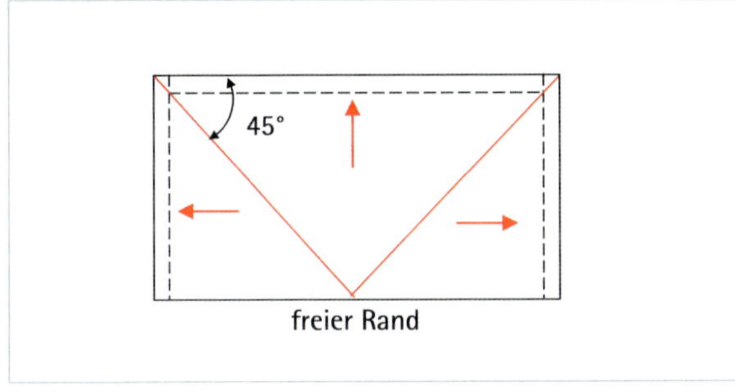

Zweiachsige Lastabtragung

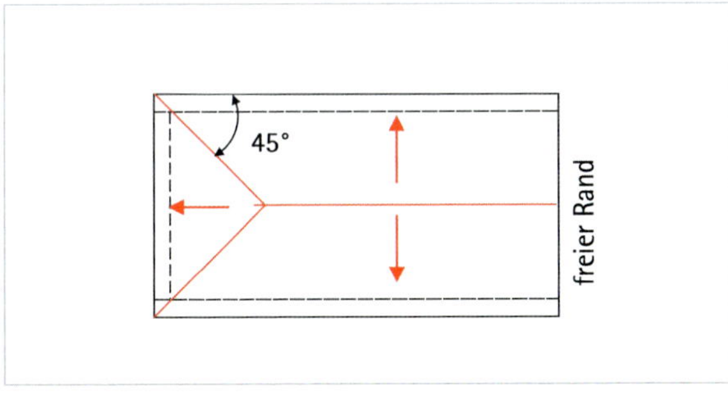

Im Bereich des freien Randes einachsige Lastabtragung

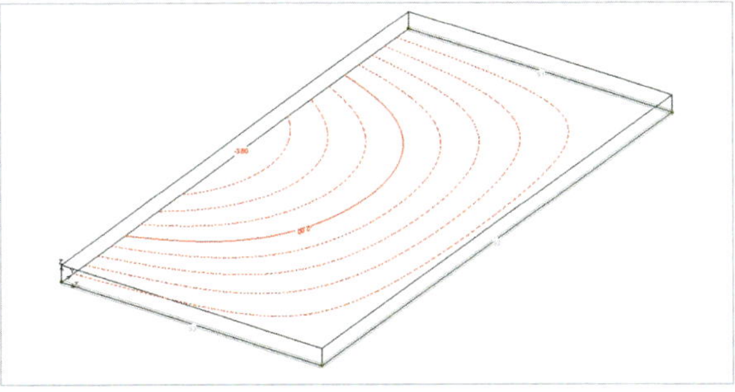

Höhenlinien der Verformung in der Isometrie

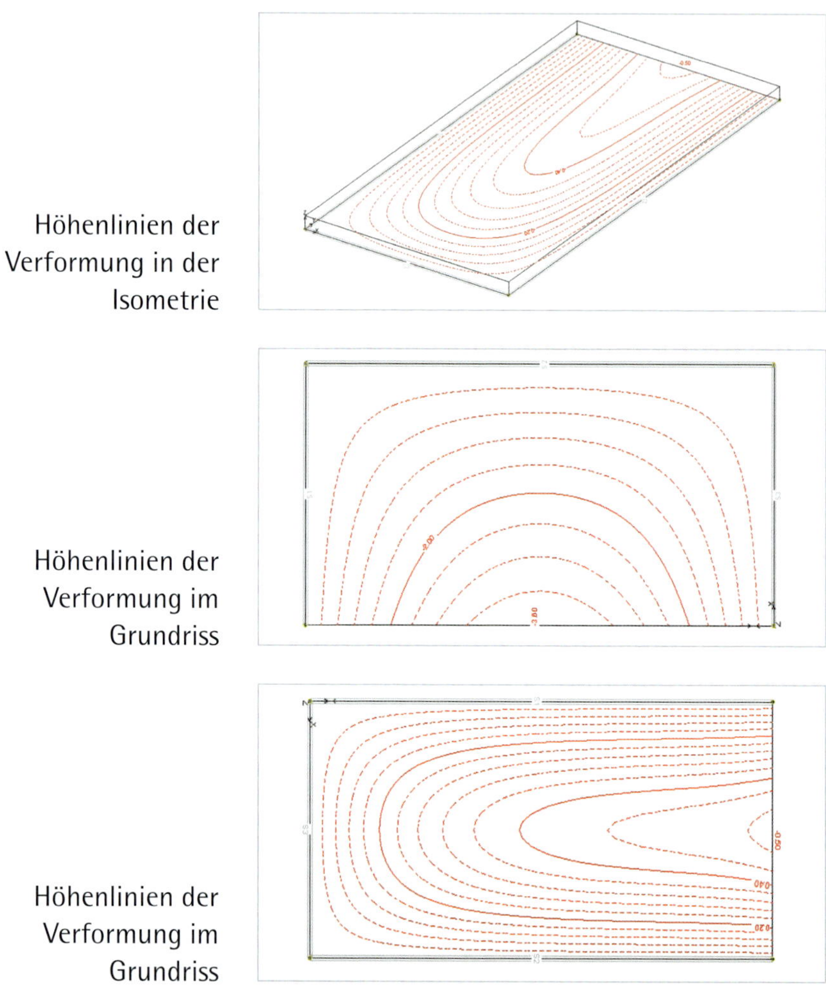

Höhenlinien der Verformung in der Isometrie

Höhenlinien der Verformung im Grundriss

Höhenlinien der Verformung im Grundriss

Für eine Platte, deren Lagerung gelenkig auf den darunterliegenden Bauteilen ausgebildet ist, darf die Aufteilung der Flächenlast, die auf die Platte einwirkt unter 45° zwischen benachbarten Seiten aufgeteilt werden. Für die Platte mit einer langen Seite als freien Rand, besitzt die Belastung auf die darunterliegenden Bauteile einen dreiecksförmigen Verlauf. Erkennbar wird eine zweiachsige Lastabtragung an der Verformung der Platte. Die Verformung lässt sich in Höhenlinien darstellen, indem Punkte gleicher Verformung zu Linien verbunden werden. Verlaufen die Höhenlinien parallel ist die Lastabtragung einachsig. Werden die Höhenlinien oval oder kreisförmig, liegt eine zweiachsige Lastabtragung vor.

Auch die Lastabtragung einer vierseitig gelagerten Platte und Scheibe ist vom Seitenverhältnis der Ränder abhängig.

Die Lagerung der Platten auf Trägern, Unterzügen oder Wandscheiben ist gelenkig. Glasscheiben werden auf einen umlaufenden Fensterrahmen oder Fassadenprofilen aufgelagert. Eine Auskragung ist abhängig vom Baustoff und wird auch für Stahlbetonplatten und Holzwerkstoffplatten ausgeführt. Die Auskragung ist in jede Richtung möglich.

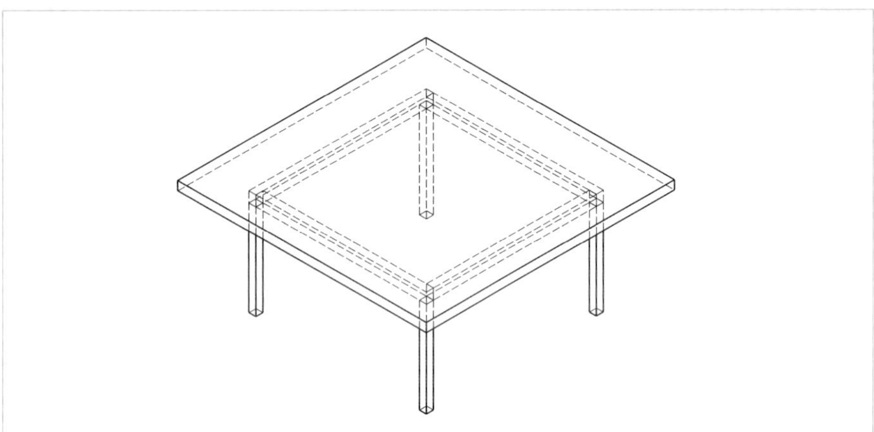

Die Aufteilung der Lasten, die in einer gelenkig gelagerten Platte zu den einzelnen Rändern abgetragen werden, ist analog zu einer dreiseitig gelagerten Platte. Auch bei der vierseitig gelagerten Platte wird die Lastabtragung in der Mitte der Platte vorwiegend einachsig, wenn das Verhältnis der Seitenlängen größer ist als $L_y : L_x = 2{,}0$. An der Gegenüberstellung von drei Platten mit unterschiedlichem Seitenverhältnis ist erkennbar, dass nur in der quadratischen Platte die Last gleichmäßig auf alle vier Ränder abgetragen wird.

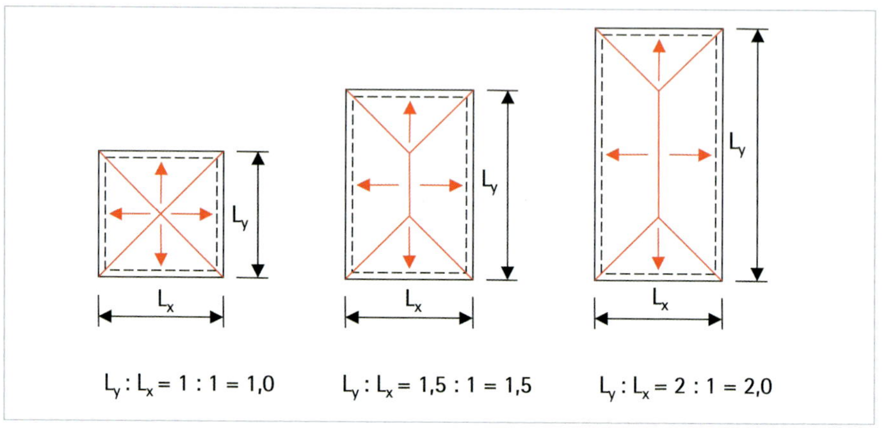

Die Bestimmung der Schnittgrößen und der Verformungen in Platten und Scheiben gehört zu den komplexen Themen in der Baustatik. Für wenige Fälle gibt es analytische Lösungen. In der Vergangenheit wurden Tabellen genutzt, um die Schnittgrößen und Verformungen zu ermitteln. Die Besonderheit in Platten ist, dass die Schnittgrößen und die Auflagerkräfte auf einen Meter Breite bezogen werden. Um den Unterschied zwischen einer einachsigen und zweiachsigen Lastabtragung aufzuzeigen, sind für die vierseitig und gelenkig gelagerte Platte das maximalen Biegemoment und die maximale Durchbiegung in Plattenmitte angegeben.

Die zweiachsige Lastabtragung hat zur Folge, dass es in der Platte ein Biegemoment um die x-Achse und die y-Achse gibt. Bleibt die Spannweite in x-Richtung konstant und wird in y-Richtung größer, wird das Biegemoment senkrecht zur x-Achse oder in y-Richtung größer und geht ab einem Seitenverhältnis von $L_x : L_y > 3$ in das Biegemoment eines Einfeldträgers mit derselben Spannweite und Belastung über.

Biegemomente in Plattenmitte:

› Biegemoment senkrecht zur x-Achse:

$$m_{xm} = \frac{(g+q) \cdot L_x^2}{Tw,x} \left[\frac{kNm}{m}\right]$$

› Biegemoment senkrecht zur y-Achse:

$$m_{ym} = \frac{(g+q) \cdot L_x^2}{Tw,y} \left[\frac{kNm}{m}\right]$$

› Durchbiegung in Plattenmitte:

$$f_{max} = Tw{,}f \cdot \frac{(g+q) \cdot L_x^4}{E \cdot d^3}$$

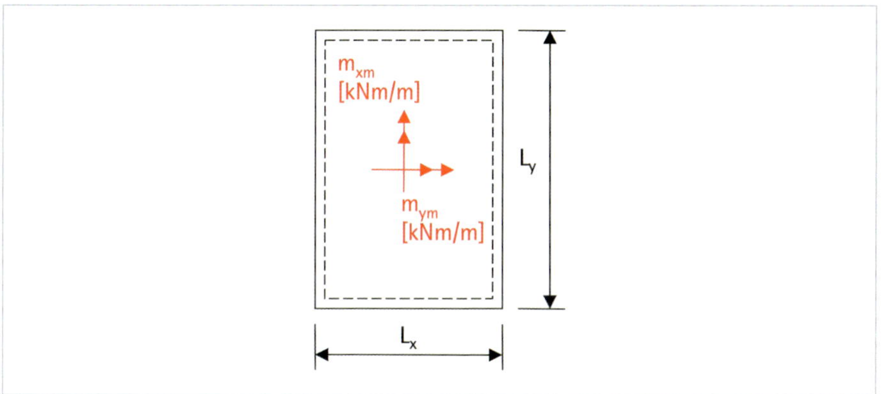

Tw,x, Tw,y und Tw,f sind Tabellenwerte, die für bestimmte Seitenverhältnisse zusammengestellt sind (Tabelle 25). Das Seitenverhältnis $L_y : L_x = 1{,}0$ entspricht einer Platte mit quadratischem Grundriss. Alle Tabellenwerte sind auf die Spannweite L_x bezogen. Die Biegesteifigkeit der Platte wird wie Auflagerkräfte und Schnittgrößen auf einen Meter Breite bezogen.

4-seitig gelenkig gelagert Platte											2-seitig
$L_y : L_x$	1,0	1,1	1,2	1,3	1,4	1,5	1,6	1,7	1,8	1,9	2,0	1,0
Tw,x	27,2	22,4	19,1	16,8	15,0	13,7	12,7	11,9	11,3	10,9	10,4	8
Tw,y	27,2	27,9	29,1	30,9	32,8	34,7	36,1	37,3	38,5	39,4	40,3	∞
Tw,f	0,0487	0,0584	0,0678	0,0767	0,0850	0,0927	0,0997	0,106	0,1118	0,1169	0,1215	0,1563

Tabelle 25 Tafelwerte nach **Czerny** zur Berechung der Biegemomente und der Plattendurchbiegung in Plattenmitte

Zur Interpretation der Tabelle wird eine vierseitig gelagerte Platte mit quadratischem Grundriss mit einer zweiseitig gelagerten Platte mit derselben Spannweite in x-Richtung verglichen (zweite und letzte Spalte der Tabelle). Das Biegemoment der vierseitig gelagerten Platte ist um 71 % geringer im Vergleich zur zweiseitig gelagerten Platte. Die Durchbiegung verringert sich um 69 %.

Durch die Entwicklung der elektronischen Datenverarbeitung und der Methode der Finiten Elemente ist es heute möglich, Platten und Scheiben mit beliebiger Lagerung und Geometrie zu untersuchen und zu dimensionieren.

21.3 Platten mit zweiachsiger Lastabtragung und punktförmiger Lagerung

Die Lastabtragung von Platten, die auf Stützen aufliegen und Scheiben, die mit Punkthaltern befestigt sind, ist um diese punktförmigen Lager mehrachsig und radial. Sie gehören auch zu den ebenen Flächentragwerken. Einfeldplatten liegen meistens auf vier Stützen auf. Die Platten sind durchlaufend, wenn sie von mehr als vier Stützen getragen werden, die in einem Raster angeordnet sein können. Sie werden im Stahlbetonbau auch Flachdecken genannt. Die Lastabtragung erfolgt in der Mitte der Platte diagonal zu den Lagern und an den Rändern parallel zu diesen. Die Abtragung der Lasten in den Platten ist wie bei linienförmig gelagerten Platten abhängig vom Seitenverhältnis der Spannweiten in x- und y-Richtung. Für die Dicke der Platte ist die größere Spannweite maßgebend, denn die Schnittgrößen und die Verformungen nehmen mit der Spannweite zu.

Aus diesem Grund eignen sich punktgestützte Platten für annähernd gleiche Spannweiten in x- und y-Richtung, es gilt:

$$1{,}0 \leq L_y : L_x \leq 1{,}5$$

Wird eine konstante Flächenlast angenommen, erhalten in einer Einfeldplatte mit einem quadratischen Grundriss die Auflager je ein Viertel der gesamten Flächenlast auf die Platte.

In Mehrfeldplatten erhalten die Innenstützen eine Auflagerkraft, die ungefähr der Belastung auf die Grundfläche mit den Spannweiten L_x und L_y entspricht, die Randstützen erhalten die Hälfte dieser Auflagerkraft und die Eckstützen ein Viertel. Die resultierende Kraft aus der konstanten Flächenlast wird über die Querkraft in die Stütze eingeleitet. In dünnen Platten führt die hohe Querkraft zum Durchstanzen der Stütze durch die Decke. Sie ist maßgebend für die Dicke der Decke.

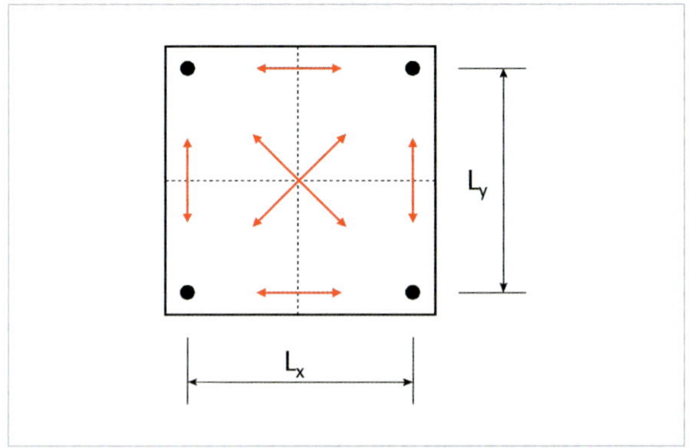

Tragrichtungen in einer punktgestützen Einfeldplatte

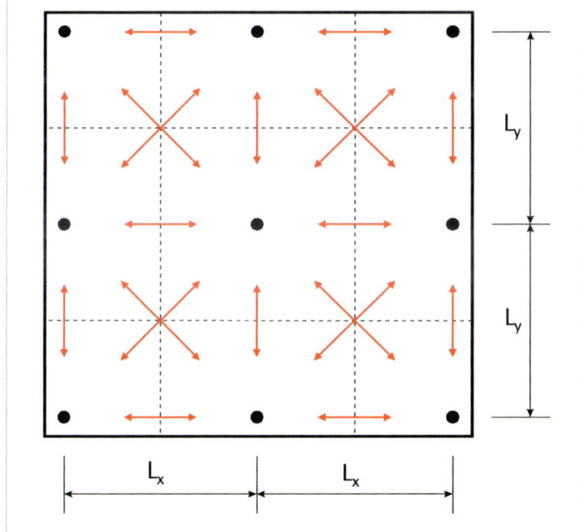

Tragrichtungen in einer punktgestützen Zweifeldplatte

21.4 Stahlbetonplatten

Für Stahlbetonplatten gibt es eine einfache Regel, die für die Festlegung der Plattendicke im Entwurf meistens ausreichend ist. Im allgemeinen Fall gilt für die Plattendicke d:

$$d[m] > \frac{L}{K \cdot 35} + \frac{\varnothing}{2} + \text{nom}\,c \approx \frac{L}{K \cdot 35} + 0{,}05[m]$$

Dabei ist

$\frac{\varnothing}{2}$ die Hälfte des Durchmessers der Bewehrung,
nom c die Betondeckung.

Für

$\frac{\varnothing}{2} + \text{nom}\,c$ sind ca. 5 cm = 0,05 m anzusetzen.
K ist ein Beiwert zum Erfassen des statischen Systems und leitet sich aus der Verformung und Lagerung der Platten ab.

Stehen nicht tragende Mauerwerkswände auf den Decken, kann es zum Beispiel bei einer Verformung der Deckenplatte zu Rissen kommen. In dem Fall, oder wenn die Durchbiegung aus anderen Gründen begrenzt werden muss, bestimmt sich die Plattendicke d zu:

$$d[m] > \frac{L^2}{K^2 \cdot 150} + \frac{\varnothing}{2} + \text{nom}\,c \approx \frac{L^2}{K^2 \cdot 150} + 0{,}05[m]$$

Die Spannweite ist in diese Gleichungen in m einzusetzen.

Für eine durchlaufende Platte wird die Verformung aufgrund der Durchlaufwirkung geringer. Für eine Kragplatte wird sie durch das angrenzende Feld größer. In der nachfolgenden Tabelle finden sich Werte für K in Bezug zum statischen System. Die Stützweite entspricht der Spannweite.

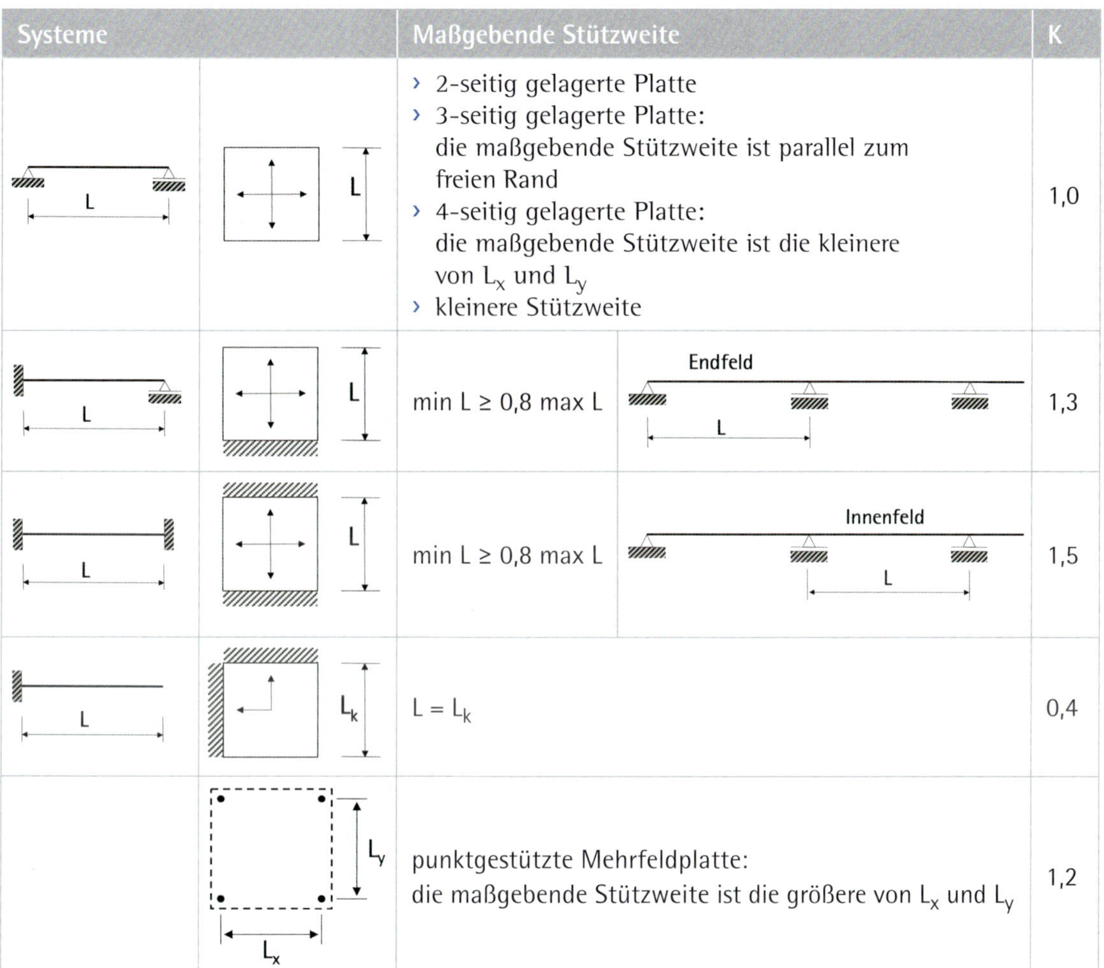

Systeme		Maßgebende Stützweite		K
L	L	› 2-seitig gelagerte Platte › 3-seitig gelagerte Platte: die maßgebende Stützweite ist parallel zum freien Rand › 4-seitig gelagerte Platte: die maßgebende Stützweite ist die kleinere von L_x und L_y › kleinere Stützweite		1,0
L	L	min L ≥ 0,8 max L	Endfeld L	1,3
L	L	min L ≥ 0,8 max L	Innenfeld L	1,5
L	L_k	$L = L_k$		0,4
	L_y L_x	punktgestützte Mehrfeldplatte: die maßgebende Stützweite ist die größere von L_x und L_y		1,2

Tabelle 26 K-Werte zur Berechnung der Durchbiegung unterschiedlich gelagerter Stahlbetonplatten

21.5 Glasscheiben

Horizontale und geneigte Glasscheiben haben das Eigengewicht der Scheiben und in Dachflächen Schnee und Wind abzutragen. Sie entsprechen in ihren statischen Systemen Platten. In Fassaden nehmen vertikale Glasscheiben Windlasten auf und in Geländern und Fassaden dienen sie absturzsichernd. Sie erhalten dadurch eine Biegebeanspruchung.

Alle Scheiben, die eine Neigung von mehr als 10° aus der Vertikalen haben, werden den horizontalen Scheiben zugeordnet.

Die Zugfestigkeit von Glas ist gering. Sie bestimmt die Dicke der Glasscheibe, wenn diese auf Biegung beansprucht wird. Im Tragfähigkeitsnachweis für eine auf Biegung beanspruchte Glasscheibe aus Glas ohne Vorspannung, z.B. Floatglas, sind die Einwirkungsdauer der Last und die Art des Glases zu berücksichtigen. Diese Einflüsse entfallen bei thermisch vorgespanntem Glas.

Die Begrenzung der maximalen Durchbiegung bildet eine weitere Anforderung an die Scheibendicke. Sie ist für die unterschiedlich gelagerten Scheiben in den Normen zu Glas im Bauwesen geregelt und entspricht sowohl für linienförmig gelagertes als auch für punktförmig gelagertes Glas 1/100 der maßgebenden Stützweite. Für eine vierseitig und linienförmig gelagerte Scheibe ist die kürzere Spannweite maßgebend. Für eine punktförmig gelagerte Scheibe ist es die größere Spannweite.

Scheibendicken sind in der Regel von Fassadenfirmen abzufragen oder von Tragwerksplanern zu ermitteln.

In Isolierglasscheiben tragen alle Scheiben die Lasten ab. Durch den Innendruck des eingeschlossenen Gases werden die Lasten anteilig von den Biegesteifigkeiten der Scheiben auf alle Scheiben übertragen. Der Innendruck des Gases im Scheibenzwischenraum ist von der Umgebungstemperatur abhängig und wirkt als zusätzliche Belastung auf die Glasscheiben.

Verformungen der Einzelscheiben bei einer Isolierverglasung:

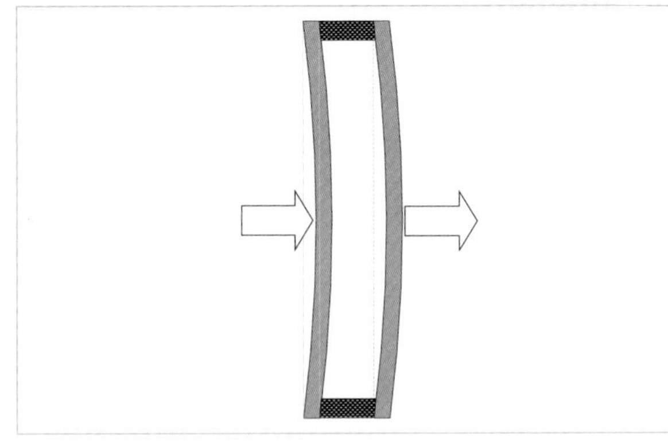

Winddruck bzw. Windsog

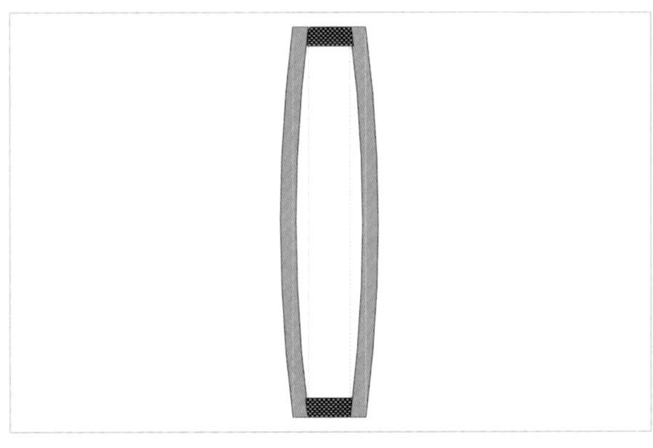

Überdruck des eingeschlossenen Gases (Erwärmung)

Unterdruck des eingeschlossenen Gases (Abkühlung)

Für horizontale Verglasungen gelten nach DIN 18008-2 weitere Anforderungen, zu diesen gehört unter anderem:

› Einfachverglasungen und die untere Scheibe einer Isolierverglasung müssen zum Schutz von Verkehrsflächen mit Verbundsicherheitsglas (VSG) aus Floatglas oder teilvorgespanntem Glas hergestellt werden. Drahtglas darf auch verwendet werden.
› VSG-Scheiben sind bei einer Spannweite von mehr als 1,2 m allseitig zu lagern.

Für begehbares Glas muss VSG oder VG mit drei Scheiben verwendet werden. Dabei darf die oberste Scheibe nicht zur Lastabtragung herangezogen werden, da sie aufgrund der Begehbarkeit mechanischen Schädigungen unterliegt und eine reduzierte Festigkeit besitzt. Sie dient als Schutzschicht für die darunterliegenden tragenden Scheiben.

Literaturempfehlungen

[1] Leicher, Gottfried: Tragwerkslehre in Beispielen und Zeichnungen. 4., überarb. u. aktual. Aufl. Köln: Bundesanzeiger Verlag, 2014

[2] Heller, Hanfried: Padia 1. Grundlagen Tragwerkslehre. Berlin: Ernst und Sohn, 1998

[3] Engel, Heino: Tragsysteme – Structure systems. 6. Aufl. Berlin: Hatje Cantz Verlag, 2018

[4] Hugi, Hans R.: Einführung in die Statik der Tragkonstruktionen. Autographie zur Vorlesung an der ETH Zürich. Zürich: vdf, 1992

[5] Staffa, Michael: Tragwerkslehre. Grundlagen, Gestaltung, Beispiele. Statik, Hallenbau, Geschossbau, Räumliche Tragsysteme, Vordimensionierung, Querschnittstabellen. Berlin: Beuth Verlag, 2014

[6] Kuff, Paul; Schwalbenhofer, Karl; Strohm, Alice: Tragwerke als Elemente der Gebäude- und Innenraumgestaltung. 2. Aufl. Wiesbaden: Springer Vieweg Verlag, 2013

[7] Stöffler, Jürgen; Samberg, Susanne; Maier, Claus: Tragwerksentwurf für Architekten und Bauingenieure. 2., überarb. Aufl. Berlin: Beuth Verlag, 2011

[8] Krauss, Franz; Führer, Wilfried; Neukäter, Hans Joachim; Willems, Claus-Christian; Techen, Holger: Grundlagen der Tragwerklehre 1. 12. Aufl. Köln: Rudolf Müller Verlag, 2014

[9] Krauss, Franz; Führer, Wilfried; Willems, Claus-Christian; Techen, Holger: Grundlagen der Tragwerklehre 2. 7., überarb. Aufl. Köln: Rudolf Müller Verlag, 2011

[10] Dierks, Klaus; Schneider, Klaus-Jürgen; Wormuth, Rüdiger (Hrsg.): Baukonstruktion. 5., neubearb. u. erw. Aufl. Düsseldorf: Werner Verlag, 2002

[11] Widjaja, Eddy; Holschemacher, Klaus; Schneider, Klaus-Jürgen (Hrsg.): Baustatik – einfach und anschaulich. Baustatische Grundlagen, Faustformeln, Wind- und Schneelasten nach Eurocode. 4., überarb. u. erw. Aufl. Berlin: Beuth Verlag, 2013

[12] Albert, Andrej; Heisel, Joachim P.; Schneider, Klaus-Jürgen: Bautabellen für Architekten mit Entwurfshinweisen und Beispielen. 22. Aufl. Köln: Bundesanzeiger Verlag, 2016

[13] Holschemacher, Klaus (Hrsg.): Entwurfs- und Konstruktionstafeln für Architekten. 7., aktual. Aufl. Berlin: Beuth Verlag, 2015

Stichwortverzeichnis

A
Angriffspunkt 25
Auflagerlagerreaktion 126
Auftrieb 64, 65
Auftriebskraft 65
Auskreuzung 111
Ausmitte 282, 367
Aussteifung 79

B
beidseitige Auskragung 138
Bemessungswert 231
Bezugsschlankheit 268
Biegemoment 144
biegesteif 95

C
charakteristisch 231

D
dehnen 31
Dichte 30
Drehmoment 27
Drehsinn 28
Drei-Gelenk-Rahmen 350
dreiwertiges Auflager 91
duktil 31

E
Eingespannter Rahmen 351
einseitige Auskragung 138
Einspannung 91
einwertiges Lager 90
Einzelfundament 75
elastisches Werkstoffgesetz 30
Elastizitätsmodul 30

F
Fachwerkrahmen 113
festes Auflager 90
Flächenschwerpunkt 22
Flächenträgheitsmoment 194

G
geschlossenes Profil 218

H
Hooke'sches Gesetz 29

K
kinematisch 123, 128
Kippverband 118
Knicklänge 263
Knicklast 262
Knickspannung 265
Kopfband 112
Kräfteparallelogramm 26

L
Lasteinzugsbreite 78
linear elastisches Werkstoffgesetz 191

M
Moment 44, 144

N
Negative Normalkraft 146
Normalkraft 144

O
offenes Profil 218

P
Pfeiler 73, 362
Pfosten 73
Platten 73
Plattenbalken 206
Positive Normalkraft 146
Pultdach 318

Q
Querkraft 144
Querschnittsfläche 84

R
Rahmen 100
Rahmenecke 95
Rahmenriegel 119
Rahmentragwerk 122
räumliches Gefüge 72
resultierende Kraft 34, 35
resultierendes Moment 45
Ringbalken 116
Rippendecke 206

S
Satteldach 319
Scheiben 73
Schlankheit 266
Schnittgröße 144
Schnittprinzip 154
Schubmodul 255
Schwerachse 84
Schwerlinie 84
Seil 72
Spannweite 15, 77
spröd 32
Stab 72
starr 123
statisch bestimmt 128
statisches Moment 200
statisches System 126
statisch unbestimmt 128
stauchen 31
Stiel 119
Strebe 112
Streifenfundament 76
Stütze 73
Stützmoment 174

T
Temperaturausdehnungskoeffizient 32
Theorie I. Ordnung 234
Torsionsmoment 144
Träger 72

U
unbrauchbar 94

V
verschiebliches Auflager 90

W
Wichte 30
Widerstand 231
Widerstandsmoment 193
Wirkungslinie 25

Z
Zwei-Gelenk-Rahmen 350
zweiwertiges Lager 90